概率论与数理统计

主　编　宁荣健　朱士信

高等教育出版社·北京

内容提要

本书主要内容包括随机事件及其概率、一维随机变量及其分布、多维随机变量及其分布、随机变量的数字特征、大数定律和中心极限定理、数理统计的基础知识、参数估计、假设检验、概率论与数理统计在数学建模和数学实验中的应用举例等9章。全书结构严谨、条理清楚、语言通俗易懂、论述简明扼要、例题与习题难度适中且题型丰富。本书采用纸质内容与数字化资源一体化设计，紧密配合。数字课程涵盖微视频、概念解析、典型例题分析、数学家小传、课外阅读、自测题、部分习题参考解答等栏目，在提升课程教学效果的同时，为学生学习提供思维与探索的空间，便于学生自主学习。

本书可作为高等学校非数学类专业的概率论与数理统计教材，也可作为考研学生和科技工作者的参考书。

图书在版编目（ＣＩＰ）数据

概率论与数理统计 / 宁荣健，朱士信主编. -- 北京：高等教育出版社，2020.10（2023.6重印）
ISBN 978-7-04-054948-5

Ⅰ. ①概… Ⅱ. ①宁… ②朱… Ⅲ. ①概率论-高等学校-教材②数理统计-高等学校-教材 Ⅳ. ①O21

中国版本图书馆CIP数据核字(2020)第160520号

概率论与数理统计
Gailülun yu Shuli Tongji

策划编辑	李晓鹏	责任编辑	安 琪	封面设计	张雨微	版式设计 杨 树
插图绘制	于 博	责任校对	刘丽娴	责任印制	耿 轩	

出版发行	高等教育出版社	网 址	http://www.hep.edu.cn
社 址	北京市西城区德外大街4号		http://www.hep.com.cn
邮政编码	100120	网上订购	http://www.hepmall.com.cn
印 刷	山东临沂新华印刷物流集团有限责任公司		http://www.hepmall.com
开 本	787 mm×1092 mm 1/16		http://www.hepmall.cn
印 张	18		
字 数	320 千字	版 次	2020年10月第1版
购书热线	010-58581118	印 次	2023年6月第3次印刷
咨询电话	400-810-0598	定 价	41.00 元

概率论与数理统计

宁荣健

朱士信

1 计算机访问 http://abook.hep.com.cn/12479811,或手机扫描二维码、下载并安装 Abook 应用。

2 注册并登录,进入"我的课程"。

3 输入封底数字课程账号(20位密码,刮开涂层可见),或通过 Abook 应用扫描封底数字课程账号二维码,完成课程绑定。

4 单击"进入课程"按钮,开始本数字课程的学习。

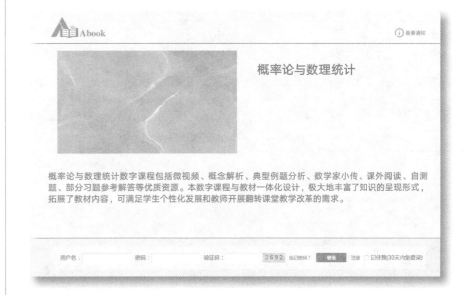

课程绑定后一年为数字课程使用有效期。受硬件限制,部分内容无法在手机端显示,请按提示通过计算机访问学习。

如有使用问题,请发邮件至 abook@hep.com.cn。

扫描二维码
下载 Abook 应用

http://abook.hep.com.cn/12479811

前　言

　　根据《国家中长期教育改革和发展规划纲要(2010—2020年)》的需要,以及我国由教育大国迈向教育强国的重大举措,我国迫切需要培养和造就一批创新能力强、适应经济社会发展需要的高水平工程技术人才,为国家走新型工业化发展道路、建设创新型国家服务。这对高等教育面向社会需求培养高质量人才具有十分重要的示范和引导作用,同时也提出了更高要求。

　　概率论与数理统计是高等学校非数学类各专业重要的公共基础课程,提高课程的教学质量成为摆在我们面前迫切而又艰巨的任务,教材建设就是其中的一项重要工作,本书正是在这样的背景下建设完成的。在本书的编写过程中,参照近年来《全国硕士研究生入学统一考试数学考试大纲》的要求,编者根据多年的教学经验,吸收国内外优秀教材的特点,同时考虑到当代大学生学习方式的新趋势,在教材中力图体现以下特色:

　　1. 突出重要概念产生的实际背景,使概念的产生顺理成章,培养学生从具体到抽象的能力。

　　2. 全书结构清晰,语言叙述朴素,言简意赅,基本知识能够满足后继课程的需要。

　　3. 作者根据长期教学积累,在书中引入了一些新的术语、记法和新的描述方法,从不同的角度理解概念和方法,使得内容通俗易懂。

　　4. 在处理教学重点和难点方面,采用层次分解,并给出详细的步骤和方法。

　　5. 每章通过小结,对本章的重点和难点进行归纳和总结,突出数学思想和方法,提高学生的自学能力。

　　6. 在例题的编写中,选用了部分全国硕士研究生入学统一考试试题,提高例题的整体水平,特别是安排了若干恒等式证明和函数不等式证明的例题,体现不同课程之间的联系。

7. 选用了大量自编习题,题目新颖,综合性强,覆盖面广,并安排填空题、选择题、解答题(A、B、C 类)。

8. 强调数学知识在实际问题中的应用,加入了概率论与数理统计在数学建模和数学实验中的应用例子,以培养学生应用数学知识解决实际问题的能力。

本书以纸质教材为基础,以"纸质教材 + 数字课程"的方式对教材内容和形式进行了整体设计,为教师的混合式教学和学生的个性化学习提供帮助,增强学生独立获取知识的意识和能力。数字课程包含的数字资源有微视频、概念解析、典型例题分析、数学家小传、课外阅读、自测题、部分习题参考解答等栏目,对教材内容进行巩固、补充和拓展。

1. 通过对知识点的视频讲解,重要概念解析,典型例题分析,不断加强学生对基本概念、基本理论、基本方法的理解,提高学生解决问题的能力,引导学生对知识进行独立的思考和总结。

2. 自测题包含选择题、填空题与判断题,具有自动判解功能。通过在线自测,帮助学生实时了解自己对知识的掌握情况,并进行针对性的攻关学习,提高学习效率。

3. 通过数学家小传等内容让学生在学习之余了解概率论与数理统计的发展历史,了解数学家的研究工作和对数学的杰出贡献,增加学习的趣味性和积极性,拓宽学生视野。

4. 适当地吸收一些教学研究成果,编写了课外阅读,以培养学生的创新能力。

在本书的编写过程中,合肥工业大学钱泽平、段传庆、彭凯军、梁清清、周玲、周江涛、于春华、刘植、钱开燕、熊莲花制作了微视频、概念解析、典型例题分析、自测题、数学家小传等数字资源,李华冰提供了部分附表和部分习题(含解答),唐烁、焦贤发、凌能祥为本书的编写提供了热心的帮助,在此对他们表示衷心的感谢。

由于编者水平有限,书中还有很多不足之处,渴望得到各位专家、同仁和读者的批评指正。

编　者

2020 年 2 月

目　录

— 001　第 1 章　随机事件及其概率

001　1.1　随机试验与随机事件

005　1.2　概率及其性质

008　1.3　古典概型与几何概型

012　1.4　条件概率与乘法公式

015　1.5　全概率公式与贝叶斯公式

021　1.6　事件的独立性与伯努利概型

029　小结

030　第 1 章习题

— 035　第 2 章　一维随机变量及其分布

035　2.1　随机变量及其分布函数

038　2.2　离散型随机变量及其分布律

048　2.3　连续型随机变量及其密度函数

058　2.4　一维随机变量函数的分布

065　小结

067　第 2 章习题

— 071   第 3 章   多维随机变量及其分布

071   3.1   二维随机变量及其分布函数

073   3.2   二维离散型随机变量及其分布律

076   3.3   二维连续型随机变量及其密度函数

081   3.4   边缘分布

087   3.5   条件分布

092   3.6   随机变量的独立性

100   3.7   二维随机变量函数的分布

109   3.8 n 维随机变量

114   小结

118   第 3 章习题

— 123   第 4 章   随机变量的数字特征

123   4.1   数学期望

133   4.2   方差

138   4.3   常见分布的数学期望和方差

142   4.4   协方差和相关系数

154   4.5   矩与协方差矩阵

158   小结

159   第 4 章习题

— 165   第 5 章   大数定律和中心极限定理

165   5.1   切比雪夫不等式与大数定律

169   5.2   中心极限定理

175   小结

176   第 5 章习题

— 179　第 6 章　数理统计的基础知识

179　6.1　数理统计的基本概念

185　6.2　抽样分布

191　6.3　正态总体样本均值和样本方差的分布

196　小结

197　第 6 章习题

— 201　第 7 章　参数估计

201　7.1　点估计

212　7.2　估计量的评价标准

218　7.3　区间估计

228　小结

228　第 7 章习题

— 233　第 8 章　假设检验

233　8.1　假设检验的基本概念

242　8.2　单正态总体中均值和方差的假设检验

246　8.3　双正态总体中均值和方差的假设检验

250　8.4　基于成对数据的检验（t 检验法）

253　小结

253　第 8 章习题

— 257　第 9 章　概率论与数理统计在数学建模和数学实验中的应用举例

257　9.1　概率论与数理统计在数学建模中的应用举例

267　9.2　概率论与数理统计在数学实验中的应用举例

— 271　课外阅读

271　第一篇　贝特朗悖论 🖥

271　第二篇　二维连续型随机变量函数的密度函数的算法探讨 🖥

271　第三篇　基于分布函数的数学期望和方差的计算 🖥

271　第四篇　有效估计的若干举例 🖥

— 272　附表

272　附表1　几种常用的分布 🖥

272　附表2　标准正态分布表 🖥

272　附表3　泊松分布表 🖥

272　附表4　t 分布表 🖥

272　附表5　χ^2 分布表 🖥

272　附表6　F 分布表 🖥

— 273　部分习题参考解答 🖥

— 274　参考文献

第1章 随机事件及其概率

在自然界中,自然现象可以分为两类:一类是确定性现象,指的是在一定条件下,此类现象必然发生.例如向上抛的石子肯定下落;又如在没有外力的作用下,做匀速直线运动的物体仍然做匀速直线运动.另一类是随机现象,指的是在一定条件下,此类现象具有多种已知可能结果,且事先不能预知哪个结果出现.例如抛一枚硬币,下落后观察其出现正面(指带有花纹的一面)和反面(指带有金额的一面)的情况,其结果是可能出现正面,也可能出现反面,且具体情况不可预知.

随机现象在一次试验或观察中具有不确定性,而在大量重复试验或观察中,其结果又呈现出某种统计规律性.概率论和数理统计是研究随机现象统计规律性的一门学科.

本章将在此基础上介绍随机事件及其关系和运算,以及随机事件的常见概率计算方法.

1.1 随机试验与随机事件

微视频 1-1
概率论与数理统计简介

1.1.1 随机试验

在实际生产问题中,我们经常需要在一定场合下,对某一事物的某种特性进行观察,以获取某种信息,这种观察的过程称为试验.各个领域中都存在着大量具有不同目的性的试验.如机械行业中有抗压试验,水文水资源工程中有测量指定断面处的最大流量试验,等等.

定义 1.1.1 如果某试验满足以下三个特点:

(1)重复性:在相同条件下,试验可重复进行;

(2)明确性:试验的所有可能结果事先均已知;

(3)随机性:每次试验的具体结果在试验前无法预知,

就称此试验为随机试验,记为 E.

在概率论中,通过随机试验来研究随机现象,因此要求所有试验均为随机试验.为了叙述简单,有时也将随机试验简称为试验.

不难验证,下列试验均为随机试验:

E_1:抛一枚硬币,观察其出现正面和反面的情况;

E_2:同时掷两枚骰子,观察其出现的点数;

E_3:考察在一定时间段内某电话的被呼叫次数;

E_4:考察某电子元件的寿命.

1.1.2 样本点、样本空间与随机事件

定义 1.1.2 随机试验 E 的每一个可能出现的结果称为随机试验 E 的样本点,记为 ω.随机试验 E 的所有样本点的全体称为随机试验 E 的样本空间,记为 Ω.

在 E_1 中,由于试验结果即样本点为 $\omega_1 =$ "出现正面" 和 $\omega_2 =$ "出现反面",因此样本空间为 $\Omega_1 = \{\omega_1,\omega_2\}$.

在 E_2 中,用 i 表示第一枚骰子出现的点数,j 表示第二枚骰子出现的点数,则每个样本点可用二维有序数组 (i,j) 表示,其中 $1 \leqslant i \leqslant 6, 1 \leqslant j \leqslant 6$,因此样本空间为

$$\Omega_2 = \{(i,j) \mid i=1,2,3,4,5,6, j=1,2,3,4,5,6\}.$$

在 E_3 中,由于电话的被呼叫次数的取值为非负整数,故样本空间为 $\Omega_3 = \{0,1,2,\cdots\}$.

在 E_4 中,由于电子元件的寿命的取值为非负实数,故样本空间为 $\Omega_4 = [0,+\infty)$.

定义 1.1.3 称具有某种特征的样本点的集合为随机事件,简称为事件,记为 A,B,C 等.由一个样本点构成的单点集称为基本事件.

例如,在 E_1 中,$A_1 = \{\omega_1\}$;在 E_2 中,$B_1 = \{(6,6)\}$,$B_2 = \{(1,1),(1,2),(2,1)\}$;在 E_4 中,$C_1 = (10,20)$ 均为随机事件,其中 E_1 中的 A_1 和 E_2 中的 B_1 为基本事件.

由定义 1.1.3 知随机事件是样本空间 Ω 的子集.当随机试验 E 中所出现的样本点属于集合 A 时,就称随机事件 A 发生,否则就称随机事件 A 不发生.

通俗地讲,随机事件又是指每次试验中可能发生,也可能不发生的随机现象,这种描述与随机事件的集合描述是一致的.

在每次试验中,必然发生的事件称为必然事件;不可能发生的事件称为不可能事件.从集合角度看,必然事件为全集,即样本空间 Ω;不可能事件为空集 $\varnothing$.为方便起见,必然事件 Ω 和不可能事件 $\varnothing$ 也称为随机事件.

例如在 E_2 中,事件 $B_2 = \{(1,1),(1,2),(2,1)\}$ 即指事件"两枚骰子点数之和小于 4",而"两枚骰子点数之和大于 1"即为必然事件 Ω,"两枚骰子的点数中最大点数为 7"为不可能事件 $\varnothing$.

又如在 E_3 中,事件"电话的被呼叫次数为奇数"为事件 $\{1,3,5,\cdots\}$,"电话的被呼叫次数为 0.5"为不可能事件 $\varnothing$.

1.1.3　事件间的关系与事件的运算

1. 事件的包含（子事件）

如果事件 A 发生,则事件 B 一定发生,就称事件 A 包含于事件 B,或称事件 B 包含了事件 A,记为 $A \subset B$ 或 $B \supset A$（见图 1.1.1(a)）.从集合角度来讲,A 为 B 的子集,故也称事件 A 为事件 B 的子事件.显然有

$$\varnothing \subset A \subset \Omega.$$

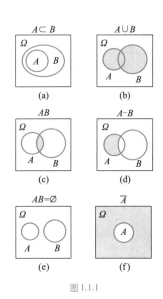

图 1.1.1

2. 事件的相等

如果事件 A 和事件 B 相互包含,即 $A \subset B$,且 $B \subset A$,就称事件 A,B 为相等事件,记为 $A = B$.从集合角度来讲,集合 A,B 完全相等.

3. 并事件

事件"A,B 中至少发生一个"称为事件 A 和事件 B 的并事件,记为 $A \cup B$（见图 1.1.1(b)）.从集合角度来讲,$A \cup B$ 为 A 和 B 的并集.

4. 交事件（积事件）

事件"A,B 都发生"称为事件 A 和事件 B 的交事件或积事件,记为 $A \cap B$ 或 AB（见图 1.1.1(c)）.从集合角度来讲,AB 为 A 和 B 的交集.显然有

$$AB \subset A \subset A \cup B, \quad AB \subset B \subset A \cup B; \quad A \cup A = A, \quad AA = A.$$

5. 差事件

事件"A 发生,且 B 不发生"称为事件 A 与事件 B 的差事件,记为 $A-B$(见图 1.1.1(d)).从集合角度来讲,$A-B$ 为 A 与 B 的差集,即 $A-B = \{\omega \mid \omega \in A, \omega \notin B\}$.

同理,事件 $B-A=$"B 发生,且 A 不发生"$= \{\omega \mid \omega \in B, \omega \notin A\}$.

6. 互不相容事件(互斥事件)

如果事件 A 与 B 不可能都发生,即 $AB=\varnothing$,就称事件 A 和事件 B 互不相容或互斥(见图 1.1.1(e)).从集合角度来讲,事件 A 和 B 互不相容指集合 A 与 B 没有共同的元素.

7. 对立事件

概念解析 1-1
互不相容事件与对立事件

如果事件 A 与 B 必发生一个,且又不会都发生,即 $A \cup B = \Omega$,且 $AB = \varnothing$,就称事件 A 和事件 B 互为对立事件,或称事件 B 为事件 A 的对立事件,记为 $B = \overline{A}$(见图 1.1.1(f)).由上可以得知,如果事件 A 发生,则事件 B 不发生;如果事件 A 不发生,则事件 B 发生.从集合角度来讲,$\overline{A}$ 为 A 的余集,即 $\overline{A} = \Omega - A$.

不难证明,$A-B = A\overline{B} = A-AB$.

例 1.1.1   掷一枚骰子,观察其出现的点数设事件 $A = \{1,3,5\}$,$B = \{1,2\}$,求 $A \cup B, AB, A-B, B-A, \overline{A}$.

解 $A \cup B = \{1,2,3,5\}$,$AB = \{1\}$,$A-B = \{3,5\}$,$B-A = \{2\}$,$\overline{A} = \{2,4,6\}$.

例 1.1.2   设有随机事件 A 和 B,试用 A, B 表示事件"A 和 B 中恰好发生一个".

解   事件"A 和 B 中恰好发生一个"有下列多种表示形式

$$(A-B) \cup (B-A), \quad A\overline{B} \cup B\overline{A}, \quad A \cup B - AB.$$

设 A, B, C 为随机试验 E 中的三个事件,则有下列运算律:

(1) 交换律:$A \cup B = B \cup A, AB = BA$.

(2) 结合律:$(A \cup B) \cup C = A \cup (B \cup C), (AB)C = A(BC)$.

(3) 分配律:$(A \cup B)C = (AC) \cup (BC), (AB) \cup C = (A \cup C)(B \cup C)$.

值得一提的是,$\overline{A \cup B} = \overline{A}\,\overline{B}$ 表示事件 A 和 B 都不发生;$\overline{AB} = \overline{A} \cup \overline{B}$ 表示事件 A 和 B 中至少有一个不发生.

(4) 德摩根律:$\overline{A \cup B} = \overline{A}\,\overline{B}, \overline{AB} = \overline{A} \cup \overline{B}$.

事件的关系和运算可以推广到多个随机事件的情形上去.特别地,

$A_1 \cup A_2 \cup \cdots \cup A_n$ 表示事件"$A_1, A_2, \cdots, A_n$ 中至少发生一个";

$A_1 A_2 \cdots A_n$ 表示事件"$A_1, A_2, \cdots, A_n$ 都发生".

对于德摩根律有

$$\overline{A_1 \cup A_2 \cup \cdots \cup A_n} = \overline{A_1}\, \overline{A_2} \cdots \overline{A_n}, \quad \overline{A_1 A_2 \cdots A_n} = \overline{A_1} \cup \overline{A_2} \cup \cdots \cup \overline{A_n}.$$

例 1.1.3　设 A, B, C 为三个随机事件,试用 A, B, C 表示下列事件:

(1) "A, B, C 中至少发生一个";

(2) "A, B, C 都发生";

(3) "A, B, C 中恰好发生一个";

(4) "A, B, C 中至少发生两个";

(5) "A 发生,且 B, C 至少有一个不发生".

解　(1) "A, B, C 中至少发生一个"$= A \cup B \cup C$;

(2) "A, B, C 都发生"$= ABC$;

(3) "A, B, C 中恰好发生一个"$= A\overline{B}\,\overline{C} \cup \overline{A}B\overline{C} \cup \overline{A}\,\overline{B}C$;

(4) "A, B, C 中至少发生两个"$= ABC \cup AB\overline{C} \cup A\overline{B}C \cup \overline{A}BC$;

(5) "A 发生,且 B, C 至少有一个不发生"$= A(\overline{B} \cup \overline{C}) = A\overline{BC} = A - BC$.

需要指出的是,本例中各事件的表示形式不唯一.

1.2　概率及其性质

1.2.1　概率的定义

定义 1.2.1　(概率的统计定义)将随机试验 E 重复进行 n 次,如果事件 A 发生了 k 次,就称 k 为事件 A 发生的频数,$\dfrac{k}{n}$ 为事件 A 发生的频率.如果当试验次数 n 越来越大时,$\dfrac{k}{n}$ 总在某一定值 p 的附近作微小的、稳定的波动,且当 $n \to \infty$ 时,$\dfrac{k}{n}$ 无限趋于实数 p,就称 p 为事件 A 的概率,记为 $P(A)$,即 $P(A) = p$.

概率的统计定义的理论保障将由第 5 章的伯努利大数定律提供.在历史上有人通过抛硬币的试验来验证概率的统计定义的可行性,其中最

为著名的是下列试验结果(如表 1.2.1):

表 1.2.1　抛硬币试验

试验者	试验数 n	正面向上频数 k	正面向上频率 $\dfrac{k}{n}$
德摩根	2 048	1 061	0.518 1
蒲丰	4 040	2 048	0.506 9
皮尔逊	12 000	6 019	0.501 6
皮尔逊	24 000	12 012	0.500 5

数学家小传 1-1
蒲丰

数学家小传 1-2
皮尔逊

由表 1.2.1 可见,正面向上的频率 $\dfrac{k}{n}$ 始终在 0.5 附近变化;且当试验数 n 增大时,正面向上的频率 $\dfrac{k}{n}$ 越来越接近 0.5,这与硬币正面向上的概率为 0.5 完全吻合.

1933 年,苏联数学家柯尔莫哥洛夫提出了概率的公理化结构,给出了下列概率的公理化定义(参阅 📺 课外阅读第一篇).

数学家小传 1-3
柯尔莫哥洛夫

定义 1.2.2　(概率的公理化定义)设随机试验 E 的样本空间为 Ω,对于每个事件 $A \subset \Omega$,赋予事件 A 一个实数 $P(A)$,如果 $P(\cdot)$ 满足下列三条性质:

(1) 非负性:$P(A) \geqslant 0$;

(2) 规范性:$P(\Omega) = 1$;

(3) 可列可加性:设事件 $A_1, A_2, \cdots, A_n, \cdots$ 两两互不相容,即对任意的 $i, j = 1, 2, \cdots$,当 $i \neq j$ 时,均满足 $A_i A_j = \varnothing$,有

$$P(A_1 \cup A_2 \cup \cdots \cup A_n \cup \cdots) = P(A_1) + P(A_2) + \cdots + P(A_n) + \cdots,$$

就称 $P(A)$ 为事件 A 的概率.

概念解析 1-2
关于概率的定义

从实际意义上讲,$P(A)$ 的数值体现了随机事件 A 发生的可能性的大小.

1.2.2　概率的性质

结合概率的统计定义和公理化定义,不难得到下列概率的性质.

性质 1.2.1(非负性延伸)　设 A 为任一随机事件,则 $0 \leqslant P(A) \leqslant 1$.

性质 1.2.2(规范性)　$P(\Omega) = 1, P(\varnothing) = 0$.

性质 1.2.3(有限可加性)　如果事件 $A_1, A_2, \cdots, A_n$ 两两互不相容,则

$$P(A_1 \cup A_2 \cup \cdots \cup A_n) = P(A_1) + P(A_2) + \cdots + P(A_n).$$

性质 1.2.4（差事件概率计算公式）　设 A, B 为任意两个随机事件，则

$$P(A-B) = P(A) - P(AB).$$

推论 1.2.1　当事件 $B \subset A$ 时，有 $P(A-B) = P(A) - P(B)$，且 $P(B) \leqslant P(A)$.

性质 1.2.5（对立事件概率计算公式）　设 A 为任一随机事件，则 $P(\overline{A}) = 1 - P(A)$.

性质 1.2.6（并事件概率计算公式）　设 A, B 为任意两个随机事件，则

$$P(A \cup B) = P(A) + P(B) - P(AB).$$

推论 1.2.2　设 A, B, C 为任意三个随机事件，则

$$P(A \cup B \cup C) = P(A) + P(B) + P(C) - P(AB) - P(BC) - P(AC) + P(ABC).$$

一般地，设 $A_1, A_2, \cdots, A_n$ 为任意 n 个随机事件，则

$$P(A_1 \cup A_2 \cup \cdots \cup A_n) = \sum_{i=1}^{n} P(A_i) - \sum_{1 \leqslant i < j \leqslant n} P(A_i A_j) +$$

$$\sum_{1 \leqslant i < j < k \leqslant n} P(A_i A_j A_k) - \cdots + (-1)^{n-1} P(A_1 A_2 \cdots A_n).$$

考虑到中学阶段已经接触过这些性质，故在此仅证明性质 1.2.6.

性质 1.2.6 的证明　由于 $A \cup B = (A-B) \cup B$，且 $A-B$ 与 B 互不相容，所以由性质 1.2.3 可得

$$P(A \cup B) = P(A-B) + P(B) = [P(A) - P(AB)] + P(B) = P(A) + P(B) - P(AB).$$

例 1.2.1　设 A, B 为两个随机事件，已知 $P(A) = 0.5, P(B) = 0.4$，$P(A \cup B) = 0.6$，试分别计算 $P(AB), P(A\overline{B}), P(\overline{A} \cup \overline{B}), P(A \cup \overline{B})$.

解　由于 $P(A \cup B) = P(A) + P(B) - P(AB)$，所以 $0.6 = 0.5 + 0.4 - P(AB)$，解得 $P(AB) = 0.3$.

$P(A\overline{B}) = P(A-B) = P(A) - P(AB) = 0.2.$

$P(\overline{A} \cup \overline{B}) = P(\overline{AB}) = 1 - P(AB) = 0.7.$

$P(A \cup \overline{B}) = P(A) + P(\overline{B}) - P(A\overline{B}) = P(A) + [1 - P(B)] - P(A\overline{B}) = 0.9.$

例 1.2.2　设 A, B, C 为三个随机事件，已知 $P(A) = P(B) = P(C) = \dfrac{1}{4}$，

$P(AB) = 0, P(AC) = P(BC) = \dfrac{1}{16}$，求事件 A, B, C 都不发生的概率.

解　由于 $ABC \subset AB$，故由性质 1.2.1 和推论 1.2.1 知 $0 \leqslant P(ABC) \leqslant$

$P(AB)=0$,所以有 $P(ABC)=0$.进而得事件 A,B,C 都不发生的概率为

$$P(\overline{A}\ \overline{B}\ \overline{C})=P(\overline{A\cup B\cup C})=1-P(A\cup B\cup C)$$

$$=1-[P(A)+P(B)+P(C)-P(AB)-P(BC)-P(AC)+P(ABC)]$$

$$=1-\left(\frac{1}{4}+\frac{1}{4}+\frac{1}{4}-0-\frac{1}{16}-\frac{1}{16}+0\right)=\frac{3}{8}.$$

例 1.2.3　设 A,B 为两个随机事件,证明：$P(A)P(B)\geqslant P(AB)P(A\cup B)$.

证　$P(A)P(B)-P(AB)P(A\cup B)$

$=P(A)P(B)-P(AB)[P(A)+P(B)-P(AB)]$

$=P(A)P(B)-P(AB)P(A)-P(AB)P(B)+[P(AB)]^2$

$=[P(A)-P(AB)][P(B)-P(AB)]\geqslant 0,$

所以 $P(A)P(B)\geqslant P(AB)P(A\cup B)$.

1.3　古典概型与几何概型

1.3.1　古典概型

古典概型是概率论起源的最初雏形,也是概率计算中的最简单、最基本的常见类型,被广泛应用到生产实际的各个领域.

定义 1.3.1　如果随机试验 E 满足

（1）随机试验 E 的样本空间 Ω 中只有有限个样本点;

（2）每次试验中各基本事件出现的概率相等,

就称随机试验 E 为等可能概型试验 或古典概型试验.以上两条也称为古典概型的特征.

设随机试验 E 为古典概型试验,$\Omega=\{\omega_1,\omega_2\cdots,\omega_n\}$,$A=\{\omega_{i_1},\omega_{i_2},\cdots,\omega_{i_m}\}(m\leqslant n)$,则

$$P(A)=\frac{m}{n},\quad 即 P(A)=\frac{事件 A 所含样本点的个数}{所有样本点的个数}.$$

由此可见,古典概型试验中概率的计算主要是通过对样本点的计数来实现的,因此要求熟悉排列和组合的基本内容.

例 1.3.1　同时掷两枚骰子,分别求下列随机事件的概率：

（1）两枚骰子的点数之和为 7;

（2）两枚骰子的点数中至少有一个为 2.

解　在同时掷两枚骰子的随机试验中，样本空间为 $\Omega=\{(i,j)\,|\,i,j=1,2,3,4,5,6\}$，$\Omega$ 中共有 36 个样本点，且每个样本点出现的概率相等.

（1）设 A 表示两枚骰子的点数之和为 7，则 $A=\{(1,6),(2,5),(3,4),(4,3),(5,2),(6,1)\}$，$A$ 中含有 6 个样本点，所以 $P(A)=\dfrac{6}{36}=\dfrac{1}{6}$.

（2）设 B 表示两枚骰子的点数中至少有一个为 2，则

$B=\{(1,2),(2,2),(3,2),(4,2),(5,2),(6,2),(2,1),(2,3),(2,4),(2,5),(2,6)\}$，$B$ 中含有 11 个样本点，所以 $P(B)=\dfrac{11}{36}$.

例 1.3.2　设有 4 个不同的箱子和 3 个不同的球，且每个箱子均可容纳 3 个球，现将每个球等可能地放在任一箱子中.(1)求 3 个球放入 3 个不同箱子的概率;(2)求第 1 号箱子和第 2 号箱子均有球的概率.

解　由于每个球均有 4 个箱子可放，因此 3 个球共有 $4\times4\times4=4^3$ 种放法.

（1）从 4 个箱子中任取 3 个箱子，有 C_4^3 种取法.所取 3 个箱子中各放入 1 个球的不同放法数就是 3 个球在 3 个指定位置上的全排列 3!，因此 3 个球放入 3 个不同箱子的概率为 $\dfrac{C_4^3\times3!}{4^3}=\dfrac{3}{8}$.

（2）**解法一**　此时有四种情形:

① 第 1 号箱子中有 1 个球，第 2 号箱子中有 2 个球，第 3 号箱子和第 4 号箱子中无球;

② 第 1 号箱子中有 2 个球，第 2 号箱子中有 1 个球，第 3 号箱子和第 4 号箱子中无球;

③ 第 1 号箱子、第 2 号箱子和第 3 号箱子中各有 1 个球，第 4 号箱子中无球;

④ 第 1 号箱子、第 2 号箱子和第 4 号箱子中各有 1 个球，第 3 号箱子中无球,所以第 1 号箱子和第 2 号箱子中均有球的概率为

$$\frac{C_3^1C_2^2+C_3^2C_1^1+C_3^1C_2^1C_1^1\times2}{4^3}=\frac{18}{64}=\frac{9}{32}.$$

解法二　设 A_1,A_2 分别表示第 1 号箱子和第 2 号箱子中有球，则 A_1A_2 表示第 1 号箱子和第 2 号箱子中均有球.而 $\overline{A_1}$ 表示第 1 号箱子中无球，即 3

个球都放在其他 3 个箱子中,因此 $P(\overline{A_1})=\dfrac{3^3}{4^3}$,同理 $P(\overline{A_2})=\dfrac{3^3}{4^3}$,$P(\overline{A_1}\,\overline{A_2})=$

$\dfrac{2^3}{4^3}$.所以

$$P(\overline{A_1}\cup\overline{A_2})=P(\overline{A_1})+P(\overline{A_2})-P(\overline{A_1}\,\overline{A_2})=2\times\dfrac{3^3}{4^3}-\dfrac{2^3}{4^3}=\dfrac{23}{32},$$

由此可得第 1 号箱子和第 2 号箱子中均有球的概率为

$$P(A_1A_2)=1-P(\overline{A_1A_2})=1-P(\overline{A_1}\cup\overline{A_2})=1-\dfrac{23}{32}=\dfrac{9}{32}.$$

例 1.3.3   设 n,k 均为正整数,且 $k\leqslant n$,利用概率方法证明 $\displaystyle\sum_{i=0}^{k}C_n^iC_n^{k-i}=$

C_{2n}^k .

证   构造概率模型.

设有 $2n$ 个产品,从中任取 k 个,则共有 C_{2n}^k 种取法.现在将 $2n$ 个产品
分为两个部分,每部分各有 n 个产品.设事件 A_i 表示从第一部分中取 i 个
产品,从第二部分中取 $k-i$ 个产品,则

$$P(A_i)=\dfrac{C_n^iC_n^{k-i}}{C_{2n}^k},\quad i=0,1,2,\cdots,k.$$

由于 $A_0,A_1,\cdots,A_k$ 两两互不相容,且 $A_0\cup A_1\cup\cdots\cup A_k=\Omega$,所以

$$\sum_{i=0}^{k}P(A_i)=\sum_{i=0}^{k}\dfrac{C_n^iC_n^{k-i}}{C_{2n}^k}=1,\quad 即得 \sum_{i=0}^{k}C_n^iC_n^{k-i}=C_{2n}^k .$$

1.3.2   几何概型

古典概型是利用样本点的等可能性,通过计数来计算出随机事件的
概率.需要注意的是,古典概型中要求随机试验 E 的样本空间 Ω 中只有有
限个样本点.而在大量的实际问题中,样本点往往有无穷多个,甚至充满
了某个区域,此时可利用几何方法计算概率.

定义 1.3.2   如果随机试验 E 满足:

(1)随机试验 E 的样本空间 Ω 为某几何区域(可以是一维、二维或三
维区域);

(2)每次试验中各基本事件出现的机会均等,

就称随机试验 E 为几何概型试验.以上两条也称为几何概型的特征.

设随机试验 E 为几何概型试验, Ω 为一个区域, $A \subset \Omega$, 则

$$P(A) = \frac{A \text{ 的几何测度}}{\Omega \text{ 的几何测度}},$$

其中几何测度根据 Ω 是一维、二维或三维区域分别为长度、面积或体积.

例 1.3.4　在 $(0,1)$ 内随机任取一点, 求该点到两个端点距离之比介于 $\frac{1}{2}$ 和 2 之间的概率.

解　设在 $(0,1)$ 内所取任意一点为 x, 则 $\Omega = \{x \mid 0 < x < 1\} = (0,1)$. 由题意知 $\frac{1}{2} < \frac{1-x}{x} < 2$, 解得 $\frac{1}{3} < x < \frac{2}{3}$, 所以点 x 到两个端点距离之比介于 $\frac{1}{2}$ 和 2 之间的事件为 $A = \left\{x \mid \frac{1}{3} < x < \frac{2}{3}\right\} = \left(\frac{1}{3}, \frac{2}{3}\right)$, 由几何概型知 $P(A) = \dfrac{\frac{2}{3} - \frac{1}{3}}{1 - 0} = \frac{1}{3}$,

即该点到两个端点距离之比介于 $\frac{1}{2}$ 和 2 之间的概率为 $\frac{1}{3}$.

例 1.3.5　将一根长度为 $a\,(a > 0)$ 的细棒分为三段, 求此三段能够组成一个三角形的概率.

解　设细棒的三段长度分别为 $x, y, a - x - y$, 则由

$$0 < x < a, \quad 0 < y < a, \quad 0 < a - x - y < a,$$

得三角形区域 $\{(x,y) \mid 0 < x < a, 0 < y < a, 0 < x + y < a\}$. 当 (x,y) 在该区域内等可能任意取一个点时, 就确定了对细棒的任意一个分段, 且每种分段的机会相等, 反之亦然. 因此样本空间为

$$\Omega = \{(x,y) \mid 0 < x < a, 0 < y < a, 0 < x + y < a\},$$

并符合几何概型的两个特征.

设事件 A 表示此三段能够组成一个三角形, 则

$$A = \{(x,y) \mid x + y > a - x - y, x + (a - x - y) > y, y + (a - x - y) > x, (x,y) \in \Omega\}$$

$$= \left\{(x,y) \mid x + y > \frac{a}{2}, x < \frac{a}{2}, y < \frac{a}{2}\right\} (\text{见图 1.3.1}).$$

由几何概型知 $P(A) = \dfrac{A \text{ 的面积}}{\Omega \text{ 的面积}} = \dfrac{1}{4}$, 即此三段能够组成一个三角形的概率为 $\frac{1}{4}$.

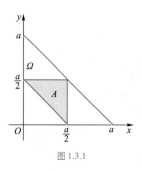

图 1.3.1

1.4　条件概率与乘法公式

1.4.1　条件概率

在现实生活中,无处不存在着各种信息.根据已知的信息对某种现象发生与否进行推断,具有非常重要的意义.在概率论中,在已知事件 A 发生的条件下,求事件 B 发生的概率就显得十分必要,这就是条件概率.

定义 1.4.1　在已知事件 A 发生的条件下,事件 B 发生的概率称为条件概率,记为 $P(B|A)$.且当 $P(A)>0$ 时,$P(B|A)=\dfrac{P(AB)}{P(A)}$.

当 $P(A)>0$ 时,条件概率满足概率的公理化定义中的三条性质:

(1) 非负性:$P(B|A)\geqslant 0$;

(2) 规范性:$P(\Omega|A)=1$;

(3) 可列可加性:设事件 $B_1,B_2,\cdots,B_n,\cdots$ 两两互不相容,则

$$P(B_1\cup B_2\cup\cdots\cup B_n\cup\cdots|A)=P(B_1|A)+P(B_2|A)+\cdots+P(B_n|A)+\cdots.$$

由此还可进一步得到下列结论:

(1) $P(B|A)\leqslant 1$;

(2) $P(\varnothing|A)=0$;

(3) $P(B_1\cup B_2|A)=P(B_1|A)+P(B_2|A)-P(B_1B_2|A)$;

(4) $P((B_1-B_2)|A)=P(B_1|A)-P(B_1B_2|A)$;

(5) $P(\overline{B}|A)=1-P(B|A)$.

以上结论请读者自己验证.

例 1.4.1　设 10 件产品中有 4 件不合格品,从中任取两件,已知两件中有一件是不合格品,求另一件也是不合格品的概率.

解　设事件 A 表示两件中有一件是不合格品,B 表示另一件也是不合格品,则 AB 表示两件都是不合格品.由题意知,所求概率为已知事件 A 发生的条件下,事件 B 发生的条件概率.利用条件概率和古典概型概率计算公式得

$$P(B|A)=\frac{P(AB)}{P(A)}=\frac{P(AB)}{1-P(\bar{A})}=\frac{\dfrac{C_4^2}{C_{10}^2}}{1-\dfrac{C_6^2}{C_{10}^2}}=\frac{1}{5}.$$

值得一提的是,条件概率往往可以根据具体问题来理解.例如某班级的某门课程考试成绩中,已知成绩优秀的学生占全部考试及格学生的 $\dfrac{1}{5}$.现将其转化为概率的语言,设 A 表示学生考试及格,B 表示学生考试成绩优秀,这就是说,已知事件 A 发生的条件下,事件 B 发生的概率为 $\dfrac{1}{5}$,即

$$P(B|A)=\frac{1}{5}.$$

同样,在计算条件概率时,也可以根据具体问题将条件直接代入到计算过程中去,而不必运用条件概率的计算公式 $P(B|A)=\dfrac{P(AB)}{P(A)}$.我们将此类方法称为融入法或调整样本空间法,而将利用计算公式 $P(B|A)=\dfrac{P(AB)}{P(A)}$ 计算的方法称为公式法.

例 1.4.2　设袋中有 10 个球,其中有 6 个红球和 4 个白球,现从中不放回地任取两个球,求已知在第一次取得红球的条件下,第二次取得白球的概率.

例 1.4.2 表明在一定的情况下,融入法简单可行.

解法一(公式法)　设事件 A 表示第一次取得红球,B 表示第二次取得白球,则

$$P(B|A)=\frac{P(AB)}{P(A)}=\frac{\dfrac{6\times4}{10\times9}}{\dfrac{6}{10}}=\frac{4}{9}.$$

解法二(融入法)　当第一次取得红球时,袋中还剩下 9 个球,其中有 5 个红球和 4 个白球(注意:样本空间已经发生变化).此时再从袋中任取一个球,则该球为白球的概率为 $\dfrac{4}{9}$.故已知在第一次取得红球的条件下,第二次取得白球的概率为 $\dfrac{4}{9}$.

例 1.4.3　设 $P(A)>0$,证明:$P(B|A)\geqslant1-\dfrac{P(\bar{B})}{P(A)}$.

证 $P(B|A) = \dfrac{P(AB)}{P(A)} = 1 - \dfrac{P(A)-P(AB)}{P(A)} = 1 - \dfrac{P(A\bar{B})}{P(A)}.$

由于 $A\bar{B} \subset \bar{B}$,所以 $P(A\bar{B}) \leqslant P(\bar{B})$,因此得

$$P(B|A) \geqslant 1 - \dfrac{P(\bar{B})}{P(A)}.$$

1.4.2 乘法公式

定理 1.4.1   设 $P(A)>0$,则 $P(AB) = P(A)P(B|A).$

定理 1.4.1 由条件概率计算公式即可证得.

在定理 1.4.1 中,当 $P(A)>0$ 时,由 $P(A)$ 和 $P(B|A)$ 的乘积来计算 $P(AB)$,可见其中的条件概率 $P(B|A)$ 是由融入法计算的.

推论 1.4.1   设 $P(B)>0$,则 $P(AB) = P(B)P(A|B).$

推论 1.4.2   设 $P(A_1A_2\cdots A_n)>0, n \geqslant 2$,则

$$P(A_1A_2\cdots A_n) = P(A_1)P(A_2|A_1)P(A_3|A_1A_2)\cdots P(A_n|A_1A_2\cdots A_{n-1}).$$

一般来说,如果随机试验 E 具有链式结构特征,即试验的过程一环扣一环,如同串联形式(见图 1.4.1),此时适合应用乘法公式计算有关事件的概率.

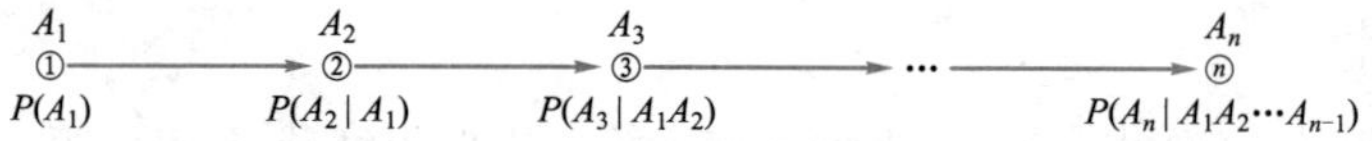

定理 1.4.1、推论 1.4.1 和推论 1.4.2 中的公式均称为乘法公式.

图 1.4.1

例 1.4.4   设袋中有 10 个球,其中 8 个白球和 2 个红球,现从中不放回地任取两个球,求所取两个球为不同颜色的概率.

解   设事件 A_i 表示第 i 次取得白球,$i=1,2$,事件 A 表示所取两个球为不同颜色,则 $A = A_1\bar{A_2} \cup \bar{A_1}A_2$,且 $A_1\bar{A_2}$ 与 $\bar{A_1}A_2$ 互不相容.故

$$P(A) = P(A_1\bar{A_2} \cup \bar{A_1}A_2) = P(A_1\bar{A_2}) + P(\bar{A_1}A_2),$$

再由乘法公式

$$P(A) = P(A_1)P(\bar{A_2}|A_1) + P(\bar{A_1})P(A_2|\bar{A_1}) = \dfrac{8}{10}\times\dfrac{2}{9} + \dfrac{2}{10}\times\dfrac{8}{9} = \dfrac{16}{45}.$$

例 1.4.5   设 50 个晶体管中有 2 个次品,每次从中任取一个测试,测试后不放回.

(1) 求第 4 次测试时出现最后一个次品的概率;

（2）问至少要抽检多少个晶体管，才能使得出现次品的概率超过 0.6?

解　设 A_i 表示第 i 次取得次品，$i=1,2,\cdots,50$.

（1）第 4 次测试时出现最后一个次品的概率为

$$P(\overline{A_1}\,\overline{A_2}A_3A_4 \cup \overline{A_1}A_2\,\overline{A_3}A_4 \cup A_1\,\overline{A_2}\,\overline{A_3}A_4)$$

$$= P(\overline{A_1}\,\overline{A_2}A_3A_4) + P(\overline{A_1}A_2\,\overline{A_3}A_4) + P(A_1\,\overline{A_2}\,\overline{A_3}A_4)$$

$$= P(\overline{A_1})P(\overline{A_2}\,|\,\overline{A_1})P(A_3\,|\,\overline{A_1}\,\overline{A_2})P(A_4\,|\,\overline{A_1}\,\overline{A_2}A_3) +$$

$$\quad P(\overline{A_1})P(A_2\,|\,\overline{A_1})P(\overline{A_3}\,|\,\overline{A_1}A_2)P(A_4\,|\,\overline{A_1}A_2\,\overline{A_3}) +$$

$$\quad P(A_1)P(\overline{A_2}\,|\,A_1)P(\overline{A_3}\,|\,A_1\,\overline{A_2})P(A_4\,|\,A_1\,\overline{A_2}\,\overline{A_3})$$

$$= \frac{48}{50}\times\frac{47}{49}\times\frac{2}{48}\times\frac{1}{47} + \frac{48}{50}\times\frac{2}{49}\times\frac{47}{48}\times\frac{1}{47} + \frac{2}{50}\times\frac{48}{49}\times\frac{47}{48}\times\frac{1}{47} = \frac{3}{1\,225}.$$

（2）设抽检了 n 个晶体管，且不难得 $n>1$，则 n 个晶体管全为正品的概率为

$$P(\overline{A_1}\,\overline{A_2}\,\overline{A_3}\cdots\overline{A_n}) = P(\overline{A_1})P(\overline{A_2}\,|\,\overline{A_1})P(\overline{A_3}\,|\,\overline{A_1}\,\overline{A_2})\cdots P(\overline{A_n}\,|\,\overline{A_1}\,\overline{A_2}\cdots\overline{A_{n-1}})$$

$$= \frac{48}{50}\times\frac{47}{49}\times\frac{46}{48}\times\frac{45}{47}\times\cdots\times\frac{48-(n-2)}{50-(n-2)}\times\frac{48-(n-1)}{50-(n-1)}$$

$$= \frac{(50-n)(49-n)}{50\times49}.$$

由题意知，$1-\dfrac{(50-n)(49-n)}{50\times49}>0.6$，解得 $n>18$，所以至少要抽检 19 个晶体管，才能使得出现次品的概率超过 0.6.

1.5　全概率公式与贝叶斯公式

1.5.1　全概率公式

定义 1.5.1　如果事件组 $A_1,A_2,\cdots,A_i,\cdots$ 两两互不相容，且 $A_1\cup A_2\cup\cdots\cup A_i\cup\cdots=\Omega$，就称事件组 $A_1,A_2,\cdots,A_i,\cdots$ 构成样本空间 Ω 的一个完备事件组，简称完备组（见图 1.5.1）.

样本空间 Ω 的完备事件组实际上就是将 Ω 分解为若干个两两互不相容事件，从而将一个复杂的问题化为几个简单问题去解决.

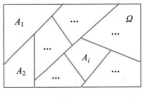

图 1.5.1

微视频 1-3
全概率公式

定理 1.5.1　设事件组 $A_1,A_2,\cdots,A_i,\cdots$ 为样本空间 Ω 的一个完备事件组,且 $P(A_i)>0,i=1,2,\cdots$,则对任何事件 B,有

$$P(B)=\sum_{i=1}^{\infty}P(A_i)P(B\,|\,A_i)\ ,$$

上式称为**全概率公式**.

证　由于 $A_1\cup A_2\cup\cdots\cup A_i\cup\cdots=\Omega$,所以

$$B=B(A_1\cup A_2\cup\cdots\cup A_i\cup\cdots)=A_1B\cup A_2B\cup\cdots\cup A_iB\cup\cdots,$$

又因为 $A_1B,A_2B,\cdots,A_iB,\cdots$ 两两互不相容,故有

$$P(B)=P(A_1B\cup A_2B\cup\cdots\cup A_iB\cup\cdots)=P(A_1B)+P(A_2B)+\cdots+P(A_iB)+\cdots$$

$$=P(A_1)P(B\,|\,A_1)+P(A_2)P(B\,|\,A_2)+\cdots+P(A_i)P(B\,|\,A_i)+\cdots$$

$$=\sum_{i=1}^{\infty}P(A_i)P(B\,|\,A_i)\ .$$

在上一节中指出,当随机试验 E 具有链式结构特征时,适合应用乘法公式计算有关事件的概率.而在此处,当随机试验 E 的过程具有并列结构特征,即并联形式时(见图 1.5.2),适合应用全概率公式计算有关事件的概率.

推论 1.5.1　设事件组 $A_1,A_2,\cdots,A_n$ 为样本空间 Ω 的一个完备事件组,且 $P(A_i)>0,i=1,2,\cdots,n$,则对任何事件 B,有

$$P(B)=\sum_{i=1}^{n}P(A_i)P(B\,|\,A_i)\ ,$$

上式也称为全概率公式.

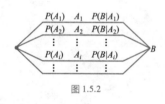

图 1.5.2

作为特例,当完备事件组为 A 和 $\overline{A}$ 时,全概率公式为
$P(B)=P(A)P(B\,|\,A)+P(\overline{A})P(B\,|\,\overline{A})$.

例 1.5.1　设 10 个产品中有 8 个正品和 2 个次品,现不放回地任取两次,每次取一个,求第二次取得次品的概率.

解　设事件 A 表示第一次取得次品,B 表示第二次取得次品,则

$P(A)=\dfrac{2}{10}=\dfrac{1}{5},P(\overline{A})=\dfrac{8}{10}=\dfrac{4}{5},P(B\,|\,A)=\dfrac{1}{9},P(B\,|\,\overline{A})=\dfrac{2}{9}$,由全概率公式

$$P(B)=P(A)P(B\,|\,A)+P(\overline{A})P(B\,|\,\overline{A})=\frac{1}{5}\times\frac{1}{9}+\frac{4}{5}\times\frac{2}{9}=\frac{1}{5}.$$

例 1.5.2　已知甲、乙两箱装有同种产品,其中甲箱装有 3 件合格品和 3 件次品,乙箱仅装有 3 件合格品.从甲箱中任取 3 件产品放入乙箱后,求从乙箱中任取一件产品是次品的概率.

解　设事件 A_i 表示从甲箱中任取 3 件产品放入乙箱后乙箱中有 i 个次品,$i=0,1,2,3$.

又设事件 B 表示从乙箱中任意取出的一件产品是次品,则

$$P(A_i) = \frac{C_3^i C_3^{3-i}}{C_6^3}, P(B \mid A_i) = \frac{i}{6}, \quad i = 0, 1, 2, 3.$$

由全概率公式,得

$$P(B) = \sum_{i=0}^{3} P(A_i) P(B \mid A_i) = \sum_{i=0}^{3} \frac{C_3^i C_3^{3-i}}{C_6^3} \times \frac{i}{6}$$

$$= \frac{1}{20} \times 0 + \frac{9}{20} \times \frac{1}{6} + \frac{9}{20} \times \frac{2}{6} + \frac{1}{20} \times \frac{3}{6} = \frac{1}{4}.$$

例 1.5.3 设事件组 $A_1, A_2, \cdots, A_i, \cdots$ 为样本空间 Ω 的一个完备事件组,B, C 为两个随机事件,且 $P(A_i B) > 0, i = 1, 2, \cdots$,证明:

$$P(C \mid B) = \sum_{i=1}^{\infty} P(A_i \mid B) P(C \mid A_i B).$$

上式可称为全概率条件公式.

证 由于 $A_1 \cup A_2 \cup \cdots \cup A_i \cup \cdots = \Omega$,所以

$$BC = BC(A_1 \cup A_2 \cup \cdots \cup A_i \cup \cdots) = A_1 BC \cup A_2 BC \cup \cdots \cup A_i BC \cup \cdots,$$

又因为 $A_1 BC, A_2 BC, \cdots, A_i BC, \cdots$ 两两互不相容,故有

$$P(BC) = P(A_1 BC \cup A_2 BC \cup \cdots \cup A_i BC \cup \cdots)$$

$$= P(A_1 BC) + P(A_2 BC) + \cdots + P(A_i BC) + \cdots$$

$$= P(A_1 B) P(C \mid A_1 B) + P(A_2 B) P(C \mid A_2 B) + \cdots + P(A_i B) P(C \mid A_i B) + \cdots$$

$$= \sum_{i=1}^{\infty} P(A_i B) P(C \mid A_i B),$$

所以

$$P(C \mid B) = \frac{P(BC)}{P(B)} = \frac{\displaystyle\sum_{i=1}^{\infty} P(A_i B) P(C \mid A_i B)}{P(B)}$$

$$= \sum_{i=1}^{\infty} \frac{P(A_i B)}{P(B)} P(C \mid A_i B) = \sum_{i=1}^{\infty} P(A_i \mid B) P(C \mid A_i B).$$

1.5.2 贝叶斯公式

定理 1.5.2 设事件组 $A_1, A_2, \cdots, A_i, \cdots$ 为样本空间 Ω 的一个完备事件组,且 $P(A_i) > 0, i = 1, 2, \cdots$,$B$ 为一随机事件,且 $P(B) > 0$,则

数学家小传 1-4
贝叶斯

$$P(A_j\,|\,B) = \frac{P(A_j)P(B\,|\,A_j)}{\sum\limits_{i=1}^{\infty}P(A_i)P(B\,|\,A_i)}, \quad j = 1, 2, \cdots.$$

此公式称为贝叶斯公式或逆概率公式.

微视频 1-4
贝叶斯公式

证 利用条件概率计算公式、乘法公式和全概率公式即可证明贝叶斯公式

$$P(A_j\,|\,B) = \frac{P(A_jB)}{P(B)} = \frac{P(A_j)P(B\,|\,A_j)}{\sum\limits_{i=1}^{\infty}P(A_i)P(B\,|\,A_i)}.$$

贝叶斯公式是概率计算中的一个重要公式,在概率论和数理统计中有着广泛的应用.

概念解析 1-3
先验概率与后验概率

当试验结束后,发现事件 B 已经发生,此信息有助于探讨事件 A_1, A_2, $\cdots$, A_i, $\cdots$ 发生的原因,因此条件概率 $P(A_1\,|\,B)$, $P(A_2\,|\,B)$, $\cdots$, $P(A_i\,|\,B)$, $\cdots$ 称为后验概率.与此对应地,在试验之前,根据以往的经验,所求概率 $P(A_1)$, $P(A_2)$, $\cdots$, $P(A_i)$, $\cdots$ 称为先验概率.

为了避免记忆繁琐的公式,贝叶斯公式也可以分为两个步骤:

第一步:先用全概率公式求出 $P(B) = \sum\limits_{i=1}^{\infty}P(A_i)P(B\,|\,A_i)$;

第二步:利用 $P(A_j\,|\,B) = \dfrac{P(A_j)P(B\,|\,A_j)}{P(B)}$ 求出 $P(A_j\,|\,B)$, $j = 1, 2, \cdots$, 此式也称为贝叶斯公式.

例 1.5.4 假定用血清甲蛋白法诊断肝癌.设事件 A 表示被检验者已患有肝癌,事件 B 表示被检验者被诊断出患有肝癌.又在自然人群中调查得知 $P(A) = 0.000\,4$, $P(B\,|\,A) = 0.95$, $P(\overline{B}\,|\,\overline{A}) = 0.90$.现有一人被此检验法诊断出患有肝癌,求此人已患有肝癌的概率.

解 由于 A 和 $\overline{A}$ 构成完备组,故由贝叶斯公式

$$P(A\,|\,B) = \frac{P(A)P(B\,|\,A)}{P(A)P(B\,|\,A) + P(\overline{A})P(B\,|\,\overline{A})}$$

$$= \frac{0.000\,4 \times 0.95}{0.000\,4 \times 0.95 + 0.999\,6 \times (1 - 0.90)} \approx 0.003\,8.$$

一方面,虽然用血清甲蛋白法诊断肝癌效果良好,但 $P(A\,|\,B) \approx 0.003\,8$ 告诉我们被此检验法诊断出患有肝癌时,此人真正患有肝癌的可能性并不大.另一方面,$P(A\,|\,B) \approx 0.003\,8$ 是 $P(A) = 0.000\,4$ 的 9.5 倍,表

明一旦被诊断出患有肝癌时,千万不可麻痹.

例 1.5.5　设有 4 箱同类产品,每箱各有 10 个产品,且第 i 箱中有 $i-1$ 个次品,$i=1,2,3,4$.现从某箱中有放回地任取两个产品.(1)求第一个产品为正品的概率;(2)如果已知第一个产品为正品,分别求该产品取自各个箱子的概率;(3)如果已知第一个产品为正品,求第二个产品也为正品的概率.

解　(1)设事件 A_i 表示从第 i 箱中取产品,$i=1,2,3,4$,B 表示第一个产品为正品,则 $P(A_i)=\dfrac{1}{4}$,$P(B|A_i)=\dfrac{10-(i-1)}{10}=\dfrac{11-i}{10}$,$i=1,2,3,4$,故由全概率公式

$$P(B)=\sum_{i=1}^{4}P(A_i)P(B|A_i)=\sum_{i=1}^{4}\frac{1}{4}\times\frac{11-i}{10}=\frac{17}{20}.$$

(2)由贝叶斯公式知,该产品取自第 i 个箱子的概率为

$$P(A_i|B)=\frac{P(A_i)P(B|A_i)}{P(B)}=\frac{\dfrac{1}{4}\times\dfrac{11-i}{10}}{\dfrac{17}{20}}=\frac{11-i}{34},\quad i=1,2,3,4.$$

(3)设 C 表示第二个产品为正品,则 $P(BC|A_i)=\left(\dfrac{11-i}{10}\right)^2$,$i=1,2,3,4$,故由全概率公式

$$P(BC)=\sum_{i=1}^{4}P(A_i)P(BC|A_i)=\sum_{i=1}^{4}\frac{1}{4}\times\left(\frac{11-i}{10}\right)^2=\frac{147}{200},$$

所以所求概率为 $P(C|B)=\dfrac{P(BC)}{P(B)}=\dfrac{\dfrac{147}{200}}{\dfrac{17}{20}}=\dfrac{147}{170}.$

另外,$P(C|B)$ 也可以利用例 1.5.3 中的全概率条件公式求得.

由于 $P(A_i|B)=\dfrac{11-i}{34}$,$P(C|A_iB)=\dfrac{11-i}{10}$,$i=1,2,3,4$,所以

$$P(C|B)=\sum_{i=1}^{4}P(A_i|B)P(C|A_iB)=\sum_{i=1}^{4}\frac{11-i}{34}\times\frac{11-i}{10}=\frac{147}{170}.$$

典型例题分析 1-3
全概率公式及贝叶斯公式

例 1.5.6　某水文站职工在汛期测流时,发现有多种因素影响测流质量,并在长期工作中得到了它们各自出现的概率和各种因素出现的情况

下发现测流质量差的概率(见表 1.5.1).

表 1.5.1　测流质量因素统计表

影响测流质量的因素 A_i	$P(A_i)$	$P(B\mid A_i)$
流速仪质量欠佳 A_1	0.01	0.90
绕道设施有误差 A_2	0.05	0.80
水中有杂质 A_3	0.04	0.10
气候条件有影响 A_4	0.10	0.30
人员配合不好 A_5	0.10	0.80
其他 A_6	0.70	0.01

其中事件 A_i 为影响测流质量的各种因素,$i=1,2,\cdots,6$,事件 B 为测流质量差.试找出影响测流质量的主要因素和次要因素.

解　在表 1.5.1 中,首先计算出 $P(A_i)P(B\mid A_i)$,$i=1,2,\cdots,6$;再用全概率公式计算得 $P(B)=\sum\limits_{i=1}^{6}P(A_i)P(B\mid A_i)$,最后由贝叶斯公式 $P(A_i\mid B)=\dfrac{P(A_i)P(B\mid A_i)}{P(B)}$ 计算出 $P(A_i\mid B)$,$i=1,2,\cdots,6$(见表 1.5.2).

表 1.5.2　测流质量因素分析计算表

影响测流质量的因素 A_i	$P(A_i)$	$P(B\mid A_i)$	$P(A_i)P(B\mid A_i)$	$P(A_i\mid B)$
流速仪质量欠佳 A_1	0.01	0.90	0.009	0.05
绕道设施有误差 A_2	0.05	0.80	0.040	0.24
水中有杂质 A_3	0.04	0.10	0.004	0.02
气候条件有影响 A_4	0.10	0.30	0.030	0.18
人员配合不好 A_5	0.10	0.80	0.080	0.47
其他 A_6	0.70	0.01	0.007	0.04
合计	1.00		$P(B)=0.170$	1.00

由最后一列可见,人员配合不好 A_5 是影响测流质量的主要因素,绕道设施有误差 A_2 是影响测流质量的次要因素.

1.6　事件的独立性与伯努利概型

1.6.1　事件的独立性

有时,在已知事件 A 发生的条件下事件 B 发生的条件概率 $P(B|A)$,和不清楚事件 A 是否发生的情况下事件 B 发生的概率 $P(B)$ 是不同的,即有 $P(B|A) \neq P(B)$,这表明事件 A 发生与否对事件 B 发生的可能性有影响.但在有些情况下,事件 A 的发生对事件 B 发生的可能性并无影响,即有 $P(B|A) = P(B)$,参见以下例子.

例 1.6.1　盒子中有编号为 $1,2,3,4$ 的 4 张卡片,现从中任取一张,设事件 A 表示取到 1 号卡片或 2 号卡片,事件 B 表示取到 1 号卡片或 4 号卡片,试分别求 $P(B)$ 和 $P(B|A)$.

解　由古典概型的概率计算公式得 $P(B) = \dfrac{2}{4} = \dfrac{1}{2}$,同理 $P(A) = \dfrac{1}{2}$.

又由题意知,AB 表示取到 1 号卡片,所以 $P(AB) = \dfrac{1}{4}$,故 $P(B|A) = $

$\dfrac{P(AB)}{P(A)} = \dfrac{1}{2}.$

从例 1.6.1 可见 $P(B|A) = P(B)$,表明事件 A 的发生对事件 B 发生的可能性并无影响.

如果 $P(B|A) = P(B)$,则由乘法公式 $P(AB) = P(A)P(B|A)$ 得 $P(AB) = P(A)P(B)$.这就是本节将要介绍的事件独立性.

定义 1.6.1　设 A,B 为两个随机事件,如果 $P(AB) = P(A)P(B)$,就称事件 A 和 B 相互独立.

由此定义可知,必然事件 Ω、不可能事件 $\varnothing$ 分别和任意事件 A 相互独立,即总有

$$P(A\Omega) = P(A)P(\Omega) \quad 和 \quad P(A\varnothing) = P(A)P(\varnothing).$$

事件 A 和 B 相互独立的直观理解为事件 A 和 B 各自发生与否没有任何关系.

例 1.6.1 中事件 A 和 B 是相互独立的.由于这种现象在现实生活中普

概念解析 1-4
随机事件独立的通俗定义

注意: 事件相互独立和事件互不相容是两个不同的概念. 如果事件 A 和 B 相互独立, 且 $P(A)>0$, $P(B)>0$, 则 A 和 B 不可能互不相容.

概念解析 1-5
互不相容与相互独立

遍存在, 因此事件的独立性是概率论中一个非常重要的概念.

由上述定义, 可得下列有关事件独立性的几个重要结论.

定理 1.6.1 设 $P(A)>0$, 则事件 A 和 B 相互独立的充要条件为 $P(B|A)=P(B)$.

定理 1.6.2 设 A,B 为两个随机事件, 如果 A 和 B 相互独立, 则 A 和 $\bar{B}$ 相互独立, $\bar{A}$ 和 B 相互独立, $\bar{A}$ 和 $\bar{B}$ 也相互独立.

证 由于证明方法类似, 仅证明 A 和 $\bar{B}$ 相互独立. 由于

$$P(A\bar{B})=P(A)-P(AB)=P(A)-P(A)P(B)=P(A)[1-P(B)]=P(A)P(\bar{B}),$$

所以事件 A 和 $\bar{B}$ 相互独立.

推论 1.6.1 设 A,B 为两个随机事件, 则下列四对事件

$$A \text{ 和 } B, \quad A \text{ 和 } \bar{B}, \quad \bar{A} \text{ 和 } B, \quad \bar{A} \text{ 和 } \bar{B}$$

相互独立是等价的.

定理 1.6.3 设 A,B 为两个随机事件, 且 $0<P(A)<1$, 则 A 和 B 相互独立的充要条件为 $P(B|A)=P(B|\bar{A})$.

证 充分性. 如果事件 A 和 B 相互独立, 则 $\bar{A}$ 和 B 也相互独立. 由定理 1.6.1, $P(B|A)=P(B)$, $P(B|\bar{A})=P(B)$, 故 $P(B|A)=P(B|\bar{A})$.

必要性. 如果 $P(B|A)=P(B|\bar{A})$, 则 $\dfrac{P(AB)}{P(A)}=\dfrac{P(\bar{A}B)}{P(\bar{A})}=$

$\dfrac{P(B)-P(AB)}{1-P(A)}$, 故

$$P(AB)[1-P(A)]=P(A)[P(B)-P(AB)],$$

化简整理得 $P(AB)=P(A)P(B)$, 所以事件 A 和 B 相互独立.

定理 1.6.3 中, $P(B|A)=P(B|\bar{A})$ 的等价形式为 $P(B|A)+P(\bar{B}|\bar{A})=1$.

例 1.6.2 设随机事件 A 和 B 相互独立, 已知 A 发生 B 不发生的概率和 B 发生 A 不发生的概率相等, 且 A,B 都不发生的概率为 $\dfrac{1}{9}$, 求 $P(A)$.

解 由题意知 $P(A\bar{B})=P(\bar{A}B)$, 所以 $P(A)-P(AB)=P(B)-P(AB)$, 得 $P(A)=P(B)$, 进而 $P(\bar{A})=P(\bar{B})$.

又 $P(\bar{A}\bar{B})=\dfrac{1}{9}$, 且 $\bar{A}$ 和 $\bar{B}$ 相互独立, 因此 $P(\bar{A}\bar{B})=P(\bar{A})P(\bar{B})=$

$[P(\bar{A})]^2=\dfrac{1}{9}$, 因为 $P(\bar{A})\geqslant 0$, 故解得 $P(\bar{A})=\dfrac{1}{3}$, 所以 $P(A)=\dfrac{2}{3}$.

例 1.6.3 设随机事件 A 和 B 相互独立, $P(A)=0.5$, $P(B)=0.4$,

求 $P(A\overline{B}\cup\overline{A}B\,|\,A\cup B)$.

　　解　由于事件 A 和 B 相互独立,所以 A 和 $\overline{B}$,$\overline{A}$ 和 B,$\overline{A}$ 和 $\overline{B}$ 均相互独立,所以

$$P(A\overline{B}\cup\overline{A}B\,|\,A\cup B)=\frac{P((A\overline{B}\cup\overline{A}B)(A\cup B))}{P(A\cup B)}=\frac{P(A\overline{B}\cup\overline{A}B)}{P(A\cup B)}$$

$$=\frac{P(A\overline{B})+P(\overline{A}B)}{1-P(\overline{A}\,\overline{B})}=\frac{P(A)P(\overline{B})+P(\overline{A})P(B)}{1-P(\overline{A})P(\overline{B})}$$

$$=\frac{0.5\times0.6+0.5\times0.4}{1-0.5\times0.6}=\frac{5}{7}.$$

　　事件的独立性往往也可以通过实际问题中各种随机现象之间的关系来判断.例如,将一枚硬币连续抛两次,则事件"第一次出现正面"和"第二次出现正面"是相互独立的.又如,设袋中有 4 个红球和 2 个白球,现从中有放回地任取两次,每次取一个,则事件"第一次取红球"和"第二次取红球"是相互独立的.如果不放回地任取两次,每次取一个,则事件"第一次取红球"和"第二次取红球"就不相互独立.

　　类似这种情况还很多,需要根据具体情况去分析,特别是出现"互不干扰""互不影响""独立工作"等字眼时,通常都和事件的独立性有关.

　　例 1.6.4　甲箱中有 2 个白球 4 个黑球,乙箱中有 6 个白球 2 个黑球,现从这两箱中各任取一球,再从取出的两球中任取一球,试求该球是白球的概率.

　　解　设事件 A 表示"从甲箱中所取的球为白球",B 表示"从乙箱中所取的球为白球",则利用古典概型计算得 $P(A)=\dfrac{1}{3}$,$P(B)=\dfrac{3}{4}$.又由题意知,A 和 B 相互独立,因此

$$P(AB)=P(A)P(B)=\frac{1}{4},\quad P(A\overline{B})=P(A)P(\overline{B})=\frac{1}{12},$$

$$P(\overline{A}B)=P(\overline{A})P(B)=\frac{1}{2},\quad P(\overline{A}\,\overline{B})=P(\overline{A})P(\overline{B})=\frac{1}{6},$$

且 $AB,A\overline{B},\overline{A}B,\overline{A}\,\overline{B}$ 构成完备组.

　　又设 C 表示"从取出的两球中任取一球为白球",则

$$P(C\,|\,AB)=1,\quad P(C\,|\,A\overline{B})=P(C\,|\,\overline{A}B)=\frac{1}{2},\quad P(C\,|\,\overline{A}\,\overline{B})=0.$$

由全概率公式

$$P(C) = P(AB)P(C|AB) + P(A\bar{B})P(C|A\bar{B}) +$$
$$P(\bar{A}B)P(C|\bar{A}B) + P(\bar{A}\ \bar{B})P(C|\bar{A}\ \bar{B})$$

$$= \frac{1}{4} \times 1 + \frac{1}{12} \times \frac{1}{2} + \frac{1}{2} \times \frac{1}{2} + \frac{1}{6} \times 0 = \frac{13}{24}.$$

例 1.6.5　设随机事件 A 分别和 B,C 相互独立,且 $C \subset B$,证明:A 和 $B-C$ 相互独立.

证　由于 $C \subset B$,所以 $BC = C$,故

$$P(A(B-C)) = P(AB\bar{C}) = P(AB) - P(ABC) = P(AB) - P(AC)$$
$$= P(A)P(B) - P(A)P(C) = P(A)[P(B) - P(C)]$$
$$= P(A)[P(B) - P(BC)] = P(A)P(B-C),$$

即 A 与 $B-C$ 相互独立.

下面介绍三个以及三个以上随机事件的独立性.

定义 1.6.2　设 A,B,C 为三个随机事件,如果有

$$\begin{cases} P(AB) = P(A)P(B), \\ P(AC) = P(A)P(C), \\ P(BC) = P(B)P(C), \end{cases}$$

就称随机事件 A,B,C 两两独立.

定义 1.6.3　如果随机事件 A,B,C 两两独立,且

$$P(ABC) = P(A)P(B)P(C),$$

就称随机事件 A,B,C 相互独立.

微视频 1-5
三个随机事件的独立性

由定义 1.6.2 和定义 1.6.3 知,当随机事件 A,B,C 相互独立时,A,B,C 一定两两独立.但反之未必,即当随机事件 A,B,C 两两独立时,可能会出现 $P(ABC) \neq P(A)P(B)P(C)$,故 A,B,C 未必相互独立.参见下例.

例 1.6.6　盒子中有编号为 $1,2,3,4$ 的 4 张卡片,现从中任取一张,设事件 A 表示取到 1 号卡片或 2 号卡片,B 表示取到 1 号卡片或 3 号卡片,C 表示取到 1 号卡片或 4 号卡片,试分别讨论事件 A,B,C 的两两独立性和相互独立性.

解　由古典概型的概率计算公式可计算得

$$P(A) = P(B) = P(C) = \frac{2}{4} = \frac{1}{2}.$$

又 $AB=AC=BC=ABC$，均为"取得 1 号卡片"，所以

$$P(AB)=P(AC)=P(BC)=P(ABC)=\frac{1}{4}.$$

因此，

$$P(AB)=P(A)P(B)=\frac{1}{4}, \quad P(AC)=P(A)P(C)=\frac{1}{4},$$

$$P(BC)=P(B)P(C)=\frac{1}{4},$$

$$P(ABC)=\frac{1}{4}\neq P(A)P(B)P(C)=\frac{1}{8}.$$

上述计算结果表明事件 A,B,C 两两独立，但不相互独立.

例 1.6.6 表明事件 A,B,C 两两之间没有任何关系，但 A,B,C 之间却存在一定的关系.比如 $BC\subset A$，即当 B,C 都发生时 A 发生.

如果事件 A,B,C 两两独立，且 A 和 BC 相互独立，则有

$$P(ABC)=P(A)P(BC)=P(A)P(B)P(C).$$

由此可得定义 1.6.3 的必要性和合理性.

一般地，对于 $n(n\geqslant 2)$ 个随机事件的独立性，有

定义 1.6.4　设有 $n(n\geqslant 2)$ 个随机事件 $A_1,A_2,\cdots,A_n$，如果对其中任意 $k(k=2,3,\cdots,n)$ 个随机事件 $A_{i_1},A_{i_2},\cdots,A_{i_k}$，均有

$$P(A_{i_1}A_{i_2}\cdots A_{i_k})=P(A_{i_1})P(A_{i_2})\cdots P(A_{i_k}),$$

（共有 $C_n^2+C_n^3+\cdots+C_n^n=2^n-n-1$ 个等式）就称随机事件 $A_1,A_2,\cdots,A_n$ 相互独立.

设有可列无穷多个事件 $A_1,A_2,\cdots,A_n,\cdots$，如果对任意的 $n(n\geqslant 2)$ 个事件，$A_1,A_2,\cdots,A_n$ 均相互独立，就称事件 $A_1,A_2,\cdots,A_n,\cdots$ 相互独立.

在定义 1.6.4 中，$n=2$ 和 $n=3$ 的情形与定义 1.6.1 和定义 1.6.3 完全一致.

当 n 较大时，利用定义 1.6.4 来说明 $A_1,A_2,\cdots,A_n$ 的相互独立性显得比较烦琐.比如当 $n=4$ 时，就需要验证 11 个相关等式成立，才能说明事件 A_1,A_2,A_3,A_4 相互独立.因此在很多实际问题中，根据具体问题判定事件 $A_1,A_2,\cdots,A_n$ 的相互独立性显得更简单一些.

性质 1.6.1　如果随机事件 $A_1,A_2,\cdots,A_n$ 相互独立，则 $A_1,A_2,\cdots,A_n$ 的任一部分事件（至少两个事件）也相互独立.

性质 1.6.2   如果随机事件 $A_1, A_2, \cdots, A_n$ 相互独立,则分别将 A_i 不变或换成 $\overline{A_i}$ 后所得事件仍相互独立.例如 $\overline{A_1}, A_2, \cdots, A_n, \overline{A_1}, \overline{A_2}, \cdots, \overline{A_n}$ 等也分别相互独立.

性质 1.6.3   如果随机事件 $A_1, A_2, \cdots, A_m, B_1, B_2, \cdots, B_n$ 相互独立,则由 $A_1, A_2, \cdots, A_m$ 组成的随机事件和由 $B_1, B_2, \cdots, B_n$ 组成的随机事件相互独立.

例 1.6.7   设随机事件 A, B, C 相互独立,$P(A) = 0.3, P(B) = 0.4$,$P(C) = 0.5$.分别求(1)A, B, C 中至少发生一个的概率;(2)A, B, C 中恰好发生一个的概率.

解   (1) $P(A \cup B \cup C) = 1 - P(\overline{A}\,\overline{B}\,\overline{C}) = 1 - P(\overline{A})P(\overline{B})P(\overline{C}) = 1 - 0.7 \times 0.6 \times 0.5 = 0.79$.

(2) $P(A\overline{B}\,\overline{C} \cup \overline{A}B\overline{C} \cup \overline{A}\,\overline{B}C) = P(A\overline{B}\,\overline{C}) + P(\overline{A}B\overline{C}) + P(\overline{A}\,\overline{B}C)$

$= P(A)P(\overline{B})P(\overline{C}) + P(\overline{A})P(B)P(\overline{C}) + P(\overline{A})P(\overline{B})P(C)$

$= 0.3 \times 0.6 \times 0.5 + 0.7 \times 0.4 \times 0.5 + 0.7 \times 0.6 \times 0.5 = 0.44$.

例 1.6.8   设某系统 L 由三个独立工作的闭合器组成(如图 1.6.1),每个闭合器闭合的概率均为 p,其中 $0 < p < 1$.求系统 L 为通路的概率.

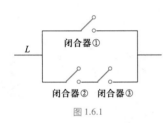

图 1.6.1

解   设 A_i 表示第 i 个闭合器闭合,$i = 1, 2, 3$.则由题意知,A_1, A_2, A_3 相互独立,且 $P(A_i) = p$.故系统 L 为通路的概率为

$$P(A_1 \cup A_2 A_3) = P(A_1) + P(A_2 A_3) - P(A_1 A_2 A_3)$$

$$= P(A_1) + P(A_2)P(A_3) - P(A_1)P(A_2)P(A_3) = p + p^2 - p^3.$$

例 1.6.9   将两枚骰子反复掷 n 次,并约定当 n 次中至少出现一次 $(6,6)$ 点时甲方获胜,否则乙方获胜.问 n 取多少时,甲乙双方的胜负率最接近于公平?

解   设 A_i 表示第 i 次掷骰子时出现 $(6,6)$ 点,$i = 1, 2, \cdots, n$.则由题意知,$A_1, A_2, \cdots, A_n$ 相互独立,且 $P(A_i) = \dfrac{1}{36}, i = 1, 2, \cdots, n$.故乙方获胜的概率为

$$P(\overline{A_1}\,\overline{A_2}\cdots\overline{A_n}) = P(\overline{A_1})P(\overline{A_2})\cdots P(\overline{A_n}) = \frac{35}{36} \times \frac{35}{36} \times \cdots \times \frac{35}{36} = \left(\frac{35}{36}\right)^n,$$

因此甲方获胜的概率为 $1 - \left(\dfrac{35}{36}\right)^n$.将 $1 - \left(\dfrac{35}{36}\right)^n = \left(\dfrac{35}{36}\right)^n$ 转化为

$$1-\left(\frac{35}{36}\right)^{x}=\left(\frac{35}{36}\right)^{x},$$

解得 $x=\dfrac{\ln 2}{\ln 36-\ln 35}\approx24.61$，经验证 n 取 25，即将两枚骰子反复掷 25 次时，甲乙双方的胜负率最接近于公平．

数学家小传 1-5
伯努利

1.6.2　伯努利概型

定义 1.6.5　将随机试验 E 重复进行 n 次，如果满足：

（1）每次试验对应的样本空间相同；

（2）各次试验结果相互独立，

就称之为 n 重独立重复试验．在 n 重独立重复试验中，如果每次试验仅考虑两种结果：A 或 $\bar{A}$，就称之为 n 重伯努利试验．

定理 1.6.4　在 n 重伯努利试验中，事件 A 恰好发生 k 次的概率为 $C_n^k p^k (1-p)^{n-k}$，其中 $k=0,1,2,\cdots,n,p=P(A),0<p<1$．

证　设 A_i 表示第 i 次试验中事件 A 发生，$i=1,2,\cdots,n$．则由题意知，$A_1,A_2,\cdots,A_n$ 相互独立，且 $P(A_i)=p,i=1,2,\cdots,n$，则在 n 重伯努利试验中，A 恰好发生 k 次的事件为

$$A_1 A_2\cdots A_k \overline{A_{k+1}}\cdots\overline{A_n},A_1 A_2\cdots\overline{A_k}A_{k+1}\cdots\overline{A_n},\cdots,\overline{A_1}\cdots\overline{A_{n-k}}A_{n-k+1}\cdots A_n$$

的并事件，其中每个事件中均有 k 个 A_i 发生，另外 $n-k$ 个 A_i 不发生，因此共有 C_n^k 个事件，且此 C_n^k 个事件两两互不相容．利用独立性可计算每项出现的概率均为 $p^k (1-p)^{n-k}$，所以在 n 重伯努利试验中，事件 A 恰好发生 k 次的概率为

$$C_n^k p^k (1-p)^{n-k},\quad k=0,1,2,\cdots,n.$$

例 1.6.10　将一枚硬币反复抛五次，求五次中至少有两次硬币正面向上的概率．

解　由于事件"五次中至少有两次硬币正面向上"的对立事件为"五次中至多有一次硬币正面向上"，且每次抛硬币时，"硬币正面向上"的概率为 $\dfrac{1}{2}$，所以由伯努利概型得所求概率为

$$1-C_5^0\left(\frac{1}{2}\right)^0\left(1-\frac{1}{2}\right)^5-C_5^1\left(\frac{1}{2}\right)^1\left(1-\frac{1}{2}\right)^4=\frac{13}{16}.$$

例 1.6.11   设事件 A 发生的概率小于 $\dfrac{1}{2}$,如果在 4 重伯努利试验中,A 恰好发生 2 次的概率为 $\dfrac{8}{27}$,求在 4 重伯努利试验中,A 恰好发生 1 次的概率.

解   设事件 A 发生的概率为 p,则 $p<\dfrac{1}{2}$.由题意知

$$C_4^2 p^2 (1-p)^2 = \frac{8}{27}, \quad 得 \ p(1-p)=\frac{2}{9},$$

解得 $p=\dfrac{1}{3}$,或 $p=\dfrac{2}{3}$(舍去),所以 A 恰好发生 1 次的概率为

$$C_4^1 \times \frac{1}{3} \times \left(1-\frac{1}{3}\right)^3 = \frac{32}{81}.$$

例 1.6.12   某人向同一目标独立重复射击,每次射击命中目标的概率为 $p(0<p<1)$,求此人第 4 次射击时恰好第 2 次命中目标的概率.

解   由于第 4 次射击时恰好第 2 次命中目标,可知前 3 次射击中恰有一次命中目标.由伯努利概型知"前 3 次射击中恰有一次命中目标"的概率为 $C_3^1 p (1-p)^2$.

而事件"第 4 次射击时恰好第 2 次命中目标"即为"前 3 次射击中恰有一次命中目标,且第 4 次射击命中目标",故此人"第 4 次射击时恰好第 2 次命中目标"的概率为

$$C_3^1 p (1-p)^2 p = 3p^2 (1-p)^2.$$

典型例题分析 1—4
伯努利概型

注意:伯努利概型强调的是在 n 重伯努利试验中事件 A 发生的次数,而不强调哪几次试验中事件 A 发生.如果事件 A 发生与试验的次序有关,则不可盲目套用伯努利概型的概率计算公式.

小结

本章重点介绍随机事件以及概率计算的常见类型和方法.

1. 事件的关系和运算

处理好随机事件的关系和运算是计算概率的前提.尤其是在应用题中,要认真审题,正确引入随机事件,将实际问题转化为数学问题,并仔细分析题目提供的条件和任务,利用所引入的事件表示出已知什么、要求出什么,然后相应地运用公式求解.

2. 概率的基本计算公式

要熟悉概率的性质,熟练掌握并事件、差事件和对立事件的概率计算公式,以及基本公式各自的特点和变化.

3. 三种常见概型

对于本章介绍的三种概型,要分别熟悉并掌握其各自的特征和运用方法.

古典概型:掌握排列组合的基本应用,正确计数.

几何概型:重点会利用长度或面积之比计算概率,参考第 2 章和第 3 章中的均匀分布.

伯努利概型:重点注意伯努利概型的适用条件,即在 n 次独立重复试验中,计算事件 A 恰好发生 k 次的概率.参考第 2 章中的二项分布(伯努利分布).

4. 条件概率公式、乘法公式

条件概率公式:正确理解条件概率的概念,会运用公式法和融入法计算条件概率.特别是融入法在乘法公式、全概率公式和贝叶斯公式中普遍使用,应熟练掌握.

乘法公式:如果事件组 $A_1, A_2, \cdots, A_n$ 的发生过程属于链式结构,即当事件 A_1 发生后,事件 A_2 发生;当事件 A_2 发生后,事件 A_3 发生;以此类推,直到事件 A_n 发生,此时计算概率 $P(A_1A_2\cdots A_n)$ 应运用乘法公式 $P(A_1A_2\cdots A_n) = P(A_1)P(A_2 \mid A_1)\cdots P(A_n \mid A_1A_2\cdots A_{n-1})$,其中的条件概率要用融入法计算.

5. 全概率公式、贝叶斯公式

全概率公式:如果完备事件组 $A_1, A_2, \cdots, A_i, \cdots$ 的发生属于并列结构,即在随机试验中,有可能 A_1 发生,有可能 A_2 发生,$\cdots\cdots$,也有可能 A_i 发生,$\cdots\cdots$并且 $A_1, A_2, \cdots, A_i, \cdots$ 的地位是平等的,此时计算 B

的概率 $P(B)$ 应运用全概率公式 $P(B) = \sum_{i=1}^{\infty} P(A_i) P(B|A_i)$ ，其中 $P(A_i)$, $P(B|A_i)$($i=1,2,\cdots,$)由题意计算.

贝叶斯公式:如果完备事件组 $A_1, A_2, \cdots, A_i, \cdots$ 属于并列结构,则在 B 发生的条件下,计算完备事件组中 A_i 的条件概率应运用贝叶斯公式 $P(A_i|B) = \dfrac{P(A_i) P(B|A_i)}{P(B)}$.如果在 B 发生的条件下,计算其他事件 C 的条件概率 $P(C|B)$,则不可运用贝叶斯公式,而是直接利用条件概率计算公式 $P(C|B) = \dfrac{P(BC)}{P(B)}$ 计算(参见例 1.5.5(3)).

全概率公式体现了由因求果,贝叶斯公式反映了执果寻因.

如果将 $P(A_iB) = P(A_i) P(B|A_i)$ 看成 A_i 对 B 的贡献,则全概率公式表明 $P(B)$ 即为所有贡献之和 $\sum_{i=1}^{\infty} P(A_i) P(B|A_i)$.而贝叶斯公式表明 $P(A_i|B)$ 为 A_i 对 B 的贡献在所有贡献之和 $\sum_{i=1}^{\infty} P(A_i) P(B|A_i)$ 中的比例 $\dfrac{P(A_i) P(B|A_i)}{P(B)}$(如右图).

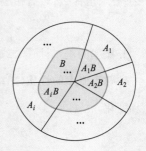

6. 事件的独立性

事件的独立性是本章的一个重点内容.首先,要理解两个事件相互独立、三个事件两两独立、三个事件相互独立以及 n 个事件相互独立的概念.其次,会证明相关事件的独立性.最后,能运用事件的独立性计算概率,特别是在实际问题中,能够分析和判断出事件的独立性,并由此解决实际问题.

本章的内容是概率论的基础,将为以后各章内容提供思想方法和理论保障.

📖 第1章习题

一、填空题

1. 向某目标射击,直到命中为止,观察射击的次数,则样本空间 $\Omega = $ _____.

2. 从 $1,2,3,4,5$ 中有放回地抽取 3 个数,则所取数中最大数是 4 的概率为 _____.

3. 在区间 $(0,1)$ 中随机地取两个数,则这两个数之差的绝对值小于 $\dfrac{1}{2}$ 的概率为 _____.

4. 设 A, B, C 是随机事件,A 与 C 互斥,$P(AB) = \dfrac{1}{2}$, $P(C) = \dfrac{1}{3}$,则 $P(AB|\overline{C}) = $ _____.

5. 盒中有一个红球和一个白球,先从盒中任取一球,若为红球,则试验终止;若取到白球,则把白球放回的同时再加进一个白球,然后再取下一球.如此下去,直到取得红球为止,则第 n 次取到红球的概率为_____.

6. 某工厂每天用水量保持正常的概率为 $\frac{3}{4}$,且各天的用水量互不影响,则一周内用水量至少 5 天保持正常的概率为_____.

二、选择题

1. 以 A 表示事件"甲种产品畅销,乙种产品滞销",则其对立事件 $\bar{A}$ 为( ).

(A)"甲种产品滞销,乙种产品畅销"

(B)"甲、乙两种产品均畅销"

(C)"甲种产品滞销"

(D)"甲种产品滞销或乙种产品畅销"

2. 设 A,B,C 为三个随机事件,如果已知当 C 发生时,A 和 B 中恰好发生一个,则下列结论不正确的是( ).

(A) $C=A\cup B-AB$ 　　(B) $(A\cup B)C=C$

(C) $\overline{AB}\subset\overline{C}$ 　　(D) $ABC=\varnothing$

3. 设 A,B 为随机事件,且 $P(B)>0,P(A|B)=1$,则必有( ).

(A) $P(A\cup B)>P(A)$ 　　(B) $P(A\cup B)>P(B)$

(C) $P(A\cup B)=P(A)$ 　　(D) $P(A\cup B)=P(B)$

4. 设 $P(A)=\frac{1}{3},P(B)=\frac{1}{2}$,则 $P(\bar{A}B)=P(A)$ 的一个充分条件为( ).

(A) $AB=\varnothing$ 　　(B) $A\subset B$

(C) $P(A|B)=\frac{1}{4}$ 　　(D) A 和 B 相互独立

5. 从 $0,1,2,\cdots,9$ 中任意选出 3 个不同的数字,则 3 个数字中不含 0 或 5 的概率为( ).

(A) $\frac{3}{5}$ 　　(B) $\frac{3}{10}$

(C) $\frac{14}{15}$ 　　(D) $\frac{7}{15}$

6. 设袋中有 10 个白球,4 个黑球,从中任取一球,观察其颜色后将其放回再加入 2 个与其同色的球,再取一个球,若已知第二次取得白球,则第一次取得白球的概率为( ).

(A) $\frac{1}{4}$ 　　(B) $\frac{3}{4}$

(C) $\frac{2}{7}$ 　　(D) $\frac{5}{7}$

7. 在 $[-1,1]$ 上任取 x 和 y 两个数,记 A_1 表示"$x>0$",A_2 表示"$y>0$",A_3 表示"$xy>0$",A_4 表示"$y>x$",则下列事件组中两两独立的是( ).

(A) A_1,A_2,A_3 　　(B) A_1,A_2,A_4

(C) A_1,A_3,A_4 　　(D) A_2,A_3,A_4

8. 设甲抛 2 次硬币,乙抛 1 次硬币,A 表示"甲所抛正面数多于乙所抛正面数",B 表示"甲所抛反面数多于乙所抛反面数",则必有( ).

(A) $P(A)=\frac{1}{2},P(B)=\frac{1}{2}$

(B) $P(A)>\frac{1}{2},P(B)<\frac{1}{2}$

(C) $P(A)<\frac{1}{2},P(B)>\frac{1}{2}$

(D) $P(A)+P(B)<1$

三、解答题

A类

1. 设袋内有 10 个编号为 1 到 10 的球,从中任取一个,观察其号码,并解答下列问题.

(1) 写出该随机试验的样本空间 Ω;

(2) 如果设 A 表示"所取球的号码是奇数",B 表示"所取球的号码是偶数",C 表示"所取球的号码小于 5",指出下列各事件的含义:

①$A\cup B$;　②AB;　③$\bar{C}$;　④$\overline{B\cup C}$;

⑤$\overline{BC}$;　　⑥$A-C$.

(3) 在(2)中,问事件 A 与 B 是否为互不相容事件? 又是否为对立事件?

(4) 在(2)中,问事件 AC 与 $A\overline{C}$ 是否为互不相容事件? 又是否为对立事件?

2. 设甲、乙和丙三人各自向某目标射击一次,事件 A_1, A_2,A_3 分别表示“甲、乙和丙射中目标”.试说明下列事件所表示的含义:

$\overline{A_2}$, $A_2\cup A_3$, $\overline{A_1A_2}$, $\overline{A_1}\cup A_2$, $A_1A_2\overline{A_3}$, $A_1A_2\cup A_2A_3\cup A_1A_3$.

3. 简化下列各式:

(1) $(A\cup B)(B\cup C)$;　　(2) $(A\cup B)(A\cup\overline{B})$;

(3) $(A\cup B)(A\cup\overline{B})(\overline{A}\cup B)$.

4. 设一批产品共 100 件,其中有 98 件正品,2 件次品.就下列三种情况分别计算取出的 3 件产品中恰好有 1 件是次品的概率 p:

(1) 从中一次性任取 3 件;

(2) 从中有放回地任取 3 件;

(3) 从中不放回地任取 3 件.

5. 某市一项调查表明,该市有 30% 的学生视力有缺陷, 7% 的学生听力有缺陷,3% 的学生视力与听力都有缺陷.

(1) 已知某学生视力有缺陷,求其听力有缺陷的概率;

(2) 已知某学生听力有缺陷,求其视力有缺陷的概率;

(3) 任意找一个学生,求其视力没有缺陷,但听力有缺陷的概率;

(4) 任意找一个学生,求其视力有缺陷,但听力没有缺陷的概率;

(5) 任意找一个学生,求其视力和听力都没有缺陷的概率.

6. 设 10 个考签中有 4 个难签,甲、乙、丙三人依次不放回地参加抽签.求:(1)甲、乙、丙都抽到难签的概率; (2)恰有两人抽到难签的概率.

7. 设有甲、乙两个袋子,甲袋中装有 2 个白球,1 个黑球,乙袋中装有 1 个白球,2 个黑球.从甲袋中任取一球放入乙袋,再从乙袋中任取一球,求从乙袋中所取球为白球的概率;若已知从乙袋中取出白球,问从甲袋中取到哪种颜色球的可能性大?

8. 设随机事件 A 和 B 相互独立,$P(A)=0.2$,$P(B)=0.3$,计算下列条件概率:

(1) $P(AB|A\cup B)$;　　(2) $P(A|A\cup B)$;

(3) $P(A|A\overline{B}\cup\overline{A}B)$.

9. 设随机事件 A,B,C 两两独立,$0<P(C)<1$,若 $P(AB|C)=P(AB|\overline{C})$,证明 A,B,C 相互独立.

10. 一架飞机有两个发动机.飞机在空中飞行时,地面向该机射击,只有当击中驾驶舱或同时击中两个发动机时,飞机才被击落.如果已知击中驾驶舱以及击中每个发动机是相互独立的,且击中驾驶舱的概率为 α,击中每个发动机的概率为 β,求飞机被击落的概率.

B 类

1. 在一个圆周上任取三点,求三点落在半圆周上的概率 p.

2. 玻璃杯成箱出售,每箱 20 只,设每箱有 0,1,2 只次品的概率分别为 0.8,0.1 和 0.1.顾客购买时,售货员随意取一箱,而顾客随意查看四只,若四只中无次品,则买下,否则退回.求(1)售货员随意取一箱,顾客买下的概率;(2)在顾客买下的一箱中,没有次品的概率.

3. 设随机事件 A,B 分别和 C 相互独立,且 $AB=\varnothing$,证明 $A\cup B$ 和 C 相互独立.

4. 设随机事件 A,B 分别和 C 相互独立,证明 $A\cup B$ 和 C 相互独立的充分必要条件为 AB 和 C 相互独立.

5. 设某流水线上,甲、乙、丙三部机床独立地工作,并由一人看管,某段时间内各机床不需要看管的概率分

别是 0.9,0.8,0.85.分别求

(1) 在该段时间内,有机床需要看管的概率;

(2) 在该段时间内,因机床故障看管不过来而停工的
  概率.

6. 设甲、乙两人进行乒乓球比赛,且各局胜负相互独
  立.根据以往经验知每局甲胜的概率为 0.6,问对甲
  而言,是采取三局二胜制有利,还是采用五局三胜制
  有利?

7. 设甲、乙两人投篮,命中率分别为 0.7 和 0.6,每人投
  两次,求甲比乙进球数多的概率.

C 类

1. 设随机事件 A,B,C 两两独立,且其概率均为
  $p(0<p<1)$,如果 $C \subset \overline{AB} \cup \overline{AB}$,求 p 的值.

2. 设有某型号的高射炮,每门高射炮命中敌机的概率

为 0.4,现有若干门高射炮同时向敌机射击,如果以
不低于 99% 的概率击中敌机,问至少要配置多少门
高射炮同时射击?

3. 甲乙两人轮流射击,甲先射,甲、乙每次中靶的概率
  分别为 0.3 和 0.4,且每次射击相互不影响,求甲首先
  中靶的概率.

4. 对飞机进行三次独立射击,第一次射击命中率为
  0.4,第二次射击命中率为 0.5,第三次射击命中率为
  0.7.击中飞机一次而飞机被击落的概率为 0.2,击中
  飞机两次而飞机被击落的概率为 0.6,若击中三次则
  飞机必被击落.求射击三次后飞机未被击落的概率.

5. 在 n 重伯努利试验中,每次试验成功的概率为 p,试
  分别求试验成功奇数次和试验成功偶数次的概率.

网上更多……   📝 自测题

第 2 章　一维随机变量及其分布

在上一章中,主要介绍了随机事件及其常见概率计算方法.本章通过建立样本点与实数之间的对应关系,引入随机变量的概念,并利用随机变量及其分布,更加全面地研究随机现象.

2.1　随机变量及其分布函数

2.1.1　随机变量的概念

定义 2.1.1　设随机试验 E 的样本空间为 Ω,对每一个样本点 $\omega \in \Omega$,均有唯一确定的实数 X 与之对应,就称 X 为一个定义在 Ω 上的随机变量,也记为 $X = X(\omega)$.通常用 X, Y, ξ, η 等符号表示随机变量.

由定义 2.1.1 知随机变量 X 为样本点 ω 的函数.例如在抛一枚硬币的随机试验中,令

$$X = \begin{cases} 0, & \omega = \text{"出现反面"}, \\ 1, & \omega = \text{"出现正面"}, \end{cases}$$

则 X 为随机变量.

在实际问题中,许多数量指标都是随机变量.例如掷骰子出现的点数,一批产品中的次品个数,等车所需的时间等均为随机变量.

引入随机变量后,可利用随机变量的某种逻辑关系表示随机事件.例如在抛硬币的随机试验中,事件"正面向上" $= \{X = 1\} = \left\{X \geqslant \dfrac{1}{2}\right\}$,而 $\{0 \leqslant X \leqslant 1\} = \{X < 2\} = \left\{X \neq \dfrac{1}{2}\right\} = \Omega, \left\{X = \dfrac{1}{2}\right\} = \{X < 0\} = \varnothing$.进而有

$$P\{X = 1\} = \frac{1}{2}, \quad P\{X < 2\} = 1, \quad P\left\{X = \frac{1}{2}\right\} = 0,$$

等等.

概念解析 2-1
随机变量

一般地,设 X 为一随机变量,L 为某实数集,则 $\{X \in L\}$ 表示一个随机事件.特别地,如果 a,b 为实数,则 $\{a<X \leqslant b\}$,$\{X<b\}$,$\{X>a\}$,$\{X=a\}$,$\{X \neq a\}$ 等均表示随机事件.特别地,

$$\{-\infty <X<+\infty \} = \Omega.$$

在随机试验中,由于每个样本点的出现是随机的,因此随机变量的各个取值是随机的.如果掌握了随机变量取值的分布规律,就能够计算相应各种随机现象出现的概率,而不是仅仅计算个别随机事件的概率.从而在随机试验结果出来之前,就能够掌握哪些随机现象出现的概率大,又有哪些随机现象出现的概率较小,达到对整个随机试验的了解和控制,使概率论的理论研究上升到一个更高的层次.

要了解随机变量的分布规律,首先需要研究随机变量的分布函数.

2.1.2 分布函数

概念解析 2-2
分布函数

定义 2.1.2   设 X 为一随机变量,对于任意实数 x,称函数 $P\{X \leqslant x\}$ 为 X 的分布函数.记为 $F(x)$.即随机变量 X 的分布函数为 $F(x)=P\{X \leqslant x\}$,$-\infty <x<+\infty$.

由定义 2.1.2 知,不论随机变量 X 如何取值,其分布函数 $F(x)$ 的定义域总是 $(-\infty , +\infty)$.

分布函数 $F(x)$ 的直观意义为随机变量 X 落在区间 $(-\infty ,x]$ 上的概率.

定理 2.1.1   设随机变量 X 的分布函数为 $F(x)$,对于任意实数 $a,b(a<b)$,则有

$$P\{a<X \leqslant b\} = F(b)-F(a).$$

事实上,由

$$P\{a<X \leqslant b\} = P\{X \leqslant b\} - P\{X \leqslant a\} = F(b)-F(a)$$

即可证得.

推论 2.1.1   设随机变量 X 的分布函数为 $F(x)$,x_0 为任一给定实数,则有

$$P\{X=x_0\} = F(x_0)-F(x_0-0).$$

在定理 2.1.1 中,取 $b=x_0$,并令 $a \to x_0^-$ 即得上式的直观理解.

利用定理 2.1.1 和推论 2.1.1,还可以得出

$$P\{X>a\} = 1-F(a), \quad P\{X \geqslant a\} = 1-F(a-0), \quad P\{X<b\} = F(b-0),$$

$$P\{a<X<b\}=F(b-0)-F(a),P\{a\leqslant X\leqslant b\}=F(b)-F(a-0),$$
$$P\{a\leqslant X<b\}=F(b-0)-F(a-0)$$

等计算公式,其中 $F(x_0-0)$ 为 $F(x)$ 在点 $x=x_0$ 处的左极限.

下面仅证明 $P\{a\leqslant X\leqslant b\}=F(b)-F(a-0)$.

$$P\{a\leqslant X\leqslant b\}=P\{a<X\leqslant b\}+P\{X=a\}=[F(b)-F(a)]+[F(a)-F(a-0)]$$
$$=F(b)-F(a-0).$$

由上可知,如果已知分布函数 $F(x)$,就能计算随机变量 X 落入任意区间内(上)的概率.因此分布函数 $F(x)$ 完整地描述了随机变量 X 的分布规律.

例 2.1.1　在抛一枚硬币的随机试验中,记事件 A 表示硬币正面向上,令 $X=\begin{cases}0, & \text{若 } A \text{ 不发生,}\\ 1, & \text{若 } A \text{ 发生,}\end{cases}$ 求随机变量 X 的分布函数 $F(x)$,并讨论 $F(x)$ 的连续性.

解　由题意知 $P(A)=P(\bar{A})=\dfrac{1}{2}$.

当 $x<0$ 时,$F(x)=P\{X\leqslant x\}=P(\varnothing)=0$;

当 $0\leqslant x<1$ 时,$F(x)=P\{X\leqslant x\}=P\{X=0\}=P(\bar{A})=\dfrac{1}{2}$;

当 $x\geqslant 1$ 时,$F(x)=P\{X\leqslant x\}=P(\Omega)=1$.

综上可得 X 的分布函数为 $F(x)=\begin{cases}0, & x<0,\\[2mm] \dfrac{1}{2}, & 0\leqslant x<1,\\[2mm] 1, & x\geqslant 1.\end{cases}$

不难发现,$F(x)$ 在区间 $(-\infty,0),(0,1)$ 和 $(1,+\infty)$ 内均连续,而点 $x=0$ 和 $x=1$ 均为 $F(x)$ 的跳跃间断点.事实上,$F(x)$ 在点 $x=0$ 和 $x=1$ 处均右连续,而不左连续.

分布函数 $F(x)$ 作为一个特殊概念的函数,具有下列基本性质.

性质 2.1.1　设 $F(x)$ 为任一分布函数,则 $0\leqslant F(x)\leqslant 1$.

由 $F(x)=P\{X\leqslant x\}$,以及概率的性质即得.

性质 2.1.2　设 $F(x)$ 为任一分布函数,则 $\lim\limits_{x\to-\infty}F(x)=0$,$\lim\limits_{x\to+\infty}F(x)=1$,简记为 $F(-\infty)=0,F(+\infty)=1$.

下面用较直观的方式来理解性质 2.1.2.

$$F(-\infty) = \lim_{x \to -\infty} F(x) = \lim_{x \to -\infty} P\{X \leqslant x\} = P\{X < -\infty\} = P(\varnothing) = 0,$$

$$F(+\infty) = \lim_{x \to +\infty} F(x) = \lim_{x \to +\infty} P\{X \leqslant x\} = P\{X < +\infty\} = P(\Omega) = 1.$$

性质 2.1.3   设 $F(x)$ 为任一分布函数,则 $F(x)$ 单调不减,即对于任意实数 x_1, x_2,当 $x_1 < x_2$ 时,$F(x_1) \leqslant F(x_2)$.

证   由于 $F(x_2) - F(x_1) = P\{x_1 < X \leqslant x_2\} \geqslant 0$,故 $F(x_1) \leqslant F(x_2)$,即 $F(x)$ 是单调不减函数.

性质 2.1.4   设 $F(x)$ 为任一分布函数,则 $F(x)$ 处处右连续,即对于任意给定的点 x_0,有 $F(x_0+0) = \lim_{x \to x_0^+} F(x) = F(x_0)$.

证明从略.

例 2.1.2   已知随机变量 X 的分布函数为 $F(x) = a + b\arctan x, -\infty < x < +\infty$.(1)求常数 a, b;(2)计算概率 $P\{-1 < X \leqslant 0\}$ 和 $P\{X \geqslant \sqrt{3}\}$.

解   (1)由分布函数的性质 2.1.2 知

$$\begin{cases} F(-\infty) = a - \dfrac{\pi}{2}b = 0, \\ F(+\infty) = a + \dfrac{\pi}{2}b = 1, \end{cases}$$

解得 $a = \dfrac{1}{2}, b = \dfrac{1}{\pi}$.

(2)由(1)知,$F(x) = \dfrac{1}{2} + \dfrac{1}{\pi}\arctan x, -\infty < x < +\infty$,所以

$$P\{-1 < X \leqslant 0\} = F(0) - F(-1) = \frac{1}{2} - \left[\frac{1}{2} + \frac{1}{\pi} \times \left(-\frac{\pi}{4}\right)\right] = \frac{1}{4},$$

$$P\{X \geqslant \sqrt{3}\} = 1 - F(\sqrt{3} - 0) = 1 - \lim_{x \to \sqrt{3}^-} \left(\frac{1}{2} + \frac{1}{\pi}\arctan x\right)$$

$$= 1 - \left(\frac{1}{2} + \frac{1}{\pi} \times \frac{\pi}{3}\right) = \frac{1}{6}.$$

2.2   离散型随机变量及其分布律

在实际问题中,有两种类型的随机变量出现的最为普遍,也最为重要,这就是离散型随机变量和连续型随机变量.本节主要介绍离散型随机变量.

2.2.1　离散型随机变量及其分布律的概念

定义 2.2.1　如果随机变量 X 的取值为有限个或可列无穷多个,就称 X 为离散型随机变量.

定义 2.2.2　设 X 为离散型随机变量,其所有可能的取值为 $x_1,x_2,\cdots,$ $x_i,\cdots,$且

$$P\{X=x_i\}=p_i,\quad i=1,2,\cdots.$$

就称上式为离散型随机变量 X 的分布律或概率分布,也记为表 2.2.1 的形式

表 2.2.1　随机变量 X 的分布律

X	x_1	x_2	$\cdots$	x_i	$\cdots$
P	p_1	p_2	$\cdots$	p_i	$\cdots$

或

$$X\sim\begin{pmatrix} x_1 & x_2 & \cdots & x_i & \cdots \\ p_1 & p_2 & \cdots & p_i & \cdots \end{pmatrix},$$

其中 $x_1,x_2,\cdots,x_i,\cdots$ 互不相同,且可为有限个取值 $x_1,x_2,\cdots,x_n$.

由定义知,离散型随机变量一定有分布律.反之,若某随机变量具有分布律,则该随机变量也一定是离散型随机变量.

例如本章例 2.1.1 中,随机变量 $X=\begin{cases}0, & \text{若 }A\text{ 不发生,}\\ 1, & \text{若 }A\text{ 发生}\end{cases}$ 为离散型随机变量,其分布律为

X	0	1
P	$\dfrac{1}{2}$	$\dfrac{1}{2}$

或　$X\sim\begin{pmatrix} 0 & 1 \\ \dfrac{1}{2} & \dfrac{1}{2} \end{pmatrix}.$

性质 2.2.1（离散型随机变量分布律的性质）　设离散型随机变量 X 的分布律为

$$X\sim\begin{pmatrix} x_1 & x_2 & \cdots & x_i & \cdots \\ p_1 & p_2 & \cdots & p_i & \cdots \end{pmatrix},$$

则有

（1）$p_i\geqslant 0,i=1,2,\cdots$;

（2）$\sum_i p_i = 1$.

性质 2.2.1 不难验证,证明从略.

反之,如果实数列 $p_i(i=1,2,\cdots)$ 满足性质 2.2.1 中的（1）和（2）,则 $p_i(i=1,2,\cdots)$ 必能构成某离散型随机变量 X 的分布律.

此外,对离散型随机变量还有下列结论:

结论 2.2.1   设随机变量 X 的分布律为 $X \sim \begin{pmatrix} x_1 & x_2 & \cdots & x_i & \cdots \\ p_1 & p_2 & \cdots & p_i & \cdots \end{pmatrix}, L$

为任意实数集合,则

$$P\{X \in L\} = \sum_{x_i \in L} p_i.$$

结论 2.2.2   设随机变量 X 的分布律为 $X \sim \begin{pmatrix} x_1 & x_2 & \cdots & x_i & \cdots \\ p_1 & p_2 & \cdots & p_i & \cdots \end{pmatrix}$,则

X 的分布函数

$$F(x) = P\{X \leqslant x\} = \sum_{x_i \leqslant x} p_i, \quad -\infty < x < +\infty.$$

例 2.2.1   设盒子中有 8 个正品和 2 个次品,现依次不放回地将其逐个取出,记 X 为首次取到正品时的所取产品个数,试求 X 的分布律和分布函数 $F(x)$.

解   由题意知 X 的可能取值为 $1,2,3$,因此 X 为离散型随机变量.由乘法公式和古典概型概率计算公式得 X 的分布律为

$$P\{X=1\} = \frac{8}{10} = \frac{4}{5}, \quad P\{X=2\} = \frac{2}{10} \times \frac{8}{9} = \frac{8}{45}, \quad P\{X=3\} = \frac{2}{10} \times \frac{1}{9} \times \frac{8}{8} = \frac{1}{45},$$

即 $X \sim \begin{pmatrix} 1 & 2 & 3 \\ \dfrac{4}{5} & \dfrac{8}{45} & \dfrac{1}{45} \end{pmatrix}$（图 2.2.1）.

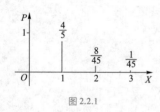

图 2.2.1

利用 $F(x) = P\{X \leqslant x\} = \sum_{x_i \leqslant x} p_i, -\infty < x < +\infty$,可求得 X 的分布函数为

$$F(x) = \begin{cases} 0, & x < 1, \\ \dfrac{4}{5}, & 1 \leqslant x < 2, \\ \dfrac{4}{5} + \dfrac{8}{45}, & 2 \leqslant x < 3, \\ \dfrac{4}{5} + \dfrac{8}{45} + \dfrac{1}{45}, & x \geqslant 3 \end{cases} = \begin{cases} 0, & x < 1, \\ \dfrac{4}{5}, & 1 \leqslant x < 2, \\ \dfrac{44}{45}, & 2 \leqslant x < 3, \\ 1, & x \geqslant 3 \end{cases} \quad （图 2.2.2）.$$

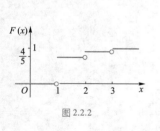

图 2.2.2

由例 2.2.1 不难发现,如果离散型随机变量 X 的分布律为

$$X \sim \begin{pmatrix} x_1 & x_2 & \cdots & x_n \\ p_1 & p_2 & \cdots & p_n \end{pmatrix} (x_1 < x_2 < \cdots < x_n),$$ 则 X 的分布函数 $F(x)$ 有下列三个

特征:

微视频 2-1
利用一维离散型随机变量的分布律
求其分布函数

(1) $F(x)$ 为 $n+1$ 段的分段函数,分点为 $x_1, x_2, \cdots, x_n$;

(2) 每段上,$F(x)$ 的函数值为概率逐次累加(常数),其初始值为 0,
终值为 1;

(3) 每个区间均为左闭右开区间 $(-\infty, x_1), [x_1, x_2), \cdots, [x_{n-1}, x_n),$
$[x_n, +\infty)$.

例 2.2.2　已知随机变量 X 的分布律为 $P\{X=i\} = \dfrac{k}{2^i}, i=1,2,\cdots,$ 试求

常数 k,以及 X 取奇数的概率.

解　由 $\displaystyle\sum_{i=1}^{\infty} P\{X=i\} = \sum_{i=1}^{\infty} \frac{k}{2^i} = k \times \dfrac{\frac{1}{2}}{1-\frac{1}{2}} = k$,以及分布律的性质可

得 $k=1$.

由上可知,X 的分布律为 $P\{X=i\} = \dfrac{1}{2^i}, i=1,2,\cdots,$ 所以 X 取奇数的概

率为

$$\sum_{i=1}^{\infty} P\{X=2i-1\} = \sum_{i=1}^{\infty} \frac{1}{2^{2i-1}} = \frac{\frac{1}{2}}{1-\left(\frac{1}{2}\right)^2} = \frac{2}{3}.$$

2.2.2　几种常见离散型随机变量的分布

1. 0-1 两点分布

定义 2.2.3　如果随机变量 X 的分布律为

$$P\{X=k\} = p^k (1-p)^{1-k}, \quad k=0,1,$$

即如表 2.2.2 所示,其中 $0<p<1$,就称 X 服从 0-1 两点分布,记为
$X \sim B(1, p)$.

一般地,在随机试验 E 中,如果样本空间 Ω 只包含两个样本点 ω_1, ω_2,

表 2.2.2　随机变量 X 的
分布律

X	0	1
P	$1-p$	p

即 $\varOmega=\{\omega_1,\omega_2\}$,且

$$X=\begin{cases}0, & \text{若 } \omega=\omega_1,\\ 1, & \text{若 } \omega=\omega_2,\end{cases}$$

则 $X\sim B(1,p)$,其中 $p=P\{X=1\}=P(\{\omega_2\})$.

在现实生活中,0-1 两点分布有着广泛的应用.例如某产品合格与不合格,某课程的考试及格与不及格,某事件 A 发生与不发生等许多现象都能够刻画成 0-1 两点分布,本章例 2.1.1 中,随机变量 $X\sim B\left(1,\dfrac{1}{2}\right)$.

微视频 2-2
二项分布

2. 二项分布

定义 2.2.4 如果随机变量 X 的分布律为

$$P\{X=k\}=C_n^k p^k (1-p)^{n-k}, \quad k=0,1,2,\cdots,n,$$

其中 n 为正整数,$0<p<1$,就称 X 服从二项分布,记为 $X\sim B(n,p)$.

由于 $P\{X=k\}=C_n^k p^k (1-p)^{n-k}>0,k=0,1,2,\cdots,n$,且

$$\sum_{k=0}^{n} P\{X=k\}=\sum_{k=0}^{n}C_n^k p^k (1-p)^{n-k}=[p+(1-p)]^n=1,$$

故 $P\{X=k\}=C_n^k p^k (1-p)^{n-k}(k=0,1,2,\cdots,n)$ 满足分布律的性质.又因为 $C_n^k p^k (1-p)^{n-k}(k=0,1,2,\cdots,n)$ 为二项式 $[p+(1-p)]^n$ 的展开式中的各项,因此称 X 服从二项分布.

对照第 1 章中介绍的伯努利概型,不难发现,在 n 重伯努利试验中,记 X 表示事件 A 发生的次数,则 $X\sim B(n,p)$,其中 $p=P(A)$.

设随机变量 $X\sim B(n,p)$,当 $n=1$ 时,可得 X 的分布律为

$$P\{X=k\}=p^k (1-p)^{1-k}, \quad k=0,1,$$

与 0-1 两点分布的分布律完全一致,可见 0-1 两点分布为二项分布中 $n=1$ 时的特例.

例 2.2.3 设随机变量 $X\sim B(2,p)$,$Y\sim B(3,p)$,若 $P\{X\geqslant 1\}=\dfrac{5}{9}$,求 $P\{Y\leqslant 1\}$.

解 由于 $P\{X=0\}=1-P\{X\geqslant 1\}$,及 $P\{X\geqslant 1\}=\dfrac{5}{9}$ 知,

$$P\{X=0\}=C_2^0 p^0 (1-p)^2=(1-p)^2=\dfrac{4}{9},$$

所以 $p = \dfrac{1}{3}$，从而

$$P\{Y \leqslant 1\} = P\{Y = 0\} + P\{Y = 1\} = C_3^0 \left(\dfrac{1}{3}\right)^0 \left(1 - \dfrac{1}{3}\right)^3 + C_3^1 \left(\dfrac{1}{3}\right)^1 \left(1 - \dfrac{1}{3}\right)^2 = \dfrac{20}{27}.$$

例 2.2.4　设某射手独立地向一目标射击 4 次，每次击中目标的概率为 0.6，求该射手在 4 次射击中，命中目标次数 X 的分布律，并问 X 取何值时的概率最大？

解　将每次射击看成一次随机试验，所需考查的试验结果只有击中目标和没有击中目标，因此整个射击过程为 4 重伯努利试验.故由题意知，$X \sim B(4, 0.6)$，即

$$P\{X = k\} = C_4^k \times 0.6^k \times 0.4^{4-k}, \quad k = 0, 1, 2, 3, 4.$$

可具体计算得

$$P\{X = 0\} = C_4^0 \times 0.6^0 \times 0.4^4 = 0.025\,6,$$

$$P\{X = 1\} = C_4^1 \times 0.6^1 \times 0.4^3 = 0.153\,6,$$

$$P\{X = 2\} = C_4^2 \times 0.6^2 \times 0.4^2 = 0.345\,6,$$

$$P\{X = 3\} = C_4^3 \times 0.6^3 \times 0.4^1 = 0.345\,6,$$

$$P\{X = 4\} = C_4^4 \times 0.6^4 \times 0.4^0 = 0.129\,6.$$

由上可知，$P\{X = 2\}$ 和 $P\{X = 3\}$ 最大（如图 2.2.3）.

例 2.2.5　设某机械产品的次品率为 0.005，试分别求在任意 1 000 个产品中有不多于 5 个次品的概率和恰有 10 个次品的概率.

解　设 X 表示 1 000 个产品中次品的个数，则 $X \sim B(1\,000, 0.005)$.因此 1 000 个产品中，不多于 5 个次品的概率为

$$P\{X \leqslant 5\} = \sum_{k=0}^{5} C_{1\,000}^k \times 0.005^k \times 0.995^{1\,000-k}.$$

恰有 10 个次品的概率为

$$P\{X = 10\} = C_{1\,000}^{10} \times 0.005^{10} \times 0.995^{990}.$$

上面两个计算结果虽然精确，但其计算量都非常大，目前无法求出其值.在后续内容中，将陆续介绍泊松定理（第 2 章）和中心极限定理（第 5 章），利用这些定理可以近似计算出它们的值.

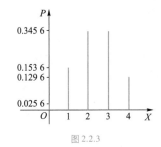

图 2.2.3

数学家小传 2-1
泊松

微视频 2-3
泊松分布

3. 泊松分布

定义 2.2.5   如果随机变量 X 的分布律为

$$P\{X=k\} = \frac{\lambda^k}{k!}\mathrm{e}^{-\lambda}, \quad k=0,1,2,\cdots,$$

其中 $\lambda>0$，就称 X 服从参数为 λ 的泊松分布，记为 $X \sim P(\lambda)$.

由于 $P\{X=k\} = \frac{\lambda^k}{k!}\mathrm{e}^{-\lambda}>0, k=0,1,2,\cdots,$ 且

$$\sum_{k=0}^{\infty} P\{X=k\} = \sum_{k=0}^{\infty}\frac{\lambda^k}{k!}\mathrm{e}^{-\lambda} = \mathrm{e}^{-\lambda}\sum_{k=0}^{\infty}\frac{\lambda^k}{k!} = \mathrm{e}^{-\lambda}\cdot\mathrm{e}^{\lambda} = 1,$$

故 $P\{X=k\} = \frac{\lambda^k}{k!}\mathrm{e}^{-\lambda}, k=0,1,2,\cdots$ 满足分布律的性质.

例 2.2.6   设随机变量 $X \sim P(\lambda)$，且 $P\{X=1\} = P\{X=2\}$，求 $P\{X=3\}$ 和 $P\{X \geqslant 1\}$.

解   由 $P\{X=1\} = P\{X=2\}$ 知 $\frac{\lambda}{1!}\mathrm{e}^{-\lambda} = \frac{\lambda^2}{2!}\mathrm{e}^{-\lambda}$，解得 $\lambda=2$. 所以 $X \sim P(2)$. 故

$$P\{X=3\} = \frac{2^3}{3!}\mathrm{e}^{-2} = \frac{4}{3}\mathrm{e}^{-2},$$

$$P\{X \geqslant 1\} = 1 - P\{X=0\} = 1 - \frac{2^0}{0!}\mathrm{e}^{-2} = 1 - \mathrm{e}^{-2}.$$

例 2.2.7   设某电话机在每个不同时间段内响铃与否是相互独立的，且在其中任何一个充分小的时间间隔 $[t,t+\Delta t]$ 内，电话机最多响铃一次，且出现一次响铃的概率为 $\mu\Delta t + o(\Delta t)$，其中 μ 为常数. 记该电话机在一段时间 $[0,T]$ 内的响铃次数为 X，求 X 的分布律.

解   对于任意的非负整数 k，下面计算 $P\{X=k\}$.

将时间段 $[0,T]$ 进行 n 等份

$$\left[0,\frac{T}{n}\right], \quad \left[\frac{T}{n},\frac{2T}{n}\right], \quad \cdots, \quad \left[\frac{(n-1)T}{n},T\right],$$

其中 n 充分大，使得每个小时间段上该电话最多只响铃一次. 由于此时 $\Delta t = \frac{T}{n}$，所以在每个小时间段上该电话响铃一次的概率为

$$p_n = \mu\Delta t + o(\Delta t) = \mu\frac{T}{n} + o\left(\frac{1}{n}\right).$$

由于事件 $\{X=k\}$ 表明 n 个小时间段中有 k 个小时间段上电话响铃，

而 $n-k$ 个小时间段上电话没有响铃,因此由独立性,以及二项分布或伯努利概型知

$$P\{X=k\}=\lim_{n\to\infty}\mathrm{C}_n^k p_n^k\,(1-p_n)^{n-k}.$$

记 $\lambda_n=np_n,\lambda=\mu T$,则 $\lambda_n=\mu T+o(1)=\lambda+o(1)$,其中 $o(1)$ 为 $n\to\infty$ 时的无穷小,故

$$\lim_{n\to\infty}p_n=0,\quad \lim_{n\to\infty}\lambda_n=\lambda.$$

可得

$$P\{X=k\}=\lim_{n\to\infty}\mathrm{C}_n^k p_n^k\,(1-p_n)^{n-k}=\lim_{n\to\infty}\frac{n!}{k!\,(n-k)!}\left(\frac{\lambda_n}{n}\right)^k\left(1-\frac{\lambda_n}{n}\right)^{n-k}$$

$$=\lim_{n\to\infty}\frac{\lambda_n^k}{k!}\times\frac{n}{n}\times\frac{n-1}{n}\times\cdots\times\frac{n-(k-1)}{n}\times\left[\left(1-\frac{\lambda_n}{n}\right)^{-\frac{n}{\lambda_n}}\right]^{-\lambda_n\times\frac{n-k}{n}}=\frac{\lambda^k}{k!}\mathrm{e}^{-\lambda},$$

所以 X 的分布律为

$$P\{X=k\}=\frac{\lambda^k}{k!}\mathrm{e}^{-\lambda},\quad k=0,1,2,\cdots,$$

即 $X\sim P(\lambda)$.

同理可以证明,一本书中的错字个数,一段布匹上疵点的个数,在一定时间内某车站等车人数,一定体积的放射性物质释放的粒子数等都服从泊松分布.一般地,在一定时间内,某"稀有事件"发生的次数 $X\sim P(\lambda)$.泊松分布在生物、医学、工业及公共事业等领域有着广泛的应用.

定理 2.2.1(泊松定理)　在 n 重伯努利试验中,事件 A 在每次试验中发生的概率为 p_n,其中 $0<p_n<1$,且 p_n 与试验次数 n 有关,若 $\lim_{n\to\infty}np_n=\lambda(\lambda>0)$,则对任意非负整数 k,有

$$\lim_{n\to\infty}\mathrm{C}_n^k p_n^k\,(1-p_n)^{n-k}=\frac{\lambda^k}{k!}\mathrm{e}^{-\lambda}.$$

定理 2.2.1 的证明过程在例 2.2.7 的解题过程中出现,证明从略.

定理 2.2.1 建立了二项分布与泊松分布的一种联系.一般地,设 $X\sim B(n,p)$,则当 n 充分大,p 很小,而 $np=\lambda$ 较适中时,有 $X\overset{\text{近似}}{\sim}P(\lambda)$,即

$$\mathrm{C}_n^k p^k\,(1-p)^{n-k}\approx\frac{\lambda^k}{k!}\mathrm{e}^{-\lambda},\quad k=0,1,2,\cdots,n.$$

由此可将二项分布中繁琐的概率计算在一定条件下,转化为泊松分布的概率计算,并通过查阅泊松分布表(附表 3)来实现.

例 2.2.8　利用泊松定理近似计算例 2.2.5 中的概率 $P\{X\le 5\}$

和 $P\{X=10\}$.

解　在例 2.2.5 中，$X \sim B(1\,000, 0.005)$，其中 $n = 1\,000$ 充分大，$p = 0.005$ 很小，且 $\lambda = np = 5$ 较适中，故查泊松分布表得

$$P\{X \leqslant 5\} = \sum_{k=0}^{5} C_{1\,000}^{k} \times 0.005^{k} \times 0.995^{1\,000-k} \approx \sum_{k=0}^{5} \frac{5^{k}}{k!} e^{-5}$$

$$= 1 - \sum_{k=6}^{\infty} \frac{5^{k}}{k!} e^{-5} \approx 1 - 0.384 = 0.616,$$

$$P\{X = 10\} = C_{1\,000}^{10} \times 0.005^{10} \times 0.995^{990} \approx \frac{5^{10}}{10!} e^{-5}$$

$$= \sum_{k=10}^{\infty} \frac{5^{k}}{k!} e^{-5} - \sum_{k=11}^{\infty} \frac{5^{k}}{k!} e^{-5} \approx 0.032 - 0.014 = 0.018.$$

例 2.2.9　一批机械零件的次品率为 0.014，问一盒中至少应装多少个零件才能保证盒中至少有 100 个合格品的概率不小于 0.80？

解　设盒子中有 $100+k$ 个零件，则盒中至少有 100 个合格品，即最多有 k 个次品的概率为

$$C_{100+k}^{0} \times 0.014^{0} \times 0.986^{100+k} + C_{100+k}^{1} \times 0.014 \times 0.986^{99+k} + \cdots + C_{100+k}^{k} \times 0.014^{k} \times 0.986^{100}$$

$$= \sum_{i=0}^{k} C_{100+k}^{i} \times 0.014^{i} \times 0.986^{100+k-i},$$

由于 $n = 100+k$ 较大，$p = 0.014$ 较小，而 $\lambda = np = (100+k) \times 0.014 \approx 1.4$ 较适中，故由泊松定理，

$$\sum_{i=0}^{k} C_{100+k}^{i} \times 0.014^{i} \times 0.986^{100+k-i} \approx \sum_{i=0}^{k} \frac{1.4^{i}}{i!} e^{-1.4}.$$

由题意知，$\sum_{i=0}^{k} \frac{1.4^{i}}{i!} e^{-1.4} \geqslant 0.8$，即 $\sum_{i=k+1}^{\infty} \frac{1.4^{i}}{i!} e^{-1.4} \leqslant 0.2$，经过查泊松分布表，得 $k+1 \geqslant 3$，故 $k \geqslant 2$，所以 k 至少取 2，即一盒中至少应装 102 个零件才能保证盒中至少有 100 个合格品的概率不小于 0.80.

4. 几何分布

定义 2.2.6　如果随机变量 X 的分布律为

$$P\{X=k\} = (1-p)^{k-1} p, \quad k = 1, 2, 3, \cdots,$$

其中 $0 < p < 1$，就称 X 服从参数为 p 的几何分布，记为 $X \sim G(p)$.

不难验证 $P\{X=k\} = (1-p)^{k-1} p, k = 1, 2, 3, \cdots$ 满足分布律的性质.

在一系列独立重复试验中，事件 A 首次发生时所进行的试验次数 X

概念解析 2-3
几何分布的延伸

服从参数为 p 的几何分布,其中 $p=P(A),0<p<1$.

事实上,设 A_i 表示第 i 次试验中事件 A 发生,$i=1,2,3,\cdots$,则 $A_1,A_2,$ $A_3,\cdots$ 相互独立,且 $P(A_i)=p,i=1,2,3,\cdots$.故

$$P\{X=k\}=P(\overline{A_1}\,\overline{A_2}\cdots\overline{A_{k-1}}A_k)=P(\overline{A_1})P(\overline{A_2})\cdots P(\overline{A_{k-1}})P(A_k)$$

$$=(1-p)\times(1-p)\times\cdots\times(1-p)\times p=(1-p)^{k-1}p,k=1,2,3,\cdots,$$

所以 X 服从参数为 p 的几何分布.

例 2.2.10 在射击训练中,设某选手每次击中目标的概率为 0.95,击中目标时取得十环的概率为 0.4,且射击训练独立重复进行.记 X 为首次取得十环时的射击次数,求 X 的分布律.

解 设事件 A 表示该选手击中目标,B 表示该选手取得十环,则

$$P(A)=0.95,\quad P(B|A)=0.4,\quad 且\ B\subset A.$$

故由乘法公式,

$$P(B)=P(AB)=P(A)P(B|A)=0.95\times0.4=0.38,$$

所以由几何分布的实际应用知,X 的分布律为

$$P\{X=k\}=\left[P(\overline{B})\right]^{k-1}P(B)=(1-0.38)^{k-1}\times0.38=0.38\times0.62^{k-1},\quad k=1,2,3,\cdots.$$

性质 2.2.2 设随机变量 $X\sim G(p)$,m,n 为正整数,则有

$$P\{X>m+n\,|\,X>m\}=P\{X>n\}.$$

证 由于 $X\sim G(p)$,故 $P\{X=k\}=(1-p)^{k-1}p,k=1,2,3,\cdots$,所以

$$P\{X>m+n\,|\,X>m\}=\frac{P\{X>m,X>m+n\}}{P\{X>m\}}=\frac{P\{X>m+n\}}{P\{X>m\}}$$

$$=\frac{\sum_{k=m+n+1}^{\infty}(1-p)^{k-1}p}{\sum_{k=m+1}^{\infty}(1-p)^{k-1}p}=\frac{(1-p)^{m+n}}{(1-p)^{m}}=(1-p)^{n},$$

$$P\{X>n\}=\sum_{k=n+1}^{\infty}(1-p)^{k-1}p=(1-p)^{n},$$

因此有 $P\{X>m+n\,|\,X>m\}=P\{X>n\}$.

性质 2.2.2 称为几何分布的无记忆性.

5. 超几何分布

定义 2.2.7 如果随机变量 X 的分布律为

$$P\{X=k\}=\frac{C_{N-M}^{n-k}C_M^k}{C_N^n},$$

其中 $N>1, M \leqslant N, n \leqslant N, \max\{0, M+n-N\} \leqslant k \leqslant \min\{M, n\}$，就称 X 服从参数为 M, N, n 的超几何分布，记为 $X \sim H(M, N, n)$.

同理可验证，$P\{X=k\} = \dfrac{C_{N-M}^{n-k} C_M^k}{C_N^n}, \max\{0, M+n-N\} \leqslant k \leqslant \min\{M, n\}$ 满足分布律的性质.

超几何分布在古典概型的概率计算中经常应用.例如，设袋中有 10 个红球和 6 个白球，现从中任取 5 个球，则 5 个球中恰有 k 个白球的概率为

$$\frac{C_{10}^{5-k} C_6^k}{C_{16}^5}, \quad k=0, 1, \cdots, 5.$$

2.3　连续型随机变量及其密度函数

2.3.1　连续型随机变量及其密度函数的概念

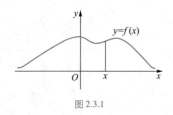

图 2.3.1

定义 2.3.1　设随机变量 X 的分布函数为 $F(x)$，如果存在非负可积函数 $f(x)$（如图 2.3.1），使对任意实数 x，均有

$$F(x) = \int_{-\infty}^{x} f(t)\,\mathrm{d}t \text{（如图 2.3.2）,}$$

就称 X 为连续型随机变量，其中 $f(x)$ 称为 X 的密度函数或概率密度.

性质 2.3.1（连续型随机变量密度函数的性质）　设随机变量 X 的密度函数为 $f(x)$，则

(1) $f(x) \geqslant 0, x \in (-\infty, +\infty)$；

(2) $\displaystyle\int_{-\infty}^{+\infty} f(x)\,\mathrm{d}x = 1$,

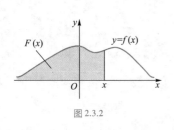

图 2.3.2

其中(1)由定义 2.3.1 即知.对于(2)，有 $\displaystyle\int_{-\infty}^{+\infty} f(x)\,\mathrm{d}x = F(+\infty) = 1$.

反之，如果函数 $f(x)$ 满足性质 2.3.1 中的(1)和(2)，则 $f(x)$ 必为某连续型随机变量 X 的密度函数.

由定义知，连续型随机变量一定有密度函数.反之，若某随机变量具有密度函数，则该随机变量也一定是连续型随机变量.

例 2.3.1　设随机变量 X 的密度函数为 $f(x)$，则下列函数中必为某随机变量密度函数的是(　　).

(A) $2f(x)$　　　(B) $f(2x)$　　　(C) $f(1-x)$　　　(D) $1-f(x)$.

答案　（C）.

解　由于 $f(x)$ 为密度函数,所以 $f(x)\geqslant 0$,且 $\int_{-\infty}^{+\infty}f(x)\mathrm{d}x=1$.

进而 $f(1-x)\geqslant 0$,且 $\int_{-\infty}^{+\infty}f(1-x)\mathrm{d}x\xxlongequal{t=1-x}\int_{+\infty}^{-\infty}f(t)(-\mathrm{d}t)=$

$\int_{-\infty}^{+\infty}f(x)\mathrm{d}x=1$,所以 $f(1-x)$ 必为某随机变量的密度函数,选（C）.

由于

$$\int_{-\infty}^{+\infty}2f(x)\mathrm{d}x=2\neq 1,\quad \int_{-\infty}^{+\infty}f(2x)\mathrm{d}x\xxlongequal{t=2x}\int_{-\infty}^{+\infty}f(t)\cdot\frac{1}{2}\mathrm{d}t=\frac{1}{2}\neq 1,$$

$$\int_{-\infty}^{+\infty}[1-f(x)]\mathrm{d}x=+\infty,$$

所以 (A)、(B) 和(D)均不可选.

由定义 2.3.1 可得连续型随机变量的下列常见结论.

结论 2.3.1　连续型随机变量 X 的分布函数 $F(x)$ 是连续函数.在其密度函数 $f(x)$ 的连续点 x 处, $F(x)$ 可导, $F'(x)=f(x)$.

结论 2.3.1 利用高等数学中变上限积分函数的性质即可证明.

如果分布函数 $F(x)$ 不是连续函数,则随机变量 X 不是连续型随机变量.如果随机变量 X 的分布函数 $F(x)$ 是连续函数,并且 $F(x)$ 最多有有限个不可导点,则 X 为连续型随机变量,其密度函数 $f(x)$ 可由下列方式确定:

(1) 在 $F(x)$ 的可导点 x 处,取 $f(x)=F'(x)$;

(2) 在 $F(x)$ 的不可导点 x 处,取 $f(x)$ 为任意非负实数,

可验证此 $f(x)$ 满足密度函数的性质.

例如,在例 2.1.2 中,由于 X 的分布函数 $F(x)=\frac{1}{2}+\frac{1}{\pi}\arctan x$, $-\infty<x<+\infty$ 处处可导,因此 X 为连续型随机变量,且其密度函数为 $f(x)=F'(x)=\frac{1}{\pi}\frac{1}{1+x^2}$, $-\infty<x<+\infty$.

又如,设随机变量 X 的分布函数 $F(x)=\begin{cases}0, & x<0,\\ 1-\mathrm{e}^{-\lambda x}, & 0\leqslant x<2,\\ 1, & x\geqslant 2,\end{cases}$ 其中常数

$\lambda>0$(参见例 2.4.7). 由于 $F(x)$ 在点 $x=2$ 处不连续,故 X 不是连续型随机变量.对照结论 2.2.2,不难发现,X 也不是离散型随机变量.

在密度函数 $f(x)$ 的连续点 x 处,作右侧小区间 $(x,x+h]$ $(h>0)$,有

$$f(x)=F'(x)=\lim_{h\to0^{+0}}\frac{F(x+h)-F(x)}{h}=\lim_{h\to0^{+0}}\frac{P\{x<X\leqslant x+h\}}{h}.$$

当 h 充分小时,

$$f(x)\approx\frac{P\{x<X\leqslant x+h\}}{h}.$$

因此 $f(x)$ 近似等于连续型随机变量 X 在点 x 处附近的无限小区段内,单位长度所占有的概率,反映了连续型随机变量 X 在点 x 处附近的概率"密集程度".

从物理学角度来理解,假设有一根总质量为 1 的两端无限延伸的细杆,概率相当于质量,概率密度相当于细杆的线密度.这就是取名"密度函数"或"概率密度"的来由.

结论 2.3.2   设 X 为连续型随机变量,x_0 为任意一个实数,则 $P\{X=x_0\}=0$.

由推论 2.1.1 和结论 2.3.1 知,$P\{X=x_0\}=F(x_0)-F(x_0-0)=0$.

由于连续型随机变量 X 取值任意一点的概率为零,所以在有限个点处改变 $f(x)$ 的取值,不影响 X 的整体分布,表明密度函数 $f(x)$ 的表达式可以不唯一.

值得注意的是,在结论 2.3.2 中,虽然 $P\{X=x_0\}=0$,但事件 $\{X=x_0\}$ 却有可能发生.故一般地,对于事件 A,即使 $P(A)=0$,但事件 A 仍有可能发生,即未必有 $A=\varnothing$.由此可知,$P(\overline{A})=1$,事件 $\overline{A}$ 也有可能不发生,即未必有 $\overline{A}=\Omega$.

例如,由 $P(AB)=0$,不能推得 $AB=\varnothing$,即不能说明事件 A 和 B 互不相容.

结论 2.3.3   设随机变量 X 的密度函数为 $f(x)$,a,b 为任意两个实数,且 $a<b$,则

$$P\{a<X\leqslant b\}=\int_a^b f(x)\,\mathrm{d}x.$$

事实上,$P\{a<X\leqslant b\}=F(b)-F(a)=\int_{-\infty}^b f(x)\,\mathrm{d}x-\int_{-\infty}^a f(x)\,\mathrm{d}x=\int_a^b f(x)\,\mathrm{d}x.$

由结论 2.3.2 知,结论 2.3.3 可作进一步延伸,如有

$$P\{a < X < b\} = P\{a \leqslant X \leqslant b\} = P\{a \leqslant X < b\} = \int_a^b f(x)\,\mathrm{d}x$$

等.一般地,设 I 为一区间,则有

$$P\{X \in I\} = \int_I f(x)\,\mathrm{d}x.$$

从几何直观上看,概率 $P\{a<X\leqslant b\}$ 表示曲边梯形 $0 \leqslant y \leqslant f(x)$, $a<x\leqslant b$ 的面积(如图 2.3.3).通过观察面积,即可了解随机变量 X 的概率分布情况.另外,$\int_{-\infty}^{+\infty} f(x)\,\mathrm{d}x = 1$ 表明以曲线 $y=f(x)$ 为上沿,x 轴为下沿所围成的无穷区域的面积等于 1(如图 2.3.4).

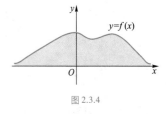

图 2.3.3

图 2.3.4

例 2.3.2　设随机变量 X 的密度函数为

$$f(x) = \begin{cases} k\cos x, & |x| < \dfrac{\pi}{2}, \\[2mm] 0, & |x| \geqslant \dfrac{\pi}{2}. \end{cases}$$

(1) 求常数 k;(2) 求 X 的分布函数 $F(x)$;(3) 计算 $P\left\{-\dfrac{\pi}{4}<X<\pi\right\}$.

解　(1) 由 $\displaystyle\int_{-\infty}^{+\infty} f(x)\,\mathrm{d}x = \int_{-\frac{\pi}{2}}^{\frac{\pi}{2}} k\cos x\,\mathrm{d}x = 1$,计算得 $k=\dfrac{1}{2}$.进而得 X 的密度函数为

$$f(x) = \begin{cases} \dfrac{1}{2}\cos x, & |x| < \dfrac{\pi}{2}, \\[2mm] 0, & |x| \geqslant \dfrac{\pi}{2}. \end{cases}$$

典型例题分析 2-1
连续型随机变量的密度函数

(2) $F(x) = P\{X \leqslant x\} = \displaystyle\int_{-\infty}^x f(t)\,\mathrm{d}t$

$$= \begin{cases} 0, & x < -\dfrac{\pi}{2}, \\[3mm] \displaystyle\int_{-\frac{\pi}{2}}^x \dfrac{1}{2}\cos t\,\mathrm{d}t, & -\dfrac{\pi}{2} \leqslant x \leqslant \dfrac{\pi}{2}, \\[3mm] \displaystyle\int_{-\frac{\pi}{2}}^{\frac{\pi}{2}} \dfrac{1}{2}\cos t\,\mathrm{d}t, & x > \dfrac{\pi}{2} \end{cases}$$

$$
=\begin{cases}
0, & x < -\dfrac{\pi}{2}, \\[2mm]
\dfrac{\sin x + 1}{2}, & -\dfrac{\pi}{2} \leqslant x \leqslant \dfrac{\pi}{2}, \\[2mm]
1, & x > \dfrac{\pi}{2}.
\end{cases}
$$

(3) $P\left\{-\dfrac{\pi}{4}<X<\pi\right\}=F(\pi)-F\left(-\dfrac{\pi}{4}\right)=1-\dfrac{\sin\left(-\dfrac{\pi}{4}\right)+1}{2}=\dfrac{2+\sqrt{2}}{4}$，或者

$$
P\left\{-\dfrac{\pi}{4}<X<\pi\right\}=\int_{-\frac{\pi}{4}}^{\pi}f(x)\,\mathrm{d}x=\int_{-\frac{\pi}{4}}^{\frac{\pi}{2}}\dfrac{1}{2}\cos x\,\mathrm{d}x=\dfrac{1}{2}\sin x\Big|_{-\frac{\pi}{4}}^{\frac{\pi}{2}}=\dfrac{2+\sqrt{2}}{4}.
$$

由上可知，如果随机变量 X 的密度函数 $f(x)$ 是分点为 $x_1,x_2,\cdots,$ $x_n(x_1<x_2<\cdots<x_n)$ 的分段函数，则求 X 的分布函数 $F(x)$ 的方法为：

(1) $F(x)$ 为 $n+1$ 段的分段函数，分点为 $x_1,x_2,\cdots,x_n$；

微视频 2-4
利用一维连续型随机变量的密度函数求其分布函数

(2) 在 $(-\infty,x_1)$ 上，$F(x)=\displaystyle\int_{-\infty}^{x}f(t)\,\mathrm{d}t$；

在 $[x_{i-1},x_i)$ 上，$F(x)=\displaystyle\int_{-\infty}^{x_1}f(t)\,\mathrm{d}t+\int_{x_1}^{x_2}f(t)\,\mathrm{d}t+\cdots+\int_{x_{i-1}}^{x}f(t)\,\mathrm{d}t$，

$i=2,3,\cdots,n$，

在 $[x_n,+\infty)$ 上，$F(x)=\displaystyle\int_{-\infty}^{x_1}f(t)\,\mathrm{d}t+\int_{x_1}^{x_2}f(t)\,\mathrm{d}t+\cdots+\int_{x_n}^{x}f(t)\,\mathrm{d}t$；

(3) 由于 $F(x)$ 为连续函数，故在 $F(x)$ 的表达式中，分点 x_i 处的 "$=$" 可以放在第 i 个表达式中，也可放在第 $i+1$ 个表达式中（$i=1,2,\cdots,n$）. 建议每个区间为左闭右开.

例 2.3.3　设随机变量 X 的密度函数 $f(x)$ 为偶函数，$F(x)$ 为 X 的分布函数，证明：

(1) $F(x)+F(-x)=1,-\infty<x<+\infty$；

(2) $F(0)=\displaystyle\int_{-\infty}^{0}f(x)\,\mathrm{d}x=\int_{0}^{+\infty}f(x)\,\mathrm{d}x=\dfrac{1}{2}$；

(3) $P\{|X|\leqslant x\}=2F(x)-1,x>0$.

证　(1) $F(-x)=\displaystyle\int_{-\infty}^{-x}f(t)\,\mathrm{d}t\xlongequal{t=-u}-\int_{+\infty}^{x}f(-u)\,\mathrm{d}u$

$$
=\int_{x}^{+\infty}f(u)\,\mathrm{d}u=\int_{-\infty}^{+\infty}f(u)\,\mathrm{d}u-\int_{-\infty}^{x}f(u)\,\mathrm{d}u=1-F(x),
$$

所以 $F(x)+F(-x)=1$.

(2) 在 $F(x)+F(-x)=1$ 中令 $x=0$,得 $F(0)=\int_{-\infty}^{0}f(x)\,\mathrm{d}x=\dfrac{1}{2}$.因此,

$$\int_{0}^{+\infty}f(x)\,\mathrm{d}x=1-\int_{-\infty}^{0}f(x)\,\mathrm{d}x=\dfrac{1}{2}.$$

(3) $P\{|X|\le x\}=P\{-x\le X\le x\}=P\{X\le x\}-P\{X<-x\}$

$$=F(x)-F(-x)=2F(x)-1.$$

2.3.2　几种常见连续型随机变量的分布

1. 均匀分布

定义 2.3.2　如果随机变量 X 的密度函数为

概念解析 2-4
均匀分布

$$f(x)=\begin{cases}\dfrac{1}{b-a}, & a\le x\le b,\\[2mm] 0, & \text{其他},\end{cases}$$

就称 X 服从区间 $[a,b]$ 上的均匀分布,记为 $X\sim U[a,b]$.

微视频 2-5
均匀分布

容易验证,$f(x)=\begin{cases}\dfrac{1}{b-a}, & a\le x\le b,\\[2mm] 0, & \text{其他}\end{cases}$（如图 2.3.5）满足密度函数的性

质.并可得 X 的分布函数为

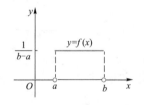

图 2.3.5

$$F(x)=\begin{cases}0, & x<a,\\[2mm] \dfrac{x-a}{b-a}, & a\le x<b,\\[2mm] 1, & b\le x\end{cases}\quad（\text{如图}2.3.6）.$$

均匀分布与第 1 章中介绍的几何概型原理相通,适用于一维的几何

概型试验.此时,X 落入区间 I 内（上）的概率为

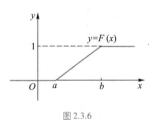

图 2.3.6

$$P\{X\in I\}=P\{X\in I\cap[a,b]\}=\dfrac{I\cap[a,b]\text{的长度}}{b-a}.$$

例 2.3.4　如果随机变量 $X\sim U[1,6]$,求方程 $x^2+Xx+1=0$ 有实根的

概率.

解　$P\{x^2+Xx+1=0\text{ 有实根}\}=P\{X^2-4\ge 0\}$

$$=P\{|X|\ge 2\}=P\{2\le X\le 6\}=\dfrac{6-2}{6-1}=\dfrac{4}{5}.$$

2. 指数分布

定义 2.3.3 如果随机变量 X 的密度函数为

$$f(x)=\begin{cases}\lambda e^{-\lambda x}, & x\geqslant 0,\\ 0, & x<0,\end{cases}$$

其中 $\lambda>0$，就称 X 服从参数为 λ 的指数分布，记为 $X\sim E(\lambda)$.

容易验证，$f(x)=\begin{cases}\lambda e^{-\lambda x}, & x\geqslant 0,\\ 0, & x<0\end{cases}$（如图 2.3.7）满足密度函数的性质.

并可得 X 的分布函数为

$$F(x)=\begin{cases}1-e^{-\lambda x}, & x\geqslant 0,\\ 0, & x<0\end{cases}\quad（如图 2.3.8）.$$

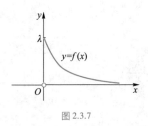

图 2.3.7

指数分布具有下列性质.

性质 2.3.2 设随机变量 $X\sim E(\lambda)$，则当 $s>0, t>0$ 时，

$$P\{X>s+t\,|\,X>s\}=P\{X>t\}.$$

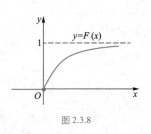

图 2.3.8

证 由题意知，X 的密度函数为 $f(x)=\begin{cases}\lambda e^{-\lambda x}, & x\geqslant 0,\\ 0, & x<0,\end{cases}$ 则当 $a>0$

时，有

$$P\{X>a\}=\int_a^{+\infty}\lambda e^{-\lambda x}\mathrm{d}x=e^{-\lambda a},$$

所以

$$P\{X>s+t\,|\,X>s\}=\frac{P\{X>s,X>s+t\}}{P\{X>s\}}=\frac{P\{X>s+t\}}{P\{X>s\}}$$

$$=\frac{e^{-\lambda(s+t)}}{e^{-\lambda s}}=e^{-\lambda t}=P\{X>t\}.$$

性质 2.3.2 称为指数分布的无记忆性.因此在实际问题中，许多具有无记忆性的分布可用指数分布描述.

例 2.3.5 某仪器装有三只独立工作的同型号电子元件，其寿命（单位：小时）都服从参数为 $\dfrac{1}{600}$ 的指数分布.试求在仪器最初使用的 200 小时内，至少有一只电子元件损坏的概率 α.

解 设 X_i 表示第 i 只元件的寿命，A_i 表示在仪器最初使用的 200 小时内，第 i 只元件损坏，$i=1,2,3$.由题意知，A_1,A_2,A_3 相互独立，且 $X_i(i=1,2,3)$ 的密度函数均为

$$f(x) = \begin{cases} \dfrac{1}{600} e^{-\frac{x}{600}}, & x \geqslant 0, \\ 0, & x < 0, \end{cases}$$

故

$$P(\overline{A_i}) = P\{X_i \geqslant 200\} = \int_{200}^{+\infty} \frac{1}{600} e^{-\frac{x}{600}} dx = e^{-\frac{1}{3}}, \quad i = 1, 2, 3,$$

所以所求概率为

$$\alpha = P(A_1 \cup A_2 \cup A_3) = 1 - P(\overline{A_1}\, \overline{A_2}\, \overline{A_3})$$

$$= 1 - P(\overline{A_1}) P(\overline{A_2}) P(\overline{A_3}) = 1 - (e^{-\frac{1}{3}})^3 = 1 - e^{-1}.$$

3. 正态分布

定义 2.3.4　如果随机变量 X 的密度函数为

$$f(x) = \frac{1}{\sqrt{2\pi}\,\sigma} e^{-\frac{(x-\mu)^2}{2\sigma^2}}, \quad -\infty < x < +\infty,$$

其中 $-\infty < \mu < +\infty$, $\sigma > 0$, 就称 X 服从参数为 μ, σ^2 的正态分布, 也称为高斯分布, 记为 $X \sim N(\mu, \sigma^2)$.

概念解析 2-5
正态分布

不难发现, $f(x)$ 的图形关于直线 $x = \mu$ 对称, 且在 $(-\infty, \mu)$ 内单调增加, 在 $(\mu, +\infty)$ 内单调下降, 因此在点 $x = \mu$ 处, $f(x)$ 取得最大值 $f(\mu) = \dfrac{1}{\sqrt{2\pi}\,\sigma}$. 又 $\lim\limits_{x \to \infty} f(x) = 0$, 所以 x 轴为 $f(x)$ 的水平渐近线. 简单地说, $f(x)$ 的

数学家小传 2-2
高斯

图形是中间大、两头小, 呈对称的"钟形"曲线. 另外, σ 越大, $f(x)$ 的图形越平坦; σ 越小, $f(x)$ 的图形越陡峭. 并且 $f(x)$ 在点 $x = \mu \pm \sigma$ 处有拐点 (图 2.3.9).

微视频 2-7
正态分布

在实际问题中, 有许多随机变量都服从正态分布. 如某地区的水稻亩产量, 某人群中人的身高、体重, 某课程的考试成绩等数量指标通常都服从正态分布.

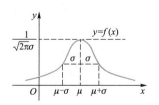

图 2.3.9

正态分布 $N(\mu, \sigma^2)$ 的分布函数为

$$F(x) = \frac{1}{\sqrt{2\pi}\,\sigma} \int_{-\infty}^{x} e^{-\frac{(t-\mu)^2}{2\sigma^2}} dt, \quad -\infty < x < +\infty.$$

因为 $F'(x) = f(x) > 0$, 所以 $F(x)$ 在 $(-\infty, +\infty)$ 内单调增加 (如图 2.3.10).

但由于 $\int_{-\infty}^{x} e^{-\frac{(t-\mu)^2}{2\sigma^2}} dt$ 的函数表达式不可用初等函数表示, 因此

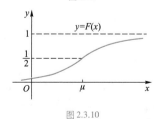

图 2.3.10

给分布函数 $F(x)$ 的计算,以及 $P\{a < X \leqslant b\} = \dfrac{1}{\sqrt{2\pi}\,\sigma} \displaystyle\int_a^b e^{-\frac{(x-\mu)^2}{2\sigma^2}} dx$ 的

计算带来不便,为此引入标准正态分布的概念.

当 $\mu = 0, \sigma = 1$,即 $X \sim N(0,1)$ 时,称随机变量 X 服从标准正态分布.其

密度函数记为 $\varphi(x)$(如图 2.3.11),分布函数记为 $\Phi(x)$(如图 2.3.12),

则有

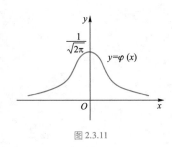

图 2.3.11

$$\varphi(x) = \frac{1}{\sqrt{2\pi}} e^{-\frac{x^2}{2}}, \quad \Phi(x) = \frac{1}{\sqrt{2\pi}} \int_{-\infty}^x e^{-\frac{t^2}{2}} dt, \quad -\infty < x < +\infty,$$

其中 $\varphi(x)$ 为偶函数.

设 $X \sim N(0,1)$,对于给定的 $x \geqslant 0$,$\Phi(x)$ 可以通过查标准正态分布表

(附表 2)近似求得(误差可忽略不计).由于 $\varphi(x)$ 为偶函数,利用例 2.3.3

(2)和(3)的结论知,$\Phi(0) = 0.5$,$P\{|X| \leqslant x\} = 2\Phi(x) - 1$.当 $x < 0$ 时,利用

例 2.3.3(1)的结论,$\Phi(x) = 1 - \Phi(-x)$,其中 $\Phi(-x)$ 可通过查标准正态分

布表求得.

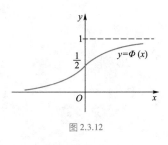

图 2.3.12

由此可知,如果 $X \sim N(0,1)$,则对于任意的实数 $a, b (a < b)$,

$$P\{a < X \leqslant b\} = \Phi(b) - \Phi(a).$$

如果 $X \sim N(\mu, \sigma^2)$,则对于任意的实数 $a, b (a < b)$,

$$P\{a < X \leqslant b\} = \int_a^b \frac{1}{\sqrt{2\pi}\,\sigma} e^{-\frac{(x-\mu)^2}{2\sigma^2}} dx \xlongequal{t = \frac{x-\mu}{\sigma}} \int_{\frac{a-\mu}{\sigma}}^{\frac{b-\mu}{\sigma}} \frac{1}{\sqrt{2\pi}} e^{-\frac{t^2}{2}} dt = \int_{\frac{a-\mu}{\sigma}}^{\frac{b-\mu}{\sigma}} \varphi(t) dt$$

$$= \Phi\left(\frac{b-\mu}{\sigma}\right) - \Phi\left(\frac{a-\mu}{\sigma}\right).$$

进一步还有

$$P\{X \leqslant b\} = \Phi\left(\frac{b-\mu}{\sigma}\right), \quad P\{X > a\} = 1 - \Phi\left(\frac{a-\mu}{\sigma}\right) \text{等}.$$

例 2.3.6 设随机变量 $X \sim N(1,4)$,分别计算 $P\{X \leqslant 3\}$ 和 $P\{-1 < X < 5\}$.

解 由题意知,$\mu = 1, \sigma = 2$.故

$$P\{X \leqslant 3\} = \Phi\left(\frac{3-1}{2}\right) = \Phi(1) = 0.841\,3,$$

$$P\{-1 < X < 5\} = \Phi\left(\frac{5-1}{2}\right) - \Phi\left(\frac{-1-1}{2}\right) = \Phi(2) - \Phi(-1) = \Phi(2) - [1 - \Phi(1)]$$

$$= \Phi(1) + \Phi(2) - 1 = 0.841\,3 + 0.977\,2 - 1 = 0.818\,5.$$

例 2.3.7 设随机变量 $X \sim N(\mu, \sigma^2)$,计算 $P\{|X-\mu| < k\sigma\}$,其中 k 分

别取 1,2,3.

解　由于

$$P\{|X-\mu|<k\sigma\}=P\{\mu-k\sigma<X<\mu+k\sigma\}$$

$$=\Phi\big[\frac{(\mu+k\sigma)-\mu}{\sigma}\big]-\Phi\big[\frac{(\mu-k\sigma)-\mu}{\sigma}\big]$$

$$=\Phi(k)-\Phi(-k)=\Phi(k)-[1-\Phi(k)]=2\Phi(k)-1,$$

因此,

$$P\{|X-\mu|<\sigma\}=2\Phi(1)-1=2\times0.841\ 3-1=0.682\ 6,$$

$$P\{|X-\mu|<2\sigma\}=2\Phi(2)-1=2\times0.977\ 2-1=0.954\ 4,$$

$$P\{|X-\mu|<3\sigma\}=2\Phi(3)-1=2\times0.998\ 7-1=0.997\ 4.$$

特别是

$$P\{|X-\mu|<3\sigma\}=P\{\mu-3\sigma<X<\mu+3\sigma\}=0.997\ 4,$$

表明 X 的取值基本上都落在区间$(\mu-3\sigma,\mu+3\sigma)$内(如图 2.3.13),而在其外的可能性很小,因此它也通常称之为"3σ 原则".

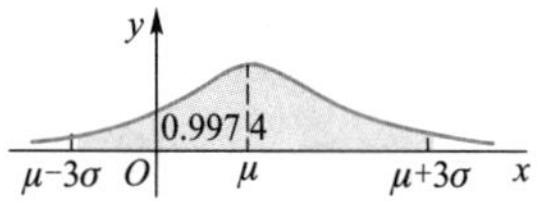

图 2.3.13

例2.3.8　在电源电压不超过 200 V,在 200~240 V 和超过 240 V 三种情况下,某种电子元件损坏的概率分别为 0.1,0.001,0.2.假设电源电压 X(单位:V)服从正态分布 $N(220,25^2)$,试求:

(1) 该电子元件损坏的概率 p_1;

(2) 该电子元件损坏时,电源电压在 200~240 V 的概率 p_2.

解　设 $A_1=\{X\leqslant200\}$,$A_2=\{200<X\leqslant240\}$,$A_3=\{X>240\}$,$B$ 表示该电子元件损坏.由于 $X\sim N(220,25^2)$,因此,

$$P(A_1)=P\{X\leqslant200\}=P\Big\{\frac{X-220}{25}\leqslant-0.8\Big\}$$

$$=\Phi(-0.8)=1-\Phi(0.8)=1-0.788\ 1=0.211\ 9,$$

$$P(A_2)=P\{200<X\leqslant240\}=P\Big\{-0.8<\frac{X-220}{25}\leqslant0.8\Big\}$$

$$=\Phi(0.8)-\Phi(-0.8)=0.576\ 2,$$

$$P(A_3)=P\{X>240\}=P\Big\{\frac{X-220}{25}>0.8\Big\}=1-P\Big\{\frac{X-220}{25}\leqslant0.8\Big\}$$

$$=1-\Phi(0.8)=0.211\ 9.$$

又由题意知 $P(B|A_1)=0.1,P(B|A_2)=0.001,P(B|A_3)=0.2.$

（1）由全概率公式知 $p_1 = P(B) = \sum\limits_{i=1}^{3} P(A_i)P(B\,|\,A_i) = 0.064\,1$；

（2）由贝叶斯公式知 $p_2 = P(A_2\,|\,B) = \dfrac{P(A_2)P(B\,|\,A_2)}{P(B)} = 0.009\,0$.

2.4　一维随机变量函数的分布

在现实生活中,存在着许多随机变量的函数,而研究随机变量函数的分布有着非常重要的实际意义.例如,已知某圆形机械零件的半径 $X \sim U[2,3]$,求该圆形机械零件的面积 $S = \pi X^2$ 所服从的概率分布.

设 $X = X(\omega)$ 为在点集 D 上取值的随机变量,$g(x)$ 为在 D 上有定义的函数,因此,$Y = g(X(\omega))$ 仍为随机变量,称为随机变量 X 的函数,简记为 $Y = g(X)$.

本节将介绍当随机变量 X 的分布,以及函数 $g(x)$ 均已知时,如何求出 $Y = g(X)$ 的分布.

所谓求 $Y = g(X)$ 的分布是指:

① 若 Y 是离散型随机变量,则求 Y 的分布律;

② 若 Y 是连续型随机变量,则求 Y 的密度函数;

③ 若 Y 既不是离散型也不是连续型随机变量,则求 Y 的分布函数.

因此,求 $Y = g(X)$ 的分布首先要分析和判断出 $Y = g(X)$ 的类型.

2.4.1　离散型随机变量 X 的函数 $Y = g(X)$ 的分布

设 X 为离散型随机变量,且其分布律为 $P\{X = x_i\} = p_i, i = 1, 2, \cdots$.

先由 $Y = g(X)$,求出 Y 的所有可能取值 $y_i = g(x_i), i = 1, 2, \cdots$(不计重复),因此表明 Y 也是离散型随机变量,然后依次计算概率 $P\{Y = y_i\}, i = 1, 2, \cdots$,即得 Y 的分布律.

在求解 Y 的分布律过程中,也可以采用列表方式,并对其中 Y 取值相同的项适当进行概率合并,以示简捷.

例 2.4.1　设随机变量 $X \sim \begin{pmatrix} -1 & 0 & 1 & 2 \\ \dfrac{1}{4} & \dfrac{1}{6} & \dfrac{1}{4} & \dfrac{1}{3} \end{pmatrix}$,分别求出 $Y = X^2$ 和 $Z =$

$\max\{X,1\}$ 的分布.

解　作表 2.4.1:

表 2.4.1　随机变量 Y 与 Z 的分布律

X	-1	0	1	2
P	$\dfrac{1}{4}$	$\dfrac{1}{6}$	$\dfrac{1}{4}$	$\dfrac{1}{3}$
Y	1	0	1	4
Z	1	1	1	2

在上表中,适当对 Y 或 Z 取值相同的项进行概率合并,即得 Y 和 Z 的分布律分别为

$$Y \sim \begin{pmatrix} 0 & 1 & 4 \\ \dfrac{1}{6} & \dfrac{1}{2} & \dfrac{1}{3} \end{pmatrix}, \quad Z \sim \begin{pmatrix} 1 & 2 \\ \dfrac{2}{3} & \dfrac{1}{3} \end{pmatrix}.$$

例 2.4.2　设随机变量 X 的分布律为 $P\{X=k\} = \dfrac{1}{2^k}, k=1,2,3,\cdots.$ 求 $Y = \sin\left(\dfrac{\pi}{2}X\right)$ 的分布律.

解　由题意知 Y 的取值为 $-1, 0$ 和 1,并且

$$P\{Y=-1\} = \sum_{i=1}^{\infty} P\{X=4i-1\} = \sum_{i=1}^{\infty} \frac{1}{2^{4i-1}} = \frac{\dfrac{1}{2^3}}{1-\dfrac{1}{2^4}} = \frac{2}{15};$$

$$P\{Y=0\} = \sum_{i=1}^{\infty} P\{X=2i\} = \sum_{i=1}^{\infty} \frac{1}{2^{2i}} = \frac{\dfrac{1}{2^2}}{1-\dfrac{1}{2^2}} = \frac{1}{3};$$

$$P\{Y=1\} = \sum_{i=1}^{\infty} P\{X=4i-3\} = \sum_{i=1}^{\infty} \frac{1}{2^{4i-3}} = \frac{\dfrac{1}{2}}{1-\dfrac{1}{2^4}} = \frac{8}{15},$$

即 $Y \sim \begin{pmatrix} -1 & 0 & 1 \\ \dfrac{2}{15} & \dfrac{1}{3} & \dfrac{8}{15} \end{pmatrix}$.

2.4.2   连续型随机变量 X 的函数 $Y=g(X)$ 的分布

定理 2.4.1   设连续型随机变量 X 的密度函数为 $f_X(x)$. $y=g(x)$ 为 $(-\infty, +\infty)$ 内的单调函数, 其反函数 $x=h(y)$ 具有一阶连续导数, 则 $Y=g(X)$ 为连续型随机变量, 且其密度函数为

$$f_Y(y)= \begin{cases} f_X(h(y))\,|h'(y)|, & \alpha<y<\beta, \\ 0, & \text{其他,} \end{cases}$$

其中 $\alpha=\min\{g(-\infty),g(+\infty)\}$, $\beta=\max\{g(-\infty),g(+\infty)\}$.

本定理的证明略.

例 2.4.3   设随机变量 $X \sim N(\mu,\sigma^2)$, 求 $Y=aX+b$ 的密度函数 $f_Y(y)$, 其中 a,b 为常数, 且 $a \neq 0$.

解   因为 $a \neq 0$, 所以函数 $y=ax+b$ 为 $(-\infty,+\infty)$ 内的单调函数, 且其反函数 $x=h(y)=\dfrac{y-b}{a}$ 具有一阶连续导数 $\dfrac{\mathrm{d}x}{\mathrm{d}y}=h'(y)=\dfrac{1}{a}$.

由于 $X \sim N(\mu,\sigma^2)$, 故 X 的密度函数 $f_X(x)=\dfrac{1}{\sqrt{2\pi}\,\sigma}\mathrm{e}^{-\frac{(x-\mu)^2}{2\sigma^2}}$, $-\infty<x<+\infty$. 由定理 2.4.1, Y 的密度函数为

$$f_Y(y)=f_X\left(\frac{y-b}{a}\right) \times \left|\frac{1}{a}\right| = \frac{1}{|a|} \times \frac{1}{\sqrt{2\pi}\,\sigma}\mathrm{e}^{-\frac{\left(\frac{y-b}{a}-\mu\right)^2}{2\sigma^2}}$$

$$=\frac{1}{\sqrt{2\pi}\,|a|\sigma}\mathrm{e}^{-\frac{[y-(a\mu+b)]^2}{2a^2\sigma^2}}, \quad -\infty<y<+\infty.$$

结论 2.4.1   设随机变量 $X \sim N(\mu,\sigma^2)$, 则 $Y=aX+b \sim N(a\mu+b, a^2\sigma^2)$, 其中 a,b 为常数, 且 $a \neq 0$.

在结论 2.4.1 中, 如果令 $a=\dfrac{1}{\sigma}$, $b=-\dfrac{\mu}{\sigma}$, 则得 $Y=\dfrac{X-\mu}{\sigma} \sim N(0,1)$. 因此称 $\dfrac{X-\mu}{\sigma}$ 为 X 的标准化随机变量.

推论 2.4.1   如果连续型随机变量 X 的密度函数 $f_X(x)$ 在有限区间

$[a,b]$ 之外取值为零,$y=g(x)$ 为 $[a,b]$ 上的单调函数,其反函数 $x=h(y)$ 具有一阶连续导数,则 $Y=g(X)$ 为连续型随机变量,且其密度函数为

$$f_Y(y)=\begin{cases} f_X(h(y))\,|h'(y)|, & \alpha\leqslant y\leqslant\beta, \\ 0, & 其他, \end{cases}$$

其中 $\alpha=\min\{g(a),g(b)\},\beta=\max\{g(a),g(b)\}$.

例 2.4.4 设某圆形机械零件的半径 $X\sim U[2,3]$,求该圆形机械零件的面积 $S=\pi X^2$ 的密度函数 $f_S(s)$.

解 由题意知,X 的密度函数为 $f_X(x)=\begin{cases} 1, & 2\leqslant x\leqslant3, \\ 0, & 其他. \end{cases}$ 由于 $s=\pi x^2$ 在

$[2,3]$ 上单调增加,且其反函数 $x=\sqrt{\dfrac{s}{\pi}}$ 具有一阶连续导数 $\dfrac{\mathrm{d}x}{\mathrm{d}s}=\dfrac{1}{2\sqrt{s\pi}}$.且

$\alpha=\min\{4\pi,9\pi\}=4\pi,\beta=\max\{4\pi,9\pi\}=9\pi$,由推论 2.4.1,

$$f_S(s)=\begin{cases} 1\times\left|\dfrac{1}{2\sqrt{s\pi}}\right|, & 4\pi\leqslant s\leqslant9\pi, \\ 0, & 其他 \end{cases}=\begin{cases} \dfrac{1}{2\sqrt{s\pi}}, & 4\pi\leqslant s\leqslant9\pi, \\ 0, & 其他. \end{cases}$$

如果函数 $y=g(x)$ 并非单调函数,因此不满足定理 2.4.1 及推论 2.4.1 的条件,不能直接运用其结论.事实上,此时的情况有点复杂,虽然 X 为连续型随机变量,但 $Y=g(X)$ 可能为离散型随机变量,也可能为连续型随机变量,甚至为既非离散型也非连续型随机变量.

例 2.4.5 设随机变量 $X\sim U[-1,2]$,求 $Y=\mathrm{sgn}(X)$ 的分布.

解 由于 Y 的取值为 $-1,0$ 和 1,所以 Y 为离散型随机变量,求 Y 的分布就是要求 Y 的分布律.因为

$$P\{Y=-1\}=P\{X<0\}=\frac{1}{3},P\{Y=0\}=P\{X=0\}=0,P\{Y=1\}=P\{X>0\}=\frac{2}{3},$$

所以 Y 的分布律为 $Y\sim\begin{pmatrix} -1 & 0 & 1 \\ \dfrac{1}{3} & 0 & \dfrac{2}{3} \end{pmatrix}$.

如果 X 为连续型随机变量,而 $Y=g(X)$ 为非离散型随机变量,此时可利用下列分布函数法,求得 $Y=g(X)$ 的分布函数

$$F_Y(y)=P\{Y\leqslant y\}=P\{g(X)\leqslant y\}=\int_{g(x)\leqslant y}f_X(x)\mathrm{d}x, \quad -\infty<y<+\infty.$$

分布函数法的难点在于通常情况下需要对 $y\in(-\infty,+\infty)$ 进行分段

讨论.

常见讨论方法为:先根据随机变量 X 的分布确定 X 的取值范围,由此再确定 $Y=g(X)$ 的取值范围,然后根据 Y 的取值范围对 $y\in(-\infty,+\infty)$ 进行分段讨论.

微视频 2-8
一维随机变量函数的分布函数法

例如,如果 Y 的取值范围为 $m\leqslant Y\leqslant M$,则可采用下列三段式讨论:

当 $y<m$ 时,$F_Y(y)=P(\varnothing)=0$;

当 $m\leqslant y<M$ 时,解不等式 $g(X)\leqslant y$,得到 X 的解区间(组)$I_x(y)$,则

$$F_Y(y)=P\{X\in I_X(y)\}=\int_{I_x(y)}f_X(x)\,\mathrm{d}x;$$

当 $y\geqslant M$ 时,$F_Y(y)=P(\Omega)=1.$

由此求得 $F_Y(y)$.如果根据 $F_Y(y)$ 分析出 Y 为连续型随机变量,则进一步可求得 Y 的密度函数为

$$f_Y(y)=F'_Y(y),\quad -\infty<y<+\infty.$$

分析:X 的取值范围为 $[2,3]$,进而得 S 的取值范围为 $[4\pi,9\pi]$,即 $4\pi\leqslant S\leqslant 9\pi$.

例 2.4.6(例 2.4.4 的另解)　设某圆形机械零件的半径 $X\sim U[2,3]$,求该圆形机械零件的面积 $S=\pi X^2$ 的密度函数 $f_S(s)$.

解　S 的分布函数为 $F_S(s)=P\{S\leqslant s\}=P\{\pi X^2\leqslant s\}$.

当 $s<4\pi$ 时,$F_S(s)=P(\varnothing)=0$;

当 $4\pi\leqslant s<9\pi$ 时,

$$F_S(s)=P\left\{-\sqrt{\frac{s}{\pi}}\leqslant X\leqslant\sqrt{\frac{s}{\pi}}\right\}=P\left\{2\leqslant X\leqslant\sqrt{\frac{s}{\pi}}\right\}=\sqrt{\frac{s}{\pi}}-2;$$

当 $s\geqslant 9\pi$ 时,$F_S(s)=P(\Omega)=1.$

综上,S 的密度函数为

典型例题分析 2-4
随机变量函数的密度函数

$$f_S(s)=F'_S(s)=\begin{cases}\dfrac{1}{2\sqrt{s\pi}},&4\pi\leqslant s\leqslant 9\pi,\\[2mm]0,&\text{其他}.\end{cases}$$

分析:由题意知 X 的取值范围为 $X\geqslant 0$,进而得 Y 的取值范围为 $[0,2]$(见图 2.4.1),即 $0\leqslant Y\leqslant 2$.

例 2.4.7　设随机变量 $X\sim E(\lambda)$,求 $Y=\min\{X,2\}$ 的分布函数 $F_Y(y)$.

解　由于 $X\sim E(\lambda)$,则当 $x\geqslant 0$ 时,$P\{X>x\}=\mathrm{e}^{-\lambda x}$.而 Y 的分布函数为

$$F_Y(y)=P\{Y\leqslant y\}=P\{\min\{X,2\}\leqslant y\}.$$

当 $y<0$ 时,$F_Y(y)=P(\varnothing)=0$;

当 $y\geqslant 2$ 时,$F_Y(y)=P(\Omega)=1$;

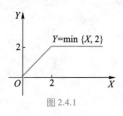
图 2.4.1

当 $0\leqslant y<2$ 时,

$$F_Y(y) = 1 - P\{\min\{X,2\} > y\} = 1 - P\{X > y, 2 > y\} = 1 - P\{X > y\} = 1 - e^{-\lambda y},$$

所以 Y 的分布函数为 $F_Y(y) = \begin{cases} 0, & y < 0, \\ 1 - e^{-\lambda y}, & 0 \leq y < 2, \\ 1, & y \geq 2. \end{cases}$

除此以外, 还有其他讨论情况. 例如, 如果 $m = -\infty$ 且 $M = +\infty$, 则可不必分段讨论. 如果 $m = -\infty$ 或 $M = +\infty$, 则可采用两段式讨论.

注意例 2.4.7 中的随机变量 Y 为既非离散型也非连续型随机变量.

例 2.4.8 如果 X 的密度函数为 $f_X(x) = \begin{cases} \dfrac{1}{\sqrt{2\pi}\,\sigma x} e^{-\frac{(\ln x - \mu)^2}{2\sigma^2}}, & x > 0, \\ 0, & x \leq 0, \end{cases}$ 就

称 X 服从参数为 μ, σ^2 的对数正态分布. 证明 X 服从参数为 μ, σ^2 的对数正态分布的充要条件为 $U = \ln X \sim N(\mu, \sigma^2)$.

证 充分性. U 的分布函数为

$$F_U(u) = P\{U \leq u\} = P\{\ln X \leq u\} = P\{X \leq e^u\} = F_X(e^u),$$

其中 $F_X(x)$ 为 X 的分布函数, 则 U 的密度函数为

$$f_U(u) = F_U'(u) = f_X(e^u) \cdot e^u = \frac{1}{\sqrt{2\pi}\,\sigma e^u} e^{-\frac{(u-\mu)^2}{2\sigma^2}} \cdot e^u = \frac{1}{\sqrt{2\pi}\,\sigma} e^{-\frac{(u-\mu)^2}{2\sigma^2}}, -\infty < u < +\infty,$$

故 $U \sim N(\mu, \sigma^2)$.

必要性. X 的分布函数为 $F_X(x) = P\{X \leq x\} = P\{e^U \leq x\}$.

当 $x \leq 0$ 时, $F_X(x) = 0$;

当 $x > 0$ 时, $F_X(x) = P\{U \leq \ln x\} = \displaystyle\int_{-\infty}^{\ln x} \frac{1}{\sqrt{2\pi}\,\sigma} e^{-\frac{(t-\mu)^2}{2\sigma^2}} \,\mathrm{d}t$,

得 $f_X(x) = F_X'(x) = \begin{cases} \dfrac{1}{\sqrt{2\pi}\,\sigma x} e^{-\frac{(\ln x - \mu)^2}{2\sigma^2}}, & x > 0, \\ 0, & x \leq 0, \end{cases}$ 所以 X 服从 μ, σ^2 的对数正

态分布.

如果在三段式讨论的 $m \leq y < M$ 情况中, 发现 $F_Y(y)$ 仍需分段计算, 则可能采用四段式, 甚至更多分段讨论.

例 2.4.9 设随机变量 X 的密度函数为 $f_X(x) = \begin{cases} \dfrac{1}{2}, & -1 < x < 0, \\ \dfrac{1}{4}, & 0 \leq x < 2, \\ 0, & \text{其他.} \end{cases}$ 求 $Y =$

X^2 的密度函数 $f_Y(y)$.

解 Y 的分布函数为 $F_Y(y) = P\{Y \leqslant y\} = P\{X^2 \leqslant y\}$.

当 $y < 0$ 时, $F_Y(y) = 0$;

当 $0 \leqslant y < 1$ 时,

$$F_Y(y) = P\{-\sqrt{y} \leqslant X \leqslant \sqrt{y}\} = \int_{-\sqrt{y}}^{\sqrt{y}} f_X(x)\,dx = \int_{-\sqrt{y}}^{0} \frac{1}{2}\,dx + \int_{0}^{\sqrt{y}} \frac{1}{4}\,dx = \frac{3}{4}\sqrt{y};$$

当 $1 \leqslant y < 4$ 时,

$$F_Y(y) = \int_{-\sqrt{y}}^{\sqrt{y}} f(x)\,dx = \int_{-\sqrt{y}}^{-1} 0\,dx + \int_{-1}^{0} \frac{1}{2}\,dx + \int_{0}^{\sqrt{y}} \frac{1}{4}\,dx = \frac{1}{2} + \frac{\sqrt{y}}{4};$$

当 $y \geqslant 4$ 时, $F_Y(y) = 1$. 于是

$$f_Y(y) = F_Y'(y) = \begin{cases} \dfrac{3}{8\sqrt{y}}, & 0 < y < 1, \\[2mm] \dfrac{1}{8\sqrt{y}}, & 1 \leqslant y < 4, \\[2mm] 0, & 其他. \end{cases}$$

小结

本章主要讨论一维随机变量及其分布.主要有以下内容：

1. 随机变量

随机变量是概率论中的一个重要概念.要理解随机变量的概念,一般地,随机变量的取值是随着随机试验的结果(样本点)的变化而变化的.简单地说,随机变量是样本点的函数.特别地,在实际问题中,随机变量往往是某一个随机变化的数量指标,有了这样的认识对解决实际问题有着很大的帮助.

2. 分布函数

分布函数是本章的一个重点,但未必是难点.

随机变量 X 的分布函数为 $F(x)=P\{X\leq x\}$, $-\infty<x<+\infty$.对任意的随机变量,其分布函数的定义域总是 $(-\infty,+\infty)$,这一点值得重视.

要理解和运用分布函数的性质,并会利用分布函数计算概率.

3. 离散型随机变量及其分布

理解离散型随机变量的概念,尤其是在实际问题中分析和判断出离散型随机变量.

离散型随机变量的分布重点在于其分布律,有了分布律就可以解决离散型随机变量的所有问题,包括概率计算、离散型随机变量函数的分布、离散型随机变量函数的数字特征(第 4 章)等.而分布律的产生往往依赖于第 1 章中的概率计算.

理解分布律的性质,熟练掌握离散型随机变量的分布律和分布函数之间的转化.

4. 连续型随机变量及其分布

要正确理解连续型随机变量以及密度函数的概念.通过密度函数建立连续型随机变量中概率、分布函数、定积分、曲边梯形面积之间的联系.

同样,连续型随机变量的分布重点在于其密度函数,有了密度函数就可以解决连续型随机变量的所有问题,包括概率计算、连续型随机变量函数的分布、连续型随机变量函数的数字特征(第 4 章)等.

理解密度函数的性质,熟练掌握连续型随机变量的密度函数和分布函数之间的转化.

由于连续型随机变量取任意一点的概率均为零(注:非连续型随机变量并无此结论),从而可知概率为零的随机事件未必是不可能事件,或者概率为 1 的事件未必是必然事件.不要因为概念不清,造成混淆,因此要注意区分.

5. 常见分布

常见分布是本章又一个重点内容.

离散型随机变量的常见分布主要有 0—1 两点分布 $B(1,p)$、二项分布 $B(n,p)$(注:掌握 0—1 两点分布和二项分布的关系)、泊松分布 $P(\lambda)$、几何分布 $G(p)$.连续型随机变量的常见分布主要有均匀分布 $U[a,b]$、指数分布 $E(\lambda)$、正态分布 $N(\mu,\sigma^2)$.

对于上述常见分布,要熟记其分布律或者密度函数,要了解各自产生的背景以及相关结论或性质.

6. 随机变量函数的分布

随机变量函数的分布是本章的一个难点,也是重点.

在求随机变量函数的分布之前,要判断随机变量函数是离散型随机变量、连续型随机变量,还是既非离散型也非连续型随机变量,然后再采用相应的解决方法.

如果 X 为离散型随机变量,则 $Y=g(X)$ 必为离散型随机变量,求 Y 的分布律可通过列表直接计算.

如果 X 为连续型随机变量,则 $Y=g(X)$ 可能为离散型随机变量,也可能为连续型随机变量,甚至为既非离散型也非连续型随机变量.

当 Y 为离散型随机变量时,先由 $Y=g(X)$ 确定 Y 的可能取值 $y_1,y_2,\cdots$,然后将 Y 的分布律 $P\{Y=y_i\}=p_i(i=1,2,\cdots)$ 的计算转换为对 X 的相关概率计算,包括对 X 的密度函数 $f(x)$ 积分计算等(参见例 2.4.5).

当 Y 为连续型随机变量时,建议采用分布函数法求出 Y 的分布函数,然后通过求导即得 Y 的密度函数.

当 Y 为既非离散型也非连续型随机变量时,同样采用分布函数法求出 Y 的分布函数.

因此分布函数法是一种非常有效和可行的方法,一定要熟练掌握.

睮 第2章习题

一、填空题

1. 已知随机变量 X 的分布函数为 $F(x) =$
$$\begin{cases} 0, & x<0, \\ \dfrac{1}{4}, & 0 \leqslant x<2, \\ \dfrac{3}{4}, & 2 \leqslant x<5, \\ 1, & x \geqslant 5, \end{cases}$$
则 X 的分布律为_____.

2. 设随机变量 X 的分布律为 $P\{X=k\} = \dfrac{c\lambda^k}{k!}e^{-\lambda}$ $(k=1,$ $2,\cdots)$,且 $\lambda>0$,则常数 $c=$_____.

3. 某人向一目标进行 10 次独立射击,每次射击的命中率为 0.2,则至少命中两次的概率为_____.

4. 设随机变量 X 的密度函数为 $f(x) = \dfrac{1}{\sqrt{6\pi}}e^{-\frac{x^2-4x+4}{6}}$,
$-\infty<x<+\infty$,则 X 服从 $\mu=$_____,$\sigma^2=$_____的正态分布.

5. 设随机变量 $X \sim E(1)$,则 $Y=[X]$ 的分布为_____,其中 $[\,\cdot\,]$ 表示取整函数.

6. 设随机变量 X 服从 $(0,2)$ 内的均匀分布,则随机变量 $Y=X^2$ 在 $(0,4)$ 内的密度函数 $f_Y(y)=$_____.

二、选择题

1. 下列函数中,为某随机变量 X 的分布函数的是(   ).

(A) $F(x) = \dfrac{1+\mathrm{sgn}(x)}{2}$ (B) $F(x) = \dfrac{x^2}{x^2+e^{-x}}$

(C) $F(x) = \dfrac{1}{1+e^x}$ (D) $F(x) = \dfrac{1}{1+e^{-x}}$

2. 设随机变量 X 的分布函数 $F(x) =$
$$\begin{cases} 0, & x<0, \\ \dfrac{1}{2}, & 0 \leqslant x<1, \\ 1-e^{-x}, & x \geqslant 1, \end{cases}$$
则 $P\{X=1\}=$(   ).

(A) 0   (B) $\dfrac{1}{2}$

(C) $\dfrac{1}{2}-e^{-1}$ (D) $1-e^{-1}$

3. 设随机变量 X 在 $[0,1]$ 上服从均匀分布,Y 在 $[0,2]$ 上服从均匀分布,$f_1(x),f_2(x)$ 分别为 X 和 Y 的密度函数,则下列函数中,不是密度函数的是(   ).

(A) $\dfrac{2}{3}f_1(x)+\dfrac{1}{3}f_2(x)$

(B) $\dfrac{1}{3}f_1(x)+\dfrac{2}{3}f_2(x)$

(C) $2f_1(x)-f_2(x)$

(D) $2f_2(x)-f_1(x)$

4. 设 A,B 为两个随机事件,下列命题中正确的个数为(   ).

① 若 $P(AB)=0$,则 A,B 互不相容

② 若 $P(A)>0,P(B|A)=1$,则 $A \subset B$

③ 若 $P(A \cup B)=P(AB)$,则 $A=B$

④ 若 $P(A\bar{B})+P(\bar{A}B)=1$,则 $\bar{A}=B$

(A) 0   (B) 1   (C) 2   (D) 3

5. 设随机变量 X 的密度函数为 $f(x) = \begin{cases} ke^{-x}, & x \geqslant \lambda, \\ 0, & x<\lambda, \end{cases}$ 其中 k,λ 均为正常数.则对常数 $a>0$,$P\{\lambda<X<\lambda+a\}$(   ).

(A) 与 a 无关,随 λ 增大而增大

(B) 与 λ 无关,随 a 增大而增大

(C) 与 a 无关，随 λ 增大而减小

(D) 与 λ 无关，随 a 增大而减小

6. 设随机变量 $X \sim E\left(\dfrac{1}{2}\right)$，则 $P\{X > 6 \mid X > 3\} = (\quad)$.

(A) e^{-3}　　　　　　　(B) $e^{-\frac{3}{2}}$

(C) e^{-1}　　　　　　　(D) $\dfrac{1}{2}$

7. 设随机变量 $X \sim N(\mu_1, \sigma_1^2)$，$Y \sim N(\mu_2, \sigma_2^2)$，且 $P\{|X - \mu_1| < 1\} > P\{|Y - \mu_2| < 1\}$，则必有 $(\quad)$.

(A) $\sigma_1 < \sigma_2$　　　　　(B) $\sigma_1 > \sigma_2$

(C) $\mu_1 < \mu_2$　　　　　(D) $\mu_1 > \mu_2$

8. 已知随机变量 X 的密度函数为 $f(x)$，则 $Y = 4X - 1$ 的密度函数 $f_Y(y) = (\quad)$.

(A) $\dfrac{f(y) + 1}{4}$　　　　(B) $\dfrac{f(y+1)}{4}$

(C) $f\left(\dfrac{y+1}{4}\right)$　　　　(D) $\dfrac{1}{4} f\left(\dfrac{y+1}{4}\right)$

三、解答题

A 类

1. 设随机变量 X 的分布函数为 $F(x) = \begin{cases} a - \dfrac{b}{x}, & x > 1, \\ 0, & x \leqslant 1, \end{cases}$ 求常数 a, b 以及 $P\{-1 < X \leqslant 2\}$.

2. 随机掷两枚骰子，以 X 表示其点数之和，写出 X 的分布律，并求 $P\{X \geqslant 9\}$.

3. 设随机变量 X 的取值为 $0, 1, 2$，且 $P\{X^2 = X\} = 2P\{X > 1\}$，$P\{|X - 1| = 1\} = P\{X = 1\}$.

(1) 求 X 的分布律；(2) 求 X 的分布函数 $F(x)$.

4. 在 500 人的团队中，利用泊松定理近似求出恰有 6 人的生日同在元旦的概率(一年按 365 天计).

5. 已知连续型随机变量 X 的分布函数 $F(x) = \begin{cases} 0, & x < 0, \\ kx^2, & 0 \leqslant x < 1, \\ 1, & x \geqslant 1. \end{cases}$ (1) 求常数 k；(2) 求 X 落入区间 $(0.3, 0.7)$ 内的概率；(3) 求 X 的密度函数 $f(x)$.

6. 设随机变量 X 的密度函数为 $f(x) = ce^{-|x|}$，$-\infty < x < +\infty$.(1) 求常数 c；(2) 求 $P\{0 < X < 1\}$；(3) 求 X 的分布函数 $F(x)$.

7. 某型号电子管的寿命 X(单位:h)的密度函数为

$$f(x) = \begin{cases} \dfrac{100}{x^2}, & x \geqslant 100, \\ 0, & \text{其他.} \end{cases}$$

若一电子设备内配有三个独立工作的该型号电子管，求使用 150 h 后，三个电子管都不需要更换的概率.

8. 设随机变量 X 的密度函数为 $f(x) = \begin{cases} 2x, & 0 < x < 1, \\ 0, & \text{其他,} \end{cases}$ 现对 X 进行独立重复观测，以 Y 表示首次出现观测值不大于 $\dfrac{1}{2}$ 时的观测次数，求 Y 的分布律以及 $P\{Y \geqslant 5 \mid Y \geqslant 2\}$.

9. 设顾客排队等待服务的时间 X(单位:min)服从 $\lambda = \dfrac{1}{5}$ 的指数分布.某顾客等待服务，若超过 10 min，他就离开.他一个月要去等待服务 5 次，以 Y 表示一个月内他未等到服务而离开的次数，试求 Y 的分布律和 $P\{Y \geqslant 1\}$.

10. 随机变量 $X \sim N(0, 1)$，分别求下列概率

(1) $P\{0.02 \leqslant X \leqslant 2.33\}$；　　(2) $P\{X < -2\}$；

(3) $P\{|X| > 3\}$.

11. 设随机变量 $X \sim N(50, 10^2)$.求(1) $P\{X \leqslant 20\}$；(2) $P\{X > 70\}$；(3) 常数 a，使得 $P\{X < a\} = 0.90$.

12. 设随机变量 X 的密度函数为 $f_X(x) = \dfrac{1}{\pi(1 + x^2)}$，$-\infty < x < +\infty$.求 $Y = 1 - \sqrt[3]{X}$ 的密度函数 $f_Y(y)$.

13. 设随机变量 $X \sim E(\lambda)$，证明 $Y = 1 - e^{-\lambda X} \sim U(0, 1)$.

B 类

1. 设 X 为随机变量,(1)判断 $P\{X=k\}=\dfrac{1}{k(k+1)},k=1,$ $2,\cdots$ 是否为 X 的分布律;(2)如果是 X 的分布律,求 X 取偶数的概率.

2. 有两本书,甲书每页上的错字个数 X 服从参数为 1 的泊松分布,乙书每页上的错字个数 Y 服从参数为 2 的泊松分布,现任意打开一本书至某页,求该页上有错字的概率.

3. 设随机变量 $X\sim B(n,p)$,证明 $P\{X=[(n+1)p]\}$ 最大,其中 $[\,\cdot\,]$ 表示取整函数.

4. 设随机变量 $X\sim P(\lambda)$,证明 $P\{X=[\lambda]\}$ 最大,其中 $[\,\cdot\,]$ 表示取整函数.

5. 设随机变量 $X\sim P(\lambda)$,求 X 取奇数的概率 s 和 X 取偶数的概率 t.

6. 设随机变量 $X\sim E(\lambda)$,常数 $a\neq 0$,求 $Y=aX$ 的密度函数 $f_Y(y)$.

7. 设随机变量 $X\sim U(0,\pi)$,求 $Y=\sin X$ 的密度函数 $f_Y(y)$.

8. 设随机变量 Z 的分布函数 $F_Z(z)$ 为单调增加的连续函数,X 服从 $[0,1]$ 上的均匀分布.证明 $Y=F_Z^{-1}(X)$ 与 Z 同分布.

C 类

1. 设随机变量 X 的密度函数为 $f(x)$,分布函数为 $F(x)$.当 $x\leqslant 0$ 时,$f(x)+F(x)=k_1$;当 $x>0$ 时,$f(x)+F(x)=k_2$.(1)求常数 k_1,k_2 以及 $f(x)$;(2)求 $P\{a<X<2a\}$ 的最大值,其中 a 为常数.

2. 设随机变量 $X\sim N(\mu,\sigma^2)$,$P\{X<0\}=P\{X>10\}$,且 X 的密度函数在 $x=0$ 处有拐点.记 $p_1=P\{0\leqslant X\leqslant 10\}$,$p_2=P\{10\leqslant X\leqslant 18\}$,在不查标准正态分布表的前提下,比较 p_1 和 p_2 的大小.

3. 假设一日内到过某商店的顾客人数服从参数为 λ 的泊松分布,而每个顾客实际购物的概率为 p.以 X 表示一日内到过该商店并且购物的人数,试求 X 的概率分布.

4. 设随机变量 X 的绝对值不大于 1,且 $P\{X=-1\}=\dfrac{1}{8}$,$P\{X=1\}=\dfrac{1}{4}$,在事件 $\{-1<X<1\}$ 出现的条件下,X 在 $(-1,1)$ 内的任一子区间上取值的条件概率与区间长度成正比.求(1)X 的分布函数;(2)X 取负值的概率.

5. 设随机变量 X 在 $[0,1]$ 上取值,其分布函数为
$$F(x)=\begin{cases}1,&x>1,\\a+bx,&0\leqslant x\leqslant 1,\\0,&x<0,\end{cases}$$ 且 $P\{X=0\}=\dfrac{1}{4}$.求(1)常数 a,b;(2)$Y=-\ln F(X)$ 的分布函数 $F_Y(y)$.

6. 设有三个编号分别为 1,2,3 的盒子和两只球,现将每个球随机地放入三个盒子,记 X 为至少有一只球的盒子的最小号码.(1)求 X 的分布律;(2)若当 $X=i$ 时,随机变量 Y 在 $[0,i]$ 上服从均匀分布,$i=1,2,3$,求 Y 的密度函数 $f_Y(y)$.

网上更多······　✍ 自测题

第3章 多维随机变量及其分布

在上一章中,我们介绍了一维随机变量及其分布.但在诸多实际问题中,需要同时研究多个随机变量及其分布.例如,在射击试验中,考察着弹点的横坐标 X 和纵坐标 Y 的分布情况.又如,在防汛工程中,由于河流的主干道和各支流的关系密切,因此在主干道和各支流上共选取 n 个观察点进行测试,记 X_i 为第 i 个观察点处的流量, $i=1,2,\cdots,n$,则掌握 $X_1,X_2,\cdots,X_n$ 的分布情况,有利于防洪防汛工作的开展.

本章主要研究二维随机变量及其分布,然后将其结果推广到更多维随机变量上去.

3.1 二维随机变量及其分布函数

3.1.1 二维随机变量的概念

定义 3.1.1 设随机试验 E 的样本空间 $\Omega=\{\omega|\omega$ 为样本点$\}$, $X=X(\omega),Y=Y(\omega)$ 分别为定义在 Ω 上的随机变量,就称 (X,Y) 为二维随机变量.

例如,在单位闭圆盘 $\{(x,y)|x^2+y^2\leqslant 1\}$ 上任取一点 (X,Y) ,则 (X,Y) 为二维随机变量.

3.1.2 二维随机变量的分布函数

定义 3.1.2 设 (X,Y) 为二维随机变量,称

$$F(x,y)=P\{X\leqslant x,Y\leqslant y\}, \quad -\infty<x<+\infty, \quad -\infty<y<+\infty$$

为 (X,Y) 的分布函数或称为 X 和 Y 的联合分布函数.

由定义 3.1.2 知, $F(x,y)$ 的定义域为全平面.

$F(x,y)$ 在点 (x,y) 处的取值为二维随机变量 (X,Y) 落入平面区域

$(-\infty, x] \times (-\infty, y]$上的概率(图 3.1.1).

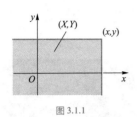

图 3.1.1

图 3.1.1 称为 $F(x,y)$ 的原理图.

与一维随机变量的分布函数相仿,二维随机变量的分布函数具有下列性质.

性质 3.1.1   设 $F(x,y)$ 为二维随机变量 (X,Y) 的分布函数,则

(1) $0 \le F(x,y) \le 1$,其中 $-\infty < x < +\infty$, $-\infty < y < +\infty$;

(2) $F(+\infty, +\infty) = 1$,$F(x, -\infty) = F(-\infty, y) = F(-\infty, -\infty) = 0$,其中 $-\infty < x < +\infty$, $-\infty < y < +\infty$;

(3) $F(x,y)$ 分别为关于变量 x 和 y 单调不减的函数;

(4) $F(x,y)$ 分别关于变量 x 和 y 处处右连续;

(5) $P\{x_1 < X \le x_2, y_1 < Y \le y_2\} = F(x_2, y_2) - F(x_2, y_1) - F(x_1, y_2) + F(x_1, y_1)$,其中 $x_1 < x_2, y_1 < y_2$,且 x_1 和 y_1 可各自广义地取 $-\infty$;x_2 和 y_2 可各自广义地取 $+\infty$.

性质 3.1.1 的证明从略.

例 3.1.1   设二维随机变量 (X,Y) 的分布函数为

$$F(x,y) = a(b + \arctan x)(c + \arctan y), \quad -\infty < x < +\infty, \quad -\infty < y < +\infty.$$

(1) 求常数 a, b, c;(2) 分别计算 $P\{X \le 1, Y \le 1\}$ 和 $P\{X > 1, Y > 1\}$.

解   (1) 由 $F(+\infty, +\infty) = 1$ 知

$$a\left(b + \frac{\pi}{2}\right)\left(c + \frac{\pi}{2}\right) = 1. \tag{3.1.1}$$

对任意的 $x \in \mathbf{R}$,由 $F(x, -\infty) = 0$ 知

$$a(b + \arctan x)\left(c - \frac{\pi}{2}\right) = 0. \tag{3.1.2}$$

同理,对任意的 $y \in \mathbf{R}$,由 $F(-\infty, y) = 0$ 知

$$a\left(b - \frac{\pi}{2}\right)(c + \arctan y) = 0. \tag{3.1.3}$$

联立式(3.1.1),(3.1.2)和(3.1.3),解得 $a = \dfrac{1}{\pi^2}, b = \dfrac{\pi}{2}, c = \dfrac{\pi}{2}$.

(2) 由(1)知 $F(x,y) = \dfrac{1}{\pi^2}\left(\dfrac{\pi}{2} + \arctan x\right)\left(\dfrac{\pi}{2} + \arctan y\right)$,$-\infty < x < +\infty$,$-\infty < y < +\infty$,所以

$$P\{X \le 1, Y \le 1\} = F(1,1) = \frac{1}{\pi^2}\left(\frac{\pi}{2} + \frac{\pi}{4}\right)\left(\frac{\pi}{2} + \frac{\pi}{4}\right) = \frac{9}{16},$$

$$P\{X>1,Y>1\}=P\{1<X<+\infty,1<Y<+\infty\}$$
$$=F(+\infty,+\infty)-F(+\infty,1)-F(1,+\infty)+F(1,1)$$
$$=1-\frac{3}{4}-\frac{3}{4}+\frac{9}{16}=\frac{1}{16}.$$

3.2　二维离散型随机变量及其分布律

典型例题分析 3-1
二维离散型随机变量的分布

3.2.1　二维离散型随机变量及其分布律的概念

定义 3.2.1　如果二维随机变量(X,Y)的所有可能取值为有限个或可列无穷多个,就称(X,Y)为二维离散型随机变量.

定义 3.2.2　设(X,Y)为二维离散型随机变量,其所有可能的取值为(x_i,y_j),$i=1,2,\cdots,j=1,2,\cdots$,且

$$P\{X=x_i,Y=y_j\}=p_{ij},\quad i=1,2,\cdots,\quad j=1,2,\cdots,$$

就称上式为二维离散型随机变量(X,Y)的**分布律**或 X 和 Y 的**联合分布律**,可记为表 3.2.1:

表 3.2.1　X 和 Y 的联合分布律

Y	X				
	x_1	x_2	$\cdots$	x_i	$\cdots$
y_1	p_{11}	p_{21}	$\cdots$	p_{i1}	$\cdots$
y_2	p_{12}	p_{22}	$\cdots$	p_{i2}	$\cdots$
$\vdots$	$\vdots$	$\vdots$	$\vdots$	$\vdots$	$\cdots$
y_j	p_{1j}	p_{2j}	$\cdots$	p_{ij}	$\cdots$
$\vdots$	$\vdots$	$\vdots$		$\vdots$	

例 3.2.1　设同一品种的 5 个产品中,有 2 个次品,每次从中取一个检验,连续两次.设 X 表示第一次取到的次品个数;Y 表示第二次取到的次品个数.试分别就(1)不放回抽取;(2)有放回抽取两种情况,求出(X,Y)的分布.

解　由题意知,X 和 Y 的取值均为 0 和 1,故(X,Y)为二维离散型随

由定义知,二维离散型随机变量一定有(二维)分布律,反之亦然.

机变量.

（1）不放回抽取

利用乘法公式可计算得

$$P\{X=0,Y=0\}=P\{X=0\}P\{Y=0\,|\,X=0\}=\frac{3}{5}\times\frac{2}{4}=\frac{3}{10};$$

同理可求得

$$P\{X=0,Y=1\}=\frac{3}{10},\quad P\{X=1,Y=0\}=\frac{3}{10},\quad P\{X=1,Y=1\}=\frac{1}{10},$$

所以在不放回抽取的情况下，(X,Y) 的分布律为

Y	X	
	0	1
0	$\frac{3}{10}$	$\frac{3}{10}$
1	$\frac{3}{10}$	$\frac{1}{10}$

（2）有放回抽取

与(1)相仿，利用乘法公式可计算得

$$P\{X=0,Y=0\}=P\{X=0\}P\{Y=0\,|\,X=0\}=\frac{3}{5}\times\frac{3}{5}=\frac{9}{25};$$

同理可求得

$$P\{X=0,Y=1\}=\frac{6}{25},\quad P\{X=1,Y=0\}=\frac{6}{25},\quad P\{X=1,Y=1\}=\frac{4}{25},$$

所以在有放回抽取的情况下，(X,Y) 的分布律为

Y	X	
	0	1
0	$\frac{9}{25}$	$\frac{6}{25}$
1	$\frac{6}{25}$	$\frac{4}{25}$

3.2.2　二维离散型随机变量分布律的性质与有关结论

性质 3.2.1　设二维随机变量 (X,Y) 的分布律为

$$P\{X=x_i,Y=y_j\}=p_{ij}, \quad i=1,2,\cdots, \quad j=1,2,\cdots,$$

则有

（1）$p_{ij}\geqslant 0$；　　（2）$\sum_i \sum_j p_{ij}=1$.

性质 3.2.1 不难验证,证明从略.

反之,如果 p_{ij} 满足性质 3.2.1 中的（1）和（2）,则 p_{ij} 必能构成某二维离散型随机变量 (X,Y) 的分布律.

结论 3.2.1　设二维随机变量 (X,Y) 的分布律为

$$P\{X=x_i,Y=y_j\}=p_{ij}, \quad i=1,2,\cdots, \quad j=1,2,\cdots,$$

D 为任一平面点集,则

$$P\{(X,Y)\in D\}=\sum_{(x_i,y_j)\in D} p_{ij}.$$

结论 3.2.2　设二维随机变量 (X,Y) 的分布律为

$$P\{X=x_i,Y=y_j\}=p_{ij}, \quad i=1,2,\cdots, \quad j=1,2,\cdots,$$

则 (X,Y) 的分布函数为

$$F(x,y)=P\{X\leqslant x,Y\leqslant y\}=\sum_{x_i\leqslant x,y_j\leqslant y} p_{ij}, \quad -\infty<x<+\infty, \quad -\infty<y<+\infty.$$

例 3.2.2　已知二维随机变量 (X,Y) 的分布律为

Y	X		
	-1	0	1
0	0.2	a	0.3
1	0.1	0.1	b

且 $F(0,1.5)=0.5$.（1）求常数 a,b 的值；（2）计算 $P\{X=Y\}$.

解　（1）由 $F(0,1.5)=P\{X\leqslant 0,Y\leqslant 1.5\}=0.5$,得 $0.4+a=0.5$,故 $a=0.1$.

又由 $\sum_i \sum_j p_{ij}=1$ 知,$0.7+a+b=1$,所以 $b=0.2$.

（2）由（1）得 (X,Y) 的分布律为

Y	X		
	−1	0	1
0	0.2	0.1	0.3
1	0.1	0.1	0.2

因此,

$$P\{X=Y\} = P\{X=0,Y=0\} + P\{X=1,Y=1\} = 0.1+0.2 = 0.3.$$

3.3 二维连续型随机变量及其密度函数

3.3.1 二维连续型随机变量及其密度函数的概念

定义 3.3.1 设二维随机变量 (X,Y) 的分布函数为 $F(x,y)$,如果存在二元非负可积函数 $f(x,y)$,使得对任意实数 x,y,均有

$$F(x,y) = \int_{-\infty}^{x} \int_{-\infty}^{y} f(u,v) \, \mathrm{d}u \mathrm{d}v ,$$

就称 (X,Y) 为二维连续型随机变量,$f(x,y)$ 为 (X,Y) 的密度函数或 X 和 Y 的联合密度函数.

由定义知,二维连续型随机变量一定有(二维)密度函数.反之亦然.

3.3.2 二维连续型随机变量密度函数的性质与有关结论

与一维连续型随机变量相仿,二维连续型随机变量的密度函数具有下列性质和结论.

性质 3.3.1(二维连续型随机变量密度函数的性质) 设二维随机变量 (X,Y) 的密度函数为 $f(x,y)$,则

(1) $f(x,y) \geq 0, -\infty < x < +\infty , -\infty < y < +\infty$;

(2) $\int_{-\infty}^{+\infty} \int_{-\infty}^{+\infty} f(x,y) \, \mathrm{d}x \mathrm{d}y = 1.$

由定义 3.3.1 知 $f(x,y) \geq 0$,且 $\int_{-\infty}^{+\infty} \int_{-\infty}^{+\infty} f(x,y) \, \mathrm{d}x \mathrm{d}y = F(+\infty , +\infty) = 1.$

反之,如果 $f(x,y)$ 满足性质 3.3.1 中的(1)和(2),则 $f(x,y)$ 必为某二维连续型随机变量 (X,Y) 的密度函数.

结论 3.3.1 设二维随机变量 (X,Y) 的分布函数为 $F(x,y)$,密度函数为 $f(x,y)$,则在 $f(x,y)$ 的连续点 (x,y) 处,$\dfrac{\partial^2 F(x,y)}{\partial x \partial y}=f(x,y)$.

证 在 $f(x,y)$ 的连续点 (x,y) 处,$F(x,y)=\displaystyle\int_{-\infty}^{x}\int_{-\infty}^{y}f(u,v)\mathrm{d}u\mathrm{d}v$ 的两个二阶混合偏导数存在且相等.由于 $F(x,y)=\displaystyle\int_{-\infty}^{x}\left[\int_{-\infty}^{y}f(u,v)\mathrm{d}v\right]\mathrm{d}u$,故

$$\frac{\partial^2 F(x,y)}{\partial x \partial y}=\frac{\partial}{\partial y}\left(\frac{\partial F(x,y)}{\partial x}\right)=\frac{\partial}{\partial y}\int_{-\infty}^{y}f(x,v)\mathrm{d}v=f(x,y) .$$

结论 3.3.2 设二维随机变量 (X,Y) 的密度函数为 $f(x,y)$.对平面上任一区域 D,则有

$$P\{(X,Y)\in D\}=\iint\limits_{D}f(x,y)\mathrm{d}x\mathrm{d}y .$$

特别地,对平面上任一逐段光滑曲线 L,则有 $P\{(X,Y)\in L\}=0$.

由结论 3.3.2 以及二重积分的几何意义知,$P\{(X,Y)\in D\}$ 的数值等于以 D 为底,曲面 $z=f(x,y)$ 为顶的曲顶柱体的体积.当区域 D 退化为曲线 L 时,曲顶柱体退化为曲边柱面,而曲边柱面的体积为零,可得

$$P\{(X,Y)\in L\}=\iint\limits_{L}f(x,y)\mathrm{d}x\mathrm{d}y=0 .$$

例 3.3.1 设二维随机变量 (X,Y) 的密度函数 $f(x,y)=\begin{cases}k\mathrm{e}^{-x}, & 0<y<x, \\ 0, & \text{其他}.\end{cases}$

(1) 求常数 k;(2) 计算 $P\{X+Y<2\}$;(3) 求 (X,Y) 的分布函数 $F(x,y)$.

解 (1) 由 $\displaystyle\int_{-\infty}^{+\infty}\int_{-\infty}^{+\infty}f(x,y)\mathrm{d}x\mathrm{d}y=1$ 知 $\displaystyle\int_{0}^{+\infty}\mathrm{d}x\int_{0}^{x}k\mathrm{e}^{-x}\mathrm{d}y=k\int_{0}^{+\infty}x\mathrm{e}^{-x}\mathrm{d}x=1$,经计算得 $k=1$.从而

$$f(x,y)=\begin{cases}\mathrm{e}^{-x}, & 0<y<x, \\ 0 & \text{其他}.\end{cases}$$

(2) $P\{X+Y<2\}=\displaystyle\iint\limits_{x+y<2}f(x,y)\mathrm{d}x\mathrm{d}y=\int_{0}^{1}\mathrm{d}y\int_{y}^{2-y}\mathrm{e}^{-x}\mathrm{d}x$

$$=\int_{0}^{1}(\mathrm{e}^{-y}-\mathrm{e}^{y-2})\mathrm{d}y=\left(1-\frac{1}{\mathrm{e}}\right)^2 .$$

（3）由于分布函数 $F(x,y) = \int_{-\infty}^{x} \int_{-\infty}^{y} f(u,v)\mathrm{d}u\mathrm{d}v$, $-\infty < x < +\infty$, $-\infty <$

$y < +\infty$,且 $f(x,y) = \begin{cases} \mathrm{e}^{-x}, & 0<y<x, \\ 0, & \text{其他}, \end{cases}$ 所以需将整个平面划分为

① $x \leqslant 0$ 或 $y \leqslant 0$； ② $0<y<x$； ③ $0<x \leqslant y$

三个区域（如图3.3.1(a)）后,在每个区域上分别计算 $F(x,y)$.

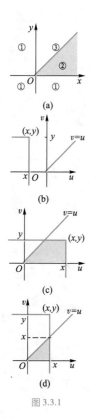

(a)

(b)

(c)

(d)

图 3.3.1

由于在计算积分 $\int_{-\infty}^{x} \int_{-\infty}^{y} f(u,v)\mathrm{d}u\mathrm{d}v$ 时,积分变量为 u 和 v ,因此相应

将 x 轴换为 u 轴, y 轴换为 v 轴,并且将密度函数 $f(x,y) =$

$\begin{cases} \mathrm{e}^{-x}, & 0<y<x, \\ 0, & \text{其他} \end{cases}$ 换为 $f(u,v) = \begin{cases} \mathrm{e}^{-u}, & 0<v<u, \\ 0, & \text{其他}. \end{cases}$

① 当 $x \leqslant 0$ 或 $y \leqslant 0$ 时（如图3.3.1(b)）,由于 $u \leqslant x, v \leqslant y$,故 $f(u,v) =$

0,所以

$$F(x,y) = \int_{-\infty}^{x} \int_{-\infty}^{y} 0\mathrm{d}u\mathrm{d}v = 0 .$$

② 当 $0<y<x$ 时（如图3.3.1(c)）,由于 $0 \leqslant v \leqslant y, v \leqslant u \leqslant x, f(u,v) = \mathrm{e}^{-u}$,

所以

$$F(x,y) = \int_{0}^{y} \mathrm{d}v \int_{v}^{x} \mathrm{e}^{-u}\mathrm{d}u = \int_{0}^{y} (\mathrm{e}^{-v} - \mathrm{e}^{-x})\mathrm{d}v = 1 - \mathrm{e}^{-y} - y\mathrm{e}^{-x} .$$

③ 当 $0<x \leqslant y$ 时（如图3.3.1(d)）,由于 $0 \leqslant v \leqslant x, v \leqslant u \leqslant x, f(u,v) =$

e^{-u} ,所以

$$F(x,y) = \int_{0}^{x} \mathrm{d}v \int_{v}^{x} \mathrm{e}^{-u}\mathrm{d}u = \int_{0}^{x} (\mathrm{e}^{-v} - \mathrm{e}^{-x})\mathrm{d}v = 1 - (1+x)\mathrm{e}^{-x} .$$

故 (X,Y) 的分布函数为

$$F(x,y) = \begin{cases} 0, & x \leqslant 0 \text{ 或 } y \leqslant 0, \\ 1-\mathrm{e}^{-y}-y\mathrm{e}^{-x}, & 0<y<x, \\ 1-(1+x)\mathrm{e}^{-x}, & 0<x \leqslant y. \end{cases}$$

此例中,求 (X,Y) 的分布函数 $F(x,y)$ 的过程较为复杂.一般地,如果 (X,Y) 的密度函数 $f(x,y)$ 在平面某区域 D 上(内)为正,而其余处均为零（见图3.3.2）,即

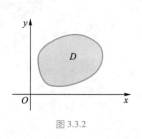

图 3.3.2

$$f(x,y) = \begin{cases} \text{正值函数}, & (x,y) \in D, \\ 0, & (x,y) \notin D, \end{cases}$$

就称图3.3.2为密度函数 $f(x,y)$ 的特征图.

微视频 3-1

二维连续型随机变量分布函数的原理图和密度函数的特征图

由例 3.3.1, 可以归纳出在已知 (X,Y) 的密度函数 $f(x,y)=$
$\begin{cases} \text{正值函数}, & (x,y) \in D, \\ 0, & (x,y) \notin D \end{cases}$ 时, 求 (X,Y) 的分布函数 $F(x,y)$ 的方法为

（1）结合 $F(x,y)$ 的原理图和 $f(x,y)$ 的特征图, 将全平面分若干块；

（2）在每块上计算 $F(x,y)$ 时, 先将 x 轴换为 u 轴, y 轴换为 v 轴, 密度函数 $f(x,y)$ 换为 $f(u,v)$, 并且将区域 $(-\infty,x] \times (-\infty,y] \cap D$ 表示成 u 型区域或 v 型区域, 然后计算二重积分

$$F(x,y) = \iint\limits_{(-\infty,x] \times (-\infty,y] \cap D} f(u,v)\,\mathrm{d}u\mathrm{d}v.$$

上述（1）为关键, 需要准确分块.

例如, 当 D 为矩形区域 $\{(x,y) \mid 0 \leqslant x \leqslant 2, 0 \leqslant y \leqslant 1\}$ 时, 可将全平面分为 5 块（如图 3.3.3）；当 D 为三角形区域 $\{(x,y) \mid 0 \leqslant x \leqslant 1, 0 \leqslant y \leqslant 1-x\}$ 时, 可将全平面分为 6 块（如图 3.3.4）.

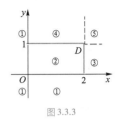

微视频 3-2
利用二维随机变量的密度函数求其分布函数

图 3.3.3

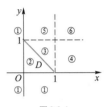

图 3.3.4

3.3.3　几种常见的二维连续型随机变量的分布

1. 二维均匀分布

定义 3.3.2　设平面区域 D 的面积为 S_D, 如果二维随机变量 (X,Y) 的密度函数为

$$f(x,y) = \begin{cases} \dfrac{1}{S_D}, & (x,y) \in D, \\ 0, & (x,y) \notin D, \end{cases}$$

就称 (X,Y) 服从区域 D 上（内）的二维均匀分布, 记为 $(X,Y) \sim U(D)$.

容易验证, 定义 3.3.2 中的 $f(x,y)$ 满足性质 3.3.1.

二维均匀分布与第 1 章中介绍的二维几何概型试验原理相通. 此时, (X,Y) 落入某平面区域 G 内（上）的概率为

$$P\{(X,Y) \in G\} = P\{(X,Y) \in G \cap D\} = \frac{S_{G \cap D}}{S_D},$$

其中 $S_{G \cap D}$ 为区域 $G \cap D$ 的面积.

上式表明, 如果 $(X,Y) \sim U(D)$, 区域 G 为 D 的任意子区域, 则 $P\{(X,Y) \in G\}$ 与 G 的面积成正比, 且比例系数为 $\dfrac{1}{S_D}$, 而与 G 的位置和形

状无关.

例 3.3.2　设二维随机变量 (X,Y) 服从区域 $D = \{(x,y) \mid 0 \leqslant x \leqslant 1,$ $0 \leqslant y \leqslant 1\}$ 上的均匀分布,求 $P\left\{|X-Y| \leqslant \dfrac{1}{2}\right\}$.

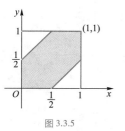

图 3.3.5

解　由题意知,区域 D 的面积 $S_D = 1$.由不等式 $|X-Y| \leqslant \dfrac{1}{2}$ 确定的平面区域 $G = \left\{(x,y) \mid |x-y| \leqslant \dfrac{1}{2},(x,y) \in D\right\}$ 如图 3.3.5 中的阴影部分,G 的面积 S_G 为 $1 - \left(\dfrac{1}{2}\right)^2 = \dfrac{3}{4}$,所以所求概率为

$$P\left\{|X-Y| \leqslant \frac{1}{2}\right\} = \frac{S_G}{S_D} = \frac{\dfrac{3}{4}}{1} = \frac{3}{4}.$$

2. 二维正态分布

定义 3.3.3　如果二维随机变量 (X,Y) 的密度函数为

$$f(x,y) = \frac{1}{2\pi\sigma_1\sigma_2\sqrt{1-\rho^2}} \mathrm{e}^{-\frac{1}{2(1-\rho^2)}\left[\frac{(x-\mu_1)^2}{\sigma_1^2} - 2\rho\frac{(x-\mu_1)(y-\mu_2)}{\sigma_1\sigma_2} + \frac{(y-\mu_2)^2}{\sigma_2^2}\right]}, \quad (3.3.1)$$

$$-\infty < x < +\infty,\ -\infty < y < +\infty,$$

其中 $\mu_1,\mu_2,\sigma_1,\sigma_2,\rho$ 均为常数,且满足 $-\infty < \mu_1 < +\infty,\ -\infty < \mu_2 < +\infty,\ \sigma_1 > 0,$ $\sigma_2 > 0,-1 < \rho < 1$,就称 (X,Y) 服从参数为 $\mu_1,\mu_2,\sigma_1^2,\sigma_2^2,\rho$ 的二维正态分布,记为 $(X,Y) \sim N(\mu_1,\mu_2,\sigma_1^2,\sigma_2^2,\rho)$.

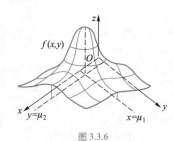

图 3.3.6

可以验证,定义 3.3.3 中的 $f(x,y)$ 满足性质 3.3.1.$f(x,y)$ 的图形是一个水平截痕为椭圆的空间曲面(如图 3.3.6),宛如一个钟形曲面扣放在 xOy 平面上,并以 xOy 平面为水平渐近面.该曲面关于直线 $\begin{cases} x = \mu_1, \\ y = \mu_2 \end{cases}$ 对称,在点 (μ_1,μ_2) 处取最大值.

例 3.3.3　设二维随机变量 (X,Y) 的密度函数为 $f(x,y) = k\mathrm{e}^{-\frac{1}{2}x^2 - \frac{1}{8}y^2}$, $-\infty < x < +\infty,\ -\infty < y < +\infty$,求出常数 k,并指出 (X,Y) 所服从的分布.

解　对比式(3.3.1)不难发现,$\mu_1 = 0,\mu_2 = 0,\rho = 0$,且

$$f(x,y) = k\mathrm{e}^{-\frac{1}{2}x^2 - \frac{1}{8}y^2} = 4\pi k \times \frac{1}{2\pi \times 1 \times 2} \mathrm{e}^{-\frac{1}{2}\left[x^2 + \left(\frac{y}{2}\right)^2\right]}, \quad -\infty < x < +\infty,\ -\infty < y < +\infty,$$

故进而 $\sigma_1 = 1, \sigma_2 = 2$，所以 $k = \dfrac{1}{4\pi}$，且 $(X,Y) \sim N(0,0,1,4,0)$.

3.4 边缘分布

3.4.1 二维随机变量的边缘分布函数

在对二维随机变量 (X,Y) 作整体研究时，为了弄清 X 和 Y 之间的某些联系，需要分别对一维随机变量 X 或 Y 的分布进行研究，这就是将要讨论的边缘分布.

定义 3.4.1　设 (X,Y) 为二维随机变量，分别称 X 和 Y 的分布函数为 (X,Y) 关于 X 和关于 Y 的边缘分布函数，记为 $F_X(x)$ 和 $F_Y(y)$.

定理 3.4.1　设二维随机变量 (X,Y) 的分布函数为 $F(x,y)$，则有

$$F_X(x) = \lim_{y \to +\infty} F(x,y)，记为 F_X(x) = F(x,+\infty)，\quad -\infty < x < +\infty;$$

$$F_Y(y) = \lim_{x \to +\infty} F(x,y)，记为 F_Y(y) = F(+\infty,y)，\quad -\infty < y < +\infty.$$

微视频 3-3
二维随机变量的边缘分布函数

证　由于 $\{Y < +\infty\} = \Omega$，故由定义 3.4.1 知

$$F_X(x) = P\{X \leqslant x\} = P\{X \leqslant x, Y < +\infty\} = F(x,+\infty)，\quad -\infty < x < +\infty;$$

同理可证 $F_Y(y) = F(+\infty,y)，\quad -\infty < y < +\infty.$

例 3.4.1　设二维随机变量 (X,Y) 的分布函数为

$$F(x,y) = \frac{1}{\pi^2}\left(\frac{\pi}{2} + \arctan x\right)\left(\frac{\pi}{2} + \arctan y\right)，\quad -\infty < x < +\infty, -\infty < y < +\infty,$$

试分别求出 $F_X(x)$ 和 $F_Y(y)$，并问是否有 $F(x,y) = F_X(x)F_Y(y)$？

解　$F_X(x) = F(x,+\infty) = \dfrac{1}{\pi}\left(\dfrac{\pi}{2} + \arctan x\right)，\quad -\infty < x < +\infty;$

$$F_Y(y) = F(+\infty,y) = \frac{1}{\pi}\left(\frac{\pi}{2} + \arctan y\right)，\quad -\infty < y < +\infty.$$

由此不难得到 $F(x,y) = F_X(x)F_Y(y), -\infty < x < +\infty, -\infty < y < +\infty.$

3.4.2 二维离散型随机变量的边缘分布律

如果 (X,Y) 为二维离散型随机变量，则 X 和 Y 的取值均为有限个或可列无穷多个，故 X 和 Y 也均为离散型随机变量.此时 X 和 Y 的分布都可

用分布律来刻画.

定义 3.4.2　设 (X,Y) 为二维离散型随机变量,分别称 X 和 Y 的分布律为 (X,Y) 关于 X 和关于 Y 的边缘分布律.

定理 3.4.2　设二维随机变量 (X,Y) 的分布律为

$$P\{X=x_i,Y=y_j\}=p_{ij}, \quad i=1,2,\cdots,j=1,2,\cdots,$$

则 (X,Y) 关于 X 和关于 Y 的边缘分布律分别为

$$P\{X=x_i\} = \sum_j p_{ij}, \quad i=1,2,\cdots;$$

$$P\{Y=y_j\} = \sum_i p_{ij}, \quad j=1,2,\cdots.$$

证　$P\{X=x_i\} = P\{X=x_i,Y<+\infty\} = \sum_j P\{X=x_i,Y=y_j\} = \sum_j p_{ij},$ $i=1,2,\cdots.$

同理可证 $P\{Y=y_j\} = \sum_i p_{ij}, j=1,2,\cdots.$

为了便于书写,记 $\sum_j p_{ij}$ 为 $p_{i\cdot}(i=1,2,\cdots)$, $\sum_i p_{ij}$ 为 $p_{\cdot j}(j=1,2,\cdots)$,所以 (X,Y) 关于 X 和关于 Y 的边缘分布律分别为

$$P\{X=x_i\}=p_{i\cdot}, \quad i=1,2,\cdots \quad \text{和} \quad P\{Y=y_j\}=p_{\cdot j}, \quad j=1,2,\cdots.$$

即

$$X\sim\begin{pmatrix} x_1 & x_2 & \cdots & x_i & \cdots \\ p_1\cdot & p_2\cdot & \cdots & p_i\cdot & \cdots \end{pmatrix}, \quad Y\sim\begin{pmatrix} y_1 & y_2 & \cdots & y_j & \cdots \\ p_{\cdot 1} & p_{\cdot 2} & \cdots & p_{\cdot j} & \cdots \end{pmatrix}.$$

将关于 X 和 Y 的边缘分布律添加到 (X,Y) 分布律的列表(表 3.4.1)中去,有

表 3.4.1　(X,Y) 的分布律

Y	X					$p_{\cdot j}$
	x_1	x_2	$\cdots$	x_i	$\cdots$	
y_1	p_{11}	p_{21}	$\cdots$	p_{i1}	$\cdots$	$p_{\cdot 1}$
y_2	p_{12}	p_{22}	$\cdots$	p_{i2}	$\cdots$	$p_{\cdot 2}$
$\vdots$	$\vdots$	$\vdots$		$\vdots$		$\vdots$
y_j	p_{1j}	p_{2j}	$\cdots$	p_{ij}	$\cdots$	$p_{\cdot j}$
$\vdots$	$\vdots$	$\vdots$		$\vdots$		$\vdots$
$p_{i\cdot}$	$p_1\cdot$	$p_2\cdot$	$\cdots$	$p_i\cdot$	$\cdots$	1

从表 3.4.1 中不难发现,关于 X 的边缘分布律可对表中的 p_{ij} 进行纵向求和即得;关于 Y 的边缘分布律可对表中的 p_{ij} 进行横向求和即得.进而有

$$\sum_i p_{i\cdot} = 1, \sum_j p_{\cdot j} = 1.$$

例 3.4.2 在例 3.2.1 中,分别就(1)不放回抽取;(2)有放回抽取两种情况,求出 (X,Y) 关于 X 和关于 Y 的边缘分布律.

解 利用例 3.2.1 中已有结果,分别得(1)不放回抽取;(2)有放回抽取两种情况时,(X,Y) 关于 X 和关于 Y 的边缘分布律如下.

(1) 不放回抽取

Y	X 0	X 1	$p_{\cdot j}$
0	$\frac{3}{10}$	$\frac{3}{10}$	$\frac{3}{5}$
1	$\frac{3}{10}$	$\frac{1}{10}$	$\frac{2}{5}$
$p_{i\cdot}$	$\frac{3}{5}$	$\frac{2}{5}$	1

(2) 有放回抽取

Y	X 0	X 1	$p_{\cdot j}$
0	$\frac{9}{25}$	$\frac{6}{25}$	$\frac{3}{5}$
1	$\frac{6}{25}$	$\frac{4}{25}$	$\frac{2}{5}$
$p_{i\cdot}$	$\frac{3}{5}$	$\frac{2}{5}$	1

从例 3.4.2 中发现,尽管(1)和(2)中关于 X 和关于 Y 的边缘分布律相同,但 (X,Y) 的分布律不同,这表明边缘分布律不能唯一确定联合分布律.

例 3.4.3 已知随机变量 X_1 和 X_2 的分布律为 $X_1 \sim \begin{pmatrix} -1 & 0 & 1 \\ \frac{1}{4} & \frac{1}{2} & \frac{1}{4} \end{pmatrix}$,

$X_2 \sim \begin{pmatrix} 0 & 1 \\ \frac{1}{2} & \frac{1}{2} \end{pmatrix}$,且 $P\{X_1 X_2 = 0\} = 1$.求 X_1 和 X_2 的联合分布律.

解 由 $P\{X_1 X_2 = 0\} = 1$ 知,$P\{X_1 X_2 \neq 0\} = 0$,由于 $P\{X_1, X_2 \neq 0\} = P\{X_1 = -1, X_2 = 1\} + P\{X_1 = 1, X_2 = 1\}$,所以 $P\{X_1 = -1, X_2 = 1\} = P\{X_1 = 1, X_2 = 1\} = 0$.又

$$P\{X_1 = -1, X_2 = 0\} = P\{X_1 = -1\} - P\{X_1 = -1, X_2 = 1\} = \frac{1}{4} - 0 = \frac{1}{4},$$

$$P\{X_1 = 1, X_2 = 0\} = P\{X_1 = 1\} - P\{X_1 = 1, X_2 = 1\} = \frac{1}{4} - 0 = \frac{1}{4},$$

$$P\{X_1 = 0, X_2 = 0\} = P\{X_2 = 0\} - P\{X_1 = -1, X_2 = 0\} - P\{X_1 = 1, X_2 = 0\}$$

$$= \frac{1}{2} - \frac{1}{4} - \frac{1}{4} = 0,$$

$$P\{X_1 = 0, X_2 = 1\} = P\{X_2 = 1\} - P\{X_1 = -1, X_2 = 1\} - P\{X_1 = 1, X_2 = 1\}$$

$$= \frac{1}{2} - 0 - 0 = \frac{1}{2}.$$

综上, X_1 和 X_2 的联合分布律为

X_2	X_1			$p_{\cdot j}$
	-1	0	1	
0	$\dfrac{1}{4}$	0	$\dfrac{1}{4}$	$\dfrac{1}{2}$
1	0	$\dfrac{1}{2}$	0	$\dfrac{1}{2}$
$p_{i\cdot}$	$\dfrac{1}{4}$	$\dfrac{1}{2}$	$\dfrac{1}{4}$	1

3.4.3 二维连续型随机变量的边缘密度函数

如果 (X, Y) 为二维连续型随机变量, 则可证明 X 和 Y 也均为连续型随机变量. 此时 X 或 Y 的分布可用密度函数来描述.

定义 3.4.3 设 (X, Y) 为二维连续型随机变量, 分别称 X 和 Y 的密度函数为 (X, Y) 关于 X 和关于 Y 的边缘密度函数, 记为 $f_X(x)$ 和 $f_Y(y)$.

定理 3.4.3 设二维连续型随机变量 (X, Y) 的密度函数为 $f(x, y)$, 则 X 和 Y 也均为连续型随机变量, 且

$$f_X(x) = \int_{-\infty}^{+\infty} f(x, y)\,\mathrm{d}y, \quad -\infty < x < +\infty;$$

$$f_Y(y) = \int_{-\infty}^{+\infty} f(x, y)\,\mathrm{d}x, \quad -\infty < y < +\infty.$$

证 由于

$$F_X(x) = F(x, +\infty) = \int_{-\infty}^{x} \int_{-\infty}^{+\infty} f(u, v)\,\mathrm{d}u\mathrm{d}v$$

$$= \int_{-\infty}^{x} \left[\int_{-\infty}^{+\infty} f(u, v)\,\mathrm{d}v \right] \mathrm{d}u, \quad -\infty < x < +\infty,$$

由定义 2.3.1 知, X 为连续型随机变量, 其密度函数为 $f_X(x) = \int_{-\infty}^{+\infty} f(x,v)\,\mathrm{d}v$, 即

$$f_X(x) = \int_{-\infty}^{+\infty} f(x,y)\,\mathrm{d}y, \quad -\infty < x < +\infty.$$

同理可证, $f_Y(y) = \int_{-\infty}^{+\infty} f(x,y)\,\mathrm{d}x, \; -\infty < y < +\infty.$

由定理 3.4.3 知, $f_X(x)$ 可通过在给定点 x 处, $f(x,y)$ 的纵向积分 (对 y 从 $-\infty$ 到 $+\infty$ 积分) 求得; $f_Y(y)$ 可通过在给定点 y 处, $f(x,y)$ 的横向积分 (对 x 从 $-\infty$ 到 $+\infty$ 积分) 求得. 由于 $f(x,y)$ 通常以分块函数的形式给出, 因此计算时经常需要对 x 和 y 进行分段讨论.

微视频 3-4
二维随机变量的边缘密度函数

最常见的是三段式讨论, 其具体方法为:

(1) 关于 X 的边缘密度函数 $f_X(x) = \int_{-\infty}^{+\infty} f(x,y)\,\mathrm{d}y, \; -\infty < x < +\infty$:

① 作出密度函数 $f(x,y) = \begin{cases} 正值函数, & (x,y) \in D, \\ 0, & (x,y) \notin D \end{cases}$ 的特征图;

② 用铅直直线 $x = m$ 和 $x = M$ 将 D 夹住 $(m < M)$;

③ 当 $x < m$ 或 $x > M$ 时, $f_X(x) = 0$;

④ 当 $m \leqslant x \leqslant M$ 时, 过点 x 作铅直直线与 D 相交, 并找出铅直直线含在 D 内的部分, 由此确定 y 的范围 $y_1(x) \leqslant y \leqslant y_2(x)$, 因此, $f_X(x) = \int_{y_1(x)}^{y_2(x)} f(x,y)\,\mathrm{d}y$.

(2) 关于 Y 的边缘密度函数 $f_Y(y) = \int_{-\infty}^{+\infty} f(x,y)\,\mathrm{d}x, \; -\infty < y < +\infty$:

① 作出密度函数 $f(x,y) = \begin{cases} 正值函数, & (x,y) \in D, \\ 0, & (x,y) \notin D \end{cases}$ 的特征图;

② 用水平直线 $y = m$ 和 $y = M$ 将 D 夹住 $(m < M)$;

③ 当 $y < m$ 或 $y > M$ 时, $f_Y(y) = 0$;

④ 当 $m \leqslant y \leqslant M$ 时, 过点 y 作水平直线与 D 相交, 并找出水平直线含在 D 内的部分, 由此确定 x 的范围 $x_1(y) \leqslant x \leqslant x_2(y)$, 因此, $f_Y(y) = \int_{x_1(y)}^{x_2(y)} f(x,y)\,\mathrm{d}x$.

此外, 还有两段式讨论、四段式讨论, 甚至不用分段讨论.

例 3.4.4   设二维随机变量 (X,Y) 的密度函数为 $f(x,y)=$
$$\begin{cases} 2, & 0<y<x<1, \\ 0 & \text{其他,} \end{cases}$$
试分别计算 $f_X(x)$ 和 $f_Y(y)$.

解   当 $x\leq 0$ 或 $x\geq 1$ 时，$f_X(x)=0$.

当 $0<x<1$ 时，$f_X(x)=\int_0^x 2\mathrm{d}y=2x$（图 3.4.1(a)），

所以 $f_X(x)=\begin{cases} 2x, & 0<x<1, \\ 0, & \text{其他.} \end{cases}$

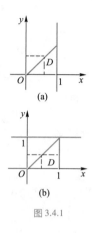

同理，当 $y\leq 0$ 或 $y\geq 1$ 时，$f_Y(y)=0$.

当 $0<y<1$ 时，$f_Y(y)=\int_y^1 2\mathrm{d}x=2(1-y)$（图 3.4.1(b)），

所以 $f_Y(y)=\begin{cases} 2(1-y), & 0<y<1, \\ 0, & \text{其他.} \end{cases}$

图 3.4.1

当 $m=-\infty$ 或 $M=+\infty$ 或其他情况时，也可能采用其他方式讨论.

典型例题分析 3-2
边缘密度函数

例 3.4.5   设二维随机变量 (X,Y) 的密度函数为 $f(x,y)=$
$$\begin{cases} \mathrm{e}^{-x}, & 0<y<x, \\ 0, & \text{其他,} \end{cases}$$
试分别计算 $f_X(x)$ 和 $f_Y(y)$.

解   当 $x\leq 0$ 时，$f_X(x)=0$.

当 $x>0$ 时，$f_X(x)=\int_0^x \mathrm{e}^{-x}\mathrm{d}y=x\mathrm{e}^{-x}$（图 3.4.2(a)），

所以 $f_X(x)=\begin{cases} x\mathrm{e}^{-x}, & x>0, \\ 0, & x\leq 0. \end{cases}$

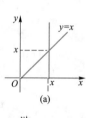

同理，当 $y\leq 0$ 时，$f_Y(y)=0$.

当 $y>0$ 时，$f_Y(y)=\int_y^{+\infty} \mathrm{e}^{-x}\mathrm{d}x=\mathrm{e}^{-y}$（图 3.4.2(b)），

所以 $f_Y(y)=\begin{cases} \mathrm{e}^{-y}, & y>0, \\ 0, & y\leq 0. \end{cases}$

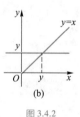

图 3.4.2

定理 3.4.4   设二维随机变量 $(X,Y)\sim N(\mu_1,\mu_2,\sigma_1^2,\sigma_2^2,\rho)$，则
$$X\sim N(\mu_1,\sigma_1^2),\qquad Y\sim N(\mu_2,\sigma_2^2).$$

本定理的证明较烦琐，故证明从略.

定理 3.4.4 表明二维正态分布的边缘分布为一维正态分布，且其边缘分布只分别依赖于参数 μ_1,σ_1^2 和 μ_2,σ_2^2，而不依赖于参数 $\rho(-1<\rho<1)$. 因

此对于给定的 $\mu_1, \mu_2, \sigma_1^2, \sigma_2^2$，不同的 ρ 对应了不同的二维正态分布 $N(\mu_1,$ $\mu_2, \sigma_1^2, \sigma_2^2, \rho)$，但其却有相同的边缘分布 $N(\mu_1, \sigma_1^2)$ 和 $N(\mu_2, \sigma_2^2)$，所以边缘密度函数也不能唯一地确定联合密度函数.

3.5　条件分布

3.5.1　二维随机变量的条件分布函数

在研究二维随机变量 (X, Y) 时，需要了解当某个随机变量的取值确定时，另一个随机变量的分布情况，这就是条件分布.从某种意义上说，条件分布刻画了两个随机变量之间的依赖关系.

定义 3.5.1　设 (X, Y) 为二维随机变量，已知 Y 的取值为 y，且对于任意给定的正数 ε，$P\{y - \varepsilon < Y \leqslant y + \varepsilon\} > 0$，如果对于任意给定的 $x \in (-\infty, +\infty)$，

$$\lim_{\varepsilon \to 0^+} P\{X \leqslant x \mid y - \varepsilon < Y \leqslant y + \varepsilon\} = \lim_{\varepsilon \to 0^+} \frac{P\{X \leqslant x, y - \varepsilon < Y \leqslant y + \varepsilon\}}{P\{y - \varepsilon < Y \leqslant y + \varepsilon\}}$$

均存在，就称此极限所得 x 的函数为在 $\{Y = y\}$ 发生的条件下 X 的条件分布函数，记为 $F_{X \mid Y}(x \mid y)$ 或 $P\{X \leqslant x \mid Y = y\}$.

同理可定义在条件 $\{X = x\}$ 下 Y 的条件分布函数 $F_{Y \mid X}(y \mid x)$ 或 $P\{Y \leqslant y \mid X = x\}$.因此

$$F_{X \mid Y}(x \mid y) = P\{X \leqslant x \mid Y = y\} = \lim_{\varepsilon \to 0^+} \frac{P\{X \leqslant x, y - \varepsilon < Y \leqslant y + \varepsilon\}}{P\{y - \varepsilon < Y \leqslant y + \varepsilon\}}, \quad -\infty < x < +\infty;$$

$$F_{Y \mid X}(y \mid x) = P\{Y \leqslant y \mid X = x\} = \lim_{\varepsilon \to 0^+} \frac{P\{Y \leqslant y, x - \varepsilon < X \leqslant x + \varepsilon\}}{P\{x - \varepsilon < X \leqslant x + \varepsilon\}}, \quad -\infty < y < +\infty.$$

3.5.2　二维离散型随机变量的条件分布律

定义 3.5.2　设 (X, Y) 为二维离散型随机变量，其分布律为

$$P\{X = x_i, Y = y_j\} = p_{ij}, \quad i = 1, 2, \cdots, j = 1, 2, \cdots.$$

如果已知 Y 的取值为 $Y = y_j$，且 $P\{Y = y_j\} = p_{\cdot j} > 0$，就称 $P\{X = x_i \mid Y = y_j\} =$

$\dfrac{p_{ij}}{p_{\cdot j}}, i=1,2,\cdots$ 为在条件 $\{Y=y_j\}$ 下 X 的条件分布律.

如果已知 X 的取值为 $X=x_i$, 且 $P\{X=x_i\}=p_{i\cdot}>0$, 就称 $P\{Y=y_j\,|\,X=x_i\}=\dfrac{p_{ij}}{p_{i\cdot}}, j=1,2,\cdots$ 为在条件 $\{X=x_i\}$ 下 Y 的条件分布律.

当 $Y=y_j$ 时, $\dfrac{p_{ij}}{p_{\cdot j}}\geqslant 0, i=1,2,\cdots; \displaystyle\sum_i \dfrac{p_{ij}}{p_{\cdot j}}=\dfrac{\displaystyle\sum_i p_{ij}}{p_{\cdot j}}=\dfrac{p_{\cdot j}}{p_{\cdot j}}=1.$

当 $X=x_i$ 时, $\dfrac{p_{ij}}{p_{i\cdot}}\geqslant 0, j=1,2,\cdots; \displaystyle\sum_j \dfrac{p_{ij}}{p_{i\cdot}}=\dfrac{\displaystyle\sum_j p_{ij}}{p_{i\cdot}}=\dfrac{p_{i\cdot}}{p_{i\cdot}}=1.$

可见条件分布律均满足分布律的性质.

为了便于直观理解, 可分别将条件分布律写成下列形式

$$(X\,|\,Y=y_j)\sim\begin{pmatrix} x_1 & x_2 & \cdots & x_i & \cdots \\ \dfrac{p_{1j}}{p_{\cdot j}} & \dfrac{p_{2j}}{p_{\cdot j}} & \cdots & \dfrac{p_{ij}}{p_{\cdot j}} & \cdots \end{pmatrix}$$

和

$$(Y\,|\,X=x_i)\sim\begin{pmatrix} y_1 & y_2 & \cdots & y_j & \cdots \\ \dfrac{p_{i1}}{p_{i\cdot}} & \dfrac{p_{i2}}{p_{i\cdot}} & \cdots & \dfrac{p_{ij}}{p_{i\cdot}} & \cdots \end{pmatrix}.$$

例 3.5.1 在例 3.4.2 中, 分别就 (1) 不放回抽取; (2) 有放回抽取两种情况, 求出在条件 $\{Y=1\}$ 下 X 的条件分布律.

解 从例 3.4.2 中, 已知 (X,Y) 的分布律和其关于 X 和关于 Y 的边缘分布律为

(1) 不放回抽取

Y	X		$p_{\cdot j}$
	0	1	
0	$\dfrac{3}{10}$	$\dfrac{3}{10}$	$\dfrac{3}{5}$
1	$\dfrac{3}{10}$	$\dfrac{1}{10}$	$\dfrac{2}{5}$
$p_{i\cdot}$	$\dfrac{3}{5}$	$\dfrac{2}{5}$	1

(2) 有放回抽取

Y	X		$p_{\cdot j}$
	0	1	
0	$\dfrac{9}{25}$	$\dfrac{6}{25}$	$\dfrac{3}{5}$
1	$\dfrac{6}{25}$	$\dfrac{4}{25}$	$\dfrac{2}{5}$
$p_{i\cdot}$	$\dfrac{3}{5}$	$\dfrac{2}{5}$	1

（1）不放回抽取. 从上可知，$P\{Y=1\}=p_{\cdot 2}=\dfrac{2}{5}$，且 $p_{12}=\dfrac{3}{10}$，$p_{22}=\dfrac{1}{10}$，

所以 $\dfrac{p_{12}}{p_{\cdot 2}}=\dfrac{3}{10}\bigg/\dfrac{2}{5}=\dfrac{3}{4}$，$\dfrac{p_{22}}{p_{\cdot 2}}=\dfrac{1}{10}\bigg/\dfrac{2}{5}=\dfrac{1}{4}$，故当 $Y=1$ 时，X 的条件分布律为

$$(X\,|\,Y=1)\sim\begin{pmatrix}0 & 1 \\ \dfrac{3}{4} & \dfrac{1}{4}\end{pmatrix}.$$

（2）有放回抽取. 同理可求得当 $Y=1$ 时，X 的条件分布律为

$$(X\,|\,Y=1)\sim\begin{pmatrix}0 & 1 \\ \dfrac{3}{5} & \dfrac{2}{5}\end{pmatrix}.$$

从例 3.5.1 中发现，当 $Y=1$ 时，在不放回抽取和有放回抽取的情况下，X 的条件分布律不相同，表明在不放回抽取和有放回抽取的情况中，X 和 Y 的依赖关系是不同的.

3.5.3　二维连续型随机变量的条件密度函数

设 (X,Y) 为二维连续型随机变量，其密度函数为 $f(x,y)$. 已知 Y 的取值为 y，且 $f_Y(y)>0$，如果对于任意的 x，$f(x,y)$ 在点 (x,y) 处连续，则由定义 3.5.1 知

$$\begin{aligned}F_{X\,|\,Y}(x\,|\,y)&=\lim_{\varepsilon\to 0^+}\frac{P\{X\leqslant x,y-\varepsilon<Y\leqslant y+\varepsilon\}}{P\{y-\varepsilon<Y\leqslant y+\varepsilon\}}=\lim_{\varepsilon\to 0^+}\frac{F(x,y+\varepsilon)-F(x,y-\varepsilon)}{F_Y(y+\varepsilon)-F_Y(y-\varepsilon)}\\[2mm]&=\lim_{\varepsilon\to 0^+}\frac{\dfrac{1}{2\varepsilon}[F(x,y+\varepsilon)-F(x,y-\varepsilon)]}{\dfrac{1}{2\varepsilon}[F_Y(y+\varepsilon)-F_Y(y-\varepsilon)]}=\frac{\dfrac{\partial F(x,y)}{\partial y}}{\dfrac{\mathrm{d}F_Y(y)}{\mathrm{d}y}}\\[2mm]&=\frac{\displaystyle\int_{-\infty}^{x}f(u,y)\,\mathrm{d}u}{f_Y(y)}=\int_{-\infty}^{x}\frac{f(u,y)}{f_Y(y)}\,\mathrm{d}u,\quad -\infty<x<+\infty.\end{aligned}$$

可见当 $Y=y$ 时，X 为连续型随机变量，其密度函数为 $\dfrac{f(x,y)}{f_Y(y)}$，$-\infty<x<+\infty$.

定义 3.5.3　设 (X,Y) 为二维连续型随机变量，其密度函数为 $f(x,y)$，(X,Y) 关于 X 和关于 Y 的边缘密度函数分别为 $f_X(x)$ 和 $f_Y(y)$，如果已知 Y

的取值为 y，且 $f_Y(y)>0$，就称 $f_{X|Y}(x|y)=\dfrac{f(x,y)}{f_Y(y)}$，$-\infty<x<+\infty$ 为在条件 $Y=y$ 下 X 的条件密度函数.

同样，如果已知 X 的取值为 x，且 $f_X(x)>0$，就称 $f_{Y|X}(y|x)=\dfrac{f(x,y)}{f_X(x)}$，$-\infty<y<+\infty$ 为在条件 $X=x$ 下 Y 的条件密度函数.

在定义 3.5.3 中，需要补充几点说明.

如果 $f(x,y)$ 在点 (x,y) 处不连续，则条件密度函数 $f_{X|Y}(x|y)$ 或 $f_{Y|X}(y|x)$ 在相应点处可取任意非负数值.

如果 $f_Y(y)=0$，考虑到在条件 $Y=y$ 下 X 的条件分布问题较为复杂，该情况可暂不考虑.同理，如果 $f_X(x)=0$，在条件 $X=x$ 下 Y 的条件分布问题也暂不考虑(可参阅文献[19]).

定理 3.5.1　设二维随机变量 (X,Y) 的条件密度函数分别为 $f_{X|Y}(x|y)$ 和 $f_{Y|X}(y|x)$，如果 $f_Y(y_0)>0$，则

$$P\{a\leqslant X\leqslant b\,|\,Y=y_0\}=\int_a^b f_{X|Y}(x|y_0)\,\mathrm{d}x.$$

如果 $f_X(x_0)>0$，则

$$P\{c\leqslant Y\leqslant d\,|\,X=x_0\}=\int_c^d f_{Y|X}(y|x_0)\,\mathrm{d}y,$$

其中 a,b,c,d 为常数，$a<b,c<d$，且 a 和 c 可各自广义地取到 $-\infty$，b 和 d 可各自广义地取到 $+\infty$.

典型例题分析 3-3
条件密度函数

证明从略.

例 3.5.2　设二维随机变量 (X,Y) 的密度函数为 $f(x,y)=$
$\begin{cases}\mathrm{e}^{-x}, & 0<y<x, \\ 0, & \text{其他.}\end{cases}$　(1)分别求 $f_{X|Y}(x|y)$ 和 $f_{Y|X}(y|x)$；(2)计算 $P\{Y>1\,|\,X=2\}$.

解　(1) 在例 3.4.5 中，已经求得 (X,Y) 关于 X 和关于 Y 的边缘密度函数分别为

$$f_X(x)=\begin{cases}x\mathrm{e}^{-x}, & x>0, \\ 0, & x\leqslant 0,\end{cases}\qquad f_Y(y)=\begin{cases}\mathrm{e}^{-y}, & y>0, \\ 0, & y\leqslant 0.\end{cases}$$

所以当 $y>0$ 时，

$$f_{X|Y}(x|y)=\frac{f(x,y)}{f_Y(y)}=\begin{cases}\mathrm{e}^{y-x}, & x>y, \\ 0, & x\leqslant y.\end{cases}$$

当 $x>0$ 时,

$$f_{Y\mid X}(y\mid x)=\frac{f(x,y)}{f_X(x)}=\begin{cases}\dfrac{1}{x}, & 0<y<x,\\[2mm] 0, & \text{其他.}\end{cases}$$

(2) 由(1)知,在条件 $X=2$ 下, $f_{Y\mid X}(y\mid 2)=\begin{cases}\dfrac{1}{2}, & 0<y<2,\\[2mm] 0, & \text{其他,}\end{cases}$ 利用定理

3.5.1 得

$$P\{Y>1\mid X=2\}=\int_1^{+\infty}f_{Y\mid X}(y\mid 2)\,\mathrm{d}y=\int_1^2\frac{1}{2}\mathrm{d}y=\frac{1}{2}.$$

直观解释:当 $X=2$ 时, $Y\sim U(0,2)$,所以利用几何概型得

$$P\{Y>1\mid X=2\}=P\{1<Y<2\mid X=2\}=\frac{1}{2}(\text{见图 } 3.5.1).$$

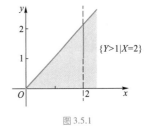

图 3.5.1

例 3.5.3　设随机变量 X 的密度函数为 $f_X(x)=\begin{cases}6x(1-x), & 0<x<1,\\ 0, & \text{其他,}\end{cases}$ 且

当 $0<x<1$ 时, $f_{Y\mid X}(y\mid x)=\begin{cases}\dfrac{1}{x(1-x)}, & x^2<y<x,\\[2mm] 0, & \text{其他.}\end{cases}$ (1)求 X 和 Y 的联合密度函

数 $f(x,y)$;(2)求 Y 的密度函数 $f_Y(y)$.

解　(1) 由题意知,当 $0<x<1,x^2<y<x$ 时, X 和 Y 的联合密度函数为

$$f(x,y)=f_X(x)f_{Y\mid X}(y\mid x)=6x(1-x)\frac{1}{x(1-x)}=6;$$

在其他点 (x,y) 处,均有 $f(x,y)=0$,故 $f(x,y)=\begin{cases}6, & 0<x<1,x^2<y<x,\\ 0, & \text{其他.}\end{cases}$

(2) 此处, Y 的密度函数即为 (X,Y) 关于 Y 的边缘密度函数.当 $0<y<$

1 时,有

$$f_Y(y)=\int_y^{\sqrt{y}}6\mathrm{d}x=6(\sqrt{y}-y);$$

当 $y\leqslant 0$ 或 $y\geqslant 1$ 时, $f_Y(y)=\int_{-\infty}^{+\infty}f(x,y)\mathrm{d}x=0$,所以 Y 的密度函数为

$$f_Y(y)=\begin{cases}6(\sqrt{y}-y), & 0<y<1,\\ 0, & \text{其他.}\end{cases}$$

定理 3.5.2　设二维随机变量 $(X,Y)\sim N(\mu_1,\mu_2,\sigma_1^2,\sigma_2^2,\rho)$,则

在条件 $\{Y=y\}$ 下，$X \sim N(\mu_1+\rho\sigma_1\sigma_2^{-1}(y-\mu_2),\sigma_1^2(1-\rho^2))$，

在条件 $\{X=x\}$ 下，$Y \sim N(\mu_2+\rho\sigma_1^{-1}\sigma_2(x-\mu_1),\sigma_2^2(1-\rho^2))$.

定理 3.5.2 表明二维正态分布的条件分布仍为一维正态分布.

3.6　随机变量的独立性

3.6.1　随机变量相互独立的概念

在第 1 章中介绍了随机事件的独立性. 设 A 和 B 为两个随机事件, 如果满足 $P(AB)=P(A)P(B)$, 就称随机事件 A 和 B 相互独立. 简单地说, 随机事件 A 和 B 相互独立是指 A 和 B 各自发生与否没有任何关系.

在实际问题中, 随机变量也有独立性, 而且随机变量的独立性是研究随机变量分布过程中的一个非常重要的概念. 通俗地讲, 随机变量 X 和 Y 相互独立是指 X 和 Y 的各自取值情况没有任何关系. 下面利用随机事件相互独立的概念, 引入随机变量相互独立的概念.

一般地, 可将随机变量 X 和 Y 的各种取值情况通过随机事件 $\{X\leqslant x\}$ 和 $\{Y\leqslant y\}$ 来体现, 其中 x,y 均为任意实数. 因此, X 和 Y 的各自取值情况没有任何关系表现为随机事件 $\{X\leqslant x\}$ 和 $\{Y\leqslant y\}$ 各自发生与否没有任何关系, 即对于任意的实数 x,y, 随机事件 $\{X\leqslant x\}$ 和 $\{Y\leqslant y\}$ 相互独立, 从而有

$$P\{X\leqslant x,Y\leqslant y\}=P\{X\leqslant x\}P\{Y\leqslant y\},$$

即 $F(x,y)=F_X(x)F_Y(y)$.

定义 3.6.1　设 (X,Y) 为二维随机变量, 其分布函数为 $F(x,y)$, (X,Y) 关于 X 和关于 Y 的边缘分布函数分别为 $F_X(x)$ 和 $F_Y(y)$. 如果对于任意的实数 x,y, 均有 $F(x,y)=F_X(x)F_Y(y)$, 就称随机变量 X 和 Y 相互独立.

例 3.6.1　设二维随机变量 (X,Y) 的分布函数为

$$F(x,y)=\frac{1}{\pi^2}\left(\frac{\pi}{2}+\arctan x\right)\left(\frac{\pi}{2}+\arctan y\right),\quad -\infty<x<+\infty,\quad -\infty<y<+\infty,$$

问 X 和 Y 是否相互独立？

解　在本章例 3.4.1 中已经求得

$$F_X(x) = \frac{1}{\pi}\left(\frac{\pi}{2} + \arctan x\right), \quad -\infty < x < +\infty;$$

$$F_Y(y) = \frac{1}{\pi}\left(\frac{\pi}{2} + \arctan y\right), \quad -\infty < y < +\infty.$$

可得对于任意的实数 $x, y, F(x, y) = F_X(x)F_Y(y)$ 均成立,所以 X 和 Y 相互独立.

3.6.2 离散型随机变量的独立性

设 (X, Y) 为二维离散型随机变量,其分布律为

$$P\{X = x_i, Y = y_j\} = p_{ij}, \quad i = 1, 2, \cdots, \quad j = 1, 2, \cdots.$$

此时, X 和 Y 的各种取值情况可通过随机事件 $\{X = x_i\}$ 和 $\{Y = y_j\}$($i = 1$, $2, \cdots, j = 1, 2, \cdots$)来体现.因此, X 和 Y 的各自取值情况没有任何关系表现为对任意的 i, j,随机事件 $\{X = x_i\}$ 和 $\{Y = y_j\}$ 各自发生与否没有任何关系,即 $\{X = x_i\}$ 和 $\{Y = y_j\}$ 相互独立,有

$$P\{X = x_i, Y = y_j\} = P\{X = x_i\}P\{Y = y_j\}, \quad \text{即 } p_{ij} = p_{i\cdot}p_{\cdot j}.$$

定理 3.6.1　设 (X, Y) 为二维离散型随机变量,其分布律为

$$P\{X = x_i, Y = y_j\} = p_{ij}, \quad i = 1, 2, \cdots, \quad j = 1, 2, \cdots.$$

(X, Y) 关于 X 和关于 Y 的边缘分布律分别为 $P\{X = x_i\} = p_{i\cdot}, i = 1, 2, \cdots$ 和 $P\{Y = y_j\} = p_{\cdot j}, j = 1, 2, \cdots$,则 X 和 Y 相互独立的充要条件为 $p_{ij} = p_{i\cdot}p_{\cdot j}, i = 1, 2, \cdots, j = 1, 2, \cdots$.

例 3.6.2　在例 3.4.2 中,分别就(1)不放回抽取;(2)有放回抽取两种情况,讨论随机变量 X 和 Y 的独立性.

解　从例 3.4.2 中,已知 (X, Y) 的分布律和其关于 X 和关于 Y 的边缘分布律为

由定理 3.6.1 知,如果存在一对 i, j,使得 $p_{ij} \neq p_{i\cdot}p_{\cdot j}$,则 X 和 Y 不相互独立.

(1) 不放回抽取

Y	X		$p_{\cdot j}$
	0	1	
0	$\frac{3}{10}$	$\frac{3}{10}$	$\frac{3}{5}$
1	$\frac{3}{10}$	$\frac{1}{10}$	$\frac{2}{5}$
$p_{i\cdot}$	$\frac{3}{5}$	$\frac{2}{5}$	1

(2) 有放回抽取

Y	X		$p_{\cdot j}$
	0	1	
0	$\frac{9}{25}$	$\frac{6}{25}$	$\frac{3}{5}$
1	$\frac{6}{25}$	$\frac{4}{25}$	$\frac{2}{5}$
$p_{i\cdot}$	$\frac{3}{5}$	$\frac{2}{5}$	1

（1）不放回抽取.由于 $P\{X=0,Y=0\}=\dfrac{3}{10}\neq P\{X=0\}P\{Y=0\}=\dfrac{3}{5}\times$

$\dfrac{3}{5}=\dfrac{9}{25}$，即 $p_{11}\neq p_1.\,p._1$，所以在不放回抽取的情况下，X 和 Y 不相互独立.

（2）有放回抽取.经验证知，对所有的 $i=1,2$ 及 $j=1,2$，均有 $p_{ij}=$ $p_i.\,p._j$，所以在有放回抽取的情况下，X 和 Y 相互独立.

例 3.6.3　设随机变量 $X\sim\begin{pmatrix}-1&0&1\\[2pt]\dfrac{1}{4}&\dfrac{1}{2}&\dfrac{1}{4}\end{pmatrix}$，$Y\sim\begin{pmatrix}0&1\\[2pt]\dfrac{1}{4}&\dfrac{3}{4}\end{pmatrix}$，且 X 和 Y 相

互独立.（1）求 X 和 Y 的联合分布律；（2）计算 $P\{X=Y\}$.

解　（1）由于 X 和 Y 相互独立，所以

$$P\{X=-1,Y=0\}=P\{X=-1\}P\{Y=0\}=\frac{1}{4}\times\frac{1}{4}=\frac{1}{16},$$

$$P\{X=-1,Y=1\}=P\{X=-1\}P\{Y=1\}=\frac{1}{4}\times\frac{3}{4}=\frac{3}{16},\cdots,\text{等等，}$$

从而得 X 和 Y 的联合分布律为

Y	X		
	-1	0	1
0	$\dfrac{1}{16}$	$\dfrac{1}{8}$	$\dfrac{1}{16}$
1	$\dfrac{3}{16}$	$\dfrac{3}{8}$	$\dfrac{3}{16}$

（2）$P\{X=Y\}=P\{X=0,Y=0\}+P\{X=1,Y=1\}=\dfrac{1}{8}+\dfrac{3}{16}=\dfrac{5}{16}.$

例 3.6.4　设 A 和 B 为两个随机事件，$P(A)=p,P(B)=q,P(AB)=r$，$p>0,q>0.$令

$$X=\begin{cases}0,&\text{如果 }A\text{ 不发生，}\\1,&\text{如果 }A\text{ 发生，}\end{cases}\qquad Y=\begin{cases}0,&\text{如果 }B\text{ 不发生，}\\1,&\text{如果 }B\text{ 发生.}\end{cases}$$

（1）求 X 和 Y 的联合分布律；（2）证明随机变量 X 和 Y 相互独立的充要条件为随机事件 A 和 B 相互独立.

解　（1）由题意知，$X\sim\begin{pmatrix}0&1\\1-p&p\end{pmatrix}$，$Y\sim\begin{pmatrix}0&1\\1-q&q\end{pmatrix}$，且 $P\{X=1,Y=1\}=$ $P(AB)=r.$进而可得 $P\{X=1,Y=0\}=p-r,\quad P\{X=0,Y=1\}=q-r,P\{X=0,$

$Y=0\} = 1-p-q+r$，所以 X 和 Y 的联合分布律为

Y	X		
	0	1	$p._j$
0	$1-p-q+r$	$p-r$	$1-q$
1	$q-r$	r	q
$p_i.$	$1-p$	p	1

（2）必要性：设随机变量 X 和 Y 相互独立，则由（1）知，有 $r=pq$，即 $P(AB)=P(A)P(B)$，所以随机事件 A 和 B 相互独立.

充分性：设随机事件 A 和 B 相互独立，则有 $P(AB)=P(A)P(B)$，即 $r=pq$，将此代入（1）中，此时，X 和 Y 的联合分布律为

Y	X		
	0	1	$p._j$
0	$(1-p)(1-q)$	$p(1-q)$	$1-q$
1	$(1-p)q$	pq	q
$p_i.$	$1-p$	p	1

从中即可验证随机变量 X 和 Y 相互独立.

3.6.3　连续型随机变量的独立性

定理 3.6.2　设 (X,Y) 为二维连续型随机变量，其密度函数为 $f(x,y)$，(X,Y) 关于 X 和关于 Y 的边缘密度函数分别为 $f_X(x)$ 和 $f_Y(y)$，则 X 和 Y 相互独立的充要条件为对平面上几乎所有的点 (x,y)，有

$$f(x,y)=f_X(x)f_Y(y).$$

证　为了证明方便，不妨设 $f(x,y)$ 在平面上连续.

必要性：设 X 和 Y 相互独立，则由定义 3.6.1 知，对任意的实数 x,y，均有 $F(x,y)=F_X(x)F_Y(y)$.

又由于 $f(x,y)$ 在平面上连续，所以利用结论 3.3.1，在上式两边同时求二阶混合偏导数，得

$$\frac{\partial^2 F(x,y)}{\partial x \partial y}=\frac{\mathrm{d}F_X(x)}{\mathrm{d}x}\frac{\mathrm{d}F_Y(y)}{\mathrm{d}y},$$

即有 $f(x,y) = f_X(x)f_Y(y)$.

充分性:设对任意的实数 x,y,均有 $f(x,y) = f_X(x)f_Y(y)$,则将上式两边同时在平面区域 $(-\infty,x] \times (-\infty,y]$ 上进行二重积分,得

$$\int_{-\infty}^{x} \int_{-\infty}^{y} f(u,v)\,\mathrm{d}u\mathrm{d}v = \int_{-\infty}^{x} f_X(u)\,\mathrm{d}u \int_{-\infty}^{y} f_Y(v)\,\mathrm{d}v ,$$

即有对任意的实数 x,y,$F(x,y) = F_X(x)F_Y(y)$,所以 X 和 Y 相互独立.

概念解析 3-1
随机变量独立性的定义

在定理 3.6.2 中,由于密度函数 $f(x,y)$ 的表达式可以不唯一,且 $f(x,y)$ 可能在平面上某些点处不连续,故本定理的条件可放宽至"对平面上几乎所有的点 (x,y),有 $f(x,y) = f_X(x)f_Y(y)$".其中"平面上几乎所有的点 (x,y)"是指在平面上除去"面积"为零的点集之外的所有点 (x,y).

由定理 3.6.2 知,如果存在平面区域 D,当 $(x,y) \in D$ 时,$f(x,y) \neq f_X(x)f_Y(y)$,则 X 和 Y 不相互独立.

例 3.6.5   设二维随机变量 (X,Y) 的密度函数为 $f(x,y) = \begin{cases} \mathrm{e}^{-x}, & 0<y<x, \\ 0, & \text{其他,} \end{cases}$ 问 X 和 Y 是否相互独立?

解   在例 3.4.5 中,已得 $f_X(x) = \begin{cases} x\mathrm{e}^{-x}, & x>0, \\ 0, & x \leqslant 0, \end{cases}$ $f_Y(y) = \begin{cases} \mathrm{e}^{-y}, & y>0, \\ 0, & y \leqslant 0. \end{cases}$ 可见

$$f(x,y) = \begin{cases} \mathrm{e}^{-x}, & 0<y<x, \\ 0, & \text{其他} \end{cases} \neq f_X(x)f_Y(y) = \begin{cases} x\mathrm{e}^{-x-y}, & x>0,y>0, \\ 0, & \text{其他,} \end{cases}$$

所以 X 和 Y 不相互独立.

微视频 3-5
随机变量的独立性

例 3.6.6   设二维随机变量 (X,Y) 的密度函数为

$$f(x,y) = \begin{cases} kg(x)h(y), & a \leqslant x \leqslant b, c \leqslant y \leqslant d, \\ 0, & \text{其他,} \end{cases}$$

其中 $g(\cdot),h(\cdot)$ 均为正值连续函数,k,a,b,c,d 为实数,且 $k>0,a<b,c<d$.证明 X 和 Y 相互独立.

证   记 $I_1 = \int_a^b g(x)\,\mathrm{d}x, I_2 = \int_c^d h(y)\,\mathrm{d}y$,则 $I_1>0,I_2>0$,又由

$$\int_{-\infty}^{+\infty} \int_{-\infty}^{+\infty} f(x,y)\,\mathrm{d}x\mathrm{d}y = k \int_a^b g(x)\,\mathrm{d}x \int_c^d h(y)\,\mathrm{d}y = kI_1I_2 = 1,$$

得 $k = \dfrac{1}{I_1I_2}$,所以

$$f(x,y) = \begin{cases} \dfrac{1}{I_1 I_2} g(x) h(y), & a \leqslant x \leqslant b, c \leqslant y \leqslant d, \\ 0, & \text{其他}, \end{cases}$$

由此进而可计算得

$$f_X(x) = \int_{-\infty}^{+\infty} f(x,y) \,\mathrm{d}y = \begin{cases} \displaystyle\int_c^d \dfrac{1}{I_1 I_2} g(x) h(y) \,\mathrm{d}y, & a \leqslant x \leqslant b, \\ 0, & \text{其他} \end{cases}$$

$$= \begin{cases} \dfrac{1}{I_1} g(x), & a \leqslant x \leqslant b, \\ 0, & \text{其他}, \end{cases}$$

$$f_Y(y) = \int_{-\infty}^{+\infty} f(x,y) \,\mathrm{d}x = \begin{cases} \displaystyle\int_a^b \dfrac{1}{I_1 I_2} g(x) h(y) \,\mathrm{d}x, & c \leqslant y \leqslant d, \\ 0, & \text{其他} \end{cases}$$

$$= \begin{cases} \dfrac{1}{I_2} h(y), & c \leqslant y \leqslant d, \\ 0, & \text{其他}, \end{cases}$$

所以对任意的实数 x, y,均有 $f(x,y) = f_X(x) f_Y(y)$,故 X 和 Y 相互独立.

例 3.6.7 设随机变量 $X \sim U[0,1]$,$Y \sim E(1)$,且 X 和 Y 相互独立,求 $P\{X+Y \leqslant 1\}$.

解 由题意知,X 和 Y 的密度函数分别为

$$f_X(x) = \begin{cases} 1, & 0 \leqslant x \leqslant 1, \\ 0, & \text{其他}, \end{cases} \qquad f_Y(y) = \begin{cases} \mathrm{e}^{-y}, & y \geqslant 0, \\ 0, & y < 0. \end{cases}$$

由于 X 和 Y 相互独立,所以

$$f(x,y) = f_X(x) f_Y(y) = \begin{cases} \mathrm{e}^{-y}, & 0 \leqslant x \leqslant 1, y \geqslant 0, \\ 0, & \text{其他}. \end{cases}$$

故

$$P\{X+Y \leqslant 1\} = \iint\limits_{x+y \leqslant 1} f(x,y) \,\mathrm{d}x\mathrm{d}y = \int_0^1 \mathrm{d}x \int_0^{1-x} \mathrm{e}^{-y} \,\mathrm{d}y = \int_0^1 (1 - \mathrm{e}^{x-1}) \,\mathrm{d}x = \mathrm{e}^{-1}.$$

3.6.4 随机变量独立性的有关结论

定理 3.6.3 设随机变量 X 和 Y 相互独立,则对任意实数集合 L_1, L_2,有

$$P\{X \in L_1, Y \in L_2\} = P\{X \in L_1\} P\{Y \in L_2\}.$$

定理 3.6.3 表明如果 X 和 Y 相互独立,则 X 的取值与 Y 的取值没有任何关系,所以对任意实数集合 L_1, L_2,随机事件 $\{X \in L_1\}$ 和 $\{Y \in L_2\}$ 相互独立.

例 3.6.8　设随机变量 X 和 Y 相互独立,且 $X \sim B\left(1, \dfrac{1}{2}\right)$,$Y \sim E(1)$,求 $P\{Y-X>1\}$.

解　$\begin{aligned}
P\{Y-X>1\} &= P\{X=0, Y-X>1\} + P\{X=1, Y-X>1\} \\
&= P\{X=0, Y>1\} + P\{X=1, Y>2\} \\
&= P\{X=0\} P\{Y>1\} + P\{X=1\} P\{Y>2\} \\
&= \frac{1}{2} \int_1^{+\infty} e^{-y} \mathrm{d}y + \frac{1}{2} \int_2^{+\infty} e^{-y} \mathrm{d}y = \frac{1}{2} (e^{-1} + e^{-2}).
\end{aligned}$

定理 3.6.4　设随机变量 X 和 Y 相互独立,$g(x), h(y)$ 是连续函数,则随机变量 $g(X)$ 和 $h(Y)$ 也相互独立.

定理 3.6.4 的证明从略.

值得注意的是,定理 3.6.4 的逆命题不成立.

例 3.6.9　设二维随机变量 (X, Y) 的分布律和边缘分布律为

Y	X			$p_{\cdot j}$
	-1	0	1	
-1	0.25	0	0	0.25
0	0	0.25	0.25	0.5
1	0	0.25	0	0.25
$p_{i\cdot}$	0.25	0.5	0.25	1

分别讨论 X, Y 的独立性和 X^2, Y^2 的独立性.

解　因为 $p_{11} = 0.25 \neq p_{1\cdot} \, p_{\cdot 1} = 0.25 \times 0.25$,所以 X 和 Y 不相互独立. 由于

$$P\{X^2=0, Y^2=0\} = P\{X=0, Y=0\} = 0.25;$$

$$P\{X^2=0, Y^2=1\} = P\{X=0, Y=-1\} + P\{X=0, Y=1\} = 0.25;$$

同理可得 $P\{X^2=1, Y^2=0\} = 0.25$,$P\{X^2=1, Y^2=1\} = 0.25$.因此 (X^2, Y^2) 的分布律和边缘分布律为

Y^2	X^2		$p._{\cdot j}$
	0	1	
0	0.25	0.25	0.5
1	0.25	0.25	0.5
$p_{i\cdot}$	0.5	0.5	1

由此容易验证 X^2 和 Y^2 相互独立.

此例表明,虽然 X^2 和 Y^2 相互独立,但 X 和 Y 不相互独立.

定理 3.6.5　设二维随机变量 $(X,Y) \sim N(\mu_1,\mu_2,\sigma_1^2,\sigma_2^2,\rho)$,则 X 和 Y 相互独立的充要条件为 $\rho = 0$.

证　由定义知 (X,Y) 的密度函数为

$$f(x,y)=\frac{1}{2\pi\sigma_1\sigma_2\sqrt{1-\rho^2}}e^{-\frac{1}{2(1-\rho^2)}\left[\frac{(x-\mu_1)^2}{\sigma_1^2}-2\rho\frac{(x-\mu_1)(y-\mu_2)}{\sigma_1\sigma_2}+\frac{(y-\mu_2)^2}{\sigma_2^2}\right]},\quad -\infty<x<+\infty,\ -\infty<y<+\infty.$$

又由定理 3.4.4 得,$X \sim N(\mu_1,\sigma_1^2)$,$Y \sim N(\mu_2,\sigma_2^2)$.从而 X 和 Y 的密度函数分别为

$$f_X(x)=\frac{1}{\sqrt{2\pi}\,\sigma_1}e^{-\frac{(x-\mu_1)^2}{2\sigma_1^2}},\quad -\infty<x<+\infty;$$

$$f_Y(y)=\frac{1}{\sqrt{2\pi}\,\sigma_2}e^{-\frac{(y-\mu_2)^2}{2\sigma_2^2}},\quad -\infty<y<+\infty,$$

所以

$$f_X(x)f_Y(y)=\frac{1}{2\pi\sigma_1\sigma_2}e^{-\frac{1}{2}\left[\frac{(x-\mu_1)^2}{\sigma_1^2}+\frac{(y-\mu_2)^2}{\sigma_2^2}\right]},\quad -\infty<x<+\infty,\ -\infty<y<+\infty.$$

对比发现,$f(x,y)=f_X(x)f_Y(y)$ 的充要条件为 $\rho=0$,即 X 和 Y 相互独立的充要条件为 $\rho=0$.

定理 3.6.6　设随机变量 X 和 Y 相互独立,且 $X \sim N(\mu_1,\sigma_1^2)$,$Y \sim N(\mu_2,\sigma_2^2)$,则

$$(X,Y) \sim N(\mu_1,\mu_2,\sigma_1^2,\sigma_2^2,0).$$

定理 3.6.6 的证明可参考定理 3.6.5 的证明过程.

例 3.6.10　设随机变量 X 和 Y 相互独立,且均服从 $N(0,1)$,求 $P\{X^2+Y^2 \leq 1\}$.

解　由定理 3.6.6,$(X,Y) \sim N(0,0,1,1,0)$,故 (X,Y) 的密度函数为

$$f(x,y)=\frac{1}{2\pi}e^{-\frac{1}{2}(x^2+y^2)},\quad -\infty<x<+\infty,\ -\infty<y<+\infty,$$

所以

$$P\{X^2 + Y^2 \leqslant 1\} = \iint\limits_{x^2+y^2 \leqslant 1} \frac{1}{2\pi}\mathrm{e}^{-\frac{1}{2}(x^2+y^2)}\mathrm{d}x\mathrm{d}y$$

$$= \frac{1}{2\pi}\int_0^{2\pi}\mathrm{d}\theta\int_0^1\mathrm{e}^{-\frac{1}{2}r^2}\cdot r\mathrm{d}r = 1 - \mathrm{e}^{-\frac{1}{2}}.$$

3.7　二维随机变量函数的分布

在第 2 章中,已经介绍了一维随机变量函数 $Y=g(X)$ 的分布.本节将介绍二维随机变量函数 $Z=g(X,Y)$ 的分布,即当二维随机变量 (X,Y) 的分布已知时,讨论如何求出 $Z=g(X,Y)$ 的分布.

同样,事先要分析 $Z=g(X,Y)$ 的类型.若 Z 是离散型随机变量,则求 Z 的分布律;若 Z 是连续型随机变量,则求 Z 的密度函数;若 Z 既不是离散型也不是连续型随机变量,则求 Z 的分布函数.

3.7.1　二维离散型随机变量的函数 $Z=g(X,Y)$ 的分布

设 (X,Y) 为二维离散型随机变量,且其分布律为

$$P\{X=x_i,Y=y_j\} = p_{ij}, \quad i=1,2,\cdots, \quad j=1,2,\cdots,$$

或

Y	X				
	x_1	x_2	$\cdots$	x_i	$\cdots$
y_1	p_{11}	p_{21}	$\cdots$	p_{i1}	$\cdots$
y_2	p_{12}	p_{22}	$\cdots$	p_{i2}	$\cdots$
$\vdots$	$\vdots$	$\vdots$		$\vdots$	
y_j	p_{1j}	p_{2j}	$\cdots$	p_{ij}	$\cdots$
$\vdots$	$\vdots$	$\vdots$		$\vdots$	

首先由 $Z=g(X,Y)$,计算出 Z 的所有可能取值

$$z_{ij}=g(x_i,y_j), \quad i=1,2,\cdots, \quad j=1,2,\cdots(\text{不计重复}),$$

因此表明 Z 也是离散型随机变量,然后依次计算概率 $P\{Z=z_{ij}\}$,即得 Z 的分布律.在计算过程中,也可以采用列表方式,并对 Z 取值相同的项适

当进行概率合并.

例 3.7.1　设二维随机变量 (X,Y) 的分布律为

Y	X	
	0	1
0	0.2	0.4
1	0.1	0.3

试分别求 $Z_1=X+Y,Z_2=XY,Z_3=\max\{X,Y\}$ 的分布律.

解　为求解方便,也可将 (X,Y) 的分布律写为

(X,Y)	$(0,0)$	$(0,1)$	$(1,0)$	$(1,1)$
P	0.2	0.1	0.4	0.3

因此可列表计算如下

(X,Y)	$(0,0)$	$(0,1)$	$(1,0)$	$(1,1)$
P	0.2	0.1	0.4	0.3
Z_1	0	1	1	2
Z_2	0	0	0	1
Z_3	0	1	1	1

经过合并整理,可得

$$Z_1 \sim \begin{pmatrix} 0 & 1 & 2 \\ 0.2 & 0.5 & 0.3 \end{pmatrix}, \quad Z_2 \sim \begin{pmatrix} 0 & 1 \\ 0.7 & 0.3 \end{pmatrix}, \quad Z_3 \sim \begin{pmatrix} 0 & 1 \\ 0.2 & 0.8 \end{pmatrix}.$$

结论 3.7.1　设随机变量 $X\sim P(\lambda_1)$，$Y\sim P(\lambda_2)$，且 X 和 Y 相互独立,则 $X+Y\sim P(\lambda_1+\lambda_2)$.

证　对任意的非负整数 k,有

$$P\{X+Y=k\} = \sum_{i=0}^{k} P\{X=i,Y=k-i\} = \sum_{i=0}^{k} P\{X=i\}P\{Y=k-i\}$$

$$= \sum_{i=0}^{k} \frac{\lambda_1^i}{i!}\mathrm{e}^{-\lambda_1} \cdot \frac{\lambda_2^{k-i}}{(k-i)!}\mathrm{e}^{-\lambda_2}$$

$$= \frac{\mathrm{e}^{-(\lambda_1+\lambda_2)}}{k!} \sum_{i=0}^{k} \frac{k!}{i!(k-i)!}\lambda_1^i\lambda_2^{k-i} = \frac{\mathrm{e}^{-(\lambda_1+\lambda_2)}}{k!} \sum_{i=0}^{k} C_k^i\lambda_1^i\lambda_2^{k-i}$$

$$= \frac{(\lambda_1+\lambda_2)^k}{k!}\mathrm{e}^{-(\lambda_1+\lambda_2)}, \quad k=0,1,2,\cdots,$$

所以 $X+Y\sim P(\lambda_1+\lambda_2)$.

对于二项分布,同理可证

结论 3.7.2 设随机变量 $X \sim B(m,p)$, $Y \sim B(n,p)$,且 X 和 Y 相互独立,则 $X+Y \sim B(m+n,p)$.

3.7.2 二维连续型随机变量的函数 $Z=g(X,Y)$ 的分布

如果 (X,Y) 为二维连续型随机变量,且 (X,Y) 的密度函数为 $f(x,y)$,则二维随机变量函数 $Z=g(X,Y)$ 的情况比较复杂,此时 $Z=g(X,Y)$ 可能为离散型随机变量,也可能为连续型随机变量,甚至为非离散型也非连续型随机变量.

例 3.7.2 设二维随机变量 $(X,Y) \sim U(D)$,其中平面区域 $D = \{(x,y) \mid x^2+y^2 \leq 1\}$,令 $Z = \begin{cases} 0, & XY>0, \\ 1, & XY \leq 0, \end{cases}$ 求 Z 的分布.

解 由于 Z 的取值仅为 0 和 1,所以 Z 为离散型随机变量,并且

$$P\{Z=0\} = P\{XY>0\} = P\{X>0,Y>0\} + P\{X<0,Y<0\},$$

利用几何概型知,$P\{X>0,Y>0\} = P\{X<0,Y<0\} = \dfrac{1}{4}$,所以

$$P\{Z=0\} = \frac{1}{2}, \quad P\{Z=1\} = 1-P\{Z=0\} = \frac{1}{2},$$

故 $Z \sim \begin{pmatrix} 0 & 1 \\ \dfrac{1}{2} & \dfrac{1}{2} \end{pmatrix}$.

当 $Z=g(X,Y)$ 为连续型随机变量,或为既非离散型也非连续型随机变量时,通常用下列分布函数法,求出 Z 的分布函数,即

$$F_Z(z) = P\{Z \leq z\} = P\{g(X,Y) \leq z\} = \iint\limits_{g(x,y) \leq z} f(x,y)\mathrm{d}x\mathrm{d}y, \quad -\infty < z < +\infty.$$

与一维随机变量函数的分布函数法一样,二维随机变量函数的分布函数法通常情况下也需要对 $z \in (-\infty, +\infty)$ 进行分段讨论.

常见的讨论方法为:先根据二维随机变量 (X,Y) 的分布确定 (X,Y) 的取值范围,由此再确定 $Z=g(X,Y)$ 的取值范围,然后根据 Z 的取值范围对 $z \in (-\infty, +\infty)$ 进行分段讨论.

例如,如果 Z 的取值范围为 $m \leq Z \leq M$,则可采用下列三段式讨论:

当 $Z<m$ 时, $F_Z(z) = P(\varnothing) = 0$;

当 $m \leq z < M$ 时,解不等式 $g(X,Y) \leq z$,得到 (X,Y) 的解区域(组) $I_{(X,Y)}(z)$,则

$$F_Z(z) = P\{(X,Y) \in I_{(X,Y)}(z)\} = \iint\limits_{I_{(x,y)}(z)} f(x,y)\,\mathrm{d}x\mathrm{d}y;$$

微视频 3-6
二维随机变量函数的分布函数法

当 $z \geq M$ 时, $F_Z(z) = P(\Omega) = 1$.

由此求得 $F_Z(z)$.如果 Z 为连续型随机变量,则其密度函数为 $f_Z(z) = F_Z'(z)$, $-\infty < z < +\infty$.

例 3.7.3　设二维随机变量 (X,Y) 在矩形区域 $G = \{(x,y) \mid 0 \leq x \leq 2, 0 \leq y \leq 1\}$ 上服从均匀分布.试求边长为 X 和 Y 的矩形面积 S 的密度函数 $f_S(s)$.

解　由题意知, $S = XY$,其分布函数为

分析:由于 $(X,Y) \in G$,所以 $0 \leq S \leq 2$.

$$F_S(s) = P\{S \leq s\} = P\{XY \leq s\}, \quad -\infty < s < +\infty.$$

当 $s \leq 0$ 时, $F_S(s) = 0$;

当 $s \geq 2$ 时, $F_S(s) = 1$;

当 $0 < s < 2$ 时,利用几何概型得

$$F_S(s) = 1 - P\{XY > s\} = 1 - \frac{\int_s^2 \left(1 - \frac{s}{x}\right)\mathrm{d}x}{2} = \frac{1}{2}s + \frac{1}{2}s\ln\frac{2}{s},$$

所以 S 的密度函数为 $f_S(s) = F_S'(s) = \begin{cases} \dfrac{1}{2}\ln\dfrac{2}{s}, & 0 < s < 2, \\ 0, & \text{其他.} \end{cases}$

典型例题分析 3-4
二维随机变量函数的分布函数法

定理 3.7.1　设二维随机变量 (X,Y) 的密度函数为 $f(x,y)$,则 $Z = X+Y$ 的密度函数为

$$f_Z(z) = \int_{-\infty}^{+\infty} f(x, z-x)\,\mathrm{d}x \quad \text{或} \quad f_Z(z) = \int_{-\infty}^{+\infty} f(z-y, y)\,\mathrm{d}y.$$

如果 X 和 Y 相互独立,则 $Z = X+Y$ 的密度函数为

$$f_Z(z) = \int_{-\infty}^{+\infty} f_X(x) f_Y(z-x)\,\mathrm{d}x \quad \text{或} \quad f_Z(z) = \int_{-\infty}^{+\infty} f_X(z-y) f_Y(y)\,\mathrm{d}y,$$

其中 $f_X(x)$, $f_Y(y)$ 分别为 X 和 Y 的密度函数.此公式称为卷积公式.

证　$Z = X+Y$ 的分布函数为

$$F_Z(z) = P\{Z \leq z\} = P\{X + Y \leq z\} = \iint\limits_{x+y \leq z} f(x,y)\,\mathrm{d}x\mathrm{d}y = \int_{-\infty}^{+\infty}\mathrm{d}x \int_{-\infty}^{z-x} f(x,y)\,\mathrm{d}y,$$

令 $y = t-x$,并交换积分次序,得

$$F_Z(z) = \int_{-\infty}^{+\infty} \left[\int_{-\infty}^{z} f(x, t-x) \, dt \right] dx = \int_{-\infty}^{z} \left[\int_{-\infty}^{+\infty} f(x, t-x) \, dx \right] dt.$$

由此可知,$Z = X + Y$ 为连续型随机变量,且其密度函数为

$$f_Z(z) = \int_{-\infty}^{+\infty} f(x, z-x) \, dx.$$

如果 X 和 Y 相互独立,则有 $f(x, y) = f_X(x) f_Y(y)$,进而有

$$f_Z(z) = \int_{-\infty}^{+\infty} f_X(x) f_Y(z-x) \, dx.$$

同理可证,$Z = X + Y$ 的密度函数也为 $f_Z(z) = \int_{-\infty}^{+\infty} f(z-y, y) \, dy$,以及当

X 和 Y 相互独立时,$f_Z(z) = \int_{-\infty}^{+\infty} f_X(z-y) f_Y(y) \, dy$.

例 3.7.4 设随机变量 X 和 Y 相互独立,且 $X \sim N(0,1)$,$Y \sim N(0,1)$,求 $Z = X + Y$ 的密度函数 $f_Z(z)$.

解 X 和 Y 的密度函数分别为

$$f_X(x) = \frac{1}{\sqrt{2\pi}} e^{-\frac{x^2}{2}}, \quad -\infty < x < +\infty, \quad f_Y(y) = \frac{1}{\sqrt{2\pi}} e^{-\frac{y^2}{2}}, \quad -\infty < y < +\infty,$$

所以由定理 3.7.1,$Z = X + Y$ 的密度函数为

$$f_Z(z) = \int_{-\infty}^{+\infty} \frac{1}{\sqrt{2\pi}} e^{-\frac{x^2}{2}} \cdot \frac{1}{\sqrt{2\pi}} e^{-\frac{(z-x)^2}{2}} \, dx = \frac{1}{2\pi} \int_{-\infty}^{+\infty} e^{-\frac{1}{2}[x^2 + (z-x)^2]} \, dx$$

$$= \frac{1}{2\pi} e^{-\frac{z^2}{4}} \int_{-\infty}^{+\infty} e^{-\left(x - \frac{z}{2}\right)^2} \, dx,$$

令 $t = x - \dfrac{z}{2}$,故

$$f_Z(z) = \frac{1}{2\pi} e^{-\frac{z^2}{4}} \int_{-\infty}^{+\infty} e^{-t^2} \, dx = \frac{1}{2\pi} e^{-\frac{z^2}{4}} \sqrt{\pi} = \frac{1}{2\sqrt{\pi}} e^{-\frac{z^2}{4}}, \quad -\infty < z < +\infty.$$

由上式可知,

$$Z = X + Y \sim N(0, 2).$$

一般地,对于正态分布,进一步可证明下列结论:

结论 3.7.3 (1)设随机变量 X 和 Y 相互独立,且 $X \sim N(\mu_1, \sigma_1^2)$,$Y \sim N(\mu_2, \sigma_2^2)$,则

$$Z = aX + bY \sim N(a\mu_1 + b\mu_2, a^2\sigma_1^2 + b^2\sigma_2^2),$$

其中 a, b 为不全为零的常数;

(2)设二维随机变量 $(X, Y) \sim N(\mu_1, \mu_2, \sigma_1^2, \sigma_2^2, \rho)$,则 $Z = aX + bY$ 服从

正态分布,其中 a,b 为不全为零的常数.

需要指出的是,如果随机变量 $X \sim N(\mu_1, \sigma_1^2)$, $Y \sim N(\mu_2, \sigma_2^2)$,则 $Z = aX+bY$ 未必服从正态分布,(X,Y) 未必服从二维正态分布.

事实上,令 $X \sim N(0,1)$,取 $Y=-X \sim N(0,1)$,则有 $X+Y=0$.显然 $X+Y$ 并不服从正态分布.再根据结论 3.7.3(2),利用反证法即可证明 (X,Y) 不服从二维正态分布.

与定理 3.7.1 相仿,同理可证

定理3.7.2　设二维随机变量 (X,Y) 的密度函数为 $f(x,y)$,则 $Z = \dfrac{X}{Y}$ 的密度函数为 $f_Z(z) = \displaystyle\int_{-\infty}^{+\infty} f(yz,y) |y| \mathrm{d}y$.如果 X 和 Y 相互独立,$f_X(x)$,$f_Y(y)$ 分别为 X 和 Y 的密度函数,则 $Z = \dfrac{X}{Y}$ 的密度函数为 $f_Z(z) = \displaystyle\int_{-\infty}^{+\infty} f_X(yz) f_Y(y) |y| \mathrm{d}y$.

二维连续型随机变量函数的密度函数还有其他计算方法,感兴趣的同学可参阅 ▭ 课外阅读第二篇.

定理 3.7.2 的证明从略.

定理3.7.3　设随机变量 X 和 Y 相互独立,X 的密度函数为 $f_X(x)$,分布函数为 $F_X(x)$,Y 的密度函数为 $f_Y(y)$,分布函数为 $F_Y(y)$.$M = \max\{X,Y\}$,$N = \min\{X,Y\}$,则 M 和 N 的分布函数 $F_M(x)$,$F_N(x)$ 和密度函数 $f_M(x)$,$f_N(x)$ 分别为

$$F_M(x) = F_X(x) F_Y(x),$$
$$f_M(x) = F_M'(x) = f_X(x) F_Y(x) + f_Y(x) F_X(x);$$
$$F_N(x) = 1 - [1-F_X(x)][1-F_Y(x)],$$
$$f_N(x) = F_N'(x) = f_X(x)[1-F_Y(x)] + f_Y(x)[1-F_X(x)].$$

如果 X 和 Y 独立同分布,且 $f_X(x) = f_Y(x) = f(x)$,$F_X(x) = F_Y(x) = F(x)$,则

$$F_M(x) = F^2(x), \quad f_M(x) = 2f(x)F(x);$$
$$F_N(x) = 1 - [1-F(x)]^2, \quad f_N(x) = 2f(x)[1-F(x)].$$

证　本定理证明的关键在于证明

$$F_M(x) = F_X(x) F_Y(x) \text{ 和 } F_N(x) = 1 - [1-F_X(x)][1-F_Y(x)].$$

其证明如下.

$$F_M(x) = P\{M \leqslant x\} = P\{\max\{X,Y\} \leqslant x\} = P\{X \leqslant x, Y \leqslant x\}$$
$$= P\{X \leqslant x\} P\{Y \leqslant x\} = F_X(x) F_Y(x);$$

$$F_N(x) = P\{N \le x\} = P\{\min\{X, Y\} \le x\} = 1 - P\{\min\{X, Y\} > x\}$$

$$= 1 - P\{X > x, Y > x\} = 1 - P\{X > x\} P\{Y > x\}$$

$$= 1 - [1 - P\{X \le x\}][1 - P\{Y \le x\}] = 1 - [1 - F_X(x)][1 - F_Y(x)].$$

其他证明从略.

例 3.7.5　设随机变量 X 和 Y 相互独立,且 $X \sim E(1)$,$Y \sim E(2)$,求 $Z = \min\{X, Y\}$ 的分布函数 $F_Z(z)$ 和密度函数 $f_Z(z)$.

解　由于 X 和 Y 的分布函数分别为

$$F_X(x) = \begin{cases} 1 - e^{-x}, & x \ge 0, \\ 0, & x < 0, \end{cases} \qquad F_Y(y) = \begin{cases} 1 - e^{-2y}, & y \ge 0, \\ 0, & y < 0, \end{cases}$$

所以由定理 3.7.3,$Z = \min\{X, Y\}$ 的分布函数为

$$F_Z(z) = 1 - [1 - F_X(z)][1 - F_Y(z)] = \begin{cases} 1 - e^{-3z}, & z \ge 0, \\ 0, & z < 0, \end{cases}$$

进而得 $Z = \min\{X, Y\}$ 的密度函数为 $f_Z(z) = \begin{cases} 3e^{-3z}, & z \ge 0, \\ 0, & z < 0. \end{cases}$ 由此可知 $Z \sim E(3)$.

一般地,有下列结论:

结论 3.7.4　设随机变量 X 和 Y 相互独立,且 $X \sim E(\lambda_1)$,$Y \sim E(\lambda_2)$,则

$$Z = \min\{X, Y\} \sim E(\lambda_1 + \lambda_2).$$

例 3.7.6　设随机变量 X 和 Y 相互独立,X 的密度函数为 $f(x)$,$Y \sim \begin{pmatrix} a & b \\ p & 1-p \end{pmatrix}$,其中 a, b 为两个不同的实数,$0 < p < 1$,证明 $Z = X + Y$ 的密度函数为

$$f_Z(z) = pf(z - a) + (1 - p)f(z - b).$$

证　$F_Z(z) = P\{Z \le z\} = P\{X + Y \le z\} = P\{Y = a, X + Y \le z\} + P\{Y = b, X + Y \le z\}$

$$= P\{Y = a, X \le z - a\} + P\{Y = b, X \le z - b\}$$

$$= P\{Y = a\} P\{X \le z - a\} + P\{Y = b\} P\{X \le z - b\}$$

$$= p \int_{-\infty}^{z-a} f(t)\,dt + (1 - p) \int_{-\infty}^{z-b} f(t)\,dt,$$

求导可得 Z 的密度函数为 $f_Z(z) = F_Z'(z) = pf(z - a) + (1 - p)f(z - b)$.

3.7.3　二维随机变量函数组 $\begin{cases} U = g(X, Y), \\ V = h(X, Y) \end{cases}$ 的分布

例 3.7.7　设二维随机变量 (X, Y) 的分布律为

(X,Y)	$(0,0)$	$(0,1)$	$(1,0)$	$(1,1)$
P	0.2	0.1	0.4	0.3

令 $U=X+Y,V=XY$,求(U,V)的分布律.

解　将(U,V)的取值以及对于的概率列表计算为

(X,Y)	$(0,0)$	$(0,1)$	$(1,0)$	$(1,1)$
P	0.2	0.1	0.4	0.3
(U,V)	$(0,0)$	$(1,0)$	$(1,0)$	$(2,1)$

进行合并整理得(U,V)的分布律为

(U,V)	$(0,0)$	$(1,0)$	$(2,1)$
P	0.2	0.5	0.3

定理 3.7.4　设二维连续型随机变量(X,Y)的密度函数为$f(x,y)$,
$-\infty<x<+\infty$, $-\infty<y<+\infty$.二元函数$g(x,y)$和$h(x,y)$具有一阶连续偏导

数,且 $\begin{vmatrix} \dfrac{\partial g}{\partial x} & \dfrac{\partial g}{\partial y} \\ \dfrac{\partial h}{\partial x} & \dfrac{\partial h}{\partial y} \end{vmatrix} \neq 0,$ $\begin{cases} u=g(x,y), \\ v=h(x,y) \end{cases}$ 有反函数组 $\begin{cases} x=g_1(u,v), \\ y=h_1(u,v), \end{cases}$ 记 $J=$

$\begin{vmatrix} \dfrac{\partial g_1}{\partial u} & \dfrac{\partial g_1}{\partial v} \\ \dfrac{\partial h_1}{\partial u} & \dfrac{\partial h_1}{\partial v} \end{vmatrix}.$令 $\begin{cases} U=g(X,Y), \\ V=h(X,Y), \end{cases}$ 则(U,V)的密度函数为

$$f_{UV}(u,v)=\begin{cases} f(g_1(u,v),h_1(u,v))\,|J|, & (u,v)\in D_{uv}, \\ 0, & (u,v)\notin D_{uv}, \end{cases}$$

其中 D_{uv} 为 xOy 平面在变换 $\begin{cases} u=g(x,y), \\ v=h(x,y) \end{cases}$ 下所得 uOv 平面上的变换区域.

本定理证明从略.

例 3.7.8　设二维连续型随机变量(X,Y)的密度函数为$f(x,y)$,

$-\infty<x<+\infty$, $-\infty<y<+\infty$.令 $\begin{cases} U=aX+bY, \\ V=cX+dY, \end{cases}$ 其中 a,b,c,d 为常数,且 $ad-bc\neq$

0,求(U,V)的密度函数$f_{UV}(u,v)$.

解   由 $\begin{cases} u=ax+by, \\ v=cx+dy \end{cases}$ 不难解得 $\begin{cases} x=\dfrac{1}{ad-bc}(du-bv), \\ y=\dfrac{1}{ad-bc}(-cu+av), \end{cases}$ 且 $J=\dfrac{1}{ad-bc}$. 由定理

3.7.4, (U,V) 的密度函数为

$$f_{UV}(u,v)=\frac{1}{|ad-bc|}f\left(\frac{1}{ad-bc}(du-bv),\frac{1}{ad-bc}(-cu+av)\right),$$

$$-\infty<u<+\infty,\ -\infty<v<+\infty.$$

由例 3.7.8, 可进一步得出下列结论.

结论 3.7.5   设二维随机变量 $(X,Y)\sim U(D)$, 其中 D 为 xOy 平面上的

某有限区域. $\begin{cases} U=aX+bY, \\ V=cX+dY, \end{cases}$ 其中 a,b,c,d 为常数, 且 $ad-bc\neq0$, 则 $(U,V)\sim$

$U(D_{UV})$, 其中 D_{UV} 为 D 在变换 $\begin{cases} u=ax+by, \\ v=cx+dy \end{cases}$ 下所得 uOv 平面上的变换区域.

结论 3.7.6   设二维随机变量 (X,Y) 服从二维正态分布,

$\begin{cases} U=aX+bY, \\ V=cX+dY, \end{cases}$ 其中 a,b,c,d 为常数, 且 $ad-bc\neq0$, 则 (U,V) 也服从二维正态

分布.

例 3.7.9   设随机变量 X 和 Y 相互独立, 且 $X\sim N(0,1)$, $Y\sim N(0,1)$. (R,Θ) 为点 (X,Y) 的极坐标, 且 $R\geq0,0\leq\Theta\leq2\pi$, 证明 R 和 Θ 相互独立.

证 (X,Y) 的密度函数为 $f(x,y)=f_X(x)f_Y(y)=\dfrac{1}{2\pi}e^{-\frac{1}{2}(x^2+y^2)}$,

$-\infty<x<+\infty,-\infty<y<+\infty$. 又由题意知, $x=r\cos\theta,y=r\sin\theta$, 故

$$J=\begin{vmatrix} \dfrac{\partial x}{\partial r} & \dfrac{\partial x}{\partial \theta} \\ \dfrac{\partial y}{\partial r} & \dfrac{\partial y}{\partial \theta} \end{vmatrix}=\begin{vmatrix} \cos\theta & -r\sin\theta \\ \sin\theta & r\cos\theta \end{vmatrix}=r.$$

$X=R\cos\Theta,Y=R\sin\Theta$, 所以由定理 3.7.4, (R,Θ) 的密度函数为

$$f_{R\Theta}(r,\theta)=f(r\cos\theta,r\sin\theta)|r|=\begin{cases} \dfrac{1}{2\pi}re^{-\frac{1}{2}r^2}, & r\geq0,0\leq\theta\leq2\pi, \\ 0, & \text{其他}, \end{cases}$$

由此进而求

$$f_R(r) = \begin{cases} re^{-\frac{1}{2}r^2}, & r \geq 0, \\ 0, & \text{其他}, \end{cases} \quad f_\Theta(\theta) = \begin{cases} \dfrac{1}{2\pi}, & 0 \leq \theta \leq 2\pi, \\ 0, & \text{其他}. \end{cases}$$

由于 $f_{R\Theta}(r,\theta) = f_R(r)f_\Theta(\theta)$，所以 R 和 Θ 相互独立.

3.8　n 维随机变量

前面较系统地介绍了二维随机变量及其分布,但在实际问题中,还会经常出现 n 维随机变量,如在本章开始,河流的主干道和各支流上 10 个观察点处的流量 $X_1, X_2, \cdots, X_{10}$；又如,某商场在一年十二个月的销售额 $X_1, X_2, \cdots, X_{12}$ 等.同时也为了在数理统计中,介绍简单随机样本 $X_1, X_2, \cdots, X_n$ 的分布,故本节对 n 维随机变量的概念、分布、以及相关结论等作简单介绍.

3.8.1　n 维随机变量及其分布函数的概念

定义 3.8.1　设随机试验 E 的样本空间 $\Omega = \{\omega\}$，$X_i = X_i(\omega)$ 为定义在 Ω 上的随机变量,$i = 1, 2, \cdots, n$,称由这 n 个随机变量 $X_1, X_2, \cdots, X_n$ 组成的有序数组 $(X_1, X_2, \cdots, X_n)$ 为 n 维随机变量.

例如,10 个观察点处的流量 $(X_1, X_2, \cdots, X_{10})$ 为 10 维随机变量.

定义 3.8.2　设 $(X_1, X_2, \cdots, X_n)$ 为 n 维随机变量,对于任意的实数 $x_1, x_2, \cdots, x_n$,称 n 元函数

$$F(x_1, x_2, \cdots, x_n) = P\{X_1 \leq x_1, X_2 \leq x_2, \cdots, X_n \leq x_n\}$$

为 n 维随机变量 $(X_1, X_2, \cdots, X_n)$ 的分布函数.

并分别称

$$F_{X_1}(x_1) = P\{X_1 \leq x_1\} = F(x_1, +\infty, \cdots, +\infty),$$

$$F_{X_2}(x_2) = P\{X_2 \leq x_2\} = F(+\infty, x_2, \cdots, +\infty),$$

$$\cdots$$

$$F_{X_n}(x_n) = P\{X_n \leq x_n\} = F(+\infty, +\infty, \cdots, x_n)$$

为 $(X_1, X_2, \cdots, X_n)$ 关于 X_1,关于 X_2,$\cdots$,关于 X_n 的边缘分布函数.

以上 $F_{X_1}(x_1), F_{X_2}(x_2), \cdots, F_{X_n}(x_n)$ 及 $F(x_1, x_2, \cdots, x_n)$ 分别具有类似于

一维随机变量分布函数和二维随机变量分布函数的性质.

定义 3.8.3　设 $(X_1,X_2,\cdots,X_n)$ 为 n 维随机变量,如果对任意的实数 $x_1,x_2,\cdots,x_n$,均有

$$F(x_1,x_2,\cdots,x_n)=F_{X_1}(x_1)F_{X_2}(x_2)\cdots F_{X_n}(x_n),$$

即

$$P\{X_1\leqslant x_1,X_2\leqslant x_2,\cdots,X_n\leqslant x_n\}=P\{X_1\leqslant x_1\}P\{X_2\leqslant x_2\}\cdots P\{X_n\leqslant x_n\},$$

就称 $X_1,X_2,\cdots,X_n$ 相互独立.

设 $(X_1,X_2,\cdots,X_m)$ 为 m 维随机变量,$(Y_1,Y_2,\cdots,Y_n)$ 为 n 维随机变量,如果对任意的实数 $x_1,x_2,\cdots,x_m;y_1,y_2,\cdots,y_n$,均有

$$P\{X_1\leqslant x_1,X_2\leqslant x_2,\cdots,X_m\leqslant x_m;Y_1\leqslant y_1,Y_2\leqslant y_2,\cdots,Y_n\leqslant y_n\}$$

$$=P\{X_1\leqslant x_1,X_2\leqslant x_2,\cdots,X_m\leqslant x_m\}P\{Y_1\leqslant y_1,Y_2\leqslant y_2,\cdots,Y_n\leqslant y_n\},$$

就称 $(X_1,X_2,\cdots,X_m)$ 和 $(Y_1,Y_2,\cdots,Y_n)$ 相互独立.

定理 3.8.1　如果随机变量 $(X_1,X_2,\cdots,X_m)$ 和 $(Y_1,Y_2,\cdots,Y_n)$ 相互独立,g,h 分别为 m 元连续函数和 n 元连续函数,则随机变量 $g(X_1,X_2,\cdots,X_m)$ 和 $h(Y_1,Y_2,\cdots,Y_n)$ 也相互独立.

3.8.2　n 维离散型随机变量及其分布

定义 3.8.4　如果 n 维随机变量 $(X_1,X_2,\cdots,X_n)$ 的取值为有限个或可列无穷多个,就称 $(X_1,X_2,\cdots,X_n)$ 为 n 维离散型随机变量.

记 $(x_{i_1}^{(1)},x_{i_2}^{(2)},\cdots,x_{i_n}^{(n)})$ 为 $(X_1,X_2,\cdots,X_n)$ 的取值,对所有的 $i_1,i_2,\cdots,i_n$,称

$$P\{X_1=x_{i_1}^{(1)},X_2=x_{i_2}^{(2)},\cdots,X_n=x_{i_n}^{(n)}\}=p_{i_1i_2\cdots i_n},$$

为 $(X_1,X_2,\cdots,X_n)$ 的分布律.并分别称

$$P\{X_1=x_{i_1}^{(1)}\}=\sum_{i_2}\sum_{i_3}\cdots\sum_{i_n}p_{i_1i_2\cdots i_n}=p_{i_1\cdots\cdots},\quad i_1=1,2,\cdots,$$

$$P\{X_2=x_{i_2}^{(2)}\}=\sum_{i_1}\sum_{i_3}\cdots\sum_{i_n}p_{i_1i_2\cdots i_n}=p_{\cdot i_2\cdots\cdots},\quad i_2=1,2,\cdots,$$

$$\cdots$$

$$P\{X_n=x_{i_n}^{(n)}\}=\sum_{i_1}\sum_{i_2}\cdots\sum_{i_{n-1}}p_{i_1i_2\cdots i_n}=p_{\cdots\cdots i_n},\quad i_n=1,2,\cdots$$

为 $(X_1,X_2,\cdots,X_n)$ 关于 X_1,关于 X_2,$\cdots$,关于 X_n 的边缘分布律.

在定义 3.8.4 中，$p_{i_1 i_2 \cdots i_n} \geqslant 0, p_{i_1 \cdot \cdots \cdot} \geqslant 0, p_{\cdot i_2 \cdot \cdots \cdot} \geqslant 0, \cdots, p_{\cdot \cdots \cdot i_n} \geqslant 0$，且

$$\sum_{i_1} \sum_{i_2} \cdots \sum_{i_n} p_{i_1 i_2 \cdots i_n} = 1,$$

$$\sum_{i_1} p_{i_1 \cdot \cdots \cdot} = 1, \quad \sum_{i_2} p_{\cdot i_2 \cdot \cdots \cdot} = 1, \quad \cdots, \quad \sum_{i_n} p_{\cdot \cdots \cdot i_n} = 1.$$

定理 3.8.2　设 $(X_1, X_2, \cdots, X_n)$ 为 n 维离散型随机变量，其分布律为

$$P\{X_1 = x_{i_1}^{(1)}, X_2 = x_{i_2}^{(2)}, \cdots, X_n = x_{i_n}^{(n)}\} = p_{i_1 i_2 \cdots i_n} \quad (\text{对所有的 } i_1, i_2, \cdots, i_n),$$

则 $X_1, X_2, \cdots, X_n$ 相互独立的充分必要条件为对于任意的 $i_1, i_2, \cdots, i_n$，均有

$$P\{X_1 = x_{i_1}^{(1)}, X_2 = x_{i_2}^{(2)}, \cdots, X_n = x_{i_n}^{(n)}\} = P\{X_1 = x_{i_1}^{(1)}\} P\{X_2 = x_{i_2}^{(2)}\} \cdots P\{X_n = x_{i_n}^{(n)}\},$$

即

$$p_{i_1 i_2 \cdots i_n} = p_{i_1 \cdot \cdots \cdot} \cdot p_{\cdot i_2 \cdot \cdots \cdot} \cdots p_{\cdot \cdots \cdot i_n},$$

由定理 3.8.2 知，如果 $(X_1, X_2, \cdots, X_n)$ 为 n 维离散型随机变量，且 X_1，$X_2, \cdots, X_n$ 相互独立，则 $(X_1, X_2, \cdots, X_n)$ 的分布律为

$$P\{X_1 = x_{i_1}^{(1)}, X_2 = x_{i_2}^{(2)}, \cdots, X_n = x_{i_n}^{(n)}\} = P\{X_1 = x_{i_1}^{(1)}\} P\{X_2 = x_{i_2}^{(2)}\} \cdots P\{X_n = x_{i_n}^{(n)}\}$$

$$(\text{对所有的 } i_1, i_2, \cdots, i_n).$$

对 n 维离散型随机变量 $(X_1, X_2, \cdots, X_n)$，有下列常用结论.

结论 3.8.1　设随机变量 $X_1, X_2, \cdots, X_n$ 相互独立，且 $X_i \sim P(\lambda_i)$，$i = 1, 2, \cdots, n$，则 $\displaystyle\sum_{i=1}^n X_i \sim P\left(\sum_{i=1}^n \lambda_i\right)$．

结论 3.8.2　设随机变量 $X_1, X_2, \cdots, X_n$ 相互独立，且 $X_i \sim B(n_i, p)$，$i = 1, 2, \cdots, n$，则 $\displaystyle\sum_{i=1}^n X_i \sim B\left(\sum_{i=1}^n m_i, p\right)$．

推论 3.8.1　设随机变量 $X_1, X_2, \cdots, X_n$ 相互独立，且 $X_i \sim B(1, p)$，$i = 1, 2, \cdots, n$，则 $\displaystyle\sum_{i=1}^n X_i \sim B(n, p)$．

反之，设随机变量 $X \sim B(n, p)$，则 X 表示在 n 重伯努利试验中，某事件 A 发生的次数，其中 $p = P(A)$．令

$$X_i = \begin{cases} 1, & \text{第 } i \text{ 次试验中事件 } A \text{ 发生,} \\ 0, & \text{第 } i \text{ 次试验中事件 } A \text{ 不发生,} \end{cases} \quad i = 1, 2, \cdots, n,$$

则 $X = \displaystyle\sum_{i=1}^n X_i$，且 $X_1, X_2, \cdots, X_n$ 相互独立，$X_i \sim B(1, p)$，$i = 1, 2, \cdots, n$．

由此表明，服从二项分布 $B(n, p)$ 的随机变量 X 可以分解为 n 个相互独立，且均服从 $B(1, p)$ 的随机变量 $X_1, X_2, \cdots, X_n$ 之和．

3.8.3 n 维连续型随机变量及其分布

定义 3.8.5 设 n 维随机变量 $(X_1, X_2, \cdots, X_n)$ 的分布函数为 $F(x_1, x_2, \cdots, x_n)$，如果存在 n 元非负可积函数 $f(x_1, x_2, \cdots, x_n)$，使得对任意实数 $x_1, x_2, \cdots, x_n$，均有

$$F(x_1, x_2, \cdots, x_n) = \int_{-\infty}^{x_1} \int_{-\infty}^{x_2} \cdots \int_{-\infty}^{x_n} f(u_1, u_2, \cdots, u_n) \, \mathrm{d}u_1 \mathrm{d}u_2 \cdots \mathrm{d}u_n,$$

就称 $(X_1, X_2, \cdots, X_n)$ 为 n 维连续型随机变量，$f(x_1, x_2, \cdots, x_n)$ 为 $(X_1, X_2, \cdots, X_n)$ 的密度函数.

并称

$$f_{X_1}(x_1) = \int_{-\infty}^{+\infty} \int_{-\infty}^{+\infty} \cdots \int_{-\infty}^{+\infty} f(x_1, u_2, u_3, \cdots, u_n) \, \mathrm{d}u_2 \mathrm{d}u_3 \cdots \mathrm{d}u_n,$$

$$f_{X_2}(x_2) = \int_{-\infty}^{+\infty} \int_{-\infty}^{+\infty} \cdots \int_{-\infty}^{+\infty} f(u_1, x_2, u_3, \cdots, u_n) \, \mathrm{d}u_1 \mathrm{d}u_3 \cdots \mathrm{d}u_n,$$

$$\cdots$$

$$f_{X_n}(x_n) = \int_{-\infty}^{+\infty} \int_{-\infty}^{+\infty} \cdots \int_{-\infty}^{+\infty} f(u_1, u_2, \cdots, u_{n-1}, x_n) \, \mathrm{d}u_1 \mathrm{d}u_2 \cdots \mathrm{d}u_{n-1}$$

为 $(X_1, X_2, \cdots, X_n)$ 关于 X_1，关于 X_2，$\cdots$，关于 X_n 的边缘密度函数.

在定义 3.8.5 中，$f(x_1, x_2, \cdots, x_n) \geqslant 0$，$f_{X_1}(x_1) \geqslant 0, f_{X_2}(x_2) \geqslant 0, \cdots$，$f_{X_n}(x_n) \geqslant 0$，且

$$\int_{-\infty}^{+\infty} \int_{-\infty}^{+\infty} \cdots \int_{-\infty}^{+\infty} f(x_1, x_2, \cdots, x_n) \, \mathrm{d}x_1 \mathrm{d}x_2 \cdots \mathrm{d}x_n = 1,$$

$$\int_{-\infty}^{+\infty} f_{X_1}(x_1) \, \mathrm{d}x_1 = 1, \quad \int_{-\infty}^{+\infty} f_{X_2}(x_2) \, \mathrm{d}x_2 = 1, \quad \cdots, \quad \int_{-\infty}^{+\infty} f_{X_n}(x_n) \, \mathrm{d}x_n = 1.$$

定理 3.8.3 设 n 维随机变量 $(X_1, X_2, \cdots, X_n)$ 的密度函数为 $f(x_1, x_2, \cdots, x_n)$，则 $X_1, X_2, \cdots, X_n$ 相互独立的充分必要条件为对几乎所有的实数 $x_1, x_2, \cdots, x_n$，均有

$$f(x_1, x_2, \cdots, x_n) = f_{X_1}(x_1) f_{X_2}(x_2) \cdots f_{X_n}(x_n).$$

由定理 3.8.3 知，如果 $(X_1, X_2, \cdots, X_n)$ 为 n 维连续型随机变量，且 $X_1, X_2, \cdots, X_n$ 相互独立，则 $(X_1, X_2, \cdots, X_n)$ 的密度函数为

$$f(x_1, x_2, \cdots, x_n) = f_{X_1}(x_1) f_{X_2}(x_2) \cdots f_{X_n}(x_n) \text{（对几乎所有的实数 } x_1, x_2, \cdots, x_n\text{）}.$$

对 n 维连续型随机变量 $(X_1, X_2, \cdots, X_n)$，有下列常用结论.

结论 3.8.3   设随机变量 $X_1, X_2, \cdots, X_n$ 相互独立,且 $X_i \sim N(\mu_i, \sigma_i^2)$, $i = 1, 2, \cdots, n, a_1, a_2, \cdots, a_n$ 是不全为零的常数,则

$$\sum_{i=1}^n a_i X_i \sim N\Big(\sum_{i=1}^n a_i \mu_i, \sum_{i=1}^n a_i^2 \sigma_i^2 \Big) \ .$$

推论 3.8.2   设随机变量 $X_1, X_2, \cdots, X_n$ 相互独立,且 $X_i \sim N(\mu, \sigma^2)$, $i = 1, 2, \cdots, n$,则 $\dfrac{1}{n} \sum_{i=1}^n X_i \sim N\Big(\mu, \dfrac{\sigma^2}{n} \Big) \ .$

定理 3.8.4   若随机变量 $X_1, X_2, \cdots, X_n$ 相互独立,X_i 的密度函数为 $f_i(x)$,分布函数为 $F_i(x)$, $i = 1, 2, \cdots, n$,令 $M = \max\{X_1, X_2, \cdots, X_n\}$, $N = \min\{X_1, X_2, \cdots, X_n\}$,则 M 和 N 的分布函数 $F_M(x)$, $F_N(x)$ 和密度函数 $f_M(x)$, $f_N(x)$ 分别为

$$F_M(x) = P\{M \leqslant x\} = F_1(x) F_2(x) \cdots F_n(x), \quad f_M(x) = F_M'(x);$$

$$F_N(x) = P\{N \leqslant x\} = 1 - [1 - F_1(x)][1 - F_2(x)] \cdots [1 - F_n(x)], \quad f_N(x) = F_N'(x).$$

当 $X_1, X_2, \cdots, X_n$ 独立同分布时,记 $f_i(x) = f(x)$, $F_i(x) = F(x)$, $i = 1, 2, \cdots, n$,则

$$F_M(x) = [F(x)]^n, f_M(x) = nf(x)[F(x)]^{n-1};$$

$$F_N(x) = 1 - [1 - F(x)]^n, f_N(x) = nf(x)[1 - F(x)]^{n-1}.$$

结论 3.8.4   设随机变量 $X_1, X_2, \cdots, X_n$ 相互独立,且 $X_i \sim E(\lambda_i)$, $i = 1, 2, \cdots, n$,则 $\min\{X_1, X_2, \cdots, X_n\} \sim E\Big(\sum_{i=1}^n \lambda_i \Big) .$

小结

本章主要讨论二维随机变量及其分布.在本章的复习过程中要联系第 2 章的内容,注意区分有哪些共同点,又有哪些不同点.

1. 二维随机变量及其分布函数

二维随机变量是将随机变量 X 和 Y 作为一个整体 (X,Y) 来研究.

二维随机变量 (X,Y) 的分布函数为

$$F(x,y) = P\{X \leqslant x, Y \leqslant y\}, \quad -\infty < x, y < +\infty.$$

其形式与一维随机变量 X 的分布函数 $F(x) = P\{X \leqslant x\}$,$-\infty < x < +\infty$ 相似.二维随机变量分布函数的定义域总是全平面.

了解二维随机变量的分布函数的相关性质.

2. 二维离散型随机变量及其分布

二维离散型随机变量的分布重点在于其分布律,即相应的二维表格.同样有了分布律就可以解决二维离散型随机变量的所有问题,包括概率计算、边缘分布律、条件分布律、二维离散型随机变量的独立性、二维离散型随机变量函数的分布、数字特征(第 4 章)等.

了解二维离散型随机变量分布律的性质.

3. 二维连续型随机变量及其分布

二维连续型随机变量的分布重点在于其密度函数.同样有了密度函数就可以解决二维连续型随机变量的所有问题,包括概率计算、边缘密度函数、条件密度函数、二维连续型随机变量的独立性、二维连续型随机变量函数的分布、数字特征(第 4 章)等.

了解密度函数的性质,掌握二维连续型随机变量的密度函数和分布函数之间的转化.

二维连续型随机变量落在任意一条曲线上的概率均为零.

4. 边缘分布、条件分布

所谓二维随机变量的边缘分布就是在研究二维随机变量 (X,Y) 的过程中,考察一维随机变量 X 和 Y 的分布.

边缘分布函数可以通过 X 和 Y 自身的分布求得:

$$F_X(x)=P\{X\leqslant x\},\quad -\infty<x<+\infty;\quad F_Y(y)=P\{Y\leqslant y\},\quad -\infty<y<+\infty.$$

也可以通过(X,Y)的分布函数$F(x,y)$求得:

$$F_X(x)=F(x,+\infty),\quad -\infty<x<+\infty;\quad F_Y(y)=F(+\infty,y),\quad -\infty<y<+\infty.$$

当(X,Y)为二维离散型随机变量时,X和Y的边缘分布律可以在(X,Y)的分布律(二维表格)中分别通过纵向和横向求和得到(如表3.1)

表 3.1　(X,Y)的分布律

Y	X					$p_{\cdot j}$
	x_1	x_2	$\cdots$	x_i	$\cdots$	
y_1	p_{11}	p_{21}	$\cdots$	p_{i1}	$\cdots$	$p_{\cdot 1}$
y_2	p_{12}	p_{22}	$\cdots$	p_{i2}	$\cdots$	$p_{\cdot 2}$
$\vdots$	$\vdots$	$\vdots$		$\vdots$		$\vdots$
y_j	p_{1j}	p_{2j}	$\cdots$	p_{ij}	$\cdots$	$p_{\cdot j}$
$\vdots$	$\vdots$	$\vdots$		$\vdots$		$\vdots$
$p_{i\cdot}$	$p_{1\cdot}$	$p_{2\cdot}$	$\cdots$	$p_{i\cdot}$	$\cdots$	1

当(X,Y)为二维连续型随机变量时,X和Y的边缘密度函数可以在(X,Y)的密度函数$f(x,y)$中分别对x和y积分得到:

$$f_X(x)=\int_{-\infty}^{+\infty}f(x,y)\,\mathrm{d}y,\quad -\infty<x<+\infty;\quad f_Y(y)=\int_{-\infty}^{+\infty}f(x,y)\,\mathrm{d}x,\quad -\infty<y<+\infty.$$

必要时,在上述积分中要对参数x或y进行分段讨论.

会利用边缘分布以及其他相关条件求联合分布,这是一种逆向思维,在解题过程中关键是要找准切入点.

条件分布是指当X取定值时Y的分布,或当Y取定值时X的分布.它们都是一维随机变量的分布.

对于二维离散型随机变量(X,Y),其条件分布律

$$(X\mid Y=y_j)\sim\begin{pmatrix} x_1 & x_2 & \cdots & x_i & \cdots \\ \dfrac{p_{1j}}{p_{\cdot j}} & \dfrac{p_{2j}}{p_{\cdot j}} & \cdots & \dfrac{p_{ij}}{p_{\cdot j}} & \cdots \end{pmatrix}(p_{\cdot j}>0)$$ 只与表3.1中的第j行有关,与其他行无关;

$$(Y\mid X=x_i)\sim\begin{pmatrix} y_1 & y_2 & \cdots & y_j & \cdots \\ \dfrac{p_{i1}}{p_{i\cdot}} & \dfrac{p_{i2}}{p_{i\cdot}} & \cdots & \dfrac{p_{ij}}{p_{i\cdot}} & \cdots \end{pmatrix}(p_{i\cdot}>0)$$ 只与表3.1中的第i列有关,与其他列无关.

同理,对于二维连续型随机变量(X,Y),其条件密度函数

$$f_{X|Y}(x|y) = \frac{f(x,y)}{f_Y(y)}(f_Y(y)>0), -\infty < x < +\infty \text{ 只与取定的 } y \text{ 有关};$$

$$f_{Y|X}(y|x) = \frac{f(x,y)}{f_X(x)}(f_X(x)>0), -\infty < y < +\infty \text{ 只与取定的 } x \text{ 有关}.$$

5. 随机变量的独立性

随机变量 X 和 Y 相互独立用简单直观的语言表示就是 X 的取值和 Y 的取值没有任何关系. 反映到数学表达式就是对任意的 x, y, 均有

$$F(x,y) = F_X(x)F_Y(y), \quad \text{或} \quad P\{X \leqslant x, Y \leqslant y\} = P\{X \leqslant x\}P\{Y \leqslant y\}.$$

对于二维离散型随机变量 (X,Y), X 和 Y 相互独立的充要条件为

$$p_{ij} = p_{i\cdot}\, p_{\cdot j}, \quad i = 1, 2, \cdots, \quad j = 1, 2, \cdots.$$

此时根据 (X,Y) 的分布律和边缘分布律很容易判断.

我们也可以从另外一个角度理解二维离散型随机变量的独立性问题.

在 X 和 Y 的联合分布律和边缘分布律列表中, 将 $p_{ij} = p_{i\cdot}\, p_{\cdot j}, i = 1, 2, \cdots, j = 1, 2, \cdots$ 描述成矩阵形式, 有

$$\begin{pmatrix} p_{11} & p_{21} & \cdots & p_{i1} & \cdots \\ p_{12} & p_{22} & \cdots & p_{i2} & \cdots \\ \vdots & \vdots & & \vdots & \\ p_{1j} & p_{2j} & \cdots & p_{ij} & \cdots \\ \vdots & \vdots & & \vdots & \end{pmatrix} = \begin{pmatrix} p_{\cdot 1} \\ p_{\cdot 2} \\ \vdots \\ p_{\cdot j} \\ \vdots \end{pmatrix} \begin{pmatrix} p_{1\cdot} & p_{2\cdot} & \cdots & p_{i\cdot} & \cdots \end{pmatrix}.$$

因此, X 和 Y 相互独立的充要条件为矩阵 $\begin{pmatrix} p_{11} & p_{21} & \cdots & p_{i1} & \cdots \\ p_{12} & p_{22} & \cdots & p_{i2} & \cdots \\ \vdots & \vdots & & \vdots & \\ p_{1j} & p_{2j} & \cdots & p_{ij} & \cdots \\ \vdots & \vdots & & \vdots & \end{pmatrix}$ 的秩为 1, 即该矩阵的任意两行

或任意两列元素对应成比例.

对于二维连续型随机变量 (X,Y), X 和 Y 相互独立的充要条件为对几乎所有的 x, y,

$$f(x,y) = f_X(x)f_Y(y).$$

一般来说, 首先由 $f(x,y)$ 计算出边缘密度函数 $f_X(x)$ 和 $f_Y(y)$, 然后作乘积 $f_X(x)f_Y(y)$, 最后判断 $f(x,y) = f_X(x)f_Y(y)$ 是否成立, 以此确定 X 和 Y 是否相互独立.

同理, 也可以换个角度理解 X 和 Y 的独立性.

一般地,设二维连续型随机变量(X,Y)的密度函数

$$f(x,y)=\begin{cases} f_1(x,y), & (x,y)\in D, \\ 0, & (x,y)\notin D, \end{cases}$$

其中$f_1(x,y)>0$.可从下列三个方面判断X和Y的独立性.

如果D不是"正矩形",则X和Y不相互独立.(注:所谓正矩形是指四条边分别平行于两个坐标轴的矩形,如$D=\{(x,y)\,|\,a\leqslant x\leqslant b,c\leqslant y\leqslant d\}$等.正矩形可以是无穷区域,如第一象限、上半平面均可认为是正矩形.而三角形区域、圆盘及区域$D=\{(x,y)\,|\,|x|+|y|\leqslant 1\}$等均不是正矩形.)

如果$f_1(x,y)$不可分离变量,则X和Y不相互独立.(注:所谓$f_1(x,y)$可分离变量是指$f_1(x,y)$可表示为$f_1(x,y)=g(x)h(y)$,如$f_1(x,y)=xy$,$f_1(x,y)=\mathrm{e}^{x-y}$等.而$f_1(x,y)=x+y$,$f_1(x,y)=\mathrm{e}^{xy}$等不可分离变量.)

如果D是"正矩形",且$f_1(x,y)$可分离变量,则X和Y相互独立(参见例3.6.6).

6. 常见二维分布

二维随机变量的常见分布主要有二维均匀分布和二维正态分布.

二维均匀分布的重点在于掌握二维均匀分布的密度函数、边缘分布以及相关概率计算(参见第1章几何概型中的二维情形).

二维正态分布的诸多性质是二维正态分布的一项重要内容,要正确理解二维正态分布的性质,包括它们的条件和相应的结论.

7. 二维随机变量函数的分布

二维随机变量函数$Z=g(X,Y)$的分布在类型和求法上,与一维随机变量函数$Y=g(X)$的分布相仿.在学习的过程中,可以将它们放在一起进行对比和总结,归纳出共同的特点和解决方法.

首先要判断$Z=g(X,Y)$的类型,然后相应地采用列表法,或用分布函数法等(参见第2章的本章小结).所不同的是此处的分布函数法中经常需要用到二重积分的计算.

在二维连续型随机变量函数$Z=g(X,Y)$的分布函数法中,文中已经介绍了当Z的取值范围为$m\leqslant Z\leqslant M$时,所采用的三段式讨论方法.如果Z的取值范围为$-\infty<Z\leqslant M$或$m\leqslant Z<+\infty$,则可能采用两段式讨论方法.如果在三段式讨论方法中,当$m\leqslant z\leqslant M$时出现变化,可能采用四段式讨论方法或五段式讨论方法.特别地,如果Z的取值范围为$-\infty<Z<+\infty$,或许不需要分段讨论,也称为一段式方法.

如果在$Z=g(X,Y)$中,X为连续型随机变量,Y为离散型随机变量(见例3.7.6),则往往根据Y的分布律,采用分布函数法并结合全概率公式或概率加法公式求出$Z=g(X,Y)$的分布.

了解二维随机变量函数组$\begin{cases} U=g(X,Y), \\ V=h(X,Y) \end{cases}$的分布.

8. n 维随机变量及其分布

了解 n 维随机变量及其分布函数的概念.

了解 n 维离散型随机变量的分布律、边缘分布律、独立性等有关概念和结论.

了解 n 维连续型随机变量的密度函数、边缘密度函数、独立性等有关概念和结论.

了解本章中有关常见分布的一些结论或性质,以及记住 $M = \max\{X_1, X_2, \cdots, X_n\}$,

$N = \min\{X_1, X_2, \cdots, X_n\}$ 的分布函数和密度函数的计算公式.

本章第 8 节内容将为以后数理统计的各章节内容作前提准备.

目 第 3 章习题

一、填空题

1. 一台仪表由两个部件组成,以 X 和 Y 分别表示这两个部件的寿命(单位:h),设 (X,Y) 的分布函数为

$$F(x,y) = \begin{cases} 1 - e^{-0.01x} - e^{-0.01y} + e^{-0.01(x+y)}, & x>0, y>0, \\ 0, & \text{其他,} \end{cases}$$ 则

两个部件的寿命同时超过 120 h 的概率为_____.

2. 设 X 和 Y 为两个随机变量,且 $P\{X \geq 0, Y \geq 0\} = \dfrac{3}{7}$,

$P\{X \geq 0\} = P\{Y \geq 0\} = \dfrac{4}{7}$,则 $P\{\max\{X,Y\} \geq 0\} = $

_____.

3. 设随机变量 $U \sim U[-2,2]$,$X = \begin{cases} -1, & U \leq -1, \\ 1, & U > -1, \end{cases}$

$Y = \begin{cases} -1, & U \leq 1, \\ 1, & U > 1. \end{cases}$ 则 X 和 Y 的联合分布律为_____.

4. 设平面区域 $D = \{(x,y) \mid 0 \leq x \leq y \leq 1\}$,二维随机变量 $(X,Y) \sim U(D)$,则 $P\left\{Y > \dfrac{1}{2} \mid X < \dfrac{1}{2}\right\} = $_____.

5. 设随机变量 X 和 Y 相互独立,其密度函数均为

$$f(x) = \begin{cases} 2x, & 0 \leq x \leq 1, \\ 0, & \text{其他,} \end{cases}$$ 则 $P\{X+Y \leq 1\} = $_____.

6. 设二维随机变量 $(X,Y) \sim N(0,0,1,1,0)$,则 $Z = \begin{cases} 1, & X>0, Y>0, \\ 0, & \text{其他} \end{cases}$ 的分布律为_____.

7. 设二维随机变量 (X,Y) 的密度函数为 $f(x,y) = \begin{cases} ke^{-\sqrt{x^2+y^2}}, & x>0, y>0, \\ 0, & \text{其他,} \end{cases}$ 其中 k 为常数. 令 $U = \sqrt{X^2+Y^2}$,$V = \arctan \dfrac{Y}{X}$,记 $F_{UV}(u,v)$ 为 (U,V) 的分布函数,则 $F_{UV}\left(1, \dfrac{\pi}{4}\right) = $_____.

8. 设随机变量 X 和 Y 相互独立,且 $X \sim P(1)$,$Y \sim E(1)$. 记 $F(x,y)$ 为 (X,Y) 的分布函数,则 $F(1,1)$ = _____.

二、选择题

1. 设 $(X,Y) \sim \begin{pmatrix} (0,0) & (0,1) & (1,0) & (1,1) \\ \dfrac{1}{4} & a & b & \dfrac{1}{6} \end{pmatrix}$,且

$F(0,1) = \dfrac{1}{2}$,则(　　).

(A) $a = \dfrac{1}{4}, b = \dfrac{1}{3}$　　　(B) $a = \dfrac{1}{3}, b = \dfrac{1}{4}$

(C) $a=\dfrac{1}{2},b=\dfrac{1}{12}$　　　(D) $a=\dfrac{1}{4},b=\dfrac{1}{4}$

2. 某射手每次击中目标的概率为 $p(0<p<1)$,射击独立进行到第二次击中目标为止,设 X_i 表示第 i 次击中目标时所射击的次数$(i=1,2)$,则 $P\{X_1=m,X_2=n\}=$ (　　).

(A) $p^2(1-p)^{n-2},m=1,2,3,\cdots;n=1,2,3,\cdots$

(B) $p^2(1-p)^{n-2},m=1,2,3,\cdots;n=m+1,m+2,\cdots$

(C) $p^2(1-p)^{m+n-2},m=1,2,3,\cdots;n=1,2,3,\cdots$

(D) $p^2(1-p)^{m+n-2},m=1,2,3,\cdots;n=m+1,m+2,\cdots$

3. 设随机变量 X 和 Y 相互独立,记 $p_1=P\{X^2+Y^2\leqslant 1\}$, $p_2=P\{X+Y\leqslant 2\}$,$p_3=P\{X\leqslant 1\}P\{Y\leqslant 1\}$,则(　　).

(A) $p_1\leqslant p_2\leqslant p_3$　　　(B) $p_1\leqslant p_3\leqslant p_2$

(C) $p_2\leqslant p_3\leqslant p_1$　　　(D) $p_3\leqslant p_1\leqslant p_2$

4. 设随机变量 X 和 Y 相互独立,$X\sim B(1,p)$,$Y\sim B(1,p)$,则下列结论中正确的个数是(　　).

① $1-X\sim B(1,1-p)$　　　② $X^2\sim B(1,p)$

③ $XY\sim B(1,p^2)$　　　④ $X+Y\sim B(2,p)$

(A) 1　　　(B) 2　　　(C) 3　　　(D) 4

5. 设 X_1 和 X_2 是任意两个相互独立的连续型随机变量,它们的密度函数分别为 $f_1(x)$ 和 $f_2(x)$,分布函数分别为 $F_1(x)$ 和 $F_2(x)$,则(　　).

(A) $f_1(x)+f_2(x)$ 必为某一随机变量的密度函数

(B) $f_1(x)f_2(x)$ 必为某一随机变量的密度函数

(C) $F_1(x)+F_2(x)$ 必为某一随机变量的分布函数

(D) $F_1(x)F_2(x)$ 必为某一随机变量的分布函数

6. 设随机变量 (X,Y) 的分布函数 $F(x,y)$,X 和 Y 的边缘分布分别为 $F_X(x),F_Y(y)$,则 $\max\{X,Y\}$ 的分布函数为(　　).

(A) $F_X(x)F_Y(x)$　　　(B) $F(x,x)$

(C) $F_X(x)F_Y(y)$　　　(D) $F(x,y)$

7. 设随机变量 X 和 Y 相互独立,其概率分布为 $X\sim$

$\begin{pmatrix}-1 & 1\\ \dfrac{1}{2} & \dfrac{1}{2}\end{pmatrix}$,$Y\sim\begin{pmatrix}-1 & 1\\ \dfrac{1}{2} & \dfrac{1}{2}\end{pmatrix}$,则下列结论正确的是 (　　).

(A) $X=Y$　　　(B) $P\{X=Y\}=0$

(C) $P\{X=Y\}=\dfrac{1}{2}$　　　(D) $P\{X=Y\}=1$

8. 设随机变量 $X\sim\begin{pmatrix}-1 & 1\\ 0.5 & 0.5\end{pmatrix}$,$Y\sim\begin{pmatrix}-1 & 1\\ 0.5 & 0.5\end{pmatrix}$,且随机事件 $\{X=1\}$ 和 $\{Y=1\}$ 相互独立,则不相互独立的随机变量为(　　).

(A) X 和 Y　　　(B) X 和 XY

(C) X 和 $\dfrac{Y}{X}$　　　(D) XY 和 $\dfrac{Y}{X}$

9. 设 $f(x,y)$ 为二维随机变量 (X,Y) 的密度函数,$U=2Y,V=-X$.则 (U,V) 的密度函数为(　　).

(A) $f\left(\dfrac{u}{2},-v\right)$　　　(B) $\dfrac{1}{2}f\left(\dfrac{u}{2},-v\right)$

(C) $f\left(-v,\dfrac{u}{2}\right)$　　　(D) $\dfrac{1}{2}f\left(-v,\dfrac{u}{2}\right)$

三、解答题

A 类

1. 设 X 等可能地取 $1,2,3,4$ 中的一个数,当 X 取定后,Y 等可能的取 $1,2,\cdots,X$ 中的一个数,求 (X,Y) 的分布律.

2. 设随机变量 X 和 Y 各只有 $-1,0,1$ 三个可能取值,且同分布,并满足 $P\{X=-1\}=P\{X=1\}=\dfrac{1}{4}$,$P\{XY\neq 0\}=0$,试求 X 和 Y 的联合分布律.

3. 设二维随机变量 (X,Y) 的密度函数为 $f(x,y)=\begin{cases}ce^{-(x+y)}, & x>0,y>0,\\ 0, & 其他.\end{cases}$ 求(1)常数 c;(2) $P\{X+Y<1\}$;(3) (X,Y) 的分布函数 $F(x,y)$.

4. 求解答题(A 类)第 1 题中 (X,Y) 的边缘分布律,以

及已知 $\{Y=1\}$ 发生的条件下 X 的条件分布律.

5. 设二维随机变量 (X,Y) 的分布律为 $P\{X=m,Y=n\}=$ $p^m(1-p)^n$, $m,n=1,2,3,\cdots$; $0<p<1$. 求 (X,Y) 关于 X 和关于 Y 的边缘分布律, 并问 X 和 Y 是否相互独立?

6. 设二维随机变量 (X,Y) 的密度函数为 $f(x,y)=$
$$\begin{cases} e^{-(x+y)}, & x>0,y>0, \\ 0, & \text{其他}. \end{cases}$$
求 (X,Y) 的边缘密度函数, 并问 X 和 Y 是否相互独立?

7. 设二维随机变量 (X,Y) 服从平面区域 $D=\{(x,y)\,|\,0\leqslant x\leqslant y\leqslant 1\}$ 上的均匀分布. (1) 求 (X,Y) 的边缘密度函数; (2) 问 X 和 Y 是否相互独立? (3) 当 $X=x\in(0,1)$ 时, 求 Y 的条件密度函数 $f_{Y|X}(y|x)$.

8. 设二维随机变量 (X,Y) 的分布律为

(X,Y)	$(0,0)$	$(0,1)$	$(1,0)$	$(1,1)$
P	$\dfrac{3}{8}$	$\dfrac{1}{4}$	$\dfrac{1}{8}$	$\dfrac{1}{4}$

分别求 $U=X+Y$, $V=\max\{X,Y\}$ 及 (U,V) 的分布律.

9. 某种商品一周的需求量是一个随机变量, 其密度函数为 $f(t)=\begin{cases} te^{-t}, & t>0, \\ 0, & t\leqslant 0. \end{cases}$ 设各周的需求量是相互独立的, 求两周需求量和 T 的密度函数 $f_T(t)$.

10. 设二维随机变量 (X,Y) 服从正方形区域 $D=\{(x,y)\,|\,0<x<1,0<y<1\}$ 内的均匀分布, 求 $T=\dfrac{Y}{X}$ 的密度函数 $f_T(t)$.

11. 设某种型号电子管的寿命 $X\sim N(160,400)$ (单位: h), 现随机地选取四只独立工作的电子管, 求没有一只电子管的寿命小于 180 h 的概率.

B 类

1. 设二维随机变量 (X,Y) 服从二维正态分布, 其密度函数为 $f(x,y)=ce^{-2x^2+2xy-y^2}$, $-\infty<x<+\infty$, $-\infty<y<+\infty$,

求常数 c.

2. 设二维随机变量 (X,Y) 服从平面区域 $D=\{(x,y)\,|\,x^2+y^2\leqslant 1\}$ 上的均匀分布, (1) 求 (X,Y) 的边缘密度函数, 并问 X 和 Y 是否相互独立? (2) 设
$$U=\begin{cases} 1, & X\geqslant 0, \\ 0, & X<0, \end{cases} \qquad V=\begin{cases} 1, & Y\geqslant 0, \\ 0, & Y<0, \end{cases}$$
问 U 和 V 是否相互独立?

3. 设二维随机变量 (X,Y) 服从平面区域 $D=\{(x,y)\,|\,x^2+y^2\leqslant 1\}$ 上的均匀分布, 当 $-1<y<1$ 时, 求条件密度函数 $f_{X|Y}(x|y)$, 以及 $P\left\{X>\dfrac{1}{2}\,\Big|\,Y=\dfrac{1}{2}\right\}$.

4. 设二维随机变量 (X,Y) 的密度函数为 $f(x,y)=\begin{cases} x+y, & 0\leqslant x\leqslant 1,0\leqslant y\leqslant 1, \\ 0, & \text{其他}. \end{cases}$ (ξ,η) 的密度函数为
$$g(x,y)=\begin{cases} \left(\dfrac{1}{2}+x\right)\left(\dfrac{1}{2}+y\right), & 0\leqslant x\leqslant 1,0\leqslant y\leqslant 1, \\ 0, & \text{其他}. \end{cases}$$
(1) 分别求 X,Y 和 ξ,η 的边缘密度函数; (2) 分别讨论 X 和 Y 的独立性及 ξ 和 η 的独立性.

5. 设随机变量 $X\sim\begin{pmatrix} -1 & 0 & 1 \\ \dfrac{1}{8} & \dfrac{1}{2} & \dfrac{3}{8} \end{pmatrix}$, $Y\sim\begin{pmatrix} -1 & 0 & 1 \\ \dfrac{3}{8} & \dfrac{1}{2} & \dfrac{1}{8} \end{pmatrix}$, 且 $P\{|X|\neq|Y|\}=1$. (1) 求 X 和 Y 的联合分布律, 并讨论 X 和 Y 的独立性; (2) 令 $U=X+Y$, $V=X-Y$, 讨论 U 和 V 的独立性.

6. 设二维随机变量 (X,Y) 的密度函数为 $f(x,y)=\begin{cases} \dfrac{e}{e-1}e^{-(x+y)}, & 0<x<1,y>0, \\ 0, & \text{其他}, \end{cases}$ 求 $U=\max\{X,Y\}$ 的密度函数 $f_U(u)$.

7. 设随机变量 $X\sim B(m,p)$, $Y\sim B(n,p)$, 且 X 和 Y 相互独立, 证明 $X+Y\sim B(m+n,p)$ (结论 3.7.2).

8. 设随机变量 $X_1, X_2, \cdots, X_n$ 相互独立,且 $X_i \sim E(\lambda_i), i=1,$ $2, \cdots, n$,证明 $N = \min\{X_1, X_2, \cdots, X_n\} \sim E\left(\sum\limits_{i=1}^{n} \lambda_i\right)$. (结论 3.8.4)

C 类

1. 设二维随机变量 (X, Y) 的密度函数为 $f(x, y) =$
$$\begin{cases} 2, & 0 < x \leq y \leq 1, \\ 0, & \text{其他,} \end{cases}$$
其分布函数为 $F(x, y)$. (1) 证明当 $0 < x \leq 1$ 且 $y > 1$ 时, $F(x, y) = F(x, 1)$;当 $0 < y \leq 1$ 且 $y < x$ 时, $F(x, y) = F(y, y)$; (2) 求 $F(x, y)$; (3) 分别求 (X, Y) 关于 X, Y 的边缘分布函数,并问 X 和 Y 是否独立?

2. 设随机变量 X 的密度函数为 $f_X(x) =$
$$\begin{cases} \dfrac{2}{\pi} \dfrac{1}{1+x^2}, & x \geq 0, \\ 0, & x < 0, \end{cases}$$
$Y = X^2$. (1) 计算概率 $P\{X < Y\}$; (2) 求 (X, Y) 的分布函数 $F(x, y)$.

3. 设随机变量 X 和 Y 相互独立,且 $X \sim E(2), Y \sim E(1),$
令 $U = \begin{cases} 1, & X \leq Y, \\ 0, & X > Y, \end{cases}$ $V = \begin{cases} 1, & 2X \leq Y, \\ 0, & 2X > Y. \end{cases}$ (1) 分别求

(X, Y) 和 (U, V) 的分布; (2) 求 $P\left\{X+Y \leq \dfrac{3}{2} \,\middle|\, X=1\right\}$ 和 $P\left\{U+V \leq \dfrac{3}{2} \,\middle|\, U=1\right\}$.

4. 设随机变量 X 和 Y 相互独立,且 $X \sim \begin{pmatrix} -1 & 1 \\ 0.5 & 0.5 \end{pmatrix}$, Y 服从 $[0, 1]$ 上的均匀分布,求 $Z = XY$ 的密度函数 $f_Z(z)$.

5. 设二维随机变量 (X, Y) 的分布函数为 $F(x, y) =$
$$\begin{cases} 0, & \min\{x, y\} < 0, \\ \min\{x, y\}, & 0 \leq \min\{x, y\} < 1, \\ 1, & \min\{x, y\} \geq 1. \end{cases}$$
(1) 分别求 X 和 Y 的密度函数 $f_X(x)$ 和 $f_Y(y)$; (2) 求 $Z = F(X, Y)$ 的密度函数 $f_Z(z)$.

6. 设二维随机变量 (X, Y) 在区域 $D = \left\{(x, y) \,\middle|\, 1 < x < 2, 0 < y < \dfrac{1}{x}\right\}$ 上服从均匀分布,记 $U = X, V = XY$,问 U 和 V 是否相互独立?

网上更多……　📝 自测题

第4章　随机变量的数字特征

前面已经介绍了一维和多维随机变量及其分布.为了更加全面地研究随机变量及其性质,往往将随机变量和与其有关的某些重要数值联系起来进行考察.这些重要数值在一定程度上反映了随机变量的某些重要特征,这就是本章将要介绍的随机变量的数字特征.特别是在某些情况下,随机变量的分布是未知的,利用这些数字特征能够带来随机变量的某些重要信息,为研究随机变量的分布提供重要依据.比如某顾客有意向购买某品牌的电视机,其实他并不知道该品牌电视机使用寿命 X 的分布,但如果他了解了该品牌电视机的平均使用寿命,以及使用寿命的稳定性情况,就能够对是否购买该品牌电视机作出理性决定.

本章介绍的随机变量数字特征主要有数学期望、方差、协方差和相关系数,其中数学期望最为基础,其他数字特征都可以通过数学期望来定义和计算的.

4.1　数学期望

4.1.1　数学期望的概念

随机变量的数学期望也称为随机变量的均值,它体现的是随机变量的一种平均取值.

概念解析 4-1
数学期望

1. 离散型随机变量的数学期望

例 4.1.1　为衡量甲、乙两位射击选手的射击水平,将他们近期的训练和比赛成绩进行统计和整理.设 X 表示甲选手每次射击时命中的环数,Y 表示乙选手每次射击时命中的环数,分别得 X 和 Y 的分布律如下:

$$X \sim \begin{pmatrix} 10 & 9 & 8 \\ 0.3 & 0.5 & 0.2 \end{pmatrix}, \quad Y \sim \begin{pmatrix} 10 & 9 & 8 \\ 0.6 & 0.1 & 0.3 \end{pmatrix},$$

问甲、乙两位射击选手每次射击时的平均环数各是多少?

解　为计算方便,分别让两位选手各射击 10 次,则按照上述分布律分别得出甲、乙两位选手的理论总环数为

甲选手:$10×3+9×5+8×2=91$(环),

乙选手:$10×6+9×1+8×3=93$(环).

因此,甲、乙两位选手每次射击时的平均环数分别为

甲选手:$\dfrac{10×3+9×5+8×2}{10}=10×0.3+9×0.5+8×0.2=9.1$(环),

乙选手:$\dfrac{10×6+9×1+8×3}{10}=10×0.6+9×0.1+8×0.3=9.3$(环).

由此可见,乙选手每次射击时的平均环数高于甲选手每次射击时的平均环数.

定义 4.1.1　设随机变量 X 的分布律为

$$P\{X=x_i\}=p_i,i=1,2,\cdots,\quad \text{或}\quad X\sim\begin{pmatrix} x_1 & x_2 & \cdots & x_i & \cdots \\ p_1 & p_2 & \cdots & p_i & \cdots \end{pmatrix},$$

如果无穷级数 $\displaystyle\sum_{i=1}^{\infty}x_ip_i$ 绝对收敛,就称之为 X 的数学期望或均值,记为 EX 或 $E(X)$,即

$$EX=\sum_{i=1}^{\infty}x_ip_i.$$

由定义 4.1.1 知,在例 4.1.1 中,$EX=9.1$,$EY=9.3$.

如果随机变量 X 的取值为有限个,则 X 的数学期望一定存在.

例 4.1.2　设随机变量 X 的分布律为 $P\left\{X=(-1)^i\dfrac{2^i}{i}\right\}=\dfrac{1}{2^i}$,$i=1,2,\cdots$,讨论 X 的数学期望存在情况.

解　由于无穷级数

$$\sum_{i=1}^{\infty}x_ip_i=\sum_{i=1}^{\infty}(-1)^i\frac{2^i}{i}×\frac{1}{2^i}=\sum_{i=1}^{\infty}(-1)^i\frac{1}{i}$$

条件收敛,故 X 的数学期望不存在.

例 4.1.3　设盒子中有两个红球和一个白球,现分别采用不放回抽取、有放回抽取的方式从中取球.记 X 为首次取得红球时的取球次数,试分别计算 EX.

解　X 为离散型随机变量,先分别在不放回抽取、有放回抽取的方式下,求出 X 的分布律,然后计算 EX.

微视频 4-1

离散型随机变量的数学期望

从定义 4.1.1 和例 4.1.1 中发现,所谓均值,并不是简单地将随机变量 X 的所有取值 x_i 求平均值,而是根据分布律所计算的加权平均,其中 x_i 对应的概率 p_i 就是相应的权重.

另外,定义 4.1.1 表明,如果无穷级数 $\displaystyle\sum_{i=1}^{\infty}x_ip_i$ 不绝对收敛,就称 X 的数学期望不存在.

（1）不放回抽取

由于 X 的取值为 1 和 2，且其分布律为 $P\{X=1\}=\dfrac{2}{3}$，$P\{X=2\}=\dfrac{1}{3}$，

即 $X\sim\begin{pmatrix} 1 & 2 \\ \dfrac{2}{3} & \dfrac{1}{3} \end{pmatrix}$，所以 $EX=1\times\dfrac{2}{3}+2\times\dfrac{1}{3}=\dfrac{4}{3}$.

（2）有放回抽取

此时，X 的取值为 $1,2,\cdots$，由几何分布知其分布律为 $P\{X=k\}=$

$\dfrac{2}{3}\times\left(\dfrac{1}{3}\right)^{k-1}$，$k=1,2,\cdots$，所以

$$EX=\sum_{k=1}^{\infty}k\times\dfrac{2}{3}\times\left(\dfrac{1}{3}\right)^{k-1}$$

$$=\dfrac{2}{3}\left[1+2\times\dfrac{1}{3}+3\times\left(\dfrac{1}{3}\right)^{2}+\cdots+k\times\left(\dfrac{1}{3}\right)^{k-1}+\cdots\right].$$

由于

$$\dfrac{1}{3}EX=\dfrac{2}{3}\left[\dfrac{1}{3}+2\times\left(\dfrac{1}{3}\right)^{2}+3\times\left(\dfrac{1}{3}\right)^{3}+\cdots+k\times\left(\dfrac{1}{3}\right)^{k}+\cdots\right],$$

将上面两式相减，得

$$\dfrac{2}{3}EX=\dfrac{2}{3}\left[1+\dfrac{1}{3}+\left(\dfrac{1}{3}\right)^{2}+\left(\dfrac{1}{3}\right)^{3}+\cdots+\left(\dfrac{1}{3}\right)^{k}+\cdots\right]=\dfrac{2}{3}\times\dfrac{1}{1-\dfrac{1}{3}}=1,$$

所以 $EX=\dfrac{3}{2}$.

2. 连续型随机变量的数学期望

与离散型随机变量的数学期望相仿，对于连续型随机变量，有

定义 4.1.2　设随机变量 X 的密度函数为 $f(x)$，如果反常积分 $\displaystyle\int_{-\infty}^{+\infty}xf(x)\mathrm{d}x$ 绝对收敛，就称之为 X 的**数学期望**或**均值**，记为 EX 或 $E(X)$，即 $EX=\displaystyle\int_{-\infty}^{+\infty}xf(x)\mathrm{d}x.$

从物理学角度来看，假设有两端无限延伸的直线状物体，其线密度函数为 $f(x)$，且该物体的质量为 $\displaystyle\int_{-\infty}^{+\infty}f(x)\mathrm{d}x=1$，则其质心为 $\dfrac{\displaystyle\int_{-\infty}^{+\infty}xf(x)\mathrm{d}x}{\displaystyle\int_{-\infty}^{+\infty}f(x)\mathrm{d}x}=$

$$\int_{-\infty}^{+\infty} xf(x)\,dx.$$

离散型的情形也有类似的解释,故有些时候,数学期望也称为中心.

如果 $\int_{-\infty}^{+\infty} xf(x)\,dx$ 为定积分,则 X 的数学期望一定存在.

同理, 如果反常积分 $\int_{-\infty}^{+\infty} xf(x)\,dx$ 不绝对收敛, 就称 X 的数学期望不存在.

例 4.1.4   设随机变量 X 的密度函数为 $f(x) = \begin{cases} 2x, & 0<x<1, \\ 0, & 其他, \end{cases}$ 求 EX 及

$P\{X<EX\}$.

解 $EX = \int_{-\infty}^{+\infty} xf(x)\,dx = \int_0^1 x \cdot 2x\,dx = 2\int_0^1 x^2\,dx = \dfrac{2}{3}$,

例 4.1.4 表明, 虽然 EX 为随机变量 X 的中心, 但并不意味着一定有 $P\{X<EX\} = \dfrac{1}{2}$.

$$P\{X < EX\} = P\left\{X < \frac{2}{3}\right\} = \int_0^{\frac{2}{3}} 2x\,dx = x^2 \Big|_0^{\frac{2}{3}} = \frac{4}{9}.$$

例 4.1.5   设随机变量 X 的密度函数为 $f(x) = \dfrac{1}{\pi(1+x^2)}$, $-\infty <x<+\infty$,

讨论 X 的数学期望存在情况.

解   由于反常积分 $\int_{-\infty}^{+\infty} xf(x)\,dx = \int_{-\infty}^{+\infty} x \cdot \dfrac{1}{\pi(1+x^2)}dx =$

$\dfrac{1}{\pi}\left(\int_{-\infty}^0 \dfrac{x}{1+x^2}dx + \int_0^{+\infty} \dfrac{x}{1+x^2}dx\right)$, 且 $\int_{-\infty}^0 \dfrac{x}{1+x^2}dx$ 和 $\int_0^{+\infty} \dfrac{x}{1+x^2}dx$ 均发

散,所以 $\int_{-\infty}^{+\infty} xf(x)\,dx$ 发散,故 X 的数学期望不存在.

例 4.1.6   设随机变量 X 的密度函数 $f(x)$ 满足 $f(c+x) = f(c-x)$, $x \in$ $(-\infty, +\infty)$,其中 c 为常数,且 EX 存在,证明 $EX = c$.

证   由条件知, $f(x) = f(2c-x)$, $-\infty <x<+\infty$,则

$$EX = \int_{-\infty}^{+\infty} xf(x)\,dx = \int_{-\infty}^{+\infty} xf(2c-x)\,dx \xrightarrow{t = 2c-x} \int_{-\infty}^{+\infty} (2c-t)f(t)\,dt$$

$$= 2c\int_{-\infty}^{+\infty} f(t)\,dt - \int_{-\infty}^{+\infty} tf(t)\,dt$$

$$= 2c\int_{-\infty}^{+\infty} f(x)\,dx - \int_{-\infty}^{+\infty} xf(x)\,dx = 2c - EX,$$

所以 $EX = c$.

4.1.2　随机变量函数的数学期望

在实际问题中,经常需要考察随机变量函数的数学期望.一般来说,计算随机变量函数的数学期望有多种方法.其中一种方法就是,先求出随机变量函数的分布,然后计算其数学期望.但有时求随机变量函数的分布比较复杂、计算量大,因此希望有一种直接计算随机变量函数的数学期望的方法.

1. 一维随机变量函数 $Y=g(X)$ 的数学期望

定理 4.1.1　（1）设随机变量 $X \sim \begin{pmatrix} x_1 & x_2 & \cdots & x_i & \cdots \\ p_1 & p_2 & \cdots & p_i & \cdots \end{pmatrix}$, $Y=g(X)$, 且无穷级数 $\sum\limits_{i=1}^{\infty} g(x_i)p_i$ 绝对收敛,则 $EY = E[g(X)] = \sum\limits_{i=1}^{\infty} g(x_i)p_i$.

（2）设随机变量 X 的密度函数为 $f(x)$, $Y=g(X)$, 且反常积分 $\int_{-\infty}^{+\infty} g(x)f(x)\mathrm{d}x$ 绝对收敛,则 $EY = E[g(X)] = \int_{-\infty}^{+\infty} g(x)f(x)\mathrm{d}x$.

证　（1）设 $y_i = g(x_i)$, $i=1,2,\cdots$, 则 $Y=g(X)$ 的分布律为 $Y=g(X) \sim \begin{pmatrix} y_1 & y_2 & \cdots & y_i & \cdots \\ p_1 & p_2 & \cdots & p_i & \cdots \end{pmatrix}$, 由于 $\sum\limits_{i=1}^{\infty} y_i p_i$ 绝对收敛,因此, $EY = \sum\limits_{i=1}^{\infty} y_i p_i = \sum\limits_{i=1}^{\infty} g(x_i)p_i$.

虽然在分布律 $Y=g(X) \sim \begin{pmatrix} y_1 & y_2 & \cdots & y_i & \cdots \\ p_1 & p_2 & \cdots & p_i & \cdots \end{pmatrix}$ 中,有时需要对相同的 y_i 进行合并整理,但不影响本定理的结论.

（2）可与（1）类似证明,证明从略.

推论 4.1.1　（1）设随机变量 $X \sim \begin{pmatrix} x_1 & x_2 & \cdots & x_i & \cdots \\ p_1 & p_2 & \cdots & p_i & \cdots \end{pmatrix}$, 且 $\sum\limits_{i=1}^{\infty} x_i^2 p_i$ 收敛,则 $E(X^2) = \sum\limits_{i=1}^{\infty} x_i^2 p_i$.

（2）设随机变量 X 的密度函数为 $f(x)$, 且 $\int_{-\infty}^{+\infty} x^2 f(x)\mathrm{d}x$ 收敛,则

$$E(X^2) = \int_{-\infty}^{+\infty} x^2 f(x) \, \mathrm{d}x.$$

例 4.1.7　设随机变量 $X \sim \begin{pmatrix} -1 & 0 & 1 & 2 \\ \dfrac{1}{4} & \dfrac{1}{4} & \dfrac{1}{3} & \dfrac{1}{6} \end{pmatrix}$，试分别计算 $E(X^2)$ 和

$E(\min\{X, 1\})$.

解法一　经计算有 $X^2 \sim \begin{pmatrix} 0 & 1 & 4 \\ \dfrac{1}{4} & \dfrac{7}{12} & \dfrac{1}{6} \end{pmatrix}$, $\min\{X, 1\} \sim \begin{pmatrix} -1 & 0 & 1 \\ \dfrac{1}{4} & \dfrac{1}{4} & \dfrac{1}{2} \end{pmatrix}$,

由定义 4.1.1 得

$$E(X^2) = 0 \times \frac{1}{4} + 1 \times \frac{7}{12} + 4 \times \frac{1}{6} = \frac{5}{4},$$

$$E(\min\{X, 1\}) = -1 \times \frac{1}{4} + 0 \times \frac{1}{4} + 1 \times \frac{1}{2} = \frac{1}{4}.$$

解法二　由定理 4.1.1 和推论 4.1.1 可得

$$E(X^2) = (-1)^2 \times \frac{1}{4} + 0^2 \times \frac{1}{4} + 1^2 \times \frac{1}{3} + 2^2 \times \frac{1}{6} = \frac{5}{4},$$

$$E(\min\{X, 1\}) = \min\{-1, 1\} \times \frac{1}{4} + \min\{0, 1\} \times \frac{1}{4} + \min\{1, 1\} \times \frac{1}{3} + \min\{2, 1\} \times \frac{1}{6}$$

$$= -1 \times \frac{1}{4} + 0 \times \frac{1}{4} + 1 \times \frac{1}{3} + 1 \times \frac{1}{6} = \frac{1}{4}.$$

例 4.1.8　设随机变量 X 的密度函数为 $f(x) = \begin{cases} 2x, & 0 < x < 1, \\ 0, & 其他, \end{cases}$ 试分别

计算 $E(X^2)$ 和 $E\left(\left| X - \dfrac{1}{2} \right| \right)$.

解　由定理 4.1.1 和推论 4.1.1 可得

$$E(X^2) = \int_{-\infty}^{+\infty} x^2 f(x) \, \mathrm{d}x = \int_0^1 x^2 \cdot 2x \, \mathrm{d}x = \frac{1}{2},$$

$$E\left(\left| X - \frac{1}{2} \right| \right) = \int_{-\infty}^{+\infty} \left| x - \frac{1}{2} \right| f(x) \, \mathrm{d}x = \int_0^1 \left| x - \frac{1}{2} \right| \cdot 2x \, \mathrm{d}x$$

$$= \int_0^{\frac{1}{2}} 2x \left(\frac{1}{2} - x \right) \mathrm{d}x + \int_{\frac{1}{2}}^1 2x \left(x - \frac{1}{2} \right) \mathrm{d}x = \frac{1}{24} + \frac{5}{24} = \frac{1}{4}.$$

例 4.1.9　设随机变量 X 的密度函数为 $f(x)$，分布函数为 $F(x)$，且 $f(x)$ 连续，计算 $E[F(X)]$.

解 $E[F(X)] = \int_{-\infty}^{+\infty} F(x)f(x)\,\mathrm{d}x = \int_{-\infty}^{+\infty} F(x)F'(x)\,\mathrm{d}x$

$$= \frac{1}{2}F^2(x)\Big|_{-\infty}^{+\infty} = \frac{1}{2}[F^2(+\infty) - F^2(-\infty)]$$

$$= \frac{1}{2}(1^2 - 0^2) = \frac{1}{2}.$$

2. 二维随机变量函数 $Z = g(X,Y)$ 的数学期望

定理 4.1.2 （1）设二维随机变量 (X,Y) 的分布律为 $P\{X=x_i, Y=y_j\} = p_{ij}, i=1,2,\cdots,j=1,2,\cdots, Z=g(X,Y)$，且 $\sum_{i=1}^{\infty}\sum_{j=1}^{\infty} g(x_i,y_j)p_{ij}$ 绝对收敛，则

$$EZ = E[g(X,Y)] = \sum_{i=1}^{\infty}\sum_{j=1}^{\infty} g(x_i,y_j)p_{ij}.$$

（2）设二维随机变量 (X,Y) 的密度函数为 $f(x,y)$，$Z=g(X,Y)$，且 $\int_{-\infty}^{+\infty}\int_{-\infty}^{+\infty} g(x,y)f(x,y)\,\mathrm{d}x\mathrm{d}y$ 绝对收敛，则 $EZ = E[g(X,Y)] = \int_{-\infty}^{+\infty}\int_{-\infty}^{+\infty} g(x,y)f(x,y)\,\mathrm{d}x\mathrm{d}y.$

定理 4.1.2 的证明较烦琐，从略.

推论 4.1.2 （1）设二维随机变量 (X,Y) 的分布律为 $P\{X=x_i, Y=y_j\} = p_{ij}, i=1,2,\cdots,j=1,2,\cdots$，且 $\sum_{i=1}^{\infty}\sum_{j=1}^{\infty} x_i y_j p_{ij}$ 绝对收敛，则 $E(XY) = \sum_{i=1}^{\infty}\sum_{j=1}^{\infty} x_i y_j p_{ij}.$

（2）设二维随机变量 (X,Y) 的密度函数为 $f(x,y)$，且 $\int_{-\infty}^{+\infty}\int_{-\infty}^{+\infty} xyf(x,y)\,\mathrm{d}x\mathrm{d}y$ 绝对收敛，则 $E(XY) = \int_{-\infty}^{+\infty}\int_{-\infty}^{+\infty} xyf(x,y)\,\mathrm{d}x\mathrm{d}y.$

对于二维随机变量 (X,Y) 而言，一维随机变量 X 或 Y 的函数可作为二维随机变量函数的特殊情况，也可利用定理 4.1.2 计算一维随机变量 X 或 Y 的函数的数学期望.

推论 4.1.3 （1）设二维随机变量 (X,Y) 的分布律为 $P\{X=x_i, Y=y_j\} = p_{ij}, i=1,2,\cdots,j=1,2,\cdots$，且 $\sum_{i=1}^{\infty}\sum_{j=1}^{\infty} g(x_i)p_{ij}$（或 $\sum_{i=1}^{\infty}\sum_{j=1}^{\infty} g(y_j)p_{ij}$）绝对收敛，则 $E[g(X)] = \sum_{i=1}^{\infty}\sum_{j=1}^{\infty} g(x_i)p_{ij}$（或 $E[g(Y)] = \sum_{i=1}^{\infty}\sum_{j=1}^{\infty} g(y_j)p_{ij}$）.

（2）设二维随机变量 (X,Y) 的密度函数为 $f(x,y)$，且

$$\int_{-\infty}^{+\infty}\int_{-\infty}^{+\infty}g(x)f(x,y)\mathrm{d}x\mathrm{d}y \text{（或 }\int_{-\infty}^{+\infty}\int_{-\infty}^{+\infty}g(y)f(x,y)\mathrm{d}x\mathrm{d}y\text{）绝对收敛，则}$$

$$E[g(X)] = \int_{-\infty}^{+\infty}\int_{-\infty}^{+\infty}g(x)f(x,y)\mathrm{d}x\mathrm{d}y \text{（或 } E[g(Y)] = \int_{-\infty}^{+\infty}\int_{-\infty}^{+\infty}g(y)$$

$$f(x,y)\mathrm{d}x\mathrm{d}y\text{）}.$$

例 4.1.10   设二维随机变量 (X,Y) 的分布律为

(X,Y)	$(0,0)$	$(0,1)$	$(1,0)$	$(1,1)$
P	0.2	0.1	0.4	0.3

试分别计算 $EX, E(XY)$ 和 $E(\max\{X,Y\})$.

解法一   经计算有 $X \sim \begin{pmatrix} 0 & 1 \\ 0.3 & 0.7 \end{pmatrix}$，$XY \sim \begin{pmatrix} 0 & 1 \\ 0.7 & 0.3 \end{pmatrix}$，$\max\{X,Y\} \sim$

$\begin{pmatrix} 0 & 1 \\ 0.2 & 0.8 \end{pmatrix}$，由定义 4.1.1 得

$$EX = 0\times0.3+1\times0.7 = 0.7,$$

$$E(XY) = 0\times0.7+1\times0.3 = 0.3,$$

$$E(\max\{X,Y\}) = 0\times0.2+1\times0.8 = 0.8.$$

解法二   由定理 4.1.2，推论 4.1.2 和推论 4.1.3 可得

$$EX = 0\times0.2+0\times0.1+1\times0.4+1\times0.3 = 0.7,$$

$$E(XY) = 0\times0\times0.2+0\times1\times0.1+1\times0\times0.4+1\times1\times0.3 = 0.3,$$

$$E(\max\{X,Y\}) = \max\{0,0\}\times0.2+\max\{0,1\}\times0.1+\max\{1,0\}\times$$

$$0.4+\max\{1,1\}\times0.3 = 0.8.$$

例 4.1.11   设二维随机变量 (X,Y) 的密度函数为 $f(x,y) =$

$\begin{cases} \dfrac{1}{\pi}, & x^2+y^2<1, \\ 0, & \text{其他}. \end{cases}$ 试分别计算 $E(Y^2), E(XY)$ 和 $E([2(X^2+Y^2)])$，其中 $[x]$

表示不超过 x 的最大整数.

解   由定理 4.1.2，推论 4.1.2 和推论 4.1.3 可得

$$E(Y^2) = \int_{-\infty}^{+\infty}\int_{-\infty}^{+\infty}y^2f(x,y)\mathrm{d}x\mathrm{d}y = \iint_{x^2+y^2<1}y^2\cdot\frac{1}{\pi}\mathrm{d}x\mathrm{d}y$$

$$= \frac{1}{\pi}\int_0^{2\pi}\sin^2\theta\mathrm{d}\theta\int_0^1 r^2\cdot r\mathrm{d}r = \frac{1}{4}.$$

由二重积分的奇偶对称性知, $E(XY) = \iint\limits_{x^2+y^2<1} xy \cdot \frac{1}{\pi} \mathrm{d}x\mathrm{d}y = 0.$

$$E([2(X^2+Y^2)]) = \iint\limits_{x^2+y^2<1} [2(x^2+y^2)] \cdot \frac{1}{\pi}\mathrm{d}x\mathrm{d}y$$

$$= \iint\limits_{x^2+y^2<\frac{1}{2}} 0 \cdot \frac{1}{\pi}\mathrm{d}x\mathrm{d}y + \iint\limits_{\frac{1}{2} \leqslant x^2+y^2<1} 1 \cdot \frac{1}{\pi}\mathrm{d}x\mathrm{d}y$$

$$= 0 + \frac{1}{\pi} \times \left(\pi - \frac{1}{2}\pi\right) = \frac{1}{2}.$$

4.1.3　数学期望的性质

除了上述计算外,数学期望还具有下列若干性质.假定在下列性质中,所有出现的数学期望均存在,且 $c,k,a,a_1,a_2,\cdots,a_n$ 均为常数.

为了证明方便,均以离散型随机变量的情形证明.

性质 4.1.1　$Ec = c.$

证　常数 c 作为随机变量 X 时,可视为单点分布,即 $X \sim \begin{pmatrix} c \\ 1 \end{pmatrix}$,从而有

$Ec = c.$

性质 4.1.2　$E(kX) = kEX.$

证　设随机变量 $X \sim \begin{pmatrix} x_1 & x_2 & \cdots & x_i & \cdots \\ p_1 & p_2 & \cdots & p_i & \cdots \end{pmatrix}$,且无穷级数 $\sum\limits_{i=1}^{\infty} x_i p_i$ 绝对收敛,故

$$E(kX) = \sum_{i=1}^{\infty} kx_i p_i = k\sum_{i=1}^{\infty} x_i p_i = kEX.$$

性质 4.1.3　$E(X \pm Y) = EX \pm EY.$

证　设二维随机变量 (X,Y) 的分布律为 $P\{X=x_i,Y=y_j\} = p_{ij}, i=1,2,\cdots,j=1,2,\cdots,$ 且 $\sum\limits_{i=1}^{\infty}\sum\limits_{j=1}^{\infty}(x_i \pm y_j)p_{ij}$ 绝对收敛,故

$$E(X \pm Y) = \sum_{i=1}^{\infty}\sum_{j=1}^{\infty}(x_i \pm y_j)p_{ij} = \sum_{i=1}^{\infty}\sum_{j=1}^{\infty}x_i p_{ij} \pm \sum_{i=1}^{\infty}\sum_{j=1}^{\infty}y_j p_{ij} = EX \pm EY.$$

推论 4.1.4　$E(kX+c) = kEX+c.$

推论 4.1.5　$E(a_1X_1+a_2X_2+\cdots+a_nX_n) = a_1EX_1+a_2EX_2+\cdots+a_nEX_n.$

性质 4.1.4　如果随机变量 X 和 Y 相互独立,则 $E(XY) = EXEY.$

证　设二维随机变量 (X,Y) 的分布律为 $P\{X=x_i,Y=y_j\}=p_{ij}, i=1,$ $2,\cdots,j=1,2,\cdots.$ 由于 X 和 Y 相互独立,故 $p_{ij}=p_i.\,p._j, i=1,2,\cdots,j=1,2,\cdots.$ 又 $\sum\limits_{i=1}^{\infty}\sum\limits_{j=1}^{\infty}x_iy_jp_{ij}$ 绝对收敛,因此

$$E(XY)=\sum_{i=1}^{\infty}\sum_{j=1}^{\infty}x_iy_jp_{ij}=\sum_{i=1}^{\infty}\sum_{j=1}^{\infty}x_iy_jp_i.\,p._j=\sum_{i=1}^{\infty}x_ip_i.\sum_{j=1}^{\infty}y_jp._j=EXEY.$$

推论 4.1.6　如果随机变量 $X_1,X_2,\cdots,X_n$ 相互独立,则 $E(X_1X_2\cdots X_n)=$ $EX_1EX_2\cdots EX_n.$

性质 4.1.5　如果随机变量 $X\geqslant a($ 或 $X\leqslant a)$,则 $EX\geqslant a($ 或 $EX\leqslant a).$

证　只证 $X\geqslant a$ 的情况.

设随机变量 $X\sim\begin{pmatrix}x_1 & x_2 & \cdots & x_i & \cdots\\ p_1 & p_2 & \cdots & p_i & \cdots\end{pmatrix}, x_i\geqslant a, i=1,2,\cdots,$ 且无穷级数 $\sum\limits_{i=1}^{\infty}x_ip_i$ 绝对收敛,故

$$EX=\sum_{i=1}^{\infty}x_ip_i\geqslant\sum_{i=1}^{\infty}ap_i=a\sum_{i=1}^{\infty}p_i=a.$$

性质 4.1.6　$[E(XY)]^2\leqslant E(X^2)E(Y^2).$

证　令 $g(t)=E[(tX+Y)^2]=t^2E(X^2)+2tE(XY)+E(Y^2)$,则 $g(t)\geqslant 0,$ $t\in\mathbf{R}.$

当 $E(X^2)>0$ 时,$g(t)$ 为 t 的二次多项式,故其判别式

$$\Delta=4[E(XY)]^2-4E(X^2)E(Y^2)\leqslant 0,$$

即有 $[E(XY)]^2\leqslant E(X^2)E(Y^2).$

当 $E(X^2)=0$ 时,由于 $\forall t\in\mathbf{R},g(t)=E[(tX+Y)^2]=2tE(XY)+$ $E(Y^2)\geqslant 0,$必有 $E(XY)=0$,此时 $[E(XY)]^2\leqslant E(X^2)E(Y^2)$ 仍成立.

综上,即证得 $[E(XY)]^2\leqslant E(X^2)E(Y^2)$ 成立.

性质 4.1.6 称为柯西-施瓦茨不等式.

例 4.1.12　设随机变量 $X\sim\begin{pmatrix}0 & 10\\ \dfrac{3}{5} & \dfrac{2}{5}\end{pmatrix}$,$Y$ 的密度函数为 $f(y)=$ $\dfrac{1}{2}\mathrm{e}^{-|y|},-\infty<y<+\infty$,且 X 和 Y 相互独立,求 $E(XY^2-2X^2Y+1).$

解　由于 X 和 Y 相互独立,根据定理 3.6.4 知,X 和 Y^2 相互独立,X^2 和 Y 也相互独立,故 $E(XY^2)=EXE(Y^2),E(X^2Y)=E(X^2)EY.$又

$$EX = 0 \times \frac{3}{5} + 10 \times \frac{2}{5} = 4, \quad E(X^2) = 0^2 \times \frac{3}{5} + 10^2 \times \frac{2}{5} = 40;$$

$$EY = \int_{-\infty}^{+\infty} y \cdot \frac{1}{2} \mathrm{e}^{-|y|} \mathrm{d}y = 0, \quad E(Y^2) = \int_{-\infty}^{+\infty} y^2 \cdot \frac{1}{2} \mathrm{e}^{-|y|} \mathrm{d}y = \int_0^{+\infty} y^2 \mathrm{e}^{-y} \mathrm{d}y = 2,$$

所以

$$E(XY^2 - 2X^2Y + 1) = EXE(Y^2) - 2E(X^2)EY + 1 = 4 \times 2 - 2 \times 40 \times 0 + 1 = 9.$$

例 4.1.13　将编号为 $1 \sim n\,(n>1)$ 的 n 个球随机地放入编号为 $1 \sim n$ 的 n 个盒子中,一个盒子放一个球.如果一个球放入与其同号的盒子,就称为一个配对.求平均总配对数.

解　记 X 为总配对数,X_i 为第 i 个盒子的配对数,即

$$X_i = \begin{cases} 1, & 第\ i\ 个球放入第\ i\ 个盒子, \\ 0, & 第\ i\ 个球没有放入第\ i\ 个盒子, \end{cases} \quad i = 1, 2, \cdots, n,$$

则 $X = X_1 + X_2 + \cdots + X_n$.

由于 $P\{X_i = 1\} = \dfrac{(n-1)!}{n!} = \dfrac{1}{n}, P\{X_i = 0\} = 1 - \dfrac{1}{n}$,即 $X_i \sim \begin{pmatrix} 0 & 1 \\ 1 - \dfrac{1}{n} & \dfrac{1}{n} \end{pmatrix}$,

故 $EX_i = 0 \times \left(1 - \dfrac{1}{n}\right) + 1 \times \dfrac{1}{n} = \dfrac{1}{n}, i = 1, 2, \cdots, n$,所以平均总配对数为

$$EX = EX_1 + EX_2 + \cdots + EX_n = \frac{1}{n} \times n = 1.$$

4.2　方差

4.2.1　方差的概念

方差是随机变量的又一重要数字特征.方差刻画了随机变量在其均值(也称中心位置)附近的分散程度,也就是随机变量的取值与其均值的偏离程度.

设随机变量 X 的数学期望 EX 存在.由于其偏离量 $X - EX$ 仍为随机变量,且平均偏离量为 $E(X - EX) = EX - E(EX) = EX - EX = 0$,即正负偏离完全抵消.因此,为了避免正负抵消的情况,有时采取偏离量绝对值 $|X - EX|$ 的

平均取值,即 $E(|X-EX|)$ 来刻画偏离程度,称为 X 的平均绝对差.但由于绝对值函数的运算不方便,所以经常用偏离量平方 $(X-EX)^2$ 的平均取值,即 $E[(X-EX)^2]$ 刻画其偏离程度,这就是方差.一般来说,方差越小,其波动就越小,稳定性就越好.

微视频 4-2
方差

定义 4.2.1　设 X 为随机变量,如果 $E[(X-EX)^2]$ 存在,就称之为 X 的方差,记为 DX 或 $D(X)$,即 $DX=E[(X-EX)^2]$.并称 $\sqrt{DX}$ 为 X 的标准差.

由于 $(X-EX)^2$ 为随机变量 X 的函数,故可以采用定理 4.1.1 中的计算公式直接计算 DX.

如果离散型随机变量 X 的分布律为 $X \sim \begin{pmatrix} x_1 & x_2 & \cdots & x_i & \cdots \\ p_1 & p_2 & \cdots & p_i & \cdots \end{pmatrix}$,则

$$DX = \sum_{i=1}^{\infty} (x_i - EX)^2 p_i.$$

如果连续型随机变量 X 的密度函数为 $f(x)$,则

$$DX = \int_{-\infty}^{+\infty} (x - EX)^2 f(x)\,\mathrm{d}x.$$

此外,利用数学期望的性质,还可以得到方差的简化计算公式.

$$DX = E[(X-EX)^2] = E[X^2 - 2XEX + (EX)^2]$$
$$= E(X^2) - 2E(XEX) + E[(EX)^2]$$
$$= E(X^2) - 2(EX)^2 + (EX)^2 = E(X^2) - (EX)^2,$$

即

$$DX = E(X^2) - (EX)^2.$$

由 $DX = E(X^2) - (EX)^2$ 可得 $E(X^2) = DX + (EX)^2$.

由推论 4.1.1,进而可得:

如果离散型随机变量 X 的分布律为 $X \sim \begin{pmatrix} x_1 & x_2 & \cdots & x_i & \cdots \\ p_1 & p_2 & \cdots & p_i & \cdots \end{pmatrix}$,则

$$DX = \sum_{i=1}^{\infty} x_i^2 p_i - \left(\sum_{i=1}^{\infty} x_i p_i \right)^2.$$

如果连续型随机变量 X 的密度函数为 $f(x)$,则

$$DX = \int_{-\infty}^{+\infty} x^2 f(x)\,\mathrm{d}x - \left(\int_{-\infty}^{+\infty} x f(x)\,\mathrm{d}x \right)^2.$$

例 4.2.1　在例 4.1.1 中,已知甲、乙两位射击选手每次射击时命中环数 X 和 Y 的分布律分别为

$$X \sim \begin{pmatrix} 10 & 9 & 8 \\ 0.3 & 0.5 & 0.2 \end{pmatrix}, \quad Y \sim \begin{pmatrix} 10 & 9 & 8 \\ 0.6 & 0.1 & 0.3 \end{pmatrix},$$

分别计算 DX 和 DY.

解 由于已经计算出 $EX = 9.1, EY = 9.3$, 且

$$E(X^2) = 10^2 \times 0.3 + 9^2 \times 0.5 + 8^2 \times 0.2 = 83.3,$$

$$E(Y^2) = 10^2 \times 0.6 + 9^2 \times 0.1 + 8^2 \times 0.3 = 87.3,$$

所以

$$DX = 83.3 - 9.1^2 = 0.49,$$

$$DY = 87.3 - 9.3^2 = 0.81.$$

由此可见,虽然乙选手的平均环数高于甲选手,但甲选手的稳定性好于乙选手,因此两位选手各有所长.

例 4.2.2 设随机变量 X 的密度函数为 $f(x) = \begin{cases} 2x, & 0 < x < 1, \\ 0, & 其他, \end{cases}$ 求 DX.

解 在例 4.1.4 中,已计算得 $EX = \dfrac{2}{3}$, 又

$$E(X^2) = \int_{-\infty}^{+\infty} x^2 f(x)\, \mathrm{d}x = \int_0^1 x^2 \cdot 2x\, \mathrm{d}x = 2 \int_0^1 x^3\, \mathrm{d}x = \frac{1}{2},$$

所以 $DX = \dfrac{1}{2} - \left(\dfrac{2}{3}\right)^2 = \dfrac{1}{18}$.

例 4.2.3 设二维随机变量 (X, Y) 在三角形区域 $G = \{(x, y) \mid 0 \leq x \leq 1,$ $0 \leq y \leq x\}$ 上服从均匀分布(如图 4.2.1),求 $D(XY)$.

解 由题意知,(X, Y) 的密度函数为 $f(x, y) = \begin{cases} 2, & (x, y) \in G, \\ 0, & 其他. \end{cases}$

$$E(XY) = \iint\limits_{G} xy \cdot 2\mathrm{d}x\mathrm{d}y = 2 \int_0^1 \mathrm{d}x \int_0^x xy\mathrm{d}y = \frac{1}{4},$$

$$E[(XY)^2] = \iint\limits_{G} (xy)^2 \cdot 2\mathrm{d}x\mathrm{d}y = 2 \int_0^1 \mathrm{d}x \int_0^x x^2 y^2 \mathrm{d}y = \frac{1}{9},$$

所以 $D(XY) = \dfrac{1}{9} - \left(\dfrac{1}{4}\right)^2 = \dfrac{7}{144}$.

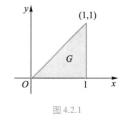

图 4.2.1

典型例题分析 4-1
随机变量的数学期望和方差

例 4.2.4 设随机变量 X 的方差 DX 存在.证明:当 $t = EX$ 时,函数 $g(t) = E[(X-t)^2]$ 取得最小值,且最小值为 DX.

证 $g(t) = E[(X-t)^2] = E(X^2 - 2tX + t^2) = E(X^2) - 2tEX + t^2$

以上介绍了离散型随机变量和连续型随机变量数学期望和方差的计算方法.但对于非离散型也非连续型随机变量,其数学期望和方差又如何计算呢? 感兴趣的读者可参阅 💻 课外阅读第三篇.

$$= [t^2 - 2tEX + (EX)^2] + [E(X^2) - (EX)^2] = (t - EX)^2 + DX,$$

所以当 $t = EX$ 时,$g(t)$ 取得最小值 DX.

4.2.2 方差的性质

与数学期望相仿,方差也有下列若干性质.假定在下列性质中,所有出现的方差均存在,且 $c,k,a_1,a_2,\cdots,a_n$ 均为常数.

同样,只给出离散型随机变量情形时的证明.

性质 4.2.1 $Dc = 0$.

证   取随机变量 $X = c$,可得 $EX = Ec = c$,$E(X^2) = E(c^2) = c^2$,故 $Dc = E(c^2) - (Ec)^2 = 0$.

性质 4.2.2 $DX \geqslant 0$,且 $DX = 0$ 的充要条件为 $P\{X = EX\} = 1$.

证   由于 $(X - EX)^2 \geqslant 0$,再由数学期望的性质 4.1.5,知 $DX \geqslant 0$.

$DX = 0$ 的充要条件为 $P\{X = EX\} = 1$ 的证明从略.

性质 4.2.3 $D(kX) = k^2 DX$.

证 $D(kX) = E[(kX)^2] - [E(kX)]^2 = k^2[E(X^2) - (EX)^2] = k^2 DX$.

推论 4.2.1 $D(kX + c) = k^2 DX$.

性质 4.2.4   当 X 和 Y 相互独立时,$D(X \pm Y) = DX + DY$.

证 $D(X \pm Y) = E\{[(X \pm Y) - E(X \pm Y)]^2\} = E\{[(X - EX) \pm (Y - EY)]^2\}$

$$= E[(X - EX)^2 + (Y - EY)^2 \pm 2(X - EX)(Y - EY)]$$

$$= E[(X - EX)^2] + E[(Y - EY)^2] \pm 2E[(X - EX)(Y - EY)],$$

由于 X 和 Y 相互独立,所以 $X - EX$ 和 $Y - EY$ 相互独立,故

$$E[(X - EX)(Y - EY)] = E[(X - EX)]E[(Y - EY)] = 0,$$

因此

$$D(X \pm Y) = DX + DY \pm 2 \times 0 = DX + DY.$$

推论 4.2.2   设随机变量 $X_1, X_2, \cdots, X_n$ 相互独立,则

$$D(a_1 X_1 + a_2 X_2 + \cdots + a_n X_n) = a_1^2 DX_1 + a_2^2 DX_2 + \cdots + a_n^2 DX_n.$$

例 4.2.5   如果随机变量 X 的数学期望 EX 和方差 DX 均存在,且 $DX > 0$,就称 $X^* = \dfrac{X - EX}{\sqrt{DX}}$ 为 X 的标准化随机变量,求 EX^* 和 DX^*.

解　$EX^* = E\left(\dfrac{X-EX}{\sqrt{DX}}\right) = \dfrac{E(X-EX)}{\sqrt{DX}} = \dfrac{EX-EX}{\sqrt{DX}} = 0$,

$$DX^* = D\left(\dfrac{X-EX}{\sqrt{DX}}\right) = \dfrac{D(X-EX)}{DX} = \dfrac{DX}{DX} = 1.$$

例 4.2.6　设随机变量 X 和 Y 相互独立,且 $EX=0, EY=1, DX=2, DY=4$,求 $E\left[(X-Y)^2\right]$.

解　由于 X 和 Y 相互独立,故 $D(X-Y) = DX+DY$,所以

$$E\left[(X-Y)^2\right] = D(X-Y) + \left[E(X-Y)\right]^2 = DX+DY+(EX-EY)^2$$
$$= (2+4)+(0-1)^2 = 7.$$

例 4.2.7　设随机变量 $X_1, X_2, \cdots, X_n$ 相互独立,且 $EX_i = \mu, DX_i = \sigma^2, i = 1,2,\cdots,n$,记 $\overline{X} = \dfrac{1}{n}(X_1 + X_2 + \cdots + X_n) = \dfrac{1}{n}\sum\limits_{i=1}^{n} X_i$,求 $E\overline{X}$ 和 $D\overline{X}$.

解　$E\overline{X} = E\left(\dfrac{1}{n}\sum\limits_{i=1}^{n} X_i\right) = \dfrac{1}{n}\sum\limits_{i=1}^{n} EX_i = \mu$,

$$D\overline{X} = D\left(\dfrac{1}{n}\sum\limits_{i=1}^{n} X_i\right) = \dfrac{1}{n^2}\sum\limits_{i=1}^{n} DX_i = \dfrac{\sigma^2}{n}.$$

例 4.2.8　设函数 $f(x)$ 在 $[0,1]$ 上非负连续,且 $\int_0^1 f(x)\,\mathrm{d}x = 1$,利用概率论中的方法证明 $\left(\int_0^1 xf(x)\,\mathrm{d}x\right)^2 \leqslant \int_0^1 x^2 f(x)\,\mathrm{d}x$.

证　补充定义,当 $x \notin [0,1]$ 时,$f(x) = 0$,则 $f(x)$ 在 $(-\infty, +\infty)$ 内非负可积,且

$$\int_{-\infty}^{+\infty} f(x)\,\mathrm{d}x = \int_0^1 f(x)\,\mathrm{d}x = 1,$$

因此 $f(x)$ 可视为某连续型随机变量 X 的密度函数,进而有

$$EX = \int_{-\infty}^{+\infty} xf(x)\,\mathrm{d}x = \int_0^1 xf(x)\,\mathrm{d}x, \quad E(X^2) = \int_{-\infty}^{+\infty} x^2 f(x)\,\mathrm{d}x = \int_0^1 x^2 f(x)\,\mathrm{d}x.$$

由于

$$DX = E(X^2) - (EX)^2 = \int_0^1 x^2 f(x)\,\mathrm{d}x - \left(\int_0^1 xf(x)\,\mathrm{d}x\right)^2 \geqslant 0,$$

所以 $\left(\int_0^1 xf(x)\,\mathrm{d}x\right)^2 \leqslant \int_0^1 x^2 f(x)\,\mathrm{d}x$.

4.3　常见分布的数学期望和方差

4.3.1　常见离散型随机变量分布的数学期望和方差

1. 0-1 两点分布

设随机变量 $X \sim B(1,p)$，其分布律为 $P\{X=k\} = p^k (1-p)^{1-k}, k=0,1$，所以

$$EX = 0 \times (1-p) + 1 \times p = p, E(X^2) = 0^2 \times (1-p) + 1^2 \times p = p,$$

进而得 $DX = p - p^2 = p(1-p)$。

2. 二项分布

设随机变量 $X \sim B(n,p)$，其分布律为 $P\{X=k\} = C_n^k p^k (1-p)^{n-k}, k=0,$ $1, \cdots, n$。由推论 3.8.1 及其说明知，$X = \sum\limits_{i=1}^{n} X_i$，其中 $X_1, X_2, \cdots, X_n$ 相互独立，且 $X_i \sim B(1,p), i=1,2,\cdots,n$，所以

$$EX = E\left(\sum_{i=1}^{n} X_i\right) = \sum_{i=1}^{n} EX_i = np,$$

$$DX = D\left(\sum_{i=1}^{n} X_i\right) = \sum_{i=1}^{n} DX_i = np(1-p).$$

3. 泊松分布

设随机变量 $X \sim P(\lambda)$，其分布律为 $P\{X=k\} = \dfrac{\lambda^k}{k!} e^{-\lambda}, k=0,1,2,\cdots, \lambda > 0$，所以

$$EX = \sum_{k=0}^{\infty} k \cdot \frac{\lambda^k}{k!} e^{-\lambda} = \lambda \sum_{k=1}^{\infty} \frac{\lambda^{k-1}}{(k-1)!} e^{-\lambda} = \lambda e^{\lambda} \cdot e^{-\lambda} = \lambda,$$

$$E(X^2) = \sum_{k=0}^{\infty} k^2 \cdot \frac{\lambda^k}{k!} e^{-\lambda} = \sum_{k=1}^{\infty} [(k-1)+1] \frac{\lambda^k}{(k-1)!} e^{-\lambda}$$

$$= \lambda^2 \sum_{k=2}^{\infty} \frac{\lambda^{k-2}}{(k-2)!} e^{-\lambda} + \lambda \sum_{k=1}^{\infty} \frac{\lambda^{k-1}}{(k-1)!} e^{-\lambda}$$

$$= \lambda^2 e^{\lambda} \cdot e^{-\lambda} + \lambda e^{\lambda} \cdot e^{-\lambda} = \lambda^2 + \lambda,$$

故有 $DX = (\lambda^2 + \lambda) - \lambda^2 = \lambda.$

4. 几何分布

设随机变量 $X \sim G(p)$，其分布律为 $P\{X=k\} = (1-p)^{k-1}p, k = 1, 2, \cdots,$
其中 $0 < p < 1.$ 记 $x = 1-p$，并视 x 为变量，利用幂级数逐项求导的性质，有

$$EX = \sum_{k=1}^{\infty} kpx^{k-1} = p \sum_{k=1}^{\infty} (x^k)' = p \left(\sum_{k=1}^{\infty} x^k \right)' = p \left(\frac{x}{1-x} \right)'$$

$$= p \frac{1}{(1-x)^2} = p \cdot \frac{1}{p^2} = \frac{1}{p},$$

$$E(X^2) = \sum_{k=1}^{\infty} k^2 px^{k-1} = p \left[x \left(\sum_{k=1}^{\infty} x^k \right)' \right]' = p \left[\frac{x}{(1-x)^2} \right]'$$

$$= p \cdot \frac{1+x}{(1-x)^3} = p \cdot \frac{2-p}{p^3} = \frac{2-p}{p^2},$$

故有 $DX = \dfrac{2-p}{p^2} - \dfrac{1}{p^2} = \dfrac{1-p}{p^2}.$

5. 超几何分布

设随机变量 $X \sim H(M, N, n)$，其分布律为 $P\{X=k\} = \dfrac{C_{N-M}^{n-k} C_M^k}{C_N^n}$，其中 $N >$

$1, M \leqslant N, n \leqslant N, \max\{0, M+n-N\} \leqslant k \leqslant \min\{M, n\}.$ 可以计算得 $EX = \dfrac{nM}{N},$

$DX = \dfrac{nM(N-n)(N-M)}{N^2(N-1)}.$

计算过程较烦琐，从略.

4.3.2 常见连续型随机变量分布的数学期望和方差

1. 均匀分布

设随机变量 $X \sim U[a, b]$，其密度函数为 $f(x) = \begin{cases} \dfrac{1}{b-a}, & a \leqslant x \leqslant b, \\ 0, & \text{其他}, \end{cases}$ 所以

$$EX = \int_a^b x \cdot \frac{1}{b-a} \mathrm{d}x = \frac{1}{b-a} \cdot \frac{1}{2} (b^2 - a^2) = \frac{a+b}{2},$$

$$E(X^2) = \int_a^b x^2 \cdot \frac{1}{b-a} \mathrm{d}x = \frac{1}{b-a} \cdot \frac{1}{3}(b^3 - a^3) = \frac{a^2 + ab + b^2}{3},$$

故有 $DX = \dfrac{a^2 + ab + b^2}{3} - \left(\dfrac{a+b}{2}\right)^2 = \dfrac{1}{12}(b-a)^2.$

2. 指数分布

设随机变量 $X \sim E(\lambda)$，其密度函数为 $f(x) = \begin{cases} \lambda \mathrm{e}^{-\lambda x}, & x \geqslant 0, \\ 0, & x < 0, \end{cases}$ 其中 $\lambda > 0$，所以

$$EX = \int_0^{+\infty} x \cdot \lambda \mathrm{e}^{-\lambda x} \mathrm{d}x = -\int_0^{+\infty} x \mathrm{d}\mathrm{e}^{-\lambda x} = -x\mathrm{e}^{-\lambda x} \Big|_0^{+\infty} + \int_0^{+\infty} \mathrm{e}^{-\lambda x} \mathrm{d}x$$

$$= -\frac{1}{\lambda}\mathrm{e}^{-\lambda x} \Big|_0^{+\infty} = \frac{1}{\lambda},$$

$$E(X^2) = \int_0^{+\infty} x^2 \cdot \lambda \mathrm{e}^{-\lambda x} \mathrm{d}x = -\int_0^{+\infty} x^2 \mathrm{d}\mathrm{e}^{-\lambda x}$$

$$= -x^2 \mathrm{e}^{-\lambda x} \Big|_0^{+\infty} + \int_0^{+\infty} 2x\mathrm{e}^{-\lambda x} \mathrm{d}x = 2\int_0^{+\infty} x\mathrm{e}^{-\lambda x} \mathrm{d}x = \frac{2}{\lambda^2},$$

故有 $DX = \dfrac{2}{\lambda^2} - \left(\dfrac{1}{\lambda}\right)^2 = \dfrac{1}{\lambda^2}.$

3. 正态分布

设随机变量 $X \sim N(0,1)$，其密度函数为 $f(x) = \dfrac{1}{\sqrt{2\pi}} \mathrm{e}^{-\frac{x^2}{2}}$，$-\infty < x < +\infty$，所以

$$EX = \int_{-\infty}^{+\infty} x \cdot \frac{1}{\sqrt{2\pi}} \mathrm{e}^{-\frac{x^2}{2}} \mathrm{d}x = 0,$$

$$E(X^2) = \int_{-\infty}^{+\infty} x^2 \cdot \frac{1}{\sqrt{2\pi}} \mathrm{e}^{-\frac{x^2}{2}} \mathrm{d}x = \int_{-\infty}^{+\infty} x \cdot \frac{1}{\sqrt{2\pi}} \mathrm{e}^{-\frac{x^2}{2}} \mathrm{d}\frac{x^2}{2} = -\int_{-\infty}^{+\infty} x \mathrm{d}\left(\frac{1}{\sqrt{2\pi}} \mathrm{e}^{-\frac{x^2}{2}}\right)$$

$$= -x\frac{1}{\sqrt{2\pi}} \mathrm{e}^{-\frac{x^2}{2}} \Big|_{-\infty}^{+\infty} + \int_{-\infty}^{+\infty} \frac{1}{\sqrt{2\pi}} \mathrm{e}^{-\frac{x^2}{2}} \mathrm{d}x = 0 + 1 = 1,$$

故有 $DX = 1 - 0^2 = 1.$

设随机变量 $X \sim N(\mu, \sigma^2)$，令 $Y = \dfrac{X-\mu}{\sigma}$，则 $Y \sim N(0,1)$. 由 $X = \sigma Y + \mu$，及 $EY = 0, DY = 1$，所以 $EX = \sigma EY + \mu = \mu, DX = \sigma^2 DY = \sigma^2.$

下面列出常见分布的数学期望和方差(见表4.3.1).

表 4.3.1 常见分布的数学期望和方差

序号	分布	分布律或密度函数	EX	DX
1	0-1 两点分布 $X \sim B(1,p)$	$P\{X=k\} = p^k (1-p)^{1-k},$ $k=0,1$	p	$p(1-p)$
2	二项分布 $X \sim B(n,p)$	$P\{X=k\} = C_n^k p^k (1-p)^{n-k},$ $k=0,1,\cdots,n$	np	$np(1-p)$
3	泊松分布 $X \sim P(\lambda)$	$P\{X=k\} = \dfrac{\lambda^k}{k!} e^{-\lambda},$ $k=0,1,2,\cdots$	λ	λ
4	几何分布 $X \sim G(p)$	$P\{X=k\} = (1-p)^{k-1}p,$ $k=1,2,\cdots$	$\dfrac{1}{p}$	$\dfrac{1-p}{p^2}$
5	超几何分布 $X \sim H(M,N,n)$	$P\{X=k\} = \dfrac{C_{N-M}^{n-k} C_M^k}{C_N^n}$ $N>1, M \leqslant N, n \leqslant N,$ $\max\{0, M+n-N\} \leqslant k \leqslant \min\{M,n\}$	$\dfrac{nM}{N}$	$\dfrac{nM(N-n)(N-M)}{N^2(N-1)}$
6	均匀分布 $X \sim U[a,b]$	$f(x) = \begin{cases} \dfrac{1}{b-a}, & a \leqslant x \leqslant b \\ 0, & \text{其他} \end{cases}$	$\dfrac{a+b}{2}$	$\dfrac{(b-a)^2}{12}$
7	指数分布 $X \sim E(\lambda)$	$f(x) = \begin{cases} \lambda e^{-\lambda x}, & x \geqslant 0 \\ 0, & x<0 \end{cases}$	$\dfrac{1}{\lambda}$	$\dfrac{1}{\lambda^2}$
8	正态分布 $X \sim N(\mu, \sigma^2)$	$f(x) = \dfrac{1}{\sqrt{2\pi}\sigma} e^{-\frac{(x-\mu)^2}{2\sigma^2}},$ $-\infty < x < +\infty$	μ	σ^2

例 4.3.1 设随机变量 $X \sim U[0,6], Y \sim E(0.5)$,计算 $\begin{vmatrix} EX & DX \\ EY & DY \end{vmatrix}$.

解 $EX = \dfrac{0+6}{2} = 3, DX = \dfrac{(6-0)^2}{12} = 3, EY = \dfrac{1}{0.5} = 2, DY = \dfrac{1}{0.5^2} = 4$,所以

$$\begin{vmatrix} EX & DX \\ EY & DY \end{vmatrix} = \begin{vmatrix} 3 & 3 \\ 2 & 4 \end{vmatrix} = 6.$$

例 4.3.2 设随机变量 $X \sim P(1)$,求 $P\{X = E(X^2)\}$.

解 因为 $X \sim P(1)$,所以 $EX=1, DX=1, E(X^2) = DX + (EX)^2 = 2$,故

$$P\{X = E(X^2)\} = P\{X=2\} = \dfrac{1^2}{2!} e^{-1} = \dfrac{1}{2e}.$$

例 4.3.3   设甲袋中有 70 个橙色乒乓球和 30 个白色乒乓球,乙袋中有 45 个橙色乒乓球和 5 个白色乒乓球.现从两袋中各取一个乒乓球,记 X 为取出的两个乒乓球中白球的个数,求 EX, DX.

解   设 X_1 表示从甲袋中所取一个乒乓球中白球的个数,X_2 表示从乙袋中所取一个乒乓球中白球的个数,则 $X = X_1 + X_2$.又由题意知 X_1 和 X_2 相互独立,且 $X_1 \sim B(1, 0.3)$,$X_2 \sim B(1, 0.1)$,则有

$$EX = EX_1 + EX_2 = 0.3 + 0.1 = 0.4,$$

$$DX = DX_1 + DX_2 = 0.3 \times 0.7 + 0.1 \times 0.9 = 0.3.$$

例 4.3.4   设随机变量 X 和 Y 相互独立,$X \sim N(1, 2)$,$Y \sim N(0, 1)$.试求 $Z = 2X - Y + 3$ 的密度函数 $f_Z(z)$.

解   由于 Z 为相互独立的服从正态分布的随机变量 X 和 Y 的非零线性组合,由结论 3.7.3 和结论 2.4.1,Z 服从正态分布.且

$$EZ = 2EX - EY + 3 = 2 \times 1 - 0 + 3 = 5, \quad DZ = 2^2 DX + DY = 4 \times 2 + 1 = 9,$$

故 $Z \sim N(5, 9)$.因此 Z 的密度函数为

$$f_Z(z) = \frac{1}{\sqrt{2\pi} \times 3} e^{-\frac{(z-5)^2}{2 \times 9}} = \frac{1}{3\sqrt{2\pi}} e^{-\frac{(z-5)^2}{18}}, \quad -\infty < z < +\infty.$$

4.4 协方差和相关系数

对于二维随机变量 (X, Y),除研究 X 和 Y 的数字特征外,还要考察体现 X 和 Y 之间的相关程度的某些数字特征,本节主要介绍二维随机变量 (X, Y) 的协方差和相关系数.

4.4.1 协方差

1. 协方差的概念

定义 4.4.1   设 (X, Y) 为二维随机变量,如果 $E[(X-EX)(Y-EY)]$ 存在,就称之为 X 和 Y 的协方差.记为 $\mathrm{Cov}(X, Y)$,即 $\mathrm{Cov}(X, Y) = E[(X-EX)(Y-EY)]$.

利用数学期望的性质,有

$$\mathrm{Cov}(X,Y) = E(XY-YEX-XEY+EXEY)$$
$$= E(XY)-EXEY-EXEY+EXEY = E(XY)-EXEY,$$

所以得协方差的简化计算公式

$$\mathrm{Cov}(X,Y) = E(XY)-EXEY.$$

例 4.4.1　设二维随机变量 (X,Y) 的分布律为

(X,Y)	$(0,0)$	$(0,1)$	$(1,0)$	$(1,1)$
P	0.2	0.1	0.4	0.3

试求 $\mathrm{Cov}(X,Y)$.

解　经计算有 $EX=0.7, EY=0.4, E(XY)=0.3$（参见例 4.1.10），所以

$$\mathrm{Cov}(X,Y) = 0.3-0.7\times0.4 = 0.02.$$

例 4.4.2　设二维随机变量 (X,Y) 在区域 $G = \{(x,y)\,|\,0\leqslant x\leqslant 1, x^2\leqslant y\leqslant x\}$ 上服从均匀分布（如图 4.4.1），求 $\mathrm{Cov}(X,Y)$.

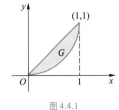

图 4.4.1

解　由题意知，(X,Y) 的密度函数为 $f(x,y) = \begin{cases} 6, & (x,y)\in G, \\ 0, & \text{其他}. \end{cases}$

$$EX = \iint\limits_{G} x\cdot 6\mathrm{d}x\mathrm{d}y = 6\int_0^1\mathrm{d}x\int_{x^2}^x x\mathrm{d}y = \frac{1}{2},$$

$$EY = \iint\limits_{G} y\cdot 6\mathrm{d}x\mathrm{d}y = 6\int_0^1\mathrm{d}x\int_{x^2}^x y\mathrm{d}y = \frac{2}{5},$$

$$E(XY) = \iint\limits_{G} xy\cdot 6\mathrm{d}x\mathrm{d}y = 6\int_0^1\mathrm{d}x\int_{x^2}^x xy\mathrm{d}y = \frac{1}{4},$$

所以 $\mathrm{Cov}(X,Y) = \dfrac{1}{4}-\dfrac{1}{2}\times\dfrac{2}{5} = \dfrac{1}{20}$.

2. 协方差的性质

在下列协方差的性质中，假定各方差、协方差均存在，且其中 $c, a, b, a_1, a_2, \cdots, a_m, b_1, b_2, \cdots, b_n$ 均为常数.

性质 4.4.1　$\mathrm{Cov}(X,X) = DX$.

证　$\mathrm{Cov}(X,X) = E[(X-EX)(X-EX)] = E[(X-EX)^2] = DX$.

性质 4.4.2　$\mathrm{Cov}(X,Y) = \mathrm{Cov}(Y,X)$.

证　$\mathrm{Cov}(X,Y) = E[(X-EX)(Y-EY)]$
$$= E[(Y-EY)(X-EX)] = \mathrm{Cov}(Y,X).$$

性质 4.4.3　$\mathrm{Cov}(X,c)=0$.

证　$\mathrm{Cov}(X,c)=E[(X-EX)(c-Ec)]=E0=0$.

性质 4.4.4　$\mathrm{Cov}(aX,bY)=ab\mathrm{Cov}(X,Y)$.

证　$\mathrm{Cov}(aX,bY)=E[(aX)(bY)]-E(aX)E(bY)$

$$=ab[E(XY)-EXEY]=ab\mathrm{Cov}(X,Y).$$

性质 4.4.5　$\mathrm{Cov}(X_1\pm X_2,Y)=\mathrm{Cov}(X_1,Y)\pm\mathrm{Cov}(X_2,Y)$.

证　$\mathrm{Cov}(X_1\pm X_2,Y)=E[(X_1\pm X_2)Y]-E(X_1\pm X_2)EY$

$$=[E(X_1Y)-EX_1EY]\pm[E(X_2Y)-EX_2EY]$$

$$=\mathrm{Cov}(X_1,Y)\pm\mathrm{Cov}(X_2,Y).$$

推论 4.4.1　$\mathrm{Cov}\left(\sum_{i=1}^{m}a_iX_i,\sum_{j=1}^{n}b_jY_j\right)=\sum_{i=1}^{m}\sum_{j=1}^{n}a_ib_j\mathrm{Cov}(X_i,Y_j)$.

性质 4.4.6　$D(X\pm Y)=DX+DY\pm2\mathrm{Cov}(X,Y)$.

证　$D(X\pm Y)=\mathrm{Cov}(X\pm Y,X\pm Y)$

$$=\mathrm{Cov}(X,X)\pm\mathrm{Cov}(X,Y)\pm\mathrm{Cov}(Y,X)+\mathrm{Cov}(Y,Y)$$

$$=DX+DY\pm2\mathrm{Cov}(X,Y).$$

推论 4.4.2　$D\left(\sum_{i=1}^{n}X_i\right)=\sum_{i=1}^{n}DX_i+2\sum_{i=1}^{n-1}\sum_{j=i+1}^{n}\mathrm{Cov}(X_i,X_j)$，其中正整数 $n>1$.

性质 4.4.7　$[\mathrm{Cov}(X,Y)]^2\leqslant DXDY$.

证　由数学期望的性质 4.1.6 知，

$$[\mathrm{Cov}(X,Y)]^2=\{E[(X-EX)(Y-EY)]\}^2$$

$$\leqslant E[(X-EX)^2]E[(Y-EY)^2]=DXDY.$$

例 4.4.3　设随机变量 X 和 Y 的方差均大于零，求

$$\mathrm{Cov}\left(\frac{X}{\sqrt{DX}}+\frac{Y}{\sqrt{DY}},\frac{X}{\sqrt{DX}}-\frac{Y}{\sqrt{DY}}\right).$$

解　利用协方差的性质，得

$$\mathrm{Cov}\left(\frac{X}{\sqrt{DX}}+\frac{Y}{\sqrt{DY}},\frac{X}{\sqrt{DX}}-\frac{Y}{\sqrt{DY}}\right)$$

$$=\mathrm{Cov}\left(\frac{X}{\sqrt{DX}},\frac{X}{\sqrt{DX}}\right)-\mathrm{Cov}\left(\frac{X}{\sqrt{DX}},\frac{Y}{\sqrt{DY}}\right)+\mathrm{Cov}\left(\frac{Y}{\sqrt{DY}},\frac{X}{\sqrt{DX}}\right)-\mathrm{Cov}\left(\frac{Y}{\sqrt{DY}},\frac{Y}{\sqrt{DY}}\right)$$

$$=\frac{1}{DX}\mathrm{Cov}(X,X)-\frac{1}{\sqrt{DX}\sqrt{DY}}\mathrm{Cov}(X,Y)+\frac{1}{\sqrt{DY}\sqrt{DX}}\mathrm{Cov}(Y,X)-\frac{1}{DY}\mathrm{Cov}(Y,Y)$$

$$=\frac{1}{DX}DX-\frac{1}{DY}DY=1-1=0.$$

4.4.2 相关系数

1. 相关系数的概念

设随机变量 X 和 Y 的方差均大于零.为刻画 X 和 Y 的线性关系的程度,用线性函数 $aX+b$ 近似代替 Y,其均方误差为

$$e(a,b) = E\{[Y-(aX+b)]^2\}.$$

$e(a,b)$ 越小,表明 X 和 Y 的线性关系越强;$e(a,b)$ 越大,表明 X 和 Y 的线性关系越弱.下面用最小二乘法求常数 a,b,使 $e(a,b)$ 达到最小值.

$$e(a,b) = E\{[Y-(aX+b)]^2\} = a^2E(X^2)+2abEX+b^2-2aE(XY)-2bEY+E(Y^2),$$

令

$$\frac{\partial e(a,b)}{\partial a} = 2aE(X^2)+2bEX-2E(XY) = 0, \qquad \frac{\partial e(a,b)}{\partial b} = 2aEX+2b-2EY = 0,$$

解得唯一驻点 $(a_0,b_0) = \left(\dfrac{\mathrm{Cov}(X,Y)}{DX}, EY-\dfrac{\mathrm{Cov}(X,Y)}{DX}EX\right)$.又

$$\frac{\partial^2 e(a,b)}{\partial a^2} = 2E(X^2), \qquad \frac{\partial^2 e(a,b)}{\partial a \partial b} = 2EX, \qquad \frac{\partial^2 e(a,b)}{\partial b^2} = 2,$$

所以

$$\frac{\partial^2 e(a,b)}{\partial a^2} \cdot \frac{\partial^2 e(a,b)}{\partial b^2} - \left[\frac{\partial^2 e(a,b)}{\partial a \partial b}\right]^2 = 4[E(X^2)-(EX)^2] = 4DX > 0,$$

且 $\dfrac{\partial^2 e(a,b)}{\partial a^2} = 2E(X^2) > 0$,故 $e(a,b)$ 在点 (a_0,b_0) 处取得最小值,且最小均方误差为

$$e(a_0,b_0) = E\{[Y-(a_0X+b_0)]^2\}$$

$$= E\left\{\left[Y-\left(\frac{\mathrm{Cov}(X,Y)}{DX}X+EY-\frac{\mathrm{Cov}(X,Y)}{DX}EX\right)\right]^2\right\},$$

经化简得

$$e(a_0,b_0) = DY-\frac{[\mathrm{Cov}(X,Y)]^2}{DX} = \left\{1-\left[\frac{\mathrm{Cov}(X,Y)}{\sqrt{DX}\sqrt{DY}}\right]^2\right\}DY.$$

定义 4.4.2　设 (X,Y) 为二维随机变量,如果 $DX>0,DY>0$,就称 $\dfrac{\mathrm{Cov}(X,Y)}{\sqrt{DX}\sqrt{DY}}$ 为随机变量 X 和 Y 的相关系数.记为 ρ_{XY} 或 ρ,即 $\rho_{XY}=$

微视频 4-3
相关系数

$$\frac{\mathrm{Cov}(X,Y)}{\sqrt{DX}\sqrt{DY}}.$$

由相关系数的定义知,最小均方误差为 $e(a_0,b_0)=(1-\rho_{XY}^2)DY$,此时对应的直线 $y=a_0x+b_0$ 最接近地刻画了随机变量 X 和 Y 之间的线性关系.

由 $\rho_{XY}=\dfrac{\mathrm{Cov}(X,Y)}{\sqrt{DX}\sqrt{DY}}$ 知,利用 DX,DY 和 $\mathrm{Cov}(X,Y)$ 的取值,即可计算 ρ_{XY}.由于 DX,DY 和 $\mathrm{Cov}(X,Y)$ 均可转化为相关随机变量数学期望的计算,因此,一般而言,计算相关系数 ρ_{XY} 时,需要事先计算 5 个数学期望

$$EX,\quad EY,\quad E(X^2),\quad E(Y^2)\quad 和\quad E(XY),$$

并且

$$DX=E(X^2)-(EX)^2,\quad DY=E(Y^2)-(EY)^2,\quad \mathrm{Cov}(X,Y)=E(XY)-EXEY.$$

特别地,当 X 和 Y 为服从常见分布的随机变量时,由于 EX,EY,DX 和 DY 可由已有结论得出,故计算 ρ_{XY} 时,主要是计算 $E(XY)$.

例 4.4.4 设随机变量 $X\sim B\left(2,\dfrac{1}{3}\right),Y=|X-1|$,求 ρ_{XY}.

解法一 由于 $X\sim B\left(2,\dfrac{1}{3}\right)$,故 $EX=\dfrac{2}{3},DX=\dfrac{4}{9}$.

又 $Y\sim\begin{pmatrix}0 & 1\\[4pt]\dfrac{4}{9} & \dfrac{5}{9}\end{pmatrix}$,得 $EY=\dfrac{5}{9},DY=\dfrac{20}{81},XY=X|X-1|\sim\begin{pmatrix}0 & 2\\[4pt]\dfrac{8}{9} & \dfrac{1}{9}\end{pmatrix}$,得

$E(XY)=\dfrac{2}{9}$,所以

$$\rho_{XY}=\frac{\dfrac{2}{9}-\dfrac{2}{3}\times\dfrac{5}{9}}{\sqrt{\dfrac{4}{9}}\times\sqrt{\dfrac{20}{81}}}=\frac{-\dfrac{4}{27}}{\sqrt{\dfrac{4}{9}}\times\sqrt{\dfrac{20}{81}}}=-\frac{\sqrt{5}}{5}.$$

解法二 不难知道,Y 的取值为 0 和 1,进而可得

Y	X			$p_{\cdot j}$
	0	1	2	
0	0	$\dfrac{4}{9}$	0	$\dfrac{4}{9}$
1	$\dfrac{4}{9}$	0	$\dfrac{1}{9}$	$\dfrac{5}{9}$
$p_{i\cdot}$	$\dfrac{4}{9}$	$\dfrac{4}{9}$	$\dfrac{1}{9}$	1

得 $EX=\dfrac{2}{3},DX=\dfrac{4}{9},EY=\dfrac{5}{9},DY=\dfrac{20}{81},E(XY)=2\times1\times\dfrac{1}{9}=\dfrac{2}{9}$,所以

$$\rho_{XY}=\frac{\dfrac{2}{9}-\dfrac{2}{3}\times\dfrac{5}{9}}{\sqrt{\dfrac{4}{9}}\times\sqrt{\dfrac{20}{81}}}=\frac{-\dfrac{4}{27}}{\sqrt{\dfrac{4}{9}}\times\sqrt{\dfrac{20}{81}}}=-\frac{\sqrt{5}}{5}.$$

典型例题分析 4-2
相关系数

例 4.4.5　设二维随机变量 (X,Y) 在区域 $G=\{(x,y)\mid 0\leqslant x\leqslant 1,x^2\leqslant y\leqslant x\}$ 上服从均匀分布.求 ρ_{XY}.

解　由例 4.4.2 知,(X,Y) 的密度函数为 $f(x,y)=\begin{cases}6,&(x,y)\in G,\\0,&其他.\end{cases}$ 且

已计算得

$$EX=\frac{1}{2},\quad EY=\frac{2}{5},\quad \mathrm{Cov}(X,Y)=\frac{1}{20},$$

另外,

$$E(X^2)=\iint_G x^2\cdot 6\mathrm{d}x\mathrm{d}y=6\int_0^1\mathrm{d}x\int_{x^2}^x x^2\mathrm{d}y=\frac{3}{10},$$

$$E(Y^2)=\iint_G y^2\cdot 6\mathrm{d}x\mathrm{d}y=6\int_0^1\mathrm{d}x\int_{x^2}^x y^2\mathrm{d}y=\frac{3}{14},$$

所以

$$DX=\frac{3}{10}-\left(\frac{1}{2}\right)^2=\frac{1}{20},\quad DY=\frac{3}{14}-\left(\frac{2}{5}\right)^2=\frac{19}{350}.$$

故 $\rho_{XY}=\dfrac{\dfrac{1}{20}}{\sqrt{\dfrac{1}{20}}\times\sqrt{\dfrac{19}{350}}}=\sqrt{\dfrac{35}{38}}.$

例 4.4.6　设随机变量 X 和 Y 的相关系数为 ρ_{XY},记 $X^*=\dfrac{X-EX}{\sqrt{DX}},Y^*=\dfrac{Y-EY}{\sqrt{DY}}$,求 $E(X^*Y^*)$.

解　$E(X^*Y^*)=E\left(\dfrac{X-EX}{\sqrt{DX}}\cdot\dfrac{Y-EY}{\sqrt{DY}}\right)=\dfrac{E[(X-EX)(Y-EY)]}{\sqrt{DX}\sqrt{DY}}$

$$=\frac{\mathrm{Cov}(X,Y)}{\sqrt{DX}\sqrt{DY}}=\rho_{XY}.$$

例 4.4.7　设随机变量 X 和 Y 的相关系数 $\rho_{XY}=\dfrac{1}{2}$,且 $DX=1,DY=4$,求 $U=2X+Y$ 和 $V=X-Y$ 的相关系数 ρ_{UV}.

解　$\mathrm{Cov}(X,Y)=\rho_{XY}\sqrt{DX}\sqrt{DY}=\dfrac{1}{2}\times\sqrt{1}\times\sqrt{4}=1$,

$$DU=D(2X+Y)=D(2X)+DY+2\mathrm{Cov}(2X,Y)$$

$$=4DX+DY+4\mathrm{Cov}(X,Y)=4\times1+4+4\times1=12,$$

$$DV=D(X-Y)=DX+DY-2\mathrm{Cov}(X,Y)=1+4-2\times1=3,$$

$$\mathrm{Cov}(U,V)=\mathrm{Cov}(2X+Y,X-Y)=2DX-DY-\mathrm{Cov}(X,Y)$$

$$=2\times1-4-1=-3,$$

所以 $\rho_{UV}=\dfrac{\mathrm{Cov}(U,V)}{\sqrt{DU}\sqrt{DV}}=\dfrac{-3}{\sqrt{12}\sqrt{3}}=-\dfrac{1}{2}$.

例 4.4.8　设随机变量 $X\sim U\left[\dfrac{1}{2},\dfrac{5}{2}\right]$,求 X 和 $[X]$ 的相关系数 ρ,其中 $[x]$ 表示取整函数.

解　由于 $X\sim U\left[\dfrac{1}{2},\dfrac{5}{2}\right]$,所以 $EX=\dfrac{3}{2}$,$DX=\dfrac{2^{2}}{12}=\dfrac{1}{3}$.又 $[X]\sim$

$\begin{pmatrix}0 & 1 & 2\\[4pt]\dfrac{1}{4} & \dfrac{1}{2} & \dfrac{1}{4}\end{pmatrix}$,进而得 $E[X]=1$,$E([X]^{2})=\dfrac{3}{2}$,故 $D[X]=\dfrac{3}{2}-1^{2}=\dfrac{1}{2}$.

另外,$E(X[X])=\displaystyle\int_{\frac{1}{2}}^{\frac{5}{2}}x[x]\cdot\dfrac{1}{2}\mathrm{d}x=\int_{\frac{1}{2}}^{1}0\mathrm{d}x+\int_{1}^{2}\dfrac{1}{2}x\mathrm{d}x+\int_{2}^{\frac{5}{2}}x\mathrm{d}x=\dfrac{15}{8}$,

因此

$$\mathrm{Cov}(X,[X])=E(X[X])-EXE[X]=\dfrac{15}{8}-\dfrac{3}{2}\times1=\dfrac{3}{8},$$

所以 $\rho=\dfrac{\mathrm{Cov}(X,[X])}{\sqrt{DX}\sqrt{D[X]}}=\dfrac{\dfrac{3}{8}}{\sqrt{\dfrac{1}{3}}\sqrt{\dfrac{1}{2}}}=\dfrac{3\sqrt{6}}{8}$.

2. 相关系数的性质

在下列性质中,假定各相关系数均存在.

性质 4.4.8　$|\rho_{XY}|\leqslant1$,即 $\rho_{XY}\in[-1,1]$.

证　由性质 4.4.7 知 $[\mathrm{Cov}(X,Y)]^{2}\leqslant DXDY$,所以 $\left|\dfrac{\mathrm{Cov}(X,Y)}{\sqrt{DX}\sqrt{DY}}\right|\leqslant1$,得 $|\rho_{XY}|\leqslant1$.

或由 $e(a_{0},b_{0})=(1-\rho_{XY}^{2})DY\geqslant0$,$DY>0$,也易得 $\rho_{XY}^{2}\leqslant1$,有 $|\rho_{XY}|\leqslant1$.

性质 4.4.9　$|\rho_{XY}| = 1$ 的充要条件为存在常数 $a, b(a \neq 0)$，使得 $P\{Y = aX+b\} = 1$. 且当 $\rho_{XY} = 1$ 时，$a>0$；当 $\rho_{XY} = -1$ 时，$a<0$.

证　如果 $|\rho_{XY}| = 1$，取 $a = \dfrac{\text{Cov}(X,Y)}{DX}$，$b = EY - \dfrac{\text{Cov}(X,Y)}{DX}EX$，则

$$e(a,b) = (1-\rho_{XY}^2)DY = 0, \quad \text{即} \quad E\{[Y-(aX+b)]^2\} = 0,$$

进而 $D[Y-(aX+b)] = 0$，$E[Y-(aX+b)] = 0$. 由性质 4.2.2 知

$$P\{Y-(aX+b) = 0\} = 1, \quad \text{即} \quad P\{Y = aX+b\} = 1.$$

且当 $\rho_{XY} = 1$ 时，$\text{Cov}(X,Y) = \sqrt{DX}\sqrt{DY} > 0$，$a = \dfrac{\text{Cov}(X,Y)}{DX} > 0$. 同理可证，当 $\rho_{XY} = -1$ 时，$a<0$.

反之，如果存在常数 $a, b (a \neq 0)$，使得 $P\{Y = aX+b\} = 1$，故 $P\{[Y-(aX+b)]^2 = 0\} = 1$，从而 $E\{[Y-(aX+b)]^2\} = 0$. 又 $0 = E\{[Y-(aX+b)]^2\} \geqslant (1-\rho_{XY}^2)DY \geqslant 0$，所以 $\rho_{XY}^2 = 1$，得 $|\rho_{XY}| = 1$.

性质 4.4.9 表明，当 $|\rho_{XY}| = 1$ 时，X 和 Y 具有线性关系的概率为 1，即 X 和 Y 几乎处处满足线性关系 $Y = aX+b$. 特别地，当 $\rho_{XY} = 1$ 时，称 X 和 Y 正相关；当 $\rho_{XY} = -1$ 时，称 X 和 Y 负相关.

性质 4.4.10　对任意非零常数 a, b，有 $\rho_{(aX)(bY)} = \begin{cases} \rho_{XY}, & ab>0, \\ -\rho_{XY}, & ab<0, \end{cases}$ 进而有 $|\rho_{(aX)(bY)}| = |\rho_{XY}|$.

证　$\rho_{(aX)(bY)} = \dfrac{\text{Cov}(aX, bY)}{\sqrt{D(aX)}\sqrt{D(bY)}} = \dfrac{ab}{|ab|}\dfrac{\text{Cov}(X,Y)}{\sqrt{DX}\sqrt{DY}}$

$$= \frac{ab}{|ab|}\rho_{XY} = \begin{cases} \rho_{XY}, & ab>0, \\ -\rho_{XY}, & ab<0. \end{cases}$$

性质 4.4.10 表明，仅从绝对数值（不考虑符号）上看，权重 a, b 对 X 和 Y 线性关系的程度没有影响. 因此，ρ_{XY} 比 $\text{Cov}(X,Y)$ 更好地反映了 X 和 Y 线性关系的程度.

由于 ρ_{XY} 刻画了 X 和 Y 线性关系的程度，引伸一下，如果 $|\rho_{XY}|$ 越大，最小均方误差 $(1-\rho_{XY}^2)DY$ 越小，则 X 和 Y 线性关系越强；如果 $|\rho_{XY}|$ 越小，$(1-\rho_{XY}^2)DY$ 越大，则 X 和 Y 线性关系越弱. 如果 $\rho_{XY} = 0$，则 $(1-\rho_{XY}^2)DY$ 取得最大值，X 和 Y 线性关系的程度达到最低，反映了 X 和 Y 没有线性关系. 由此给出下列定义.

概念解析 4-2
相关系数与线性关系

由上可知，X 和 Y 不相关是指 X 和 Y 没有线性关系.

定义 4.4.3　如果 $\rho_{XY}=0$，就称随机变量 X 和 Y 不相关.

下面利用散点图的方式描述在相关系数 ρ_{XY} 的几种特殊取值时，X 和 Y 线性关系的程度（如图 4.4.2）.

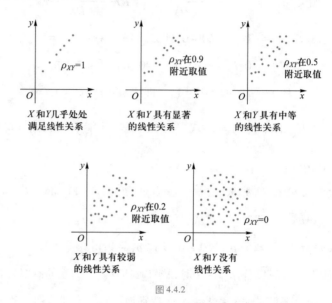

图 4.4.2

定理 4.4.1　设随机变量 X 和 Y 的相关系数 ρ_{XY} 存在，则下列结论是等价的：

（1）X 和 Y 不相关；

（2）$\rho_{XY}=0$；

（3）$\mathrm{Cov}(X,Y)=0$；

（4）$E(XY)=EXEY$；

（5）$D(X\pm Y)=DX+DY$.

利用定义 4.4.3、$\rho_{XY}=\dfrac{\mathrm{Cov}(X,Y)}{\sqrt{DX}\sqrt{DY}}$ 以及 $\mathrm{Cov}(X,Y)=E(XY)-EXEY$ 和 $D(X\pm Y)=DX+DY\pm 2\mathrm{Cov}(X,Y)$，即可证得定理 4.4.1.

定理 4.4.2　如果随机变量 X 和 Y 相互独立，且 X 和 Y 的相关系数 ρ_{XY} 存在，则 X 和 Y 不相关.

利用性质 4.1.4 或性质 4.2.4 即可证明定理 4.4.2.

从具体内容上讲，性质 4.1.4 和性质 4.2.4 与定理 4.4.2 为同一性质.

定理 4.4.2 的通俗意义为：如果 X 和 Y 的取值没有任何关系，则 X 和 Y 的取值没有线性关系.

值得注意的是，如果 X 和 Y 不相关，则 X 和 Y 未必相互独立，即定理 4.4.2 的逆命题不成立.

例 4.4.9　设二维随机变量 $(X,Y)\sim U(D)$，其中平面区域 $D=$

$\{(x,y) \mid x^2 + y^2 \le 1\}$，问 X 和 Y 是否相互独立？又是否不相关？

解　由题意知，(X,Y) 的密度函数为 $f(x,y) = \begin{cases} \dfrac{1}{\pi}, & (x,y) \in D, \\ 0, & \text{其他.} \end{cases}$ 不难

求得，

$$f_X(x) = \begin{cases} \dfrac{2}{\pi}\sqrt{1-x^2}, & |x| \le 1, \\ 0, & \text{其他,} \end{cases} \qquad f_Y(y) = \begin{cases} \dfrac{2}{\pi}\sqrt{1-y^2}, & |y| \le 1, \\ 0, & \text{其他.} \end{cases}$$

由于 $f(x,y) \ne f_X(x)f_Y(y)$，所以 X 和 Y 不相互独立.

利用二重积分的奇偶对称性，有

$$EX = \iint\limits_G x \cdot \frac{1}{\pi}\,\mathrm{d}x\mathrm{d}y = 0, \quad EY = \iint\limits_G y \cdot \frac{1}{\pi}\,\mathrm{d}x\mathrm{d}y = 0,$$

$$E(XY) = \iint\limits_G xy \cdot \frac{1}{\pi}\,\mathrm{d}x\mathrm{d}y = 0,$$

故有 $E(XY) = EXEY$，所以 X 和 Y 不相关.

例 4.4.10　设随机变量 $X \sim \begin{pmatrix} -1 & 0 & 1 \\ \dfrac{1}{3} & \dfrac{1}{3} & \dfrac{1}{3} \end{pmatrix}$，$Y = X^2$，问 X 和 Y 是否相互

独立？又是否不相关？

解　由于 $P\{X=-1, Y=0\} = P\{X=-1, X^2=0\} = P\{X=-1, X=0\} = 0$，

$P\{X=-1\} = \dfrac{1}{3}$，$P\{Y=0\} = P\{X^2=0\} = P\{X=0\} = \dfrac{1}{3}$，故 $P\{X=-1, Y=0\} \ne$

$P\{X=-1\}P\{Y=0\}$，所以 X 和 Y 不相互独立.

又可计算得 $EX = 0, EY = \dfrac{2}{3}, E(XY) = 0$，故有 $E(XY) = EXEY$，所以 X

和 Y 不相关.

典型例题分析 4-3
随机变量的相关性和独立性

例 4.4.11　将长度为 1 米的木棒随机地截成两段，求两段长度 X 和 Y 的相关系数.

解　由于 $X + Y = 1$，得 $Y = -X + 1$，因此由性质 4.4.9 知，$\rho_{XY} = -1$.

例 4.4.12　设 $X_1, X_2, \cdots, X_n (n>2)$ 为独立同分布的随机变量，且均服

从 $N(0,1)$. 记 $\overline{X} = \dfrac{1}{n}\sum\limits_{i=1}^{n} X_i$，$Y_n = X_n - \overline{X}$. 分别计算 $\mathrm{Cov}(X_1, Y_n)$ 和

$\mathrm{Cov}(X_n, Y_n)$.

解 因为 $X_i \sim N(0,1)$，所以 $EX_i = 0, DX_i = 1, i = 1, 2, \cdots, n$. 又由于 X_1, $X_2, \cdots, X_n$ 相互独立，因此由定理 4.4.2，对任意的 $i = 1, 2, \cdots, n$，有

$$\mathrm{Cov}(X_1, X_i) = \begin{cases} DX_1 = 1, & i = 1, \\ 0, & i \neq 1, \end{cases} \quad \mathrm{Cov}(X_n, X_i) = \begin{cases} DX_n = 1, & i = n, \\ 0, & i \neq n. \end{cases}$$

且 $Y_n = X_n - \overline{X} = -\dfrac{1}{n} \sum\limits_{i=1}^{n-1} X_i + \left(1 - \dfrac{1}{n}\right) X_n$，所以

$$\mathrm{Cov}(X_1, Y_n) = \mathrm{Cov}\left(X_1, -\frac{1}{n} \sum_{i=1}^{n-1} X_i + \left(1 - \frac{1}{n}\right) X_n\right)$$

$$= \mathrm{Cov}\left(X_1, -\frac{1}{n} X_1\right) = -\frac{1}{n} DX_1 = -\frac{1}{n},$$

$$\mathrm{Cov}(X_n, Y_n) = \mathrm{Cov}\left(X_n, -\frac{1}{n} \sum_{i=1}^{n-1} X_i + \left(1 - \frac{1}{n}\right) X_n\right)$$

$$= \mathrm{Cov}\left(X_n, \left(1 - \frac{1}{n}\right) X_n\right) = \left(1 - \frac{1}{n}\right) DX_n = 1 - \frac{1}{n}.$$

例 4.4.13 设 A, B 为两个随机事件，$P(A) = p, P(B) = q, P(AB) = r$，且 $p, q \in (0, 1)$，记 $X = \begin{cases} 0, & \text{如果 } A \text{ 不发生}, \\ 1, & \text{如果 } A \text{ 发生}, \end{cases}$ $Y = \begin{cases} 0, & \text{如果 } B \text{ 不发生}, \\ 1, & \text{如果 } B \text{ 发生}. \end{cases}$（1）求相关系数 ρ_{XY}；（2）证明 $|r - pq| \leqslant \dfrac{1}{4}$；（3）证明 X 和 Y 相互独立的充要条件为 X 和 Y 不相关.

（1）解 由于随机变量 $X \sim B(1, p), Y \sim B(1, q)$，且 $P\{X = 1, Y = 1\} = P(AB) = r$，所以 (X, Y) 的分布律为（参见例 3.6.4）

Y	X		$p_{\cdot j}$
	0	1	
0	$1-p-q+r$	$p-r$	$1-q$
1	$q-r$	r	q
$p_{i \cdot}$	$1-p$	p	1

可得 $EX = p, EY = q, DX = p(1-p), DY = q(1-q), E(XY) = r$，所以

$$\rho_{XY} = \frac{r - pq}{\sqrt{p(1-p)q(1-q)}}.$$

（2）证 由于 $|\rho_{XY}| \leqslant 1$，即 $\left| \dfrac{r - pq}{\sqrt{p(1-p)q(1-q)}} \right| \leqslant 1$，得

$$|r-pq| \leqslant \sqrt{p(1-p)q(1-q)} \leqslant \sqrt{\frac{1}{4} \times \frac{1}{4}} = \frac{1}{4}.$$

（3）证　由于 X 和 Y 不相关的充要条件为 $\rho_{XY}=0$，得 $r=pq$，而该等式也是 X 和 Y 相互独立的充要条件（参见例3.6.4），所以 X 和 Y 相互独立的充要条件为 X 和 Y 不相关.

定理 4.4.3　如果二维随机变量 $(X,Y) \sim N(\mu_1,\mu_2,\sigma_1^2,\sigma_2^2,\rho)$，则

（1）X 和 Y 的相关系数 $\rho_{XY}=\rho$；

（2）X 和 Y 相互独立的充要条件为 X 和 Y 不相关.

证　（1）利用正态分布密度函数的性质可得

$$① \int_{-\infty}^{+\infty} e^{-\frac{1}{2(1-\rho^2)}x^2} dx = \sqrt{2\pi}\sqrt{1-\rho^2}, \quad ② \int_{-\infty}^{+\infty} x e^{-\frac{1}{2(1-\rho^2)}x^2} dx = 0,$$

$$③ \int_{-\infty}^{+\infty} x^2 e^{-\frac{1}{2}x^2} dx = \sqrt{2\pi}.$$

记 $X^* = \dfrac{X-EX}{\sqrt{DX}}$，$Y^* = \dfrac{Y-EY}{\sqrt{DY}}$. 由于 (X,Y) 的密度函数为

$$f(x,y) = \frac{1}{2\pi\sigma_1\sigma_2\sqrt{1-\rho^2}} e^{-\frac{1}{2(1-\rho^2)}\left[\frac{(x-\mu_1)^2}{\sigma_1^2} - 2\rho\frac{(x-\mu_1)(y-\mu_2)}{\sigma_1\sigma_2} + \frac{(y-\mu_2)^2}{\sigma_2^2}\right]}, \quad -\infty < x,y < +\infty,$$

则由定理 3.7.4 或例 3.7.8 可得 (X^*,Y^*) 的密度函数为

$$f_{X^*Y^*}(x,y) = \frac{1}{2\pi\sqrt{1-\rho^2}} e^{-\frac{1}{2(1-\rho^2)}(x^2-2\rho xy+y^2)}, \quad -\infty < x,y < +\infty.$$

再由例 4.4.6，

$$\rho_{XY} = E(X^*Y^*) = \int_{-\infty}^{+\infty}\int_{-\infty}^{+\infty} xy f_{X^*Y^*}(x,y) \, dxdy$$

$$= \int_{-\infty}^{+\infty} dx \int_{-\infty}^{+\infty} xy \frac{1}{2\pi\sqrt{1-\rho^2}} e^{-\frac{1}{2(1-\rho^2)}(x^2-2\rho xy+y^2)} dy$$

$$= \frac{1}{2\pi\sqrt{1-\rho^2}} \int_{-\infty}^{+\infty} x dx \int_{-\infty}^{+\infty} y e^{-\frac{1}{2(1-\rho^2)}(y-\rho x)^2} e^{-\frac{1}{2}x^2} dy$$

$$= \frac{1}{2\pi\sqrt{1-\rho^2}} \int_{-\infty}^{+\infty} x e^{-\frac{1}{2}x^2} dx \int_{-\infty}^{+\infty} \left[(y-\rho x)+\rho x\right] e^{-\frac{1}{2(1-\rho^2)}(y-\rho x)^2} dy$$

$$\xlongequal{①②} \frac{1}{2\pi\sqrt{1-\rho^2}} \int_{-\infty}^{+\infty} x e^{-\frac{1}{2}x^2} (0 + \rho x \sqrt{2\pi}\sqrt{1-\rho^2}) dx$$

$$= \frac{\rho}{\sqrt{2\pi}} \int_{-\infty}^{+\infty} x^2 e^{-\frac{1}{2}x^2} dx \xlongequal{③} \frac{\rho}{\sqrt{2\pi}} \sqrt{2\pi} = \rho.$$

(2) 由定理 3.6.5 知, X 和 Y 相互独立的充要条件为 $\rho = 0$. 再由 (1),即得 $\rho_{XY} = 0$,所以 X 和 Y 相互独立的充要条件为 X 和 Y 不相关.

例 4.4.14 已知随机变量 (X, Y) 服从二维正态分布,并且 X 和 Y 分别服从正态分布 $N(1, 3^2)$ 和 $N(0, 4^2)$, X 和 Y 的相关系数 $\rho_{XY} = -\dfrac{1}{2}$,设 $Z = \dfrac{X}{3} + \dfrac{Y}{2}$.(1) 求 X 和 Z 的相关系数 ρ_{XZ};(2) 问 X 和 Z 是否相互独立? 为什么?

解 (1) $\mathrm{Cov}(X, Z) = \mathrm{Cov}\left(X, \dfrac{X}{3} + \dfrac{Y}{2}\right) = \dfrac{1}{3}\mathrm{Cov}(X, X) + \dfrac{1}{2}\mathrm{Cov}(X, Y)$

$$= \frac{1}{3}DX + \frac{1}{2}\rho_{XY}\sqrt{DX}\sqrt{DY}$$

$$= \frac{1}{3} \times 9 + \frac{1}{2} \times \left(-\frac{1}{2}\right) \times 3 \times 4 = 0,$$

因此 $\rho_{XZ} = \dfrac{\mathrm{Cov}(X, Z)}{\sqrt{DX}\sqrt{DZ}} = \dfrac{0}{\sqrt{DX}\sqrt{DZ}} = 0$.

(2) 由于 (X, Y) 服从二维正态分布,而 $\begin{cases} X = X, \\ Z = \dfrac{X}{3} + \dfrac{Y}{2}, \end{cases}$ 且系数行列式

$\begin{vmatrix} 1 & 0 \\ \dfrac{1}{3} & \dfrac{1}{2} \end{vmatrix} = \dfrac{1}{2} \neq 0$,由结论 3.7.5 知, (X, Z) 也服从二维正态分布.又由 (1) 知, X 和 Z 不相关,所以利用定理 4.4.3(2) 可得 X 和 Z 相互独立.

4.5 矩与协方差矩阵

矩是随机变量数字特征的一般概念,包括原点矩和中心矩.前面介绍的数学期望、方差和协方差都是矩的某些特殊情况.

4.5.1 矩

定义 4.5.1 设有随机变量 X,如果对于正整数 k, $E(X^k)$ 存在,就称 $E(X^k)$ 为 X 的 k 阶原点矩.如果 $E[(X - EX)^k]$ 存在,就称 $E[(X - EX)^k]$ 为

X 的 k 阶中心矩.

当 $k=1$ 时,X 的一阶原点矩即为 X 的数学期望 EX.当 $k=2$ 时,X 的二阶中心矩即为 X 的方差 DX.而 X 的一阶中心矩 $E(X-EX)=0$.

定义 4.5.2　设有二维随机变量 (X,Y),如果对于正整数 $k,l,E(X^kY^l)$ 存在,就称 $E(X^kY^l)$ 为 X 和 Y 的 $k+l$ 阶混合原点矩.如果 $E[(X-EX)^k(Y-EY)^l]$ 存在,就称 $E[(X-EX)^k(Y-EY)^l]$ 为 X 和 Y 的 $k+l$ 阶混合中心矩.

X 和 Y 的协方差 $\mathrm{Cov}(X,Y)$ 即为 X 和 Y 的 1+1 阶混合中心矩.

4.5.2　协方差矩阵

定义 4.5.3　设 $(X_1,X_2,\cdots,X_n)$ 为 n 维随机变量,如果对任意的 $i,j(i=1,2,\cdots,n,j=1,2,\cdots,n)$,$\mathrm{Cov}(X_i,X_j)$ 均存在,就记 $c_{ij}=\mathrm{Cov}(X_i,X_j)(i=1,2,\cdots,n,j=1,2,\cdots,n)$,并称矩阵

$$C=\begin{pmatrix} c_{11} & c_{12} & \cdots & c_{1n} \\ c_{21} & c_{22} & \cdots & c_{2n} \\ \vdots & \vdots & & \vdots \\ c_{n1} & c_{n2} & \cdots & c_{nn} \end{pmatrix}$$

为 $(X_1,X_2,\cdots,X_n)$ 的协方差矩阵.

由协方差的性质知,C 为实对称矩阵.

设二维随机变量 $(X,Y)\sim N(\mu_1,\mu_2,\sigma_1^2,\sigma_2^2,\rho)$,则

$$c_{11}=DX=\sigma_1^2,\quad c_{12}=c_{21}=\mathrm{Cov}(X,Y)=\rho\sigma_1\sigma_2,\quad c_{22}=DY=\sigma_2^2,$$

所以 X 和 Y 的协方差矩阵为 $C=\begin{pmatrix} \sigma_1^2 & \rho\sigma_1\sigma_2 \\ \rho\sigma_1\sigma_2 & \sigma_2^2 \end{pmatrix}$.

由于 $\sigma_1^2>0$,$|C|=\begin{vmatrix} \sigma_1^2 & \rho\sigma_1\sigma_2 \\ \rho\sigma_1\sigma_2 & \sigma_2^2 \end{vmatrix}=\sigma_1^2\sigma_2^2(1-\rho^2)>0$,所以 C 是正定矩阵,且

$$C^{-1}=\frac{1}{\sigma_1^2\sigma_2^2(1-\rho^2)}\begin{pmatrix} \sigma_2^2 & -\rho\sigma_1\sigma_2 \\ -\rho\sigma_1\sigma_2 & \sigma_1^2 \end{pmatrix}=\frac{1}{1-\rho^2}\begin{pmatrix} \dfrac{1}{\sigma_1^2} & -\dfrac{\rho}{\sigma_1\sigma_2} \\ -\dfrac{\rho}{\sigma_1\sigma_2} & \dfrac{1}{\sigma_2^2} \end{pmatrix}.$$

记 $\boldsymbol{x} = \begin{pmatrix} x \\ y \end{pmatrix}$，$\boldsymbol{\mu} = \begin{pmatrix} \mu_1 \\ \mu_2 \end{pmatrix}$，则 $\boldsymbol{x} - \boldsymbol{\mu} = \begin{pmatrix} x - \mu_1 \\ y - \mu_2 \end{pmatrix}$，且

$$\frac{1}{1-\rho^2}\left[\frac{(x-\mu_1)^2}{\sigma_1^2} - 2\rho\frac{(x-\mu_1)(y-\mu_2)}{\sigma_1\sigma_2} + \frac{(y-\mu_2)^2}{\sigma_2^2}\right] = (\boldsymbol{x}-\boldsymbol{\mu})^{\mathrm{T}}\boldsymbol{C}^{-1}(\boldsymbol{x}-\boldsymbol{\mu}),$$

所以 (X,Y) 的密度函数 $f(x,y)$ 可表示为

$$f(x,y) = \frac{1}{(2\pi)^{\frac{1}{2}}|\boldsymbol{C}|^{\frac{1}{2}}}\mathrm{e}^{-\frac{1}{2}(\boldsymbol{x}-\boldsymbol{\mu})^{\mathrm{T}}\boldsymbol{C}^{-1}(\boldsymbol{x}-\boldsymbol{\mu})}, \quad -\infty < x < +\infty, -\infty < y < +\infty.$$

根据二维正态分布密度函数的上述形式，给出下列 n 维正态分布的定义.

定义 4.5.4　设 $(X_1, X_2, \cdots, X_n)$ 为 n 维随机变量，如果 $(X_1, X_2, \cdots, X_n)$ 的密度函数为

$$f(x_1, x_2, \cdots, x_n) = \frac{1}{(2\pi)^{\frac{n}{2}}|\boldsymbol{C}|^{\frac{1}{2}}}\mathrm{e}^{-\frac{1}{2}(\boldsymbol{x}-\boldsymbol{\mu})^{\mathrm{T}}\boldsymbol{C}^{-1}(\boldsymbol{x}-\boldsymbol{\mu})}, \quad -\infty < x_i < +\infty, i = 1, 2, \cdots, n,$$

就称 $(X_1, X_2, \cdots, X_n)$ 服从 n 维正态分布，记为 $(X_1, X_2, \cdots, X_n) \sim N_n(\boldsymbol{\mu}, \boldsymbol{C})$，

其中 $\boldsymbol{x} = \begin{pmatrix} x_1 \\ x_2 \\ \vdots \\ x_n \end{pmatrix}$，$\boldsymbol{\mu} = \begin{pmatrix} \mu_1 \\ \mu_2 \\ \vdots \\ \mu_n \end{pmatrix}$，$\boldsymbol{C} = \begin{pmatrix} \sigma_1^2 & \rho_{12}\sigma_1\sigma_2 & \cdots & \rho_{1n}\sigma_1\sigma_n \\ \rho_{21}\sigma_1\sigma_2 & \sigma_2^2 & \cdots & \rho_{2n}\sigma_2\sigma_n \\ \vdots & \vdots & & \vdots \\ \rho_{n1}\sigma_n\sigma_1 & \rho_{n2}\sigma_n\sigma_2 & \cdots & \sigma_n^2 \end{pmatrix}$ 为正定矩

阵，$-\infty < \mu_i < +\infty$，$\sigma_i > 0$，$\rho_{ij} = \rho_{ji}$，$|\rho_{ij}| < 1$，$i, j = 1, 2, \cdots, n$，$i \neq j$.

对于 n 维正态分布，有下列若干定理.

定理 4.5.1　设 n 维随机变量 $(X_1, X_2, \cdots, X_n)$ 服从 n 维正态分布，则 $(X_{i_1}, X_{i_2}, \cdots, X_{i_k})$ 服从 k 维正态分布，其中 $i_1, i_2, \cdots, i_k$ 为 $1, 2, \cdots, n$ 中任意 k 个不同取值，$1 \leqslant k \leqslant n$.

定理 4.5.2　设 n 维随机变量 $(X_1, X_2, \cdots, X_n)$ 服从 n 维正态分布，则

$$a_1 X_1 + a_2 X_2 + \cdots + a_n X_n$$

服从一维正态分布，其中 $a_1, a_2, \cdots, a_n$ 为不全为零的常数.

定理 4.5.3　设 n 维随机变量 $(X_1, X_2, \cdots, X_n)$ 服从 n 维正态分布，

$$\begin{cases} Y_1 = a_{11}X_1 + a_{21}X_2 + \cdots + a_{n1}X_n, \\ Y_2 = a_{12}X_1 + a_{22}X_2 + \cdots + a_{n2}X_n, \\ \cdots\cdots\cdots\cdots \\ Y_k = a_{1k}X_1 + a_{2k}X_2 + \cdots + a_{nk}X_n, \end{cases} \quad 1 \leqslant k \leqslant n,$$

其中 $a_{ij}\,(i=1,2,\cdots,n,j=1,2,\cdots,k)$ 均为常数,如果系数矩阵

$$\begin{pmatrix} a_{11} & a_{21} & \cdots & a_{n1} \\ a_{12} & a_{22} & \cdots & a_{n2} \\ \vdots & \vdots & & \vdots \\ a_{1k} & a_{2k} & \cdots & a_{nk} \end{pmatrix}$$ 的秩为 k,则 $(Y_1,Y_2,\cdots,Y_k)$ 服从 k 维正态分布.

定理 4.5.4   设 n 维随机变量 $(X_1,X_2,\cdots,X_n)$ 服从 n 维正态分布,则 $X_1,X_2,\cdots,X_n$ 相互独立的充要条件为 $X_1,X_2,\cdots,X_n$ 两两不相关.

小结

本章介绍的随机变量的数字特征主要有数学期望、方差、协方差和相关系数,其中数学期望是其他数字特征的基础.因此数学期望的计算是重中之重.

1. 数学期望

数学期望是用来刻画随机变量的加权平均取值(简称均值)的数字特征,其主要内容包括数学期望的概念、数学期望的计算公式和数学期望的性质.

数学期望的计算公式分为离散型随机变量的数学期望和连续型随机变量的数学期望,一维随机变量函数的数学期望和二维随机变量函数的数学期望两种类型.在掌握计算公式时要注意对比,这样才能发现规律,加深记忆.特别是利用二维随机变量函数的数学期望计算公式计算 $EX, EY, E(X^2), E(Y^2)$ 等,具有一定的变化和技巧.

数学期望的性质既是数学期望理论上的完备,又是计算过程中的需要.特别要注意性质"如果 X 和 Y 相互独立,则有 $E(XY) = EXEY$"中,条件"X 和 Y 相互独立"不可忽略.

2. 方差

方差是用来刻画随机变量的稳定性的数字特征,方差越小随机变量的取值越稳定,反之,方差越大其波动性就越大.方差的主要内容包括方差的概念、方差的计算公式和方差的性质.

方差的计算主要是通过 $DX = E(X^2) - (EX)^2$ 转化为数学期望的计算实现的.具体也要分离散型随机变量和连续型随机变量.值得一提的是 $E(X^2) = DX + (EX)^2$ 也经常使用.

在运用方差的性质时,很容易出现下列错误:

①$Dc = c$;②$D(aX) = aDX$;③当 X 和 Y 相互独立时,有 $D(X-Y) = DX-DY$,这些都是不正确的.

同样,在性质"如果 X 和 Y 相互独立,则有 $D(X \pm Y) = DX + DY$"中,条件"X 和 Y 相互独立"不可忽略.

3. 协方差和相关系数

协方差和相关系数是用来刻画两个随机变量之间的线性关系的.特别是相关系数 ρ_{XY} 的绝对值 $|\rho_{XY}|$ 越接近于 1 时,线性关系越强;而 $|\rho_{XY}|$ 越接近于 0 时,线性关系越弱.

综合各方面因素,协方差的计算有多种渠道,如

$$\text{Cov}(X,Y) = E(XY) - EXEY;$$

$$\text{Cov}(X,Y) = \pm \frac{1}{2}\left[D(X \pm Y) - DX - DY\right];$$

$$\text{Cov}(X,Y) = \rho_{XY}\sqrt{DX}\sqrt{DY}.$$

计算时可以根据情况选择.

同样,相关系数的计算也具有多样性,应灵活运用.

另外,运用协方差的性质计算协方差或方差是一种常见方法,需要熟练掌握.

4. 不相关

随机变量 X 和 Y 不相关是指 X 和 Y 的相关系数 $\rho_{XY}=0$,可通俗地理解为:随机变量 X 和 Y 之间没有线性关系.随机变量 X 和 Y 不相关的判定有多个等价命题,需要逐个理解和掌握.尤其是 X 和 Y 不相关等价于 $E(XY)=EXEY$ 最为常用.

而随机变量 X 和 Y 相互独立可通俗地理解为:随机变量 X 和 Y 之间没有任何关系.由此容易理解结论:如果随机变量 X 和 Y 相互独立,则 X 和 Y 不相关.但 X 和 Y 不相关时,却未必有 X 和 Y 相互独立.

最后,需要指出的是如果 (X,Y) 服从二维正态分布,则 X 和 Y 相互独立的充要条件是 X 和 Y 不相关.具备这种性质的分布不多,另外参见例 4.4.13.

结合第 2 章和第 3 章中有关一维正态分布和二维正态分布的性质,到目前为止,已经介绍了正态分布(包括 n 维正态分布)的诸多性质和结论,需要慢慢地理解和消化,要理顺它们之间的各种关系,特别要注意避免运用不正确的结论.例如

① 如果随机变量 X 和 Y 均服从正态分布,则 $X \pm Y$ 服从正态分布.

② 如果随机变量 X 和 Y 均服从正态分布,则 (X,Y) 服从二维正态分布都是不正确的结论.

📖 第 4 章习题

一、填空题

1. 设随机变量 $X \sim \begin{pmatrix} 1 & 2 & 3 \\ \dfrac{1}{3} & \dfrac{1}{3} & \dfrac{1}{3} \end{pmatrix}$,则 $EX = $ _____,

$E|X-2| = $ _____.

2. 设随机变量 $X \sim N(0,1)$,则 $E|X| = $ _____.

3. 设随机变量 $X \sim U[0,1]$,则 $E\sqrt{X} = $ _____,

$E\sqrt{X(1-X)} = $ _____.

4. 设随机变量 X 的分布函数为 $F(x) = \begin{cases} 0, & x<0, \\ x^4, & 0 \leqslant x \leqslant 1, \\ 1, & x>1. \end{cases}$

则 $DX = $ _____.

5. 设随机变量 $X \sim P(\lambda)$,且已知 $E[(X-1)(X-2)]=1$,则 $\lambda = $ _____.

6. 设随机变量 $X \sim E(\lambda)$,则 $P\{|X-EX|<\sqrt{DX}\}=$
_____.

7. 设二维随机变量 $(X,Y) \sim N(\mu,\mu,\sigma^2,\sigma^2,0)$,则 $E(XY^2)=$ _____.

8. 设随机变量 $X \sim B(10,p)$,$Y \sim B(5,2p)$,且 X 和 Y 相互独立,若使得 $D(X-Y)$ 最大,则 $p=$ _____.

9. 设随机变量 $X \sim U[-1,2]$,$Y=\begin{cases} 1, & X>0, \\ 0, & X=0, \\ -1, & X<0, \end{cases}$ 则

$DY=$ _____.

10. 设随机变量 $X \sim \begin{pmatrix} 0 & 1 \\ \dfrac{1}{4} & \dfrac{3}{4} \end{pmatrix}$,$Y \sim \begin{pmatrix} 0 & 1 \\ \dfrac{1}{2} & \dfrac{1}{2} \end{pmatrix}$,

$\mathrm{Cov}(X,Y)=\dfrac{1}{8}$,则 $P\{X=1,Y=0\}=$ _____.

11. 将一枚硬币重复掷 n 次,以 X 和 Y 分别表示正面向上和反面向上的次数,则 X 和 Y 的相关系数 $\rho_{XY}=$ _____.

二、选择题

1. 在下列随机变量 X 的分布中,X 的数学期望存在的是( ).

(A) X 的分布律为 $P\{X=k\}=\dfrac{1}{k(k+1)}$,$k=1,2,\cdots$

(B) X 的分布律为 $P\{X=(-1)^k k\}=\dfrac{1}{k(k+1)}$,$k=1,2,\cdots$

(C) X 的密度函数为 $f(x)=\begin{cases} \dfrac{1}{x^2}, & x \geq 1, \\ 0, & x<1 \end{cases}$

(D) X 的分布函数为 $F(x)=\begin{cases} 1-\dfrac{1}{x^2}, & x \geq 1, \\ 0, & x<1 \end{cases}$

2. 设随机变量 X 的分布函数为 $F(x)=0.3\Phi(x)+0.7\Phi\left(\dfrac{x-1}{2}\right)$,其中 $\Phi(x)$ 为标准正态分布的分布函

数,则 $EX=$( ).

(A) 0 (B) 0.3 (C) 0.7 (D) 1

3. 设随机变量 X 的取值为非负整数,且 EX 存在.则 $EX=$( ).

(A) $\displaystyle\sum_{k=1}^{\infty} P\{X \geq k\}$ (B) $\displaystyle\sum_{k=1}^{\infty} P\{X \leq k\}$

(C) $\displaystyle\sum_{k=1}^{\infty} P\{X > k\}$ (D) $\displaystyle\sum_{k=1}^{\infty} P\{X < k\}$

4. 已知随机变量 X 和 Y 满足 $E(XY)>EXEY$,且 $DX>0$,$DY>0$,则( ).

(A) $D(X+Y)=DX+DY$

(B) $D(X+Y)<DX+DY$

(C) $D(X-Y)=DX+DY$

(D) $D(X-Y)<DX+DY$

5. 两人约定在某地会面.设两人到达的时刻 X 和 Y(单位:min)相互独立,且均服从 $[0,60]$ 上的均匀分布,则先到者的平均等待时间为( ).

(A) 10 min (B) 20 min

(C) 30 min (D) 40 min

6. 设甲袋中有两个正品,两个次品;乙袋中有四个正品,两个次品.现从甲、乙两袋中各取一个产品,记 X 为取出的两个产品中次品的个数,则 $E(X^2)=$ ( ).

(A) $\dfrac{5}{6}$ (B) $\dfrac{7}{6}$

(C) $\dfrac{11}{6}$ (D) $\dfrac{13}{6}$

7. 设随机变量 $X_1,X_2,\cdots,X_n(n>1)$ 独立同分布,且其方差 $\sigma^2>0$,令 $Y=\dfrac{1}{n}\displaystyle\sum_{i=1}^{n} X_i$,则( ).

(A) $\mathrm{Cov}(X_1,Y)=\dfrac{\sigma^2}{n}$ (B) $\mathrm{Cov}(X_1,Y)=\sigma^2$

(C) $D(X_1+Y)=\dfrac{n+2}{n}\sigma^2$ (D) $D(X_1-Y)=\dfrac{n+1}{n}\sigma^2$

8. 设随机变量 $X \sim N(0,1)$,$Y \sim N(1,4)$,且相关系数

$\rho_{XY} = 1$, 则(　　).

(A) $P\{Y = -2X - 1\} = 1$ (B) $P\{Y = 2X - 1\} = 1$

(C) $P\{Y = -2X + 1\} = 1$ (D) $P\{Y = 2X + 1\} = 1$

9. 设随机变量 $\Theta \sim U[0, 2\pi]$, $X = \cos\Theta$, $Y = \sin\Theta$, 则

(　　).

(A) X 和 Y 相互独立　　(B) X^2 和 Y^2 相互独立

(C) X 和 Y 不相关　　(D) X^2 和 Y^2 不相关

三、解答题

A 类

1. 把 4 个球随机地放入 4 个盒子中, 设 X 表示空盒子的个数, 求 EX 和 DX.

2. 设随机变量 X 的密度函数为 $f(x) = \frac{1}{2}\mathrm{e}^{-|x|}$, $-\infty < x < +\infty$, 证明 X 的数学期望存在, 并求 X 的数学期望和方差.

3. 设随机变量 X 的密度函数为 $f(x) = \frac{1}{\pi(1 + x^2)}$, $-\infty < x < +\infty$, 求 $E(\min\{|X|, 1\})$.

4. 设随机变量 X 的密度函数为 $f(x) = \begin{cases} a + bx, & x \in [0, 1], \\ 0, & 其他, \end{cases}$ 且 $EX = \frac{7}{12}$, 求 $P\{X < EX\}$.

5. 设随机变量 $Y \sim E(1)$, $X_k = \begin{cases} 0, & Y \leq k, \\ 1, & Y > k, \end{cases}$ $k = 1, 2$. (1) 求 X_1 和 X_2 的联合分布律; (2) 计算 $D(X_1 + X_2)$.

6. 已知二维随机变量 (X, Y) 的密度函数为 $f(x, y) = \begin{cases} \dfrac{2}{x^3}\mathrm{e}^{-y+1}, & x > 1, y > 1, \\ 0, & 其他, \end{cases}$ 求 EX, EY, DY 和 $E(XY)$.

7. 设随机变量 (X, Y) 在以 $(0, 1)$, $(1, 0)$, $(1, 1)$ 为顶点的三角形区域 D 上服从均匀分布, 求随机变量 $U = X + Y$ 的方差.

8. 掷 n 枚均匀的骰子, 求 n 枚骰子所出现的点数之和的数学期望和方差.

9. 若有 $n(n > 1)$ 把看上去样子相同的钥匙, 其中只有一把能打开门上的锁, 设取到每只钥匙是等可能的, 若每把钥匙试开一次后除去, 求试开次数 X 的数学期望和方差.

10. 设二维随机变量 $(X, Y) \sim$

$$\begin{pmatrix} (0,0) & (0,2) & (1,1) & (2,0) & (2,2) \\ \dfrac{1}{4} & \dfrac{1}{4} & \dfrac{1}{3} & \dfrac{1}{12} & \dfrac{1}{12} \end{pmatrix}, 求$$

$\mathrm{Cov}(X - Y, Y)$.

11. 设随机变量 X 和 Y 的联合分布律为

X	Y		
	−1	0	1
0	0.07	0.18	0.15
1	0.08	0.32	0.20

(1) 求 X 和 Y 的相关系数 ρ_{XY}; (2) 求 X^2 和 Y^2 的协方差 $\mathrm{Cov}(X^2, Y^2)$; (3) 问 X 和 Y 以及 X^2 和 Y^2 是否分别不相关? 又是否分别相互独立?

12. 设二维随机变量 (X, Y) 的密度函数为 $f(x, y) = \begin{cases} x + y, & 0 \leq x \leq 1, 0 \leq y \leq 1, \\ 0, & 其他, \end{cases}$ 求 X 和 Y 的相关系数 ρ_{XY}.

13. 已知二维随机变量 (X, Y) 的分布函数为

$$F(x, y) = \begin{cases} 1 - \mathrm{e}^{-x} - \mathrm{e}^{-y} + \mathrm{e}^{-x-y}, & x > 0, y > 0, \\ 0, & 其他. \end{cases}$$

求 X 和 Y 的相关系数 ρ.

14. 设随机变量 X, Y 均服从 $N(0, 1)$, 且 $\rho_{XY} = 0.5$. 令 $Z_1 = aX, Z_2 = bX + cY$, 求常数 a, b, c, 使得 $DZ_1 = DZ_2 = 1$, 且 Z_1 和 Z_2 不相关, 其中 $a > 0, b > 0$.

15. 设随机变量 $X_1, X_2, \cdots, X_{10}$ 独立同分布, 且其方差均为 $\sigma^2, \sigma^2 > 0$. 令 $Y_1 = \dfrac{1}{6}\sum_{i=1}^{6} X_i$, $Y_2 = \dfrac{1}{8}\sum_{i=3}^{10} X_i$, 求相关系数 $\rho_{Y_1 Y_2}$.

16. 设随机变量 X 的分布函数为 $F(x) =$
$$\begin{cases} 0, & x<-1, \\ 0.4, & -1 \leq x<0, \\ 0.7, & 0 \leq x<2, \\ 1, & x \geq 2. \end{cases}$$
分别求 X 的一阶原点矩、二阶原点矩和三阶原点矩.

17. 设随机变量 $X \sim U[0,1]$,分别求 X 的三阶原点矩和三阶中心矩.

B 类

1. 中秋节期间某食品商场销售月饼,每出售 1 kg 可获利 a 元,过了季节就要处理剩余的月饼,每出售 1 kg 净亏损 b 元.设该商场在中秋节期间月饼销售量 X (单位:kg)服从 $[m,n]$ 上的均匀分布.为使商场在中秋节期间销售月饼平均获利最大,问该商场应购进多少月饼?

2. 设 X 为取值非负的连续型随机变量,且 EX 存在,证明:对 $x>0$,有 $P\{X \leq x\} \geq 1-\dfrac{EX}{x}$.

3. 设随机变量 X 在 $[a,b]$ 中取值,且 DX 存在,证明:$a \leq EX \leq b, DX \leq \dfrac{(b-a)^2}{4}$.

4. 设随机变量 $X \sim P(\lambda)$,$Y \sim E(\lambda)$,X 和 Y 相互独立,且 $EX=EY$,求 $E(2^{X+Y})$.

5. 设随机变量 X 和 Y 的方差为 $DX=1, DY=4$.(1)如果 X 和 Y 相互独立,求 $\rho_{X(X+Y)}$;(2)如果 X 和 Y 的相关系数为 -0.5,求 $\rho_{X(X+Y)}$.

6. 设随机变量 $X \sim N(0,1)$,$Y \sim N(0,1)$,且 X 和 Y 相互独立,证明:$U=X+Y$ 和 $V=X-Y$ 相互独立.

7. 设随机变量 X_1 和 X_2 相互独立,且同服从 $N(0,1)$,满足 $(Y_1,Y_2)=(X_1,X_2)A$,其中 A 为二阶正交矩阵.证明:(1) $EY_1=EY_2=0$;(2) $DY_1=DY_2=1$;(3) $\text{Cov}(Y_1,Y_2)=0$;(4) Y_1 和 Y_2 相互独立.

8. 设二维随机变量 $(X,Y) \sim N\left(0,0,1,1,\dfrac{1}{2}\right)$,求 $Z=$ $3X-2Y+1$ 的密度函数 $f_Z(z)$.

C 类

1. 已知随机变量 X 的密度函数为 $f(x)=a\mathrm{e}^{\frac{x(b-x)}{4}}$,$-\infty <x<+\infty$,且 $2EX=DX$.求 (1) 常数 a,b;(2) $E(X^2\mathrm{e}^X)$.

2. 设随机变量 X 和 Y 相互独立,且均服从 $N(0,1)$.记 $U=[X^2+Y^2]$,其中 $[\,\cdot\,]$ 表示取整函数.求 EU.

3. 设随机变量 X_1 和 X_2 相互独立,且方差均存在,X_1 与 X_2 的密度函数分别为 $f_1(x)$ 与 $f_2(x)$,随机变量 Y_1 的密度函数为 $f_{Y_1}(y)=\dfrac{1}{2}[f_1(y)+f_2(y)]$,随机变量 $Y_2=\dfrac{1}{2}(X_1+X_2)$,证明:$EY_1=EY_2, DY_1>DY_2$.

4. 利用 $[E(XY)]^2 \leq E(X^2)E(Y^2)$ 证明:(1) $\left(\displaystyle\sum_{i=1}^{n} a_i b_i\right)^2 \leq \sum_{i=1}^{n} a_i^2 \sum_{i=1}^{n} b_i^2$,其中 $a_i, b_i (i=1, 2, \cdots, n)$ 为实数;(2) $\left[\displaystyle\int_a^b f(x)g(x)\mathrm{d}x\right]^2 \leq \int_a^b f^2(x)\mathrm{d}x \int_a^b g^2(x)\mathrm{d}x$,其中 $f(x), g(x)$ 为 $[a,b]$ 上的连续函数.

5. 设 $E(X^2), E(Y^2)$ 和 $E(XY)$ 均存在,证明 $[E(XY)]^2=E(X^2)E(Y^2)$ 的充分必要条件为存在常数 a,使得 $P\{Y=aX\}=1$ 或 $P\{X=aY\}=1$.(柯西-施瓦茨不等式的特殊情形.)

6. 设随机变量 X,Y_1,Y_2 相互独立,$X \sim B\left(1,\dfrac{1}{2}\right)$,$Y_1 \sim U[0,1], Y_2 \sim U[0,1]$.求 $U=XY_1$ 和 $V=(1-X)Y_2$ 的相关系数 ρ_{UV}.

7. 设二维随机变量 (X,Y) 的密度函数为 $f(x,y)=a\varphi_1(x,y)+b\varphi_2(x,y)$,其中 $\varphi_1(x,y)=\begin{cases}(x+1)(y+1), & -1 \leq x \leq 1, -1 \leq y \leq 1, \\ 0, & \text{其他,}\end{cases}$ $\varphi_2(x,y)=\begin{cases}\dfrac{1}{\pi}, & x^2+y^2 \leq 1, \\ 0, & \text{其他,}\end{cases}$ $0 \leq a \leq \dfrac{1}{4}$.分别求常数 a,b,使得

(1) X 和 Y 不相关,但不相互独立;(2) X 和 Y 相互独立.

8. 设 $f(x)$,$g(x)$ 为 $[a,b]$ 上的正值连续函数,且对任意的 $x \in [a,b]$, $\int_a^x f(t)\mathrm{d}t \geqslant \int_a^x g(t)\mathrm{d}t$, $\int_a^b f(x)\mathrm{d}x = \int_a^b g(x)\mathrm{d}x = 1$,运用概率论的方法证明 $\int_a^b xf(x)\mathrm{d}x \leqslant \int_a^b xg(x)\mathrm{d}x.$

网上更多……　　　自测题

第5章 大数定律和中心极限定理

大数定律和中心极限定理都是概率论理论的重要组成部分.大数定律反映的是当独立重复试验次数无限增大时,观测值(随机变量)的平均值具有稳定的变化趋势,也包括频率的稳定性(参见定义1.2.1).中心极限定理描述的是当独立重复试验次数趋于无穷大时,观测值(随机变量)和的标准化随机变量的极限分布是标准正态分布,为实际问题中的概率计算提供了又一种方法.

5.1 切比雪夫不等式与大数定律

5.1.1 切比雪夫不等式

定理 5.1.1 设随机变量 X 的数学期望 $EX=\mu$,方差 $DX=\sigma^2$,则对任意的 $\varepsilon>0$,有

$$P\{\,|X-\mu|\geqslant\varepsilon\}\leqslant\frac{\sigma^2}{\varepsilon^2}\quad\text{或}\quad P\{\,|X-\mu|<\varepsilon\}\geqslant1-\frac{\sigma^2}{\varepsilon^2}.$$

此不等式称为切比雪夫不等式.

数学家小传 5-1
切比雪夫

微视频 5-1
切比雪夫不等式

证 现仅证明 X 为连续型随机变量时的情形.

设 X 的密度函数为 $f(x)$,则对任意的 $\varepsilon>0$,有

$$
\begin{aligned}
P\{\,|X-\mu|\geqslant\varepsilon\} &= \int_{|x-\mu|\geqslant\varepsilon}f(x)\,\mathrm{d}x \leqslant \int_{|x-\mu|\geqslant\varepsilon}\left(\frac{|x-\mu|}{\varepsilon}\right)^2 f(x)\,\mathrm{d}x\\
&= \frac{1}{\varepsilon^2}\int_{|x-\mu|\geqslant\varepsilon}(x-\mu)^2 f(x)\,\mathrm{d}x\\
&\leqslant \frac{1}{\varepsilon^2}\int_{-\infty}^{+\infty}(x-\mu)^2 f(x)\,\mathrm{d}x = \frac{1}{\varepsilon^2}E[(X-\mu)^2] = \frac{\sigma^2}{\varepsilon^2}.
\end{aligned}
$$

利用切比雪夫不等式可以在未知随机变量 X 分布的情况下,估计 $P\{\,|X-\mu|\geqslant\varepsilon\}$ 或 $P\{\,|X-\mu|<\varepsilon\}$.例如,

$$P\{\,|X-\mu|<3\sigma\}\geqslant1-\frac{\sigma^2}{9\sigma^2}\approx0.888\,9,$$

$$P\{\,|X-\mu|<4\sigma\} \geq 1 - \frac{\sigma^2}{16\sigma^2} = 0.937\,5.$$

由切比雪夫不等式可知当 σ^2 越小时, $P\{\,|X-\mu|<\varepsilon\}$ 就越大, 表明随机变量 X 的取值集中在 μ 的附近, 进一步体现了 σ^2 的意义. 特别地, 当 $\sigma^2=0$ 时, 有下列推论:

推论 5.1.1   在切比雪夫不等式中, 如果 $\sigma^2=0$, 则 $P\{X=EX\}=1$.

证   如果 $\sigma^2=0$, 则由切比雪夫不等式知, 对任意的 $\varepsilon>0$, 有 $P\{\,|X-\mu|<\varepsilon\} \geq 1$, 从而 $P\{\,|X-\mu|<\varepsilon\}=1$. 考虑到 ε 的任意性, 得 $P\{X=\mu\}=1$, 即 $P\{X=EX\}=1$.

上述推论 5.1.1 即为第 4 章性质 4.2.2 中 $DX=0$ 的一个必要条件.

切比雪夫不等式为后续相关理论提供了理论保障, 具有较高的理论价值.

例 5.1.1   设随机变量 X 的标准化随机变量为 $X^* = \dfrac{X-EX}{\sqrt{DX}}$, 试根据切比雪夫不等式估计概率 $P\{\,|X^*|<2\}$.

解 $P\{\,|X^*|<2\} = P\left\{\left|\dfrac{X-EX}{\sqrt{DX}}\right|<2\right\} = P\{\,|X-EX|<2\sqrt{DX}\} \geq 1 - \dfrac{DX}{(2\sqrt{DX})^2} = \dfrac{3}{4}.$

例 5.1.2   设随机变量 $X \sim P(9)$, 试根据切比雪夫不等式证明 $P\{X \geq 19\} \leq 0.09$.

证   由于 $X \sim P(9)$, 所以 $EX=DX=9$, 且 $P\{X-9 \leq -10\} = P\{X \leq -1\} = 0$, 故有

$$P\{X \geq 19\} = P\{X-9 \geq 10\} = P\{\,|X-9| \geq 10\} \leq \frac{9}{10^2} = 0.09.$$

5.1.2   大数定律

1. 相关概念

定义 5.1.1   设有随机变量序列 $X_1, X_2, \cdots, X_n, \cdots$, 如果存在常数 a, 使得对任意的 $\varepsilon>0$, 有 $\lim\limits_{n\to\infty} P\{\,|X_n-a|<\varepsilon\}=1$, 就称序列 $\{X_n\}$ 依概率收敛于 a, 记为 $\lim\limits_{n\to\infty} X_n \xrightarrow{P} a$.

性质 5.1.1   设 $\lim\limits_{n\to\infty} X_n \xrightarrow{P} a$, $\lim\limits_{n\to\infty} Y_n \xrightarrow{P} b$, $g(x,y)$ 在点 (a,b) 处连续, 则有

$$\lim_{n\to\infty} g(X_n,Y_n) \overset{P}{=\!=} g(a,b).$$

本性质证明从略.

定义 5.1.2　设有随机变量序列 $X_1,X_2,\cdots,X_n,\cdots$,如果对任意的 $n>1$, $X_1,X_2,\cdots,X_n$ 相互独立,就称 $X_1,X_2,\cdots,X_n,\cdots$ 相互独立.

例 5.1.3　设 $X_1,X_2,\cdots,X_n,\cdots$ 为相互独立的随机变量序列,$X_i \sim$

$$\begin{pmatrix} -\sqrt{\ln i} & \sqrt{\ln i} \\ 0.5 & 0.5 \end{pmatrix}, i=1,2,\cdots.$$ 令 $Y_n = \dfrac{1}{n}\sum_{i=1}^{n} X_i, n=1,2,\cdots.$ 证明随机变量

序列 $\{Y_n\}$ 依概率收敛于 0.

证　$EX_i=0, DX_i=\ln i, i=1,2,\cdots.$ 进而计算得 $EY_n=0, DY_n=\dfrac{1}{n^2}\sum_{i=1}^{n}\ln i =$

$\dfrac{\ln(n!)}{n^2}, n=1,2,\cdots.$ 由切比雪夫不等式,及 $\ln(n!)\leqslant \ln(n^n)=n\ln n$ 得,对

任意的 $\varepsilon>0$,

$$1\geqslant P\{|Y_n-0|<\varepsilon\}=P\{|Y_n-EY_n|<\varepsilon\}\geqslant 1-\frac{DY_n}{\varepsilon^2}=1-\frac{\ln(n!)}{n^2\varepsilon^2}\geqslant 1-\frac{\ln n}{n\varepsilon^2}.$$

由于 $\lim\limits_{n\to\infty}\dfrac{\ln n}{n}=0$,由夹逼定理得 $\lim\limits_{n\to\infty} P\{|Y_n-0|<\varepsilon\}=1$,所以随机变量

序列 $\{Y_n\}$ 依概率收敛于 0.

定义 5.1.3　设有随机变量序列 $X_1,X_2,\cdots,X_n,\cdots$,且 EX_i 存在,$i=1$, $2,\cdots$,如果对任意的 $\varepsilon>0$,有 $\lim\limits_{n\to\infty} P\left\{\left|\dfrac{1}{n}\sum_{i=1}^{n}X_i-\dfrac{1}{n}\sum_{i=1}^{n}EX_i\right|<\varepsilon\right\}=1$,就称

随机变量序列 $\{X_n\}$ 服从大数定律.

概念解析 5-1
大数定律

　　在例 5.1.3 中,随机变量序列 $\{X_n\}$ 就服从大数定律.

2. 切比雪夫大数定律

定理 5.1.2　设 $X_1,X_2,\cdots,X_n,\cdots$ 是相互独立的随机变量序列,如果数学期望 EX_i 和方差 DX_i 均存在,且存在常数 c,使得 $DX_i\leqslant c, i=1,2,\cdots$,则对任意的 $\varepsilon>0$,有 $\lim\limits_{n\to\infty} P\left\{\left|\dfrac{1}{n}\sum_{i=1}^{n}X_i-\dfrac{1}{n}\sum_{i=1}^{n}EX_i\right|<\varepsilon\right\}=1.$

典型例题分析 5-1
切比雪夫大数定律

证　由于 $E\left(\dfrac{1}{n}\sum_{i=1}^{n}X_i\right)=\dfrac{1}{n}\sum_{i=1}^{n}EX_i, D\left(\dfrac{1}{n}\sum_{i=1}^{n}X_i\right)=\dfrac{1}{n^2}\sum_{i=1}^{n}DX_i\leqslant\dfrac{c}{n}$,所

以由切比雪夫不等式,

$$1\geqslant P\left\{\left|\frac{1}{n}\sum_{i=1}^{n}X_i-\frac{1}{n}\sum_{i=1}^{n}EX_i\right|<\varepsilon\right\}\geqslant 1-\frac{1}{n^2\varepsilon^2}\sum_{i=1}^{n}DX_i\geqslant 1-\frac{c}{n\varepsilon^2},$$

再令 $n\to\infty$,并由夹逼定理得 $\displaystyle\lim_{n\to\infty} P\left\{\left|\frac{1}{n}\sum_{i=1}^{n}X_i - \frac{1}{n}\sum_{i=1}^{n}EX_i\right| < \varepsilon\right\} = 1.$

推论 5.1.2   设 $X_1, X_2, \cdots, X_n, \cdots$ 是相互独立的随机变量序列,且 $EX_i = \mu, DX_i = \sigma^2, i = 1, 2, \cdots$,则对任意的 $\varepsilon > 0$,有 $\displaystyle\lim_{n\to\infty} P\left\{\left|\frac{1}{n}\sum_{i=1}^{n}X_i - \mu\right| < \varepsilon\right\} = 1$,即 $\displaystyle\lim_{n\to\infty}\frac{1}{n}\sum_{i=1}^{n}X_i \xrightarrow{P} \mu.$

3. 伯努利大数定律

定理 5.1.3   设 n_A 是 n 重独立重复试验中事件 A 发生的次数,p 是事件 A 在每次试验中发生的概率,则对任意的 $\varepsilon > 0$,有 $\displaystyle\lim_{n\to\infty} P\left\{\left|\frac{n_A}{n} - p\right| < \varepsilon\right\} = 1$,即 $\displaystyle\lim_{n\to\infty}\frac{n_A}{n} \xrightarrow{P} p.$

证   令 $X_i = \begin{cases} 1, & \text{第 } i \text{ 次试验中事件 } A \text{ 发生}, \\ 0, & \text{第 } i \text{ 次试验中事件 } A \text{ 不发生}, \end{cases}$ $i = 1, 2, \cdots$,则 $n_A = \displaystyle\sum_{i=1}^{n}X_i$,且 $X_1, X_2, \cdots X_n, \cdots$ 相互独立,同服从 0-1 两点分布 $X_i \sim B(1, p)$,进而得

$$EX_i = \mu = p, \quad DX_i = \sigma^2 = p(1-p), \quad i = 1, 2, \cdots.$$

由推论 5.1.2 可得

$$\lim_{n\to\infty} P\left\{\left|\frac{n_A}{n} - p\right| < \varepsilon\right\} = \lim_{n\to\infty} P\left\{\left|\frac{1}{n}\sum_{i=1}^{n}X_i - \mu\right| < \varepsilon\right\} = 1.$$

定理 5.1.3 表明在独立重复试验中,当 $n\to\infty$ 时,事件 A 发生的频率 $\dfrac{n_A}{n}$ 依概率收敛于事件 A 的概率 $p = P(A)$,从而为第 1 章中概率的统计定义提供了理论保障.

4. 辛钦大数定律

定理 5.1.4   设随机变量 $X_1, X_2, \cdots, X_n, \cdots$ 相互独立同分布,如果 $EX_i = \mu, i = 1, 2, \cdots$,则对任意的 $\varepsilon > 0$,有 $\displaystyle\lim_{n\to\infty} P\left\{\left|\frac{1}{n}\sum_{i=1}^{n}X_i - \mu\right| < \varepsilon\right\} = 1$,即 $\displaystyle\lim_{n\to\infty}\frac{1}{n}\sum_{i=1}^{n}X_i \xrightarrow{P} \mu.$

数学家小传 5-2
辛钦

该定理证明较复杂,此处从略.

推论 5.1.3   设随机变量 $X_1, X_2, \cdots, X_n, \cdots$ 相互独立同分布,如果 $E(X_i^k) = \mu_k, i = 1, 2, \cdots,$ 则 $\left\{ \dfrac{1}{n} \sum\limits_{i=1}^{n} X_i^k \right\}$ 依概率收敛于 μ_k,即 $\lim\limits_{n \to \infty} \dfrac{1}{n} \sum\limits_{i=1}^{n} X_i^k \xlongequal{P} \mu_k,$ 其中 k 为任意正整数.

例 5.1.4   设随机变量 $X_1, X_2, \cdots, X_n, \cdots$ 相互独立,且均服从参数为 1 的泊松分布,证明:

$$\lim_{n \to \infty} \frac{1}{n} \sum_{i=1}^{n} X_i \xlongequal{P} 1, \quad \lim_{n \to \infty} \frac{1}{n} \sum_{i=1}^{n} X_i^2 \xlongequal{P} 2, \quad \lim_{n \to \infty} \frac{1}{n} \sum_{i=1}^{n} (X_i - \bar{X})^2 \xlongequal{P} 1,$$

其中 $\bar{X} = \dfrac{1}{n} \sum\limits_{i=1}^{n} X_i.$

证   由于 $EX_i = DX_i = 1, E(X_i^2) = 2, i = 1, 2, \cdots,$ 所以 $\mu_1 = 1, \mu_2 = 2.$由推论 5.1.3 知,$\lim\limits_{n \to \infty} \dfrac{1}{n} \sum\limits_{i=1}^{n} X_i \xlongequal{P} 1, \lim\limits_{n \to \infty} \dfrac{1}{n} \sum\limits_{i=1}^{n} X_i^2 \xlongequal{P} 2.$

又因为 $\dfrac{1}{n} \sum\limits_{i=1}^{n} (X_i - \bar{X})^2 = \dfrac{1}{n} \sum\limits_{i=1}^{n} X_i^2 - \bar{X}^2 = \dfrac{1}{n} \sum\limits_{i=1}^{n} X_i^2 - \left(\dfrac{1}{n} \sum\limits_{i=1}^{n} X_i \right)^2,$ 取 $g(x, y) = y - x^2, g(x, y)$ 处处连续,由性质 5.1.1,所以

$$\lim_{n \to \infty} \frac{1}{n} \sum_{i=1}^{n} (X_i - \bar{X})^2 \xlongequal{P} g(1, 2) = 1.$$

5.2   中心极限定理

5.2.1   中心极限定理的一般提法

定义 5.2.1   设随机变量序列 $X_1, X_2, \cdots, X_n, \cdots$ 相互独立,且 $EX_i = \mu_i,$ $DX_i = \sigma_i^2 > 0, i = 1, 2, \cdots,$ 令 $B_n^2 = \sum\limits_{i=1}^{n} \sigma_i^2,$ 若对任意的 $x \in (-\infty, +\infty),$ 有

$$\lim_{n \to \infty} P\left\{ \frac{1}{B_n} \sum_{i=1}^{n} (X_i - \mu_i) \leqslant x \right\} = \Phi(x) = \int_{-\infty}^{x} \frac{1}{\sqrt{2\pi}} e^{-\frac{t^2}{2}} dt,$$

就称随机变量序列 $\{X_n\}$ 服从中心极限定理.

数学家小传 5-3
列维

微视频 5-2
中心极限定理

典型例题分析 5-2
列维-林德伯格中心极限定理

5.2.2　中心极限定理

1. 列维-林德伯格中心极限定理

定理 5.2.1　设随机变量序列 $X_1, X_2, \cdots, X_n, \cdots$ 独立同分布,且 $EX_i = \mu, DX_i = \sigma^2 > 0, i = 1, 2, \cdots$. 令 Y_n 为 $\sum\limits_{i=1}^{n} X_i$ 的标准化随机变量,即 $Y_n = \dfrac{\sum\limits_{i=1}^{n} X_i - n\mu}{\sqrt{n}\,\sigma}, n = 1, 2, \cdots. Y_n$ 的分布函数记作 $F_{Y_n}(x)$,则有

$$\lim_{n \to \infty} F_{Y_n}(x) = \Phi(x) = \frac{1}{\sqrt{2\pi}} \int_{-\infty}^{x} \mathrm{e}^{-\frac{t^2}{2}} \mathrm{d}t, \quad x \in (-\infty, +\infty).$$

定理 5.2.1 的证明从略.

定理 5.2.1 称为列维-林德伯格中心极限定理,也称为独立同分布随机变量序列的中心极限定理.

由定理 5.2.1 表明,当 n 充分大时,$F_{Y_n}(x) \approx \Phi(x)$,即得 $Y_n \overset{\text{近似}}{\sim} N(0, 1)$,从而有

$$\sum_{i=1}^{n} X_i \overset{\text{近似}}{\sim} N(n\mu, n\sigma^2).$$

特别地,当 $n \geqslant 30$ 时,其误差可以忽略不计.

由于定理 5.2.1 中的 X_i 未必服从正态分布,甚至其分布可以是任意的或未知的.因此,$\sum\limits_{i=1}^{n} X_i$ 的精确分布难以求得.但只要 n 充分大,则有 $\sum\limits_{i=1}^{n} X_i$ 近似服从正态分布,因而突出了正态分布在概率统计中的重要地位.同时表明,中心极限定理是数理统计中大样本统计推断的理论基础.

在实际问题中,有些随机变量是诸多独立同分布,且影响甚微的小因素叠加而成的,因此这些随机变量可近似刻画成服从正态分布的随机变量,这就是中心极限定理的客观背景.例如,在误差分析中,各次测量误差的总和近似服从正态分布.十九世纪德国数学家高斯正是在研究测量误差时,引入了正态分布(在此之前,棣莫弗和拉普拉斯已经将正态分布引入概率论),并对正态分布进行研究,因此也称正态分布为高斯分布.

例 5.2.1　设随机变量 $X_1, X_2, \cdots, X_{48}$ 相互独立,且 $X_i \sim U(0, 2), i = 1, 2, \cdots, 48$.记 $X = \sum\limits_{i=1}^{48} X_i$,利用中心极限定理计算 $P\{X \leqslant 50\}$.

解　由于 $EX_i=1,DX_i=\dfrac{1}{3},i=1,2,\cdots,48$，所以 $EX=48,DX=48\times\dfrac{1}{3}=$

16.由中心极限定理知

$$X=\sum_{i=1}^{48}X_i\overset{\text{近似}}{\sim}N(48,16),$$

故

$$P\{X\leqslant 50\}=P\left\{\frac{X-48}{4}\leqslant\frac{1}{2}\right\}=\Phi\left(\frac{1}{2}\right)=0.691\,5.$$

例 5.2.2　一生产线生产的产品成箱包装,每箱的质量是随机的.假设每箱平均质量为 50 kg,标准差为 5 kg.若用最大载重量为 5 t 的汽车承运,试利用中心极限定理说明每辆车最多可以装多少箱,才能保障不超载的概率大于 0.977.

解　设每辆车可以装 n 箱.记 X_i 为第 i 箱的质量(单位:kg),$i=1$,$2,\cdots,n$.由题意知 $X_1,X_2,\cdots,X_n$ 为独立同分布的随机变量,并且 $EX_i=50$,$DX_i=25$.

而 n 箱的总质量为 $T_n=X_1+X_2+\cdots+X_n$,计算得 $ET_n=50n,DT_n=25n$.

根据列维-林德伯格中心极限定理,$T_n\overset{\text{近似}}{\sim}N(50n,25n)$.由题意知,

$$P\{T_n\leqslant 5\,000\}=P\left\{\frac{T_n-50n}{5\sqrt{n}}\leqslant\frac{5\,000-50n}{5\sqrt{n}}\right\}=\Phi\left(\frac{1\,000-10n}{\sqrt{n}}\right)>0.977\approx\Phi(2).$$

由此可见,$\dfrac{1\,000-10n}{\sqrt{n}}>2$,从而 $n<98.019\,9$,即最多可以装 98 箱.

2. 棣莫弗-拉普拉斯中心极限定理

定理 5.2.2　设随机变量 $X_n\sim B(n,p),n=1,2,\cdots,$则

$$\lim_{n\to\infty}P\left\{\frac{X_n-np}{\sqrt{np(1-p)}}\leqslant x\right\}=\Phi(x)=\frac{1}{\sqrt{2\pi}}\int_{-\infty}^{x}\mathrm{e}^{-\frac{t^2}{2}}\mathrm{d}t,\quad x\in(-\infty,+\infty).$$

证　由推论 3.8.1 及其说明知,

$$X_n=\sum_{i=1}^{n}Z_i,$$

其中 $Z_1,Z_2,\cdots,Z_n$ 相互独立,且 $Z_i\sim B(1,p),i=1,2,\cdots,n,$所以由定理 5.2.1 知,

$$\lim_{n\to\infty}P\left\{\frac{X_n-np}{\sqrt{np(1-p)}}\leqslant x\right\}=\lim_{n\to\infty}P\left\{\frac{\sum_{i=1}^{n}Z_i-np}{\sqrt{np(1-p)}}\leqslant x\right\}=\Phi(x),$$

数学家小传 5-4
棣莫弗

数学家小传 5-5
拉普拉斯

$$x \in (-\infty, +\infty).$$

定理 5.2.2 称为棣莫弗-拉普拉斯中心极限定理,也称为二项分布以正态分布为极限分布的中心极限定理.定理 5.2.2 为定理 5.2.1 的特例.

定理 5.2.2 表明,如果 $X \sim B(n,p)$,则当 n 充分大时,有

$$X \stackrel{\text{近似}}{\sim} N(np, np(1-p)) \,(\text{图 5.2.1}).$$

当 $n \geqslant 30$ 时,其误差可以忽略不计.

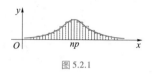

图 5.2.1

例 5.2.3 设有 200 台独立作业的同类型设备,每台设备出现故障的概率均为 $\dfrac{1}{200}$,又设每台设备的故障可由一名维修人员处理.

(1) 问至少配备多少名维修人员,才能使出现故障而不能及时维修的概率不大于 0.03?

(2) 设现有 4 名维修人员,采用下列两种管理方式:①每人维护 50 台;②两人一组,每组维护 100 台.问哪种管理较合理?

解 (1) 设 X 表示 200 台设备中出现故障的台数,则 $X \sim B\left(200, \dfrac{1}{200}\right)$,由棣莫弗-拉普拉斯中心极限定理,$X \stackrel{\text{近似}}{\sim} N\left(1, \dfrac{199}{200}\right)$.

设 n 为需配备的维修人员的人数,由 $P\{X>n\} \leqslant 0.03$,得 $P\{X \leqslant n\} \geqslant 0.97$,计算得

$$\Phi\left(\frac{n-1}{\sqrt{199/200}}\right) \geqslant 0.97 \approx \Phi(1.88),$$

从而有 $\dfrac{n-1}{\sqrt{199/200}} \geqslant 1.88$,解得 $n \geqslant 2.88$,所以 n 至少取 3,即至少配备 3 名维修人员.

(2) 设 X_1 表示 50 台设备中的故障台数,X_2 表示 100 台设备中的故障台数,则

$$X_1 \sim B\left(50, \frac{1}{200}\right), \quad X_2 \sim B\left(100, \frac{1}{200}\right),$$

由中心极限定理,$X_1 \stackrel{\text{近似}}{\sim} N\left(\dfrac{1}{4}, \dfrac{199}{800}\right)$,$X_2 \stackrel{\text{近似}}{\sim} N\left(\dfrac{1}{2}, \dfrac{199}{400}\right)$.

此时故障能够得到及时维修的概率分别为

① 每人维护 50 台时:$(P\{X_1 \leqslant 1\})^4 = \Phi^4\left(\dfrac{3}{2}\right) = 0.933\,2^4 = 0.758\,4$;

② 两人一组, 每组维护 100 台时: $(P\{X_2 \leqslant 2\})^2 = \Phi^2\left(\dfrac{3\sqrt{2}}{2}\right) = 0.983\ 0^2 = 0.966\ 2.$

因为 $0.758\ 4 < 0.966\ 2$, 所以方式②较为合理.

例 5.2.4   (例 2.2.5) 设某机械产品的次品率为 0.005, 试分别求在任意 1 000 个产品中有不多于 5 个次品的概率和恰有 10 个次品的概率.

分析   设 X 表示 1 000 个产品中次品的个数, 则 $X \sim B(1\ 000, 0.005)$. 由棣莫弗-拉普拉斯中心极限定理知 $X \overset{近似}{\sim} N(5, 4.975)$, 可得

$$P\{X \leqslant 5\} = \Phi\left(\frac{5-5}{\sqrt{4.975}}\right) = \Phi(0) = 0.5, \quad P\{X = 10\} = 0.$$

对于此计算结果, 似乎觉得不合理. 尤其是与 $P\{X = 10\} = 0$ 类似可得对任意的 $k = 0, 1, \cdots, 1\ 000$, 均有 $P\{X = k\} = 0$, 明显与 $\sum\limits_{k=0}^{1\,000} P\{X = k\} = 1$ 不符.

出现这种情况的原因究竟是什么? 这是因为二项分布是以正态分布为极限分布, 两者之间还存在一定的偏差, 从图 5.2.1 中也可发现两者之间的差别. 因此在概率计算时, 对整数 $k(k = 0, 1, 2, \cdots, n)$, 将其适当地左、右调整 0.5, 使得近似计算结果更加精确, 也更加合理. 比如

$$C_n^k p^k (1-p)^{n-k} = P\{X = k\} = P\{k-0.5 < X < k+0.5\}$$
$$= \Phi\left(\frac{k+0.5-np}{\sqrt{np(1-p)}}\right) - \Phi\left(\frac{k-0.5-np}{\sqrt{np(1-p)}}\right),$$

$$\sum_{i=0}^{k} C_n^i p^i (1-p)^{n-i} = P\{X \leqslant k\} = P\{X < k+0.5\} = \Phi\left(\frac{k+0.5-np}{\sqrt{np(1-p)}}\right),$$

$$\sum_{i=k}^{n} C_n^i p^i (1-p)^{n-i} = P\{X \geqslant k\} = P\{X > k-0.5\} = 1 - \Phi\left(\frac{k-0.5-np}{\sqrt{np(1-p)}}\right).$$

上述方法称为修正法. 在列维-林德伯格中心极限定理中, 如果随机变量 $X_i(i = 1, 2, \cdots)$ 取值为整数, 则计算概率时也可采用修正法.

下面利用修正法再解例 5.2.4.

解 $P\{X \leqslant 5\} = P\{X < 5.5\} = \Phi\left(\dfrac{5.5-5}{\sqrt{4.975}}\right) = \Phi(0.22) = 0.587\ 1,$

$$P\{X = 10\} = P\{9.5 < X < 10.5\} = \Phi\left(\frac{10.5-5}{\sqrt{4.975}}\right) - \Phi\left(\frac{9.5-5}{\sqrt{4.975}}\right)$$
$$= \Phi(2.47) - \Phi(2.02) = 0.993\ 2 - 0.978\ 3 = 0.014\ 9.$$

此结果较前者更加合理,与第 2 章利用泊松定理近似计算的结果较接近.至于利用修正法近似计算的结果与利用泊松定理近似计算的结果相比,哪个更为精确? 请感兴趣的读者作进一步判断,比如可通过模拟实验加以验证.

小结

本章有三部分内容：切比雪夫不等式、大数定律和中心极限定理.

1. 切比雪夫不等式

需要熟记切比雪夫不等式，会利用切比雪夫不等式估计相应的概率.注意：并非计算概率.

2. 大数定律

知道依概率收敛的概念，了解切比雪夫大数定律、伯努利大数定律和辛钦大数定律的描述以及直观含义，不必做更深层次的研究和掌握.知道在一定条件下有 $\lim\limits_{n\to\infty}\dfrac{1}{n}\sum\limits_{i=1}^{n}X_i^k \overset{P}{=}\mu_k$，为数理统计中的矩估计作理论保障.

3. 中心极限定理

中心极限定理是本章的重点.

要掌握列维-林德伯格定理（独立同分布随机变量序列的中心极限定理）的"412 要领"，即：

（1）随机变量序列 $X_1, X_2, \cdots, X_n, \cdots$ 满足的四个条件：

①独立，②同分布，③$EX_i = \mu$，④$DX_i = \sigma^2 (\sigma > 0)$，$n = 1, 2, \cdots$；

（2）一个结论：当 n 充分大（$n \geq 30$）时，$\sum\limits_{i=1}^{n}X_i \overset{近似}{\sim} N(n\mu, n\sigma^2)$；

（3）两个解题步骤：①先确定 $\sum\limits_{i=1}^{n}X_i \overset{近似}{\sim} N(n\mu, n\sigma^2)$，②再利用正态分布的概率计算进一步求解.

掌握棣莫弗-拉普拉斯中心极限定理的关键，即：如果 $X \sim B(n, p)$，则当 n 充分大（$n \geq 30$）时，有 $X \overset{近似}{\sim} N(np, np(1-p))$.

然后将二项分布的概率计算问题转化为正态分布计算求解，必要时可采用修正法近似计算.

第5章习题

一、填空题

1. 设随机变量 X 和 Y 的数学期望都是 2,方差分别为 1 和 4,而相关系数为 0.5,利用切比雪夫不等式估计 $P\{|X-Y|\geq 6\}\leq$ _____.

2. 设随机变量 $X_1,X_2,\cdots,X_n,\cdots$ 相互独立,其密度函数均为 $f(x)=\begin{cases}2x, & 0<x<1,\\ 0, & 其他,\end{cases}$ 则 $\{\sum_{i=1}^{n}X_i(1-X_i)\}$ 依概率收敛于_____.

3. 设有 800 台设备独立地工作,每台设备发生故障的概率为 0.01.现由两名维修人员看管,则利用中心极限定理说明发生故障时不能及时维修的概率为_____.

二、选择题

1. 某学生的数学考试成绩 X 是随机变量,已知 $EX=80,DX=25$,则用切比雪夫不等式估计该学生成绩在 70 分到 90 分之间的概率(   ).

(A) ≤ 0.25 (B) ≤ 0.75

(C) ≥ 0.25 (D) ≥ 0.75

2. 设随机变量 $X\sim B(n,p)(n\geq 16)$,已知直接运用切比雪夫不等式得 $P\{8<X<16\}\geq\frac{1}{2}$,则在下列给定的各组数值中,$n,p$ 可分别为(   ).

(A) $n=16,p=\frac{3}{4}$ (B) $n=16,p=\frac{1}{2}$

(C) $n=36,p=\frac{1}{3}$ (D) $n=36,p=\frac{1}{4}$

3. 设随机变量序列 $X_1,X_2,\cdots,X_n,\cdots$ 相互独立,且均服从 $P(\lambda)$,则对任意 $\varepsilon>0$,$\lim_{n\to\infty}P\{|\frac{1}{n}\sum_{i=1}^{n}X_i^2-(\lambda+\lambda^2)|\geq\varepsilon\}$(   ).

(A) 等于 0   (B) 等于 1

(C) 与 λ 有关   (D) 与 ε 有关

4. 设随机变量 $X_1,X_2,\cdots,X_n$ 相互独立,如果 $X_1,X_2,\cdots,X_n($ $)$,则根据列维-林德伯格中心极限定理,当 n 充分大时,$X_1+X_2+\cdots+X_n$ 近似服从正态分布.

(A) 有相同的数学期望

(B) 有相同的方差

(C) 服从同一指数分布

(D) 服从同一离散型分布

三、解答题

A 类

1. 利用切比雪夫不等式说明,要将一枚均匀硬币抛多少次才能使正面出现的频率与 0.5 之间的偏差不小于 0.04 的概率不超过 0.01?

2. 对于每名学生而言,来参加家长会的家长人数是一个随机变量,设每名学生无家长来、有 1 名家长来、有 2 名家长来参加家长会的概率分别为 0.05,0.8,0.15.若学校共有 400 名学生,且每名学生参加家长会的家长人数相互独立.利用修正法,(1)求参加会议的家长人数 X 超过 450 的概率;(2)有一名家长来参加家长会的学生数不多于 340 的概率.

3. 设某企业组装一件产品的时间服从指数分布,统计资料表明组装每件产品的平均时间为 10 min,且各件产品的组装时间相互独立.试求组装 100 件产品需要 15 h 到 20 h 的概率.

4. 某厂生产的螺丝钉的不合格率为 0.01,问一盒中应装多少只螺丝钉,才能使盒中至少含有 100 只合格品的概率不小于 0.95?

B 类

1. 设 X 为取值非负的离散型随机变量, 其数学期望 EX 存在, 证明对任意 $\varepsilon > 0$, 均有 $P\{X \geqslant \varepsilon\} \leqslant \dfrac{EX}{\varepsilon}$ (马尔可夫不等式).

2. 设随机变量 $X_1, X_2, \cdots, X_n, \cdots$ 独立同分布, 且 $EX_i = \mu$, $DX_i = \sigma^2 > 0$, $i = 1, 2, \cdots$, 对任意给定的 $\varepsilon > 0$, 利用中心极限定理证明

$$\lim_{n \to \infty} P\left\{\left|\sum_{i=1}^{n} X_i - n\mu\right| \geqslant \varepsilon\right\} = 1,$$

$$\lim_{n \to \infty} P\left\{\left|\frac{1}{n} \sum_{i=1}^{n} X_i - \mu\right| \geqslant \varepsilon\right\} = 0.$$

3. 设随机变量序列 $X_1, X_2, \cdots, X_n, \cdots$ 相互独立, 且 $X_k \sim P(1)$, $k = 1, 2, \cdots, n, \cdots$, (1) 求 $P\left\{\sum_{k=1}^{n} X_k \leqslant n\right\}$; (2) 试用中心极限定理, 并采用修正法求 $\lim_{n \to \infty} P\left\{\sum_{k=1}^{n} X_k \leqslant n\right\}$, 从而证明 $\lim_{n \to \infty} e^{-n} \sum_{i=0}^{n} \dfrac{n^i}{i!} = \dfrac{1}{2}$.

网上更多……　　 自测题

第6章 数理统计的基础知识

数理统计学是一门研究带有随机影响数据的学科,是数学中的一个重要分支.它主要研究如何有效地收集数据、并利用一定的统计模型对数据进行理论分析和统计推断,从中提取有用的信息,形成统计结论,为决策提供依据.而分析和推断是以概率论的理论为依据的.因此,从某种程度上说,数理统计是概率论的一种应用.

数理统计研究的内容可以概括地分为抽样理论和统计推断两个部分.

抽样理论研究如何更合理、更有效地获取数据.获取数据的过程称为抽样,抽样的方式可分为全面观察、随机抽样观察、安排特定的试验,等等.本教材中主要讨论随机抽样观察方式.

统计推断是指如何利用抽样的数据,对所考察的对象(总体)的某种性质作出尽可能准确的推断.在随机抽样观察方式下,体现为"由部分推断总体".统计推断包括参数估计和假设检验两类基本问题.

由于随机现象普遍存在,因此数理统计几乎渗透到人类活动的各个领域.把数理统计应用到不同的领域,就形成了适应特定领域的统计方法.如生物统计、水文统计、气象统计、计量统计、保险统计、市场统计、医学统计,等等.这些统计方法的基础都是数理统计.

6.1 数理统计的基本概念

在本教材中,抽样理论是预备性环节,统计推断是重点内容.我们首先介绍数理统计的一些基本概念.

6.1.1 总体和样本

1. 总体与个体

定义 6.1.1 将研究问题中所有被考察对象的全体称为**总体**,总体中的每一个成员称为**个体**.

例如,考察某品牌电视机的寿命,则所有该品牌电视机的寿命就是总体, 而其中每台电视机的寿命就是个体.

由于被考察对象往往是某数量指标 X, 因此总体可以理解为该数量指标 X 取值的全体. 研究总体就是研究其数量指标 X 取值的全体. 在实际问题中, 总体的数量指标 X 通常是一个随机变量. 数量指标 X 的分布称为总体的分布, 总体的特征是由总体的分布刻画的. 为此, 常把总体与总体分布视为等同, 并称总体 X.

如果总体所包含个体的总数有限, 就称该总体为有限总体, 其分布是离散型的. 如果总体所包含个体的总数无穷多, 就称该总体为无限总体, 其分布可以是离散型的, 也可以是连续型的, 甚至可能是非离散型也非连续型的.

例 6.1.1　考察某产品的次品率, 令总体 $X = \begin{cases} 1, & \text{产品为次品,} \\ 0, & \text{产品为正品,} \end{cases}$ 因此总体 X 的取值为 1 和 0, 总体 X 为有限总体, 如果记该产品的次品率为 p, 则总体 $X \sim B(1, p)$.

例 6.1.2　利用仪器测量某物体的高度. 假设该物体高度的精确值为 μ, 测量值为 X, 则总体 X 为无限总体, 且其取值集中在 μ 附近的概率应该较大, 远离 μ 的概率较小. 如果没有系统性误差, X 取值大于 μ 的概率和 X 取值小于 μ 的概率也应该相等, 因此, 人们往往认为总体 $X \sim N(\mu, \sigma^2)$, 其中 σ^2 为 X 的方差, 反映了测量精度.

每个个体作为总体中的一个成员, 具有一定的取值. 如果从总体中随机抽取一个个体, 则此个体也为随机变量, 且与总体同分布.

2. 样本

定义 6.1.2　从总体 X 中, 按一定的规则任意抽取的部分个体 $(X_1, X_2, \cdots, X_n)$ 称为来自总体 X 的一个**样本**, 其中 n 称为**样本容量**或**样本大小**.

定义 6.1.2 中所述 "按一定的规则" 是指总体 X 中的每一个个体均有同等机会被抽取.

由于统计推断体现为由部分推断总体, 其中 "部分" 指的就是样本, 因此在统计推断中, 对样本的质量要求较高. 要求样本满足下列两条性质:

(1) 代表性: 每个个体 X_i 与总体 X 同分布 $(i = 1, 2, \cdots, n)$;

（2）独立性：$X_1, X_2, \cdots, X_n$ 相互独立.

满足上面两条性质的样本称为简单随机样本.在数理统计中,所有样本都要求是简单随机样本,通常也简称为样本.

由上可知,样本 $(X_1, X_2, \cdots, X_n)$ 为 n 维随机变量,且 $X_1, X_2, \cdots, X_n$ 相互独立,每个 X_i 与总体 X 同分布.利用概率论的理论,可进一步研究样本 $(X_1, X_2, \cdots, X_n)$ 的分布.

如果总体 X 为离散型的,其分布律为 $P\{X = a_i\} = p(a_i), i = 1, 2, \cdots$,则样本 $(X_1, X_2, \cdots, X_n)$ 的分布律为

$$P\{X_1 = x_1, X_2 = x_2, \cdots, X_n = x_n\} = \prod_{i=1}^{n} P\{X_i = x_i\} = \prod_{i=1}^{n} p(x_i),$$

其中每个 $x_i (i = 1, 2, \cdots, n)$ 的可能取值为 $a_1, a_2, \cdots, a_n, \cdots$.

如果总体 X 为连续型的,其密度函数为 $f(x), -\infty < x < +\infty$,则样本 $(X_1, X_2, \cdots, X_n)$ 的密度函数为

$$f_{X_1 X_2 \cdots X_n}(x_1, x_2, \cdots, x_n) = \prod_{i=1}^{n} f(x_i),$$

其中每个 $x_i \in (-\infty, +\infty)(i = 1, 2, \cdots, n)$.

一方面,样本 $(X_1, X_2, \cdots, X_n)$ 为 n 维随机变量.另一方面,在具体的一次观察或试验后,得到样本的一组数值,称为样本的观察值或样本值.有时为便于区分,将样本的观察值记为 $(x_1, x_2, \cdots, x_n)$.通常情况下,观察前样本为随机变量,观察后样本可为数值.有时也理解为,在作理论分析时样本视为随机变量,把研究的成果用于解决实际问题时样本视为数值.这就是样本的二重性.

例 6.1.3　设 (X_1, X_2, X_3, X_4) 为来自总体 $X \sim \begin{pmatrix} 0 & 1 & 2 \\ \dfrac{1}{6} & \dfrac{1}{2} & \dfrac{1}{3} \end{pmatrix}$ 的一个样本,求 $P\{\min\limits_{1 \leqslant i \leqslant 4} X_i \leqslant 1\}$.

解　$P\{\min\limits_{1 \leqslant i \leqslant 4} X_i \leqslant 1\} = 1 - P\{\min\limits_{1 \leqslant i \leqslant 4} X_i > 1\} = 1 - P\{X_1 > 1, X_2 > 1, X_3 > 1, X_4 > 1\}$

$= 1 - P\{X_1 > 1\} P\{X_2 > 1\} P\{X_3 > 1\} P\{X_4 > 1\}$

$= 1 - (P\{X > 1\})^4 = 1 - (P\{X = 2\})^4 = 1 - \left(\dfrac{1}{3}\right)^4 = \dfrac{80}{81}.$

6.1.2　统计量

1. 统计量的概念

定义 6.1.3　设 $(X_1, X_2, \cdots, X_n)$ 为来自总体 X 的一个样本，$g(x_1, x_2, \cdots, x_n)$ 为一个 n 元函数，且 $g(x_1, x_2, \cdots, x_n)$ 不依赖总体 X 中的任何未知参数，就称随机变量 $g(X_1, X_2, \cdots, X_n)$ 为一个统计量. 如果 $(x_1, x_2, \cdots, x_n)$ 为样本观察值，也称 $g(x_1, x_2, \cdots, x_n)$ 为统计量的观察值.

例 6.1.4　设 $(X_1, X_2, \cdots, X_n)$ 为来自总体 $X \sim N(\mu, \sigma^2)$ 的一个样本，其中 μ 已知，σ^2 未知，则

$$g_1(X_1, X_2, \cdots, X_n) = \frac{1}{n}\sum_{i=1}^{n} X_i, \quad g_2(X_1, X_2, \cdots, X_n) = \max_{1 \leqslant i \leqslant n} X_i - \mu,$$

都是统计量，但由于

$$g_3(X_1, X_2, \cdots, X_n) = \frac{1}{\sigma^2}\sum_{i=1}^{n} (X_i - \mu)^2$$

中含有未知参数 σ^2，故该样本的函数不是统计量.

由定义 6.1.3 知，统计量一个样本的函数. 而在实际问题中，统计量表现为处理统计问题的方法. 不同的统计量表示不同的处理方法，"好"的统计量表示"好"的处理方法(参见第 7 章中估计量的评价标准).

例如，在比较某两个平行班的数学测验成绩时，通常采用取平均值的方法进行比较，这时，构造的统计量为 $\dfrac{1}{n}\sum_{i=1}^{n} X_i$. 如果是数学竞赛，根据竞赛特点，可选用统计量 $\max\limits_{1 \leqslant i \leqslant n} X_i$ 进行比较. 又如，在电视节目中，像相声小品比赛、青年歌手大奖赛等均采用去掉最高分和最低分后，以剩下的分数之和作为选手最后得分的方法衡量选手的比赛水平，此时采用的统计量为

$$\sum_{i=1}^{n} X_i - \max_{1 \leqslant i \leqslant n} X_i - \min_{1 \leqslant i \leqslant n} X_i.$$

概念解析 6-1
统计量

2. 常见统计量

在数理统计中，统计量是一个非常重要的概念. 但如何构造统计量是一件很复杂的事情，牵涉到概率论以及其他许多相关知识. 下面介绍一些常见统计量：

（1）样本矩

定义 6.1.4　设 $(X_1, X_2, \cdots, X_n)$ 为来自总体 X 的一个样本，定义

① 样本均值　$\overline{X} = \dfrac{1}{n} \sum\limits_{i=1}^{n} X_i$；

② 样本方差　$S^2 = \dfrac{1}{n-1} \sum\limits_{i=1}^{n} (X_i - \overline{X})^2 = \dfrac{1}{n-1} \Big(\sum\limits_{i=1}^{n} X_i^2 - n\overline{X}^2 \Big)$；

③ 样本标准差　$S = \sqrt{S^2} = \sqrt{\dfrac{1}{n-1} \sum\limits_{i=1}^{n} (X_i - \overline{X})^2}$；

④ 样本 k 阶原点矩　$A_k = \dfrac{1}{n} \sum\limits_{i=1}^{n} X_i^k, k = 1, 2, \cdots$；

⑤ 样本 k 阶中心矩　$B_k = \dfrac{1}{n} \sum\limits_{i=1}^{n} (X_i - \overline{X})^k, k = 1, 2, \cdots$.

在定义 6.1.4 中，不难发现 $A_1 = \overline{X}, B_1 = 0, B_2 = \dfrac{n-1}{n} S^2 = A_2 - A_1^2$.

例 6.1.5　设总体 X 的数学期望 $EX = \mu$，方差 $DX = \sigma^2$，$(X_1, X_2, \cdots, X_n)$ $(n>1)$ 为来自总体 X 的一个样本，求 $E\overline{X}, D\overline{X}$ 和 $E(S^2)$.

解　由题意知，$X_1, X_2, \cdots, X_n$ 相互独立，且 $EX_i = \mu, DX_i = \sigma^2, i = 1, 2, \cdots, n$. 再由例 4.2.7 知

$$E\overline{X} = \mu, \quad D\overline{X} = \frac{\sigma^2}{n}.$$

由于

$$E(X_i^2) = DX_i + (EX_i)^2 = \sigma^2 + \mu^2, \quad i = 1, 2, \cdots, n,$$

$$E(\overline{X}^2) = D\overline{X} + (E\overline{X})^2 = \frac{\sigma^2}{n} + \mu^2.$$

所以

$$E(S^2) = \frac{1}{n-1} \Big[\sum_{i=1}^{n} E(X_i^2) - nE(\overline{X}^2) \Big]$$

$$= \frac{1}{n-1} \Big[\sum_{i=1}^{n} (\sigma^2 + \mu^2) - n\Big(\frac{\sigma^2}{n} + \mu^2 \Big) \Big]$$

$$= \frac{1}{n-1} (n\sigma^2 + n\mu^2 - \sigma^2 - n\mu^2) = \frac{1}{n-1} \cdot (n-1)\sigma^2 = \sigma^2.$$

（2）顺序统计量

定义 6.1.5　设 $(X_1, X_2, \cdots, X_n)$ 为来自总体 X 的一个样本，将 $X_1, X_2, \cdots, X_n$ 作升序排列为 $X_1^* \leqslant X_2^* \leqslant \cdots \leqslant X_n^*$，称 $X_1^*, X_2^*, \cdots, X_n^*$ 为顺序统

计量.

可以验证,如果 $i_1,i_2,\cdots,i_{n-k+1}$ 为 $1,2,\cdots,n$ 中任意 $n-k+1$ 个不同的数,则

$$X_k^* = \max_{i_1,i_2,\cdots,i_{n-k+1}}\left\{\min\left\{X_{i_1},X_{i_2},\cdots,X_{i_{n-k+1}}\right\}\right\}, \quad k=1,2,\cdots,n.$$

特别地,$X_1^* = \min\{X_1,X_2,\cdots,X_n\}$,$X_n^* = \max\{X_1,X_2,\cdots,X_n\}$.

6.1.3 经验分布函数

定义 6.1.6   设样本的观察值为 $(x_1,x_2,\cdots,x_n)$,将 $x_1,x_2,\cdots,x_n$ 中的取值从小到大排列为 $x_1^* < x_2^* < \cdots < x_s^*$,且 x_i^* 出现的频数为 $k_i(i=1,2,\cdots,s)$,$\sum_{i=1}^{s}k_i = n$,称函数

$$F_n(x) = \begin{cases} 0, & x < x_1^*, \\ \dfrac{1}{n}\sum_{i=1}^{t}k_i, & x_t^* \leqslant x < x_{t+1}^*, t = 1,2,\cdots,s-1, \\ 1, & x \geqslant x_s^*, \end{cases}$$

为 $(x_1,x_2,\cdots,x_n)$ 的经验分布函数.

经验分布函数具有分布函数同样的性质.

性质 6.1.1   设 $F_n(x)$ 为样本观察值 $(x_1,x_2,\cdots,x_n)$ 的经验分布函数,则有

(1) $0 \leqslant F_n(x) \leqslant 1$;

(2) $\lim\limits_{x\to-\infty}F_n(x) = 0$, $\lim\limits_{x\to+\infty}F_n(x) = 1$;

(3) $F_n(x)$ 关于 x 单调不减;

(4) $F_n(x)$ 关于 x 处处右连续.

证明从略.

由定义 6.1.6 可得,$(x_1,x_2,\cdots,x_n)$ 的经验分布函数也可表示为

$$F_n(x) = \frac{x_1,x_2,\cdots,x_n \text{ 中不大于 } x \text{ 的个数}}{n}, \quad -\infty < x < +\infty.$$

从而,对任意的 x,$nF_n(x)$ 表示在 n 重独立重复试验中,随机事件 $\{X \leqslant x\}$ 发生的次数,故

$$nF_n(x) \sim B(n,p),$$

其中 $p=P\{X\leqslant x\}=F(x)$ 为总体 X 的分布函数.由伯努利大数定律得

性质 6.1.2 $\lim\limits_{n\to\infty}F_n(x)\overset{P}{=}F(x)$.

由此可知,经验分布函数有一定的理论价值.

例 6.1.6 设 $(1,2,3,1,3)$ 为来自总体 X 的样本观察值,求其经验分布函数 $F_5(x)$.

解 由题意知,$n=5$,$x_1^*=1$,$x_2^*=2$,$x_3^*=3$,其对应的频数为 $k_1=2$,$k_2=1$,$k_3=2$,故其经验分布函数为

$$F_5(x)=\begin{cases}0, & x<1,\\[2mm] \dfrac{2}{5}, & 1\leqslant x<2,\\[2mm] \dfrac{3}{5}, & 2\leqslant x<3,\\[2mm] 1, & x\geqslant3.\end{cases}$$

6.2 抽样分布

统计量的分布是数理统计的一个重要组成部分,是其理论分析的基础.

定义 6.2.1 统计量的分布称为抽样分布.

一般来说,抽样分布是由总体 X 的分布和函数 $g(x_1,x_2,\cdots,x_n)$ 确定的.理论上讲,确定抽样分布是一件很困难的事.为此,在本节中,主要针对当总体 $X\sim N(\mu,\sigma^2)$,即总体 X 服从正态总体时,介绍数理统计中的一些常见分布和结论.

6.2.1 数理统计中的几个常见分布

19 世纪末到 20 世纪,德国统计学家赫尔梅特发现了 χ^2 分布,英国统计学家戈塞特创立了 t 分布,以及英国统计学家费希尔提出了 F 分布,他们为抽样分布理论作出了贡献.

因此,我们把正态分布、χ^2 分布、t 分布和 F 分布称为数理统计中的四个常见分布,其中正态分布在概率论中已经介绍,下面分别介绍 χ^2 分

布、t 分布和 F 分布的定义及有关性质.

1. χ^2 分布

定义 6.2.2　设 $(X_1, X_2, \cdots, X_n)$ 为来自总体 $X \sim N(0,1)$ 的一个样本,就称统计量

$$\chi^2 = \sum_{i=1}^{n} X_i^2 = X_1^2 + X_2^2 + \cdots + X_n^2$$

服从自由度为 n 的 χ^2 分布,记作 $\chi^2 \sim \chi^2(n)$.

在定义 6.2.2 中,出现了自由度的概念.一般地,设 $(X_1, X_2, \cdots, X_n)$ 为来自总体 $X \sim N(0,1)$ 的一个样本,

$$Y_i = C_{i1}X_1 + C_{i2}X_2 + \cdots + C_{in}X_n, \quad C_{i1}, C_{i2}, \cdots, C_{in} \text{ 为常数}, \quad i = 1, 2, \cdots, k.$$

直观地说, $\sum_{i=1}^{k} Y_i^2$ 的自由度为 $Y_1, Y_2, \cdots, Y_k$ 中相互独立的随机变量个数.同时自由度还有其他理解方式.比如,如果 $Y_1, Y_2, \cdots, Y_k$ 之间存在 $m(m < k)$ 个独立线性约束条件,则 $\sum_{i=1}^{k} Y_i^2$ 的自由度为 $k-m$.特别地,理论上已经证明, $\sum_{i=1}^{k} Y_i^2$ 的自由度为二次型 $\sum_{i=1}^{k} (C_{i1}X_1 + C_{i2}X_2 + \cdots + C_{in}X_n)^2$ 的秩.

定理 6.2.1　设 $\chi^2 \sim \chi^2(n)$,则 χ^2 的密度函数为

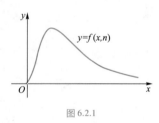

图 6.2.1

$$f(x, n) = \begin{cases} \dfrac{1}{2^{\frac{n}{2}} \Gamma\left(\dfrac{n}{2}\right)} x^{\frac{n}{2}-1} e^{-\frac{x}{2}}, & x > 0, \\ 0, & x \leqslant 0 \end{cases} \quad (\text{如图 6.2.1}),$$

其中 $\Gamma(p) = \displaystyle\int_0^{+\infty} x^{p-1} e^{-x} dx (p > 0)$ 称为 Γ-函数.

证明从略.

χ^2 分布有下列性质.

性质 6.2.1　设 $\chi^2 \sim \chi^2(n)$,则 $E(\chi^2) = n, D(\chi^2) = 2n$.

证　由定义 6.2.2, $\chi^2 = \sum_{i=1}^{n} X_i^2$,其中 $(X_1, X_2, \cdots, X_n)$ 为来自总体 $X \sim N(0,1)$ 的一个样本,则有

$$EX_i = EX = 0, \quad DX_i = DX = 1,$$

$$E(X_i^2) = E(X^2) = DX + (EX)^2 = 1,$$

$$E(X_i^4) = E(X^4) = \int_{-\infty}^{+\infty} x^4 \cdot \frac{1}{\sqrt{2\pi}} e^{-\frac{1}{2}x^2} dx = -\int_{-\infty}^{+\infty} x^3 d\left(\frac{1}{\sqrt{2\pi}} e^{-\frac{1}{2}x^2}\right)$$

$$= -x^3 \cdot \frac{1}{\sqrt{2\pi}} e^{-\frac{1}{2}x^2} \Big|_{-\infty}^{+\infty} + 3\int_{-\infty}^{+\infty} x^2 \cdot \frac{1}{\sqrt{2\pi}} e^{-\frac{1}{2}x^2} dx = 3E(X^2) = 3,$$

$$D(X_i^2) = E(X_i^4) - [E(X_i^2)]^2 = 3 - 1^2 = 2, \quad i = 1, 2, \cdots, n,$$

所以

$$E(\chi^2) = E\left(\sum_{i=1}^{n} X_i^2\right) = \sum_{i=1}^{n} E(X_i^2) = n,$$

又由于 $X_1, X_2, \cdots, X_n$ 相互独立,故

$$D(\chi^2) = D\left(\sum_{i=1}^{n} X_i^2\right) = \sum_{i=1}^{n} D(X_i^2) = 2n.$$

推论 6.2.1　设 $\chi^2 \sim \chi^2(n)$,则当 n 充分大时,$\chi^2 \overset{\text{近似}}{\sim} N(n, 2n)$.

推论 6.2.1 可利用中心极限定理证得.

性质 6.2.2　设 $X \sim N(0,1)$,则 $X^2 \sim \chi^2(1)$.

证　在定义 6.2.2 中取 $n = 1$ 即可证得.

性质 6.2.3　设 $\chi_i^2 \sim \chi^2(n_i)$,$i = 1, 2$,且 χ_1^2 和 χ_2^2 相互独立,则 $\chi_1^2 + \chi_2^2 \sim \chi^2(n_1 + n_2)$.

性质 6.2.3 可利用卷积公式证明,从略.

推论 6.2.2　设 $\chi_i^2 \sim \chi^2(n_i)$,$i = 1, 2, \cdots, k$,且 $\chi_1^2, \chi_2^2, \cdots, \chi_k^2$ 相互独立,则

$$\sum_{i=1}^{k} \chi_i^2 \sim \chi^2\left(\sum_{i=1}^{k} n_i\right).$$

2. t 分布

定义 6.2.3　设随机变量 $X \sim N(0,1)$,$Y \sim \chi^2(n)$,且 X 和 Y 相互独立,称随机变量 $T = \dfrac{X}{\sqrt{Y/n}}$ 服从自由度为 n 的 t 分布,记作 $T \sim t(n)$.

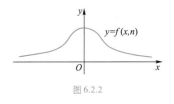

图 6.2.2

定理 6.2.2　设随机变量 $T \sim t(n)$,则 T 的密度函数为

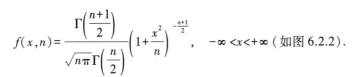

$$f(x, n) = \frac{\Gamma\left(\frac{n+1}{2}\right)}{\sqrt{n\pi} \, \Gamma\left(\frac{n}{2}\right)} \left(1 + \frac{x^2}{n}\right)^{-\frac{n+1}{2}}, \quad -\infty < x < +\infty \ (\text{如图 6.2.2}).$$

证明从略.

性质 6.2.4　设随机变量 $T \sim t(n)$,则 $ET = 0(n>1)$,$DT = \dfrac{n}{n-2}(n>2)$.

t 分布也称为学生(Student)分布.

性质 6.2.5　设随机变量 $T \sim t(n)$,$f(x,n)$ 为 T 的密度函数,则对任意的 $x \in \mathbf{R}$,$\lim\limits_{n \to \infty} f(x,n) = \varphi(x)$,其中 $\varphi(x)$ 为标准正态分布的密度函数.

因此,当 n 充分大时,$T \overset{\text{近似}}{\sim} N(0,1)$.

3. F 分布

微视频 6-1
数理统计中的四个常见分布

典型例题分析 6-1
F 分布

定义 6.2.4　设随机变量 $X \sim \chi^2(n_1)$,$Y \sim \chi^2(n_2)$,且 X 和 Y 相互独立,就称 $F = \dfrac{X/n_1}{Y/n_2}$ 服从第一自由度为 n_1,第二自由度为 n_2 的 F 分布,记作 $F \sim F(n_1,n_2)$.

定理 6.2.3　设随机变量 $F \sim F(n_1,n_2)$,则 F 的密度函数为

$$f(x,n_1,n_2) = \begin{cases} \dfrac{\Gamma\left(\dfrac{n_1+n_2}{2}\right)}{\Gamma\left(\dfrac{n_1}{2}\right)\Gamma\left(\dfrac{n_2}{2}\right)} n_1^{\frac{n_1}{2}} n_2^{\frac{n_2}{2}} x^{\frac{n_1}{2}-1} (n_1 x + n_2)^{-\frac{n_1+n_2}{2}}, & x>0, \\ 0, & x \leqslant 0 \end{cases}$$

（如图6.2.3）.

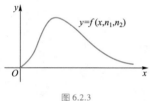

图 6.2.3

证明从略.

性质 6.2.6　设随机变量 $F \sim F(n_1,n_2)$,则

$$EF = \frac{n_2}{n_2-2}(n_2>2), \quad DF = \frac{2n_2^2(n_1+n_2-2)}{n_1(n_2-2)^2(n_2-4)}(n_2>4).$$

性质 6.2.7　如果随机变量 $T \sim t(n)$,则 $T^2 \sim F(1,n)$.

证　由定义 6.2.3,$T = \dfrac{X}{\sqrt{Y/n}}$,其中 $X \sim N(0,1)$,$Y \sim \chi^2(n)$,且 X 和 Y 相互独立.根据性质 6.2.2,$X^2 \sim \chi^2(1)$,且 X^2 和 Y 相互独立,故 $T^2 = \dfrac{X^2/1}{Y/n} \sim F(1,n)$.

性质 6.2.8　如果随机变量 $F \sim F(n_1,n_2)$,则 $\dfrac{1}{F} \sim F(n_2,n_1)$.

证　由于 $F \sim F(n_1,n_2)$,由定义 6.2.4,$F = \dfrac{X/n_1}{Y/n_2}$,其中 $X \sim \chi^2(n_1)$,$Y \sim \chi^2(n_2)$,且 X 和 Y 相互独立,故 $\dfrac{1}{F} = \dfrac{Y/n_2}{X/n_1} \sim F(n_2,n_1)$.

例 6.2.1　设随机变量 $T \sim t(n)$,求 $F = \dfrac{1}{T^2}$ 所服从的分布.

解　由于 $T \sim t(n)$，故由性质 6.2.7，$T^2 \sim F(1,n)$.再由性质 6.2.8，$F = \dfrac{1}{T^2} \sim F(n,1)$.

例 6.2.2　设 (X_1,X_2,X_3,X_4) 为来自总体 $X \sim N(0,\sigma^2)$ 的一个样本，求 $T = \dfrac{X_1-X_2}{|X_3+X_4|}$ 所服从的分布.

解　利用正态分布的性质知 $X_1-X_2 \sim N(0,2\sigma^2)$，$X_3+X_4 \sim N(0,2\sigma^2)$，故 $\dfrac{X_1-X_2}{\sqrt{2}\,\sigma} \sim N(0,1)$，$\dfrac{X_3+X_4}{\sqrt{2}\,\sigma} \sim N(0,1)$，得 $\dfrac{(X_3+X_4)^2}{2\sigma^2} \sim \chi^2(1)$，又 $\dfrac{X_1-X_2}{\sqrt{2}\,\sigma}$ 和 $\dfrac{(X_3+X_4)^2}{2\sigma^2}$ 独立（参见定理 3.8.1），故

$$\frac{\dfrac{X_1-X_2}{\sqrt{2}\,\sigma}}{\sqrt{\dfrac{(X_3+X_4)^2}{2\sigma^2}\Big/1}} = \frac{X_1-X_2}{|X_3+X_4|} = T \sim t(1).$$

6.2.2　上侧分位点

定义 6.2.5　设 X 为随机变量，p 为满足 $0<p<1$ 的实数，如果点 x_p 满足 $P\{X \geqslant x_p\} \geqslant p$ 和 $P\{X \leqslant x_p\} \geqslant 1-p$，就称 x_p 为 X 的**上侧 p 分位点**或**右侧 p 分位点**.

概念解析 6-2
上侧分位点

可以证明，对于正态分布、χ^2 分布、t 分布和 F 分布，其上侧分位点均存在，且唯一.因此其上侧 p 分位点 x_p 均满足 $P\{X \geqslant x_p\} = p$，$P\{X \leqslant x_p\} = 1-p$.

1. $N(0,1)$ 的上侧分位点

设随机变量 $U \sim N(0,1)$，α 为满足 $0<\alpha<1$ 的实数，称满足 $P\{U \geqslant u_\alpha\} = \alpha$ 的 u_α 为 $N(0,1)$ 的上侧 α 分位点.

利用标准正态分布的对称性，$u_{1-\alpha} = -u_\alpha$（如图 6.2.4）.

u_α 可以通过标准正态分布表（附表 2）查得.例如，当 $\alpha = 0.05$ 时，$u_{0.05} = 1.645$；当 $\alpha = 0.025$ 时，$u_{0.025} = 1.96$.此两等式分别等同于 $\Phi(1.645) = 0.95$，$\Phi(1.96) = 0.975$.一般地，$\Phi(u_\alpha) = 1-\alpha$.

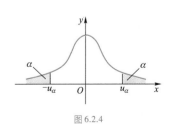

图 6.2.4

例 6.2.3　设随机变量 $X \sim N(0,1)$，实数 α 满足 $0 < \alpha < 1$，如果 $P\{|X| < x\} = \alpha$，则将 x 表示为 $N(0,1)$ 的上侧分位点.

解　由 $P\{|X| < x\} = \alpha$ 可得 $P\{X \geqslant x\} = \dfrac{1-\alpha}{2}$，所以 $x = u_{\frac{1-\alpha}{2}}$.

2. $t(n)$ 的上侧分位点

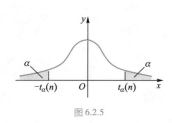

图 6.2.5

设随机变量 $T \sim t(n)$，α 为满足 $0 < \alpha < 1$ 的实数，称满足 $P\{T \geqslant t_\alpha(n)\} = \alpha$ 的 $t_\alpha(n)$ 为 $t(n)$ 的上侧 α 分位点.

利用 t 分布的对称性，$t_{1-\alpha}(n) = -t_\alpha(n)$（如图 6.2.5）.

当 $n \leqslant 45$，$\alpha = 0.25, 0,10, 0.05, 0.025, 0.01, 0.005$ 时，$t_\alpha(n)$ 可以通过 t 分布表（附表 4）查得. 例如，当 $\alpha = 0.05$，$n = 6$ 时，$t_{0.05}(6) = 1.943\ 2.$ 当 $n > 45$ 时，由性质 6.2.5 知，$t_\alpha(n) \approx u_\alpha$.

3. $\chi^2(n)$ 的上侧分位点

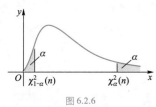

图 6.2.6

设随机变量 $\chi^2 \sim \chi^2(n)$，α 为满足 $0 < \alpha < 1$ 的实数，称满足 $P\{\chi^2 \geqslant \chi_\alpha^2(n)\} = \alpha$ 的 $\chi_\alpha^2(n)$ 为 $\chi^2(n)$ 的上侧 α 分位点.

由于 χ^2 分布为非对称的分布，因此，

$$P\{\chi^2 \geqslant \chi_{1-\alpha}^2(n)\} = 1 - \alpha, \quad 即 \quad P\{\chi^2 \leqslant \chi_{1-\alpha}^2(n)\} = \alpha（如图 6.2.6）.$$

当 $n \leqslant 45$，$\alpha = 0.25, 0,10, 0.05, 0.025, 0.01, 0.005$ 时 $\chi_\alpha^2(n)$ 和 $\chi_{1-\alpha}^2(n)$ 均可以通过 χ^2 分布表（附表 5）查得. 例如，当 $\alpha = 0.10$，$n = 8$ 时，$\chi_{0.10}^2(8) = 13.362$，$\chi_{0.90}^2(8) = 3.490$.

当 $n > 45$ 时，由推论 6.2.1 知，$\chi_\alpha^2(n) \approx n + \sqrt{2n}\, u_\alpha$，$\chi_{1-\alpha}^2(n) \approx n - \sqrt{2n}\, u_\alpha$.

4. $F(n_1, n_2)$ 的上侧分位点

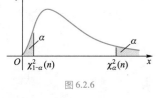

图 6.2.7

设随机变量 $F \sim F(n_1, n_2)$，α 为满足 $0 < \alpha < 1$ 的实数，称满足 $P\{F \geqslant F_\alpha(n_1, n_2)\} = \alpha$ 的 $F_\alpha(n_1, n_2)$ 为 $F(n_1, n_2)$ 的上侧 α 分位点.

同理，F 分布为非对称的分布，因此，

$$P\{F \geqslant F_{1-\alpha}(n_1, n_2)\} = 1 - \alpha, \quad 即 \quad P\{F \leqslant F_{1-\alpha}(n_1, n_2)\} = \alpha（如图 6.2.7）.$$

当 $\alpha = 0.10, 0.05, 0.025, 0.01, 0.005, 0.001$ 时，$F_\alpha(n_1, n_2)$ 可以通过 F 分布表（附表 6）查得. 例如，当 $\alpha = 0.01$，$n_1 = 4$，$n_{10} = 10$ 时，$F_{0.01}(4, 10) = 5.99.$ 而 $F_{1-\alpha}(n_1, n_2)$ 在 F 分布表并不能直接查得，需要利用下列性质转换

后,方可查得.

性质 6.2.9　$F_{1-\alpha}(n_1,n_2)=\dfrac{1}{F_\alpha(n_2,n_1)}$.

证　设 $F\sim F(n_1,n_2)$,则 $\dfrac{1}{F}\sim F(n_2,n_1)$.故 $P\left\{\dfrac{1}{F}\geqslant F_\alpha(n_2,n_1)\right\}=\alpha$,得

$P\left\{F\geqslant\dfrac{1}{F_\alpha(n_2,n_1)}\right\}=1-\alpha$.因为 $P\{F\geqslant F_{1-\alpha}(n_1,n_2)\}=1-\alpha$,所以 $F_{1-\alpha}(n_1,$

$n_2)=\dfrac{1}{F_\alpha(n_2,n_1)}$.

例 6.2.4　设随机变量 $T\sim t(n)$,$F\sim F(n_1,n_2)$,α 为满足 $0<\alpha<1$ 的实

数,数 $t_\alpha(n)$,$F_\alpha(n_1,n_2)$ 分别满足 $P\{T>t_\alpha(n)\}=\alpha$,$P\{F>F_\alpha(n_1,n_2)\}=\alpha$.

(1)证明 $t_{\frac{\alpha}{2}}^2(n)=F_\alpha(1,n)$;(2)若已知 $t_{0.05}(6)=1.943\,2$,求 $F_{0.90}(6,1)$.

证　(1) 由于 $T\sim t(n)$,故 $T^2\sim F(1,n)$.因此 $P\{|T|>t_{\frac{\alpha}{2}}(n)\}=P\{T^2>$

$t_{\frac{\alpha}{2}}^2(n)\}=\alpha$.又 $P\{T^2>F_\alpha(1,n)\}=\alpha$,故 $t_{\frac{\alpha}{2}}^2(n)=F_\alpha(1,n)$.

(2) $F_{0.10}(1,6)=t_{0.05}^2(6)=1.943\,2^2\approx3.776\,0$,所以 $F_{0.90}(6,1)=$

$\dfrac{1}{F_{0.10}(1,6)}=\dfrac{1}{3.776\,0}\approx0.264\,8$.

6.3　正态总体样本均值和样本方差的分布

6.3.1　单正态总体样本均值和样本方差的分布

定理 6.3.1　设 $(X_1,X_2,\cdots,X_n)$ 为来自总体 $X\sim N(\mu,\sigma^2)$ 的一个样

本,则

(1) $\overline{X}\sim N\left(\mu,\dfrac{\sigma^2}{n}\right)$,或 $U=\dfrac{\overline{X}-\mu}{\sigma/\sqrt{n}}\sim N(0,1)$;

(2) $\chi^2=\dfrac{\displaystyle\sum_{i=1}^n(X_i-\mu)^2}{\sigma^2}\sim\chi^2(n)$;

(3) $\chi^2=\dfrac{(n-1)S^2}{\sigma^2}=\dfrac{\displaystyle\sum_{i=1}^n(X_i-\overline{X})^2}{\sigma^2}\sim\chi^2(n-1)$,且 $\overline{X}$ 和 S^2 相互

独立;

（4）$T = \dfrac{\overline{X} - \mu}{S/\sqrt{n}} \sim t(n-1)$.

证　（1）在推论 3.8.2 中，已经证明 $\overline{X} = \dfrac{1}{n} \sum\limits_{i=1}^{n} X_i \sim N\left(\mu, \dfrac{\sigma^2}{n}\right)$，将其标

准化即可得 $U = \dfrac{\overline{X} - \mu}{\sigma/\sqrt{n}} \sim N(0,1)$.

（2）由于 $X_i \sim N(\mu, \sigma^2)$，故有 $\dfrac{X_i - \mu}{\sigma} \sim N(0,1)$，$i = 1, 2, \cdots, n$，且 $\dfrac{X_1 - \mu}{\sigma}$，

$\dfrac{X_2 - \mu}{\sigma}, \cdots, \dfrac{X_n - \mu}{\sigma}$ 相互独立. 由定义 6.2.2 即得 $\chi^2 = \sum\limits_{i=1}^{n} \left(\dfrac{X_i - \mu}{\sigma}\right)^2 =$

$\dfrac{\sum\limits_{i=1}^{n} (X_i - \mu)^2}{\sigma^2} \sim \chi^2(n)$.

（3）此结论的证明已超出本教材的范围，故从略. 但可从下列两个方面理解其自由度为 $n-1$.

第一，$X_i - \overline{X}(i = 1, 2, \cdots, n)$ 之间有一个线性约束条件 $\sum\limits_{i=1}^{n} (X_i - \overline{X}) = 0$；

第二，经计算，二次型 $\sum\limits_{i=1}^{n} (X_i - \overline{X})^2$ 的秩为 $n-1$.

（4）由（1）和（3）知，$\dfrac{\overline{X} - \mu}{\sigma/\sqrt{n}} \sim N(0,1)$，$\dfrac{(n-1)S^2}{\sigma^2} \sim \chi^2(n-1)$，且 $\dfrac{\overline{X} - \mu}{\sigma/\sqrt{n}}$ 和

$\dfrac{(n-1)S^2}{\sigma^2}$ 相互独立，故由定义 6.2.3 知，$T = \dfrac{\dfrac{\overline{X} - \mu}{\sigma/\sqrt{n}}}{\sqrt{\dfrac{(n-1)S^2}{\sigma^2} \Big/ n-1}} = \dfrac{\overline{X} - \mu}{S/\sqrt{n}} \sim$

$t(n-1)$.

例 6.3.1　设 $(X_1, X_2, \cdots, X_9)$ 为来自总体 $X \sim N(\mu, \sigma^2)$ 的一个样本，$\overline{X}$

为其样本均值，S 为样本标准差，求 $P\left\{-0.465\,6 < \dfrac{\overline{X} - \mu}{S} < 0.965\,5\right\}$.

解　由定理 6.3.1（4）知，$\dfrac{\overline{X} - \mu}{S/\sqrt{9}} \sim t(8)$，所以

$$P\left\{-0.465\,6 < \dfrac{\overline{X} - \mu}{S} < 0.965\,5\right\} = P\left\{-1.396\,8 < \dfrac{\overline{X} - \mu}{S/\sqrt{9}} < 2.896\,5\right\}.$$

又查表得 $t_{0.10}(8) = 1.396\,8$，$t_{0.01}(8) = 2.896\,5$，所以

$$P\left\{-0.465\,6<\frac{\overline{X}-\mu}{S}<0.965\,5\right\}=P\left\{-t_{0.10}(8)<\frac{\overline{X}-\mu}{S/\sqrt{9}}<t_{0.01}(8)\right\}$$

$$=P\left\{t_{0.90}(8)<\frac{\overline{X}-\mu}{S/\sqrt{9}}<t_{0.01}(8)\right\}$$

$$=0.90-0.01=0.89.$$

例 6.3.2 设 $(X_1,X_2,\cdots,X_n)$ 为来自总体 $X\sim N(\mu,\sigma^2)$ 的一个样本,其中 $n>1$. 令 $S_0^2=\frac{1}{n}\sum_{i=1}^{n}(X_i-\mu)^2$, 分别求 $E(S_0^2)$, $D(S_0^2)$, $E(S^2)$ 和 $D(S^2)$.

解 由定理 6.3.1(2) 知, $\dfrac{nS_0^2}{\sigma^2}=\dfrac{\sum\limits_{i=1}^{n}(X_i-\mu)^2}{\sigma^2}\sim\chi^2(n)$, 所以 $E\left(\dfrac{nS_0^2}{\sigma^2}\right)=n$, $D\left(\dfrac{nS_0^2}{\sigma^2}\right)=2n$, 故得 $E(S_0^2)=\sigma^2$, $D(S_0^2)=\dfrac{2\sigma^4}{n}$.

同理,由定理 6.3.1(3) 知, $\dfrac{(n-1)S^2}{\sigma^2}\sim\chi^2(n-1)$, 所以 $E\left[\dfrac{(n-1)S^2}{\sigma^2}\right]=n-1$, $D\left[\dfrac{(n-1)S^2}{\sigma^2}\right]=2(n-1)$, 得 $E(S^2)=\sigma^2$, $D(S^2)=\dfrac{2\sigma^4}{n-1}$.

典型例题分析 6-2
单正态总体样本均值和样本方差的数字特征

6.3.2 双正态总体样本均值差和样本方差比的分布

定理 6.3.2 设 $(X_1,X_2,\cdots,X_{n_1})$ 为来自总体 $X\sim N(\mu_1,\sigma_1^2)$ 的一个样本,样本均值为 $\overline{X}$, 样本方差为 S_1^2. $(Y_1,Y_2,\cdots,Y_{n_2})$ 为来自总体 $Y\sim N(\mu_2,\sigma_2^2)$ 的一个样本,样本均值为 $\overline{Y}$, 样本方差为 S_2^2, 且 $X_1,X_2,\cdots,X_{n_1}$ 和 $Y_1,Y_2,\cdots,Y_{n_2}$ 相互独立,则

(1) $\overline{X}-\overline{Y}\sim N\left(\mu_1-\mu_2,\dfrac{\sigma_1^2}{n_1}+\dfrac{\sigma_2^2}{n_2}\right)$;

(2) 当 σ_1^2,σ_2^2 未知,但 $\sigma_1^2=\sigma_2^2$ 时,

$$T=\frac{(\overline{X}-\overline{Y})-(\mu_1-\mu_2)}{S_W\sqrt{\dfrac{1}{n_1}+\dfrac{1}{n_2}}}\sim t(n_1+n_2-2),\quad 其中 \; S_W=\sqrt{\frac{(n_1-1)S_1^2+(n_2-1)S_2^2}{n_1+n_2-2}};$$

(3) $F=\dfrac{S_1^2/\sigma_1^2}{S_2^2/\sigma_2^2}\sim F(n_1-1,n_2-1)$.

证 (1) 由于 $X \sim N(\mu_1, \sigma_1^2), Y \sim N(\mu_2, \sigma_2^2)$，因此由定理 6.3.1(1)，

$\overline{X} \sim N\left(\mu_1, \dfrac{\sigma_1^2}{n_1}\right), \overline{Y} \sim N\left(\mu_2, \dfrac{\sigma_2^2}{n_2}\right)$.

又 $\overline{X}$ 和 $\overline{Y}$ 相互独立，由正态分布的性质得 $\overline{X} - \overline{Y} \sim N\left(\mu_1 - \mu_2, \dfrac{\sigma_1^2}{n_1} + \dfrac{\sigma_2^2}{n_2}\right)$.

(2) 记 $\sigma_1^2 = \sigma_2^2 = \sigma^2$，由 (1) 知，$\overline{X} - \overline{Y} \sim N\left(\mu_1 - \mu_2, \left(\dfrac{1}{n_1} + \dfrac{1}{n_2}\right)\sigma^2\right)$，故

$$\frac{(\overline{X} - \overline{Y}) - (\mu_1 - \mu_2)}{\sqrt{\dfrac{1}{n_1} + \dfrac{1}{n_2}}\, \sigma} \sim N(0, 1).$$

又根据定理 6.3.1(3) 知，$\dfrac{(n_1-1)S_1^2}{\sigma^2} \sim \chi^2(n_1-1), \dfrac{(n_2-1)S_2^2}{\sigma^2} \sim \chi^2(n_2-1)$，

且 $\dfrac{(n_1-1)S_1^2}{\sigma^2}$ 和 $\dfrac{(n_2-1)S_2^2}{\sigma^2}$ 相互独立，故由性质 6.2.3 得 $\dfrac{(n_1-1)S_1^2}{\sigma^2} + \dfrac{(n_2-1)S_2^2}{\sigma^2} =$

$$\frac{(n_1-1)S_1^2 + (n_2-1)S_2^2}{\sigma^2} \sim \chi^2(n_1+n_2-2).$$

可以证明 $\dfrac{(\overline{X} - \overline{Y}) - (\mu_1 - \mu_2)}{\sqrt{\dfrac{1}{n_1} + \dfrac{1}{n_2}}\, \sigma}$ 和 $\dfrac{(n_1-1)S_1^2 + (n_2-1)S_2^2}{\sigma^2}$ 相互独立 (参见参

考文献 [4] 中第 147 页)，由定义 6.2.3 得

$$T = \frac{(\overline{X} - \overline{Y}) - (\mu_1 - \mu_2)}{S_w \sqrt{\dfrac{1}{n_1} + \dfrac{1}{n_2}}} = \frac{\dfrac{(\overline{X} - \overline{Y}) - (\mu_1 - \mu_2)}{\sqrt{\dfrac{1}{n_1} + \dfrac{1}{n_2}}\, \sigma}}{\sqrt{\dfrac{(n_1-1)S_1^2 + (n_2-1)S_2^2}{\sigma^2} / (n_1+n_2-2)}} \sim t(n_1+n_2-2).$$

(3) 由定理 6.3.1(3) 知，$\dfrac{(n_1-1)S_1^2}{\sigma_1^2} \sim \chi^2(n_1-1), \dfrac{(n_2-1)S_2^2}{\sigma_2^2} \sim \chi^2(n_2-1)$，

且 $\dfrac{(n_1-1)S_1^2}{\sigma_1^2}$ 和 $\dfrac{(n_2-1)S_2^2}{\sigma_2^2}$ 相互独立，故由定义 6.2.4 得 $F = \dfrac{S_1^2/\sigma_1^2}{S_2^2/\sigma_2^2} =$

$$\frac{\dfrac{(n_1-1)S_1^2}{\sigma_1^2} \Big/ (n_1-1)}{\dfrac{(n_2-1)S_2^2}{\sigma_2^2} \Big/ (n_2-1)} \sim F(n_1-1, n_2-1).$$

例 6.3.3   从总体 $X \sim N(1, 3)$ 中分别抽取容量为 20, 30 的两个相互独

立的样本,求其样本均值差的绝对值小于 1 的概率.

    解   设两个样本均值分别为 $\overline{X}$ 和 $\overline{Y}$,则 $E(\overline{X}-\overline{Y})=1-1=0$,$D(\overline{X}-\overline{Y})=$

$\dfrac{3}{20}+\dfrac{3}{30}=\dfrac{1}{4}$,由定理 6.3.2(1),可得 $\overline{X}-\overline{Y}\sim N\left(0,\dfrac{1}{4}\right)$,所以

$$P\{|\overline{X}-\overline{Y}|<1\}=P\left\{\left|\dfrac{\overline{X}-\overline{Y}}{1/2}\right|<2\right\}=2\Phi(2)-1=2\times0.977\,2-1=0.954\,4.$$

小结

本章为数理统计的基础.

1. 总体、样本与统计量

正确理解总体、个体、(简单随机)样本及统计量的概念.重点把握样本$(X_1, X_2, \cdots, X_n)$的代表性和独立性,即$X_1, X_2, \cdots, X_n$相互独立,且与总体有相同的分布.从而它们与总体有相同的数学期望、方差.

统计量是不含总体任何未知参数的样本的函数,统计量是进行统计推断的基本方法.掌握样本均值$\overline{X} = \dfrac{1}{n}\sum_{i=1}^{n} X_i$,样本方差$S^2 = \dfrac{1}{n-1}\sum_{i=1}^{n}(X_i - \overline{X})^2$和$X_1^* = \min\{X_1, X_2, \cdots, X_n\}$,$X_n^* = \max\{X_1, X_2, \cdots, X_n\}$等常见统计量的直观意义及其相关结论.

了解经验分布函数的概念、性质和计算方法.

2. 抽样分布

掌握χ^2分布、t分布和F分布的构造和各自的性质,会利用它们确定某些统计量的分布.特别是掌握利用χ^2分布的性质6.2.1,计算某些统计量的数学期望和方差的方法.

会运用上侧分位点进行查表计算.但在有些教材中,介绍下侧分位点,应该注意区别.

3. 正态总体中$\overline{X}$与S^2的分布

这是本章的重点和难点.在单正态总体$X \sim N(\mu, \sigma^2)$中,应熟记下列结论:

(1) $\overline{X} \sim N\left(\mu, \dfrac{\sigma^2}{n}\right)$,或$U = \dfrac{\overline{X} - \mu}{\sigma/\sqrt{n}} \sim N(0,1)$;

(2) $\chi^2 = \dfrac{\sum_{i=1}^{n}(X_i - \mu)^2}{\sigma^2} \sim \chi^2(n)$;

(3) $\chi^2 = \dfrac{(n-1)S^2}{\sigma^2} = \dfrac{\sum_{i=1}^{n}(X_i - \overline{X})^2}{\sigma^2} \sim \chi^2(n-1)$,且$\overline{X}$和$S^2$相互独立;

(4) $T = \dfrac{\overline{X} - \mu}{S/\sqrt{n}} \sim t(n-1)$.

并会运用这些结论解决相关问题.它们是参数估计和假设检验理论的基础.

📖 第 6 章习题

一、填空题

1. 设 $(X_1, X_2, \cdots, X_{10})$ 是取自总体 $X \sim B(1, p)$ 的样本,其中 p 未知,则以下样本的函数中,_____是统计量,_____不是统计量.

$$T_1 = \sum_{i=1}^{10} X_i, \quad T_2 = X_{10} - EX_1, \quad T_3 = p\overline{X}, \quad T_4 = \max_{1 \le i \le 10} X_i.$$

2. 某商店 100 天电冰箱的日销售情况有如下统计数据

日销售台数 X	2	3	4	5	6	合计
天数	20	30	10	25	15	100

则其样本均值 $\overline{x} =$ _____,样本方差 $s^2 =$ _____,经验分布函数 $F_n(x) =$ _____.

3. 从总体 $X \sim N(52, 6.3^2)$ 中随机抽取了一个容量为 36 的样本,则样本均值 $\overline{X}$ 落在区间 $[50.8, 53.8]$ 上的概率为_____.

4. 设 $(X_1, X_2, \cdots, X_n)$ 为取自总体 $X \sim N(\mu, 0.5^2)$ 的样本. 如果要以至少 95.4% 的概率保证 $|\overline{X} - \mu| < 0.1$ 成立,则样本容量 n 至少应取_____.

5. 设 $(X_1, X_2, \cdots, X_{10})$ 为来自总体 $X \sim N(\mu, \sigma^2)$ 的样本,S^2 为样本方差,则根据切比雪夫不等式估计 $P\{0 < S^2 < 2\sigma^2\} \ge$ _____.

6. 设 $\chi^2 \sim \chi^2(200)$,则由中心极限定理得 $P\{\chi^2 \le 240\}$ 近似等于_____.

7. 设随机变量 $X \sim N(0, 1)$,$\chi^2 \sim \chi^2(1)$. 给定 α $(0 < \alpha < 1)$,数 u_α 满足 $P\{X > u_\alpha\} = \alpha$,数 $\chi_\alpha^2(1)$ 满足 $P\{\chi^2 > \chi_\alpha^2(1)\} = \alpha$. 如果已知 $u_{0.025} = 1.96$,则 $\chi_{0.05}^2(1) =$ _____.

二、选择题

1. 设 $(X_1, X_2, \cdots, X_n)$ $(n \ge 2)$ 为来自总体 $N(0, 1)$ 的样本,$\overline{X}$ 为样本均值,S^2 为样本方差,则(   ).

(A) $n\overline{X} \sim N(0, 1)$

(B) $\dfrac{(n-1)\overline{X}}{S} \sim t(n-1)$

(C) $nS^2 \sim \chi^2(n-1)$

(D) $\dfrac{(n-1)X_1^2}{X_2^2 + X_3^2 + \cdots + X_n^2} \sim F(1, n-1)$

2. 设 (X_1, X_2, X_3) 为来自总体 $X \sim N(0, 1)$ 的样本,则下列统计量中服从 t 分布的是(   ).

(A) $\dfrac{X_1 - X_2}{X_1 + X_2}$ (B) $\dfrac{X_1 - X_2}{|X_1 + X_2|}$

(C) $\dfrac{X_1 + X_2}{X_1 + X_3}$ (D) $\dfrac{X_1 + X_2}{|X_1 + X_3|}$

3. 设随机变量 $X \sim t(n)$,$Y \sim F(1, n)$,给定 α $(0 < \alpha < 0.5)$,常数 c 满足 $P\{X > c\} = \alpha$,则 $P\{Y > c^2\} = ($ $)$.

(A) α (B) $1 - \alpha$

(C) 2α (D) $1 - 2\alpha$

4. 设 $(X_1, X_2, \cdots, X_n)$ 为来自总体 X 的样本,$DX = 4$,正整数 $s \le n$,$t \le n$,则 $\mathrm{Cov}\left(\dfrac{1}{s} \sum_{i=1}^{s} X_i, \dfrac{1}{t} \sum_{j=1}^{t} X_j \right) = ($ $)$.

(A) $4\max\{s, t\}$ (B) $4\min\{s, t\}$

(C) $\dfrac{4}{\max\{s, t\}}$ (D) $\dfrac{4}{\min\{s, t\}}$

三、解答题

A 类

1. 设 $(X_1, X_2, \cdots, X_n)$ 是取自总体 $X \sim B(2, p)$ 的样本. 求

(1) $\sum_{i=1}^{n} X_i$ 的分布律、数学期望与方差;(2) X_1 与 X_2 的联合分布律.

2. 设 (X_1,X_2,X_3) 是取自总体 $X \sim N(\mu,\sigma^2)$ 的样本. 求 (1) (X_1,X_2,X_3) 的密度函数; (2) 样本均值 $\overline{X}$ 的数学期望 $E\overline{X}$ 和方差 $D\overline{X}$.

3. 设 $(X_1,X_2,\cdots,X_n)$ $(n>2)$ 为来自总体 $N(0,1)$ 的样本, $\overline{X}$ 为样本均值. 记 $Y_i = X_i - \overline{X}$, $i=1,2,\cdots,n$. 求 (1) DY_i, $i=1,2,\cdots,n$; (2) $\mathrm{Cov}(Y_1,Y_n)$.

4. 设 $(X_1,X_2,\cdots,X_{48})$ 为来自总体 $X \sim U(0,1)$ 的样本, 试用中心极限定理计算 $\overline{X} = \dfrac{1}{48}\sum_{i=1}^{48} X_i$ 落在区间 $(0.4,0.6)$ 内的概率.

5. 设随机变量 X,Y_1,Y_2 相互独立, 均服从 $N(0,1)$, 问
$$Z = \frac{\sqrt{2}X}{\sqrt{Y_1^2+Y_2^2}}$$
服从何种分布?

6. 设 (X_1,X_2,X_3) 为来自总体 $X \sim N(0,1)$ 的样本, 求常数 a 和 b, 使得 $aX_1^2 + b(X_2-2X_3)^2 \sim \chi^2(2)$.

B 类

1. 设 $(X_1,X_2,\cdots,X_n)$ 是来自总体 $X \sim E(2)$ 的样本. 求 (1) $X_1^* = \min\limits_{1\le i\le n} X_i$ 的密度函数 $f_{X_1^*}(x)$, 以及数学期望 EX_1^* 和方差 DX_1^*; (2) $P\{X_1\ge 1,X_2\ge 1,\cdots,X_n\ge 1\}$.

2. 设 $(X_1,X_2,\cdots,X_9)$ 和 $(Y_1,Y_2,\cdots,Y_{16})$ 是分别来自总体 $X \sim N(0,4)$ 和 $Y \sim N(1,4)$ 的两个相互独立的样本, 记
$$\overline{X} = \frac{1}{9}\sum_{i=1}^{9} X_i, \quad \overline{Y} = \frac{1}{16}\sum_{i=1}^{16} Y_i, \quad F = \frac{\sum_{i=1}^{16}(Y_i-\overline{Y})^2}{\sum_{i=1}^{9}(X_i-\overline{X})^2},$$
若 $P\{F<a\} = P\{F>b\} = 0.05$, 求常数 a 和 b.

3. 设 $(X_1,X_2,\cdots,X_n)$ 和 $(Y_1,Y_2,\cdots,Y_n)$ 为来自总体 $X \sim N(\mu,\sigma^2)$ 的两个独立的样本, 其样本均值分别为 $\overline{X}$ 和 $\overline{Y}$, 样本方差分别为 S_X^2 和 S_Y^2, 记 $W = S_X^2 + S_Y^2$. 证明: (1) $\dfrac{\overline{X}-\overline{Y}}{\sigma}\sqrt{\dfrac{n}{2}} \sim N(0,1)$; (2) $\dfrac{(n-1)W}{\sigma^2} \sim \chi^2(2n-2)$; (3) $\dfrac{\sqrt{n}(\overline{X}-\overline{Y})}{\sqrt{W}} \sim t(2n-2)$.

4. 设 $(X_1,X_2,\cdots,X_{n_1})$ 为来自总体 $X \sim N(\mu_1,\sigma_1^2)$ 的样本, $(Y_1,Y_2,\cdots,Y_{n_2})$ 为来自总体 $Y \sim N(\mu_2,\sigma_2^2)$ 的样本, 且 $X_1,X_2,\cdots,X_{n_1}$ 与 $Y_1,Y_2,\cdots,Y_{n_2}$ 相互独立. 证明:
$$\frac{n_2\sigma_2^2}{n_1\sigma_1^2} \cdot \frac{\sum_{i=1}^{n_1}(X_i-\mu_1)^2}{\sum_{i=1}^{n_2}(Y_i-\mu_2)^2} \sim F(n_1,n_2).$$

C 类

1. 设有两个样本 $(X_1,X_2,\cdots,X_m)$ 和 $(Y_1,Y_2,\cdots,Y_n)$, 其样本均值分别为 $\overline{X} = \dfrac{1}{m}\sum_{i=1}^{m} X_i$ 和 $\overline{Y} = \dfrac{1}{n}\sum_{i=1}^{n} Y_i$, 样本方差分别为 $S_X^2 = \dfrac{1}{m-1}\sum_{i=1}^{m}(X_i-\overline{X})^2$ 和 $S_Y^2 = \dfrac{1}{n-1}\sum_{i=1}^{n}(Y_i-\overline{Y})^2$. 现将此两样本合并为一个样本容量为 $m+n$ 的样本 $(Z_1,Z_2,\cdots,Z_m,Z_{m+1},Z_{m+2},\cdots,Z_{m+n})$, 其中 $(Z_1,Z_2,\cdots,Z_m) = (X_1,X_2,\cdots,X_m)$, $(Z_{m+1},Z_{m+2},\cdots,Z_{m+n}) = (Y_1,Y_2,\cdots,Y_n)$. 证明该样本的样本均值 $\overline{Z}$ 和样本方差 S_Z^2 的计算公式分别为
$$\overline{Z} = \frac{1}{m+n}(m\overline{X}+n\overline{Y});$$
$$S_Z^2 = \frac{1}{m+n-1}\left[(m-1)S_X^2+(n-1)S_Y^2+\frac{mn}{m+n}(\overline{X}-\overline{Y})^2\right].$$

2. 设某地两个调查员, 分别在该地东部与西部调查职工的月收入. 调查员甲在东部随机调查了 200 位职工, 得样本均值为 8 000 元, 样本标准差为 400 元; 调查员乙在西部随机调查了 180 位职工, 得样本均值为 6 200 元, 样本标准差为 300 元. 现将这两个样本看成一个容量为 380 的样本, 求样本均值与样本标准差.

3. 设随机变量 X_1,X_2 相互独立, 且均服从 $N(0,1)$. 常数 $\lambda>0$, $Z = \dfrac{1}{2\lambda}(X_1^2+X_2^2)$. 证明: (1) $2\lambda Z \sim \chi^2(2)$; (2) $Z \sim E(\lambda)$; (3) $\chi_\alpha^2(2) = -2\ln\alpha$, 其中 $\chi_\alpha^2(2)$ 为 $\chi^2(2)$ 的上侧 α 分位点.

4. 设随机变量 $U \sim N(0,1)$, $\chi^2 \sim \chi^2(n)$, $0<\alpha<1$, 数 u_α 和 $\chi_\alpha^2(n)$ 分别满足 $P\{U>u_\alpha\}=\alpha$ 和 $P\{\chi^2>\chi_\alpha^2(n)\}=\alpha$. 当 n 充分大时, 利用中心极限定理证明

$$\chi_\alpha^2(n) \approx n + \sqrt{2n}\, u_\alpha, \quad \chi_{1-\alpha}^2(n) \approx n - \sqrt{2n}\, u_\alpha.$$

网上更多……   ✎ 自测题

第7章 参数估计

参数估计是统计推断的基本问题之一.在实际问题中,总体X的分布类型可能已知,也可能未知.但不论如何,都需要依据样本所提供的信息,估计总体X中如数字特征等未知参数θ的取值,这就是参数估计问题.其主要内容包含点估计、估计量的评价标准和区间估计.

7.1 点估计

7.1.1 点估计的概念

所谓点估计就是要使用样本$(X_1,X_2,\cdots,X_n)$,构造一个合适的统计量$\hat{\theta}=\hat{\theta}(X_1,X_2,\cdots,X_n)$作为未知参数$\theta$的估计.统计学上称$\hat{\theta}$为$\theta$的估计量.对应于样本$(X_1,X_2,\cdots,X_n)$的每个观察值$(x_1,x_2,\cdots,x_n)$,估计量$\hat{\theta}$的值$\hat{\theta}(x_1,x_2,\cdots,x_n)$称为$\theta$的估计值.

概念解析 7-1
点估计

因为对于不同的样本观察值,所得的估计值是不同的.可见点估计问题,就是要找一个求得未知参数θ的估计值的方法,即估计量,而不是具体地去寻找一个估计值.

一般地,被估计的未知参数可以是k维向量$\boldsymbol{\theta}=(\theta_1,\theta_2,\cdots,\theta_k)$,并称$\boldsymbol{\theta}=(\theta_1,\theta_2,\cdots,\theta_k)$的取值范围为参数空间,记为$\Theta$.

所谓$\boldsymbol{\theta}=(\theta_1,\theta_2,\cdots,\theta_k)$的点估计,就是要确定$k$个统计量

$$\hat{\theta}_i(X_1,X_2,\cdots,X_n),\quad i=1,2,\cdots,k,$$

分别作为$\theta_i(i=1,2,\cdots,k)$的估计量,即

$$\hat{\theta}_i=\hat{\theta}_i(X_1,X_2,\cdots,X_n),\quad i=1,2,\cdots,k.$$

记

$$\hat{\boldsymbol{\theta}}(X_1, X_2, \cdots, X_n)$$

$$= (\hat{\theta}_1(X_1, X_2, \cdots, X_n), \hat{\theta}_2(X_1, X_2, \cdots, X_n), \cdots, \hat{\theta}_k(X_1, X_2, \cdots, X_n)).$$

从而将 $\hat{\boldsymbol{\theta}}(X_1, X_2, \cdots, X_n)$ 作为 $\boldsymbol{\theta}$ 的估计量,得

$$\hat{\boldsymbol{\theta}} = \hat{\boldsymbol{\theta}}(X_1, X_2, \cdots, X_n).$$

当取得样本的一组观察值 $(x_1, x_2, \cdots, x_n)$ 后,就用对应统计量的观察值 $\hat{\boldsymbol{\theta}}(x_1, x_2, \cdots, x_n)$ 作为 $\boldsymbol{\theta} = (\theta_1, \theta_2, \cdots, \theta_k)$ 的一个估计值.

例如,设某电话在一定时间段内的被呼叫次数 $X \sim P(\lambda)$,其中参数 $\lambda = EX$ 为平均呼叫次数,且 λ 未知.因此 λ 为被估计的未知参数,此情况属 $k=1$ 的情形.为此,对该电话在此时间段内独立地观察 n 次,得样本 $(X_1, X_2, \cdots, X_n)$,利用 $(X_1, X_2, \cdots, X_n)$,再根据点估计的思想和方法,对 λ 进行估计,求得 λ 的估计量 $\hat{\lambda}$.

又如,设某品牌电视机的使用寿命 $X \sim N(\mu, \sigma^2)$,其中 $\mu = EX$ 和 $\sigma^2 = DX$ 均未知.因此同样通过抽样,取得样本 $(X_1, X_2, \cdots, X_n)$ 后,对该品牌电视机的平均使用寿命 μ 和稳定性指标 σ^2 都进行点估计,此情况属 $k=2$ 的情形.

点估计的方法较多,本教材重点只介绍矩估计法和最大似然估计法.

7.1.2　矩估计法

矩估计法是由英国统计学家 K.皮尔逊在 1894 年提出的方法.矩估计法的原理来自第 5 章的大数定律.

设 $(X_1, X_2, \cdots, X_n)$ 为来自总体 X 的一个样本,且 $E(X^r) = \mu_r$,由推论 5.1.2 知

$$\lim_{n \to \infty} \frac{1}{n} \sum_{i=1}^{n} X_i^r \xrightarrow{P} \mu_r = E(X^r).$$

因此,当 n 充分大时,

$$\frac{1}{n} \sum_{i=1}^{n} X_i^r \approx E(X^r).$$

定义 7.1.1　用来自总体 X 的样本 $(X_1, X_2, \cdots, X_n)$ 的 r 阶原点矩 $A_r = \frac{1}{n} \sum_{i=1}^{n} X_i^r$ 作为总体 X 的 r 阶原点矩 $E(X^r)$ $(r = 1, 2, \cdots, k)$ 的估计量,所产生

的参数估计方法称为矩估计法,由矩估计法得到的估计量叫做矩估计量.将样本的观察值代入矩估计量中,所得数值称为矩估计值.

由定义 7.1.1,对于未知参数 $\boldsymbol{\theta} = (\theta_1, \theta_2, \cdots, \theta_k)$,需要建立 k 个方程,并从中求出 $\boldsymbol{\theta}$ 的矩估计量 $\hat{\boldsymbol{\theta}}$.一般地,建立 k 个方程时应遵循低阶矩优先的原则,因此最常见的 k 个方程为

$$\frac{1}{n} \sum_{i=1}^{n} X_i^r = E(X^r), \quad r = 1, 2, \cdots, k,$$

其中未知参数 $\boldsymbol{\theta} = (\theta_1, \theta_2, \cdots, \theta_k)$ 通常包含在 $E(X^r)(r = 1, 2, \cdots, k)$ 之中.

当 $k = 1$ 时,如果 EX 中含有未知参数 θ,则建立方程 $\overline{X} = EX$,并从中解出 $\hat{\theta}$.但有时 EX 中不含有未知参数 θ,因此从 $\overline{X} = EX$ 中不能求得 $\hat{\theta}$,故此时根据低阶矩优先的原则,可改用二阶原点矩建立方程

$$\frac{1}{n} \sum_{i=1}^{n} X_i^2 = E(X^2),$$

然后从中解得 $\hat{\theta}$.如果 $E(X^2)$ 中仍不含有未知参数 θ,则再改用三阶原点矩,等等.

当 $k = 2$ 时,如果 EX 和 $E(X^2)$ 中含有未知参数 θ_1 和 θ_2,则建立方程组

$$\begin{cases} \overline{X} = EX, \\ \dfrac{1}{n} \sum_{i=1}^{n} X_i^2 = E(X^2), \end{cases} \quad$$ 并从中解出 $\hat{\theta}_1, \hat{\theta}_2$.由于此方程组与下列方程组

$$\begin{cases} \overline{X} = EX, \\ \dfrac{1}{n} \sum_{i=1}^{n} (X_i - \overline{X})^2 = DX \end{cases}$$

等价,因此后者的使用更为普遍.

需要指出的是,方程 $\dfrac{1}{n} \sum_{i=1}^{n} X_i^r = E(X^r)$,$r = 1, 2, \cdots, k$ 中的"="并不是精确意义上成立的.根据大数定律,当 n 充分大时,有 $\dfrac{1}{n} \sum_{i=1}^{n} X_i^r \approx E(X^r)$,$r = 1, 2, \cdots, k$. 因此从方程组 $\dfrac{1}{n} \sum_{i=1}^{n} X_i^r = E(X^r)(r = 1, 2, \cdots, k)$ 中解出的 $\hat{\boldsymbol{\theta}}$ 只是未知参数 $\boldsymbol{\theta}$ 的矩估计量,而不是精确值.方程组的"="也只是形式上的需要而已.

例 7.1.1　设总体 $X \sim P(\lambda)$，其中 λ 为未知参数.$(X_1, X_2, \cdots, X_n)$ 为来自总体 X 的样本,试求 λ 的矩估计量 $\hat{\lambda}$.

解　由于只有一个未知参数 λ，故只需建立一个方程.由 $\overline{X} = EX = \lambda$，解得 $\hat{\lambda} = \overline{X}$.

在例 7.1.1 中，$\hat{\lambda} = \overline{X} = \dfrac{X_1 + X_2 + \cdots + X_n}{n}$，下面说明此矩估计量的直观意义.

前面提到，某电话在一定时间段内的被呼唤次数 $X \sim P(\lambda)$，其中 $\lambda = EX$ 为一般情况下的平均被呼唤次数.$(X_1, X_2, \cdots, X_n)$ 为来自总体 X 的样本，表明 X_i 为对该电话在此时间段内独立地观察 n 次中，第 i 次观察时的被呼唤次数，$i = 1, 2, \cdots, n$，则 $\dfrac{X_1 + X_2 + \cdots + X_n}{n}$ 为此 n 次观察中的平均次数.因此，$\hat{\lambda} = \overline{X}$ 意味着用此 n 次观察中的平均被呼唤次数近似代替一般情况下该电话在此时间段内的平均被呼唤次数.这样的结果是容易理解和接受的.

例 7.1.2　设总体 $X \sim N(\mu, \sigma^2)$，$(X_1, X_2, \cdots, X_n)$ 为来自总体 X 的样本.

（1）如果 σ^2 已知，μ 未知，求 μ 的矩估计量 $\hat{\mu}$；

（2）如果 μ 已知，σ^2 未知，求 σ^2 的矩估计量 $\hat{\sigma^2}$；

（3）如果 μ, σ^2 均未知，求 μ 和 σ^2 的矩估计量 $\hat{\mu}$ 和 $\hat{\sigma^2}$.

解　（1）由 $\overline{X} = EX = \mu$，解得 $\hat{\mu} = \overline{X}$.

（2）由于 EX 中不含有 σ^2，故根据低阶矩优先的原则，改用二阶原点矩建立方程 $\dfrac{1}{n} \sum_{i=1}^{n} X_i^2 = E(X^2) = \sigma^2 + \mu^2$，解得 $\hat{\sigma^2} = \dfrac{1}{n} \sum_{i=1}^{n} X_i^2 - \mu^2$.

（3）由于 μ, σ^2 均未知，属 $k = 2$ 的情形，故需要建立两个方程.由

$$\begin{cases} \overline{X} = EX = \mu, \\ \dfrac{1}{n} \sum_{i=1}^{n} (X_i - \overline{X})^2 = DX = \sigma^2 \end{cases} \quad \text{解得 } \hat{\mu} = \overline{X}, \hat{\sigma^2} = \dfrac{1}{n} \sum_{i=1}^{n} (X_i - \overline{X})^2.$$

在例 7.1.2(2) 的解题过程中，利用了二阶原点矩建立方程，得 $\hat{\sigma^2} = \dfrac{1}{n} \sum_{i=1}^{n} X_i^2 - \mu^2$.另外，根据大数定律,有

$$\lim_{n \to \infty} \frac{1}{n} \sum_{i=1}^{n} (X_i - \overline{X})^2 = \lim_{n \to \infty} \left[\frac{1}{n} \sum_{i=1}^{n} X_i^2 - (\overline{X})^2 \right] \xlongequal{P} E(X^2) - (EX)^2 = \sigma^2,$$

故有人建议用二阶中心矩建立方程 $\frac{1}{n}\sum_{i=1}^{n}(X_i-\overline{X})^2=\sigma^2$，解得 $\widehat{\sigma^2}=$

$\frac{1}{n}\sum_{i=1}^{n}(X_i-\overline{X})^2$. 还有人直接将 S^2 作为 σ^2 的矩估计量，即 $\widehat{\sigma^2}=S^2$.作为矩

估计量，以上方法都未尝不可.也由此表明估计量不唯一.

在例 7.1.2 中的矩估计量也有其直观意义.为简单起见，以例 7.1.2(3)中的结论加以说明.

设某品牌电视机的寿命 $X\sim N(\mu,\sigma^2)$，其中 μ,σ^2 均未知.$(X_1,X_2,\cdots,X_n)$ 为来自总体 X 的样本，表明 X_i 为独立地测试 n 台电视机的寿命中，第 i 台电视机的寿命，$i=1,2,\cdots,n$，所以 $\hat{\mu}=\overline{X}$，$\widehat{\sigma^2}=\frac{1}{n}\sum_{i=1}^{n}(X_i-\overline{X})^2$ 意味着用这 n 台电视机的平均寿命近似代替该品牌电视机的平均寿命，用这 n 台电视机寿命的二阶中心矩近似代替该品牌电视机寿命的二阶中心矩，即方差 σ^2.

例 7.1.3   设总体 X 的分布律为 $X\sim\begin{pmatrix}0 & 1 & 2 & 3\\ \theta^2 & 2\theta(1-\theta) & \theta^2 & 1-2\theta\end{pmatrix}$，其

中 θ 是未知参数，利用总体 X 的样本值 $(3,1,3,0,3,1,2,3)$，求 θ 的矩估计值 $\hat{\theta}$.

解   由题意知，

$$EX=0\times\theta^2+1\times2\theta(1-\theta)+2\times\theta^2+3\times(1-2\theta)=3-4\theta,$$

$$\overline{x}=\frac{3+1+3+0+3+1+2+3}{8}=2,$$

由 $\overline{x}=EX$，即 $2=3-4\theta$，故解得 θ 的矩估计值为 $\hat{\theta}=\frac{1}{4}$.

例 7.1.4   设总体 X 的密度函数为 $f(x;\theta)=\begin{cases}\mathrm{e}^{-(x-\theta)}, & x\geqslant\theta,\\ 0, & x<\theta,\end{cases}$ 其中 θ 为

未知参数.从总体 X 中取得样本 $(X_1,X_2,\cdots,X_n)$，求 θ 的矩估计量 $\hat{\theta}$.

解   由于 $EX=\int_{-\infty}^{+\infty}xf(x;\theta)\mathrm{d}x=\int_{\theta}^{+\infty}x\mathrm{e}^{-(x-\theta)}\mathrm{d}x=1+\theta$，故由 $\overline{X}=EX=1+$

θ，解得 $\hat{\theta}=\overline{X}-1$.

7.1.3　最大似然估计法

数学家小传 7-1
费希尔

最大似然估计法是由英国统计学家 R.A.费希尔于 1912 年提出,并在 1921 年的工作中又加以发展的一种重要且普遍使用的点估计法.

最大似然估计法是依据"概率最大的事件最有可能发生"的"实际推断"原理产生的估计法.其基本思想是:如果在一次试验中事件 A 已发生,则一般说来,当时的试验条件应更有利于事件 A 的出现.见下例.

例 7.1.5　设在一个罐内装有白球和黑球共 4 个,今采用有放回抽样方法从罐内取球 3 次,其结果为 2 次取出白球,1 次取出黑球.试利用最大似然估计法,估计罐内的白球个数.

解　记 p 为在一次抽取中抽得白球的概率,显然,p 应与罐内白球个数有关.由题意知,白球个数可能为 $1,2,3$,因此,p 的三个可能取值分别为 $\dfrac{1}{4}, \dfrac{2}{4}, \dfrac{3}{4}$.

又记 X 为在三次重复抽取中抽得白球的个数,则 $X \sim B(3,p)$.其分布律见表 7.1.1.

表 7.1.1　罐内白球个数分布律

罐内白球个数	p 值	X 的可能取值			
		0	1	2	3
1	$\dfrac{1}{4}$	$\dfrac{27}{64}$	$\dfrac{27}{64}$	$\dfrac{9}{64}$	$\dfrac{1}{64}$
2	$\dfrac{2}{4}$	$\dfrac{8}{64}$	$\dfrac{24}{64}$	$\dfrac{24}{64}$	$\dfrac{8}{64}$
3	$\dfrac{3}{4}$	$\dfrac{1}{64}$	$\dfrac{9}{64}$	$\dfrac{27}{64}$	$\dfrac{27}{64}$

横向看,表 7.1.1 的每行都是一个二项分布的分布律.纵向看,表 7.1.1 的每列都表示对应于 p 的不同值,X 取某可能值的各个概率.

由于事件 $\{X=2\}$ 已经发生,因此考察表 7.1.1 中的倒数第二列.其结果显示,当 $p=\dfrac{1}{4}$ 时,$P\{X=2\}=\dfrac{9}{64}$;当 $p=\dfrac{2}{4}$ 时,$P\{X=2\}=\dfrac{24}{64}$;当 $p=\dfrac{3}{4}$ 时,$P\{X=2\}=\dfrac{27}{64}$.根据最大似然估计法的基本原理,应该选取使得 $P\{X=2\}$

达到最大值$\dfrac{27}{64}$时的$p=\dfrac{3}{4}$作为p的估计值是最合理的,因此,估计罐内有3个白球的可能性最大.

例 7.1.5 的分析过程体现了最大似然估计法的思想.但如何将此思想用于解决一般的参数估计问题? 为此,先介绍似然函数的概念.

设$(X_1,X_2,\cdots,X_n)(x_1,x_2,\cdots,x_n)$为来自总体$X$的一个样本(样本观察值),表明在一次随机抽样中,样本$(X_1,X_2,\cdots,X_n)(x_1,x_2,\cdots,x_n)$已经出现,根据最大似然估计法的思想,未知参数$\boldsymbol{\theta}=(\theta_1,\theta_2,\cdots,\theta_k)$的取值应更有利于样本$(X_1,X_2,\cdots,X_n)(x_1,x_2,\cdots,x_n)$的出现,即样本$(X_1,X_2,\cdots,X_n)(x_1,x_2,\cdots,x_n)$出现的概率达到最大,此处暂时将$(X_1,X_2,\cdots,X_n)$也视为固定值.

如果总体X为离散型随机变量,其分布律为$P\{X=x\}=p(x;\boldsymbol{\theta}),x=a_1,a_2,\cdots,a_n,\cdots$,则记

$$L(x_1,x_2,\cdots,x_n;\boldsymbol{\theta})=\prod_{i=1}^{n}p(x_i;\boldsymbol{\theta}).$$

如果总体X为连续型随机变量,其密度函数为$f(x;\boldsymbol{\theta}),-\infty<x<+\infty$,则记

$$L(x_1,x_2,\cdots,x_n;\boldsymbol{\theta})=\prod_{i=1}^{n}f(x_i;\boldsymbol{\theta}).$$

在$L(x_1,x_2,\cdots,x_n;\boldsymbol{\theta})$中,如果将$\boldsymbol{\theta}=(\theta_1,\theta_2,\cdots,\theta_k)$视为固定值,$(x_1,x_2,\cdots,x_n)$视为变量,则由第 6.1 节中介绍知,$L(x_1,x_2,\cdots,x_n;\boldsymbol{\theta})$为样本$(X_1,X_2,\cdots,X_n)$的分布律(总体$X$为离散型随机变量)或密度函数(总体$X$为连续型随机变量).当$L(x_1',x_2',\cdots,x_n';\boldsymbol{\theta})>L(x_1'',x_2'',\cdots,x_n'';\boldsymbol{\theta})$时,表明$(X_1,X_2,\cdots,X_n)$取值$(x_1',x_2',\cdots,x_n')$的可能性比取值$(x_1'',x_2'',\cdots,x_n'')$的可能性大.

从另外一个角度来看$L(x_1,x_2,\cdots,x_n;\boldsymbol{\theta})$,可得似然函数的概念.

定义 7.1.2　在$L(x_1,x_2,\cdots,x_n;\boldsymbol{\theta})$中,如果将$(x_1,x_2,\cdots,x_n)$视为样本观察值$(x_1,x_2,\cdots,x_n)$或固定值样本$(X_1,X_2,\cdots,X_n)$,将$\boldsymbol{\theta}=(\theta_1,\theta_2,\cdots,\theta_k)$视为变量,就称$L(x_1,x_2,\cdots,x_n;\boldsymbol{\theta})$或$L(X_1,X_2,\cdots,X_n;\boldsymbol{\theta})$为似然函数,也简记为$L(\boldsymbol{\theta})$.

当$L(\boldsymbol{\theta}')>L(\boldsymbol{\theta}'')$时,可对于已经出现的样本观察值$(x_1,x_2,\cdots,x_n)$或样本$(X_1,X_2,\cdots,X_n)$,$\boldsymbol{\theta}=(\theta_1,\theta_2,\cdots,\theta_k)$取值$\boldsymbol{\theta}'=(\theta_1',\theta_2',\cdots,\theta_k')$的"可能

性"比取值 $\boldsymbol{\theta}''=(\theta_1'',\theta_2'',\cdots,\theta_k'')$ 的"可能性"大.由于 $\boldsymbol{\theta}=(\theta_1,\theta_2,\cdots,\theta_k)$ 为未知参数,并非随机变量,因此无"可能性"可言,从而改用"似然程度"来描述,即 $\boldsymbol{\theta}=(\theta_1,\theta_2,\cdots,\theta_k)$ 取值 $\boldsymbol{\theta}'=(\theta_1',\theta_2',\cdots,\theta_k')$ 的似然程度比取值 $\boldsymbol{\theta}''=(\theta_1'',\theta_2'',\cdots,\theta_k'')$ 的似然程度要高.这也是"似然函数"名称的来由.

根据上面的分析可知,可用使得似然程度达到最大的点 $\hat{\boldsymbol{\theta}}=(\hat{\theta}_1,\hat{\theta}_2,\cdots,\hat{\theta}_k)$ 作为 $\boldsymbol{\theta}=(\theta_1,\theta_2,\cdots,\theta_k)$ 的估计.在已得样本观察值或样本的情况下,$\hat{\boldsymbol{\theta}}=(\hat{\theta}_1,\hat{\theta}_2,\cdots,\hat{\theta}_k)$ "看起来"最接近 $\boldsymbol{\theta}=(\theta_1,\theta_2,\cdots,\theta_k)$ 的真值.换言之,由于似然函数体现了样本观察值或样本出现的概率,因此,在点 $\hat{\boldsymbol{\theta}}=(\hat{\theta}_1,\hat{\theta}_2,\cdots,\hat{\theta}_k)$ 处样本观察值或样本出现的概率最大.

定义 7.1.3 设 $(X_1,X_2,\cdots,X_n)$ 为来自总体 X 的样本,如果 $\hat{\boldsymbol{\theta}}=(\hat{\theta}_1,\hat{\theta}_2,\cdots,\hat{\theta}_k)\in\Theta$ 满足 $L(X_1,X_2,\cdots,X_n;\hat{\boldsymbol{\theta}})=\max\limits_{\boldsymbol{\theta}\in\Theta}L(X_1,X_2,\cdots,X_n;\boldsymbol{\theta})$,就称 $\hat{\boldsymbol{\theta}}=(\hat{\theta}_1,\hat{\theta}_2,\cdots,\hat{\theta}_k)$ 为未知参数 $\boldsymbol{\theta}=(\theta_1,\theta_2,\cdots,\theta_k)$ 的最大似然估计量,也称为极大似然估计量.

设 $(x_1,x_2,\cdots,x_n)$ 为来自总体 X 的样本观察值,如果 $\hat{\boldsymbol{\theta}}=(\hat{\theta}_1,\hat{\theta}_2,\cdots,\hat{\theta}_k)\in\Theta$ 满足 $L(x_1,x_2,\cdots,x_n;\hat{\boldsymbol{\theta}})=\max\limits_{\boldsymbol{\theta}\in\Theta}L(x_1,x_2,\cdots,x_n;\boldsymbol{\theta})$,就称 $\hat{\boldsymbol{\theta}}=(\hat{\theta}_1,\hat{\theta}_2,\cdots,\hat{\theta}_k)$ 为未知参数 $\boldsymbol{\theta}=(\theta_1,\theta_2,\cdots,\theta_k)$ 的最大似然估计值,也称为极大似然估计值.

由定义 7.1.3 知,求 $\boldsymbol{\theta}=(\theta_1,\theta_2,\cdots,\theta_k)$ 的最大似然估计量就是求似然函数 $L(\boldsymbol{\theta})=L(X_1,X_2,\cdots,X_n;\boldsymbol{\theta})$ 的最大值点 $\hat{\boldsymbol{\theta}}=(\hat{\theta}_1,\hat{\theta}_2,\cdots,\hat{\theta}_k)$;求 $\boldsymbol{\theta}=(\theta_1,\theta_2,\cdots,\theta_k)$ 的最大似然估计值就是求似然函数 $L(\boldsymbol{\theta})=L(x_1,x_2,\cdots,x_n;\boldsymbol{\theta})$ 的最大值点 $\hat{\boldsymbol{\theta}}=(\hat{\theta}_1,\hat{\theta}_2,\cdots,\hat{\theta}_k)$.

一般情况下,先采用对数求导法,求出 $L(\theta)$ 的驻点,然后进一步判断在该驻点处,$L(\theta)$ 是否取得最大值.由于判断过程比较烦琐,因此,根据高等数学知识可知,如果 $L(\theta)$ 可导或可偏导,且驻点唯一,则可断定在该驻点处,$L(\theta)$ 取得最大值.如果 $L(\theta)$ 没有驻点,则表明 $L(\theta)$ 关于 θ 或某个 θ_i 为单调函数.此时,$\boldsymbol{\theta}=(\theta_1,\theta_2,\cdots,\theta_k)$ 的最大似然估计量(值)必在边界点处取得.

综上可得求最大似然估计量(值)的求解步骤如下.

第一步:写出似然函数 $L(\theta)$;

第二步:取对数 $\ln L(\theta)$,并令 $\dfrac{\mathrm{d}\ln L(\theta)}{\mathrm{d}\theta}=0$ 或 $\dfrac{\partial\ln L(\theta)}{\partial\theta_i}=0$, $i=1,2,\cdots,$

k,建立方程(组).如果从中解得唯一驻点 $\hat\theta$ 或 $\hat{\boldsymbol\theta}=(\hat\theta_1,\hat\theta_2,\cdots,\hat\theta_k)$,则 $\hat\theta$ 即为 θ 的最大似然估计量(值);

第三步:如果上述方程无解,则通过单调性的讨论,在某边界点处求出 $\boldsymbol\theta=(\theta_1,\theta_2,\cdots,\theta_k)$ 的最大似然估计量(值).

例 7.1.6　设总体 $X\sim P(\lambda)$,其中 λ 为未知参数.$(X_1,X_2,\cdots,X_n)$ 为来自总体 X 的样本,试求 λ 的最大似然估计量 $\hat\lambda$.

解　似然函数为

$$L(\lambda)=L(X_1,X_2,\cdots,X_n;\lambda)=\prod_{i=1}^{n}\left(\frac{\lambda^{X_i}}{X_i!}\mathrm{e}^{-\lambda}\right)=\lambda^{\sum\limits_{i=1}^{n}X_i}\left(\prod_{i=1}^{n}X_i!\right)^{-1}\mathrm{e}^{-n\lambda},$$

所以

$$\ln L(\lambda)=\sum_{i=1}^{n}X_i\ln\lambda-\sum_{i=1}^{n}\ln(X_i!)-n\lambda,$$

$$\frac{\mathrm{d}\ln L(\lambda)}{\mathrm{d}\lambda}=\sum_{i=1}^{n}X_i\cdot\frac{1}{\lambda}-n,$$

令 $\dfrac{\mathrm{d}\ln L(\lambda)}{\mathrm{d}\lambda}=0$,解得 $\hat\lambda=\dfrac{1}{n}\sum\limits_{i=1}^{n}X_i=\overline X$.

例 7.1.7　设总体 $X\sim N(\mu,\sigma^2)$,$(X_1,X_2,\cdots,X_n)$ 为来自总体 X 的样本.

(1) 如果 σ^2 已知,μ 未知,求 μ 的最大似然估计量 $\hat\mu$;

(2) 如果 μ 已知,σ^2 未知,求 σ^2 的最大似然估计量 $\widehat{\sigma^2}$;

(3) 如果 μ,σ^2 均未知,求 μ 和 σ^2 的最大似然估计量 $\hat\mu$ 和 $\widehat{\sigma^2}$.

解　(1) 由于 σ^2 已知,μ 未知,故似然函数为

$$L(\mu)=\prod_{i=1}^{n}\left(\frac{1}{\sqrt{2\pi}\sigma}\mathrm{e}^{-\frac{(X_i-\mu)^2}{2\sigma^2}}\right)=(2\pi)^{-\frac{n}{2}}\sigma^{-n}\mathrm{e}^{-\frac{1}{2\sigma^2}\sum\limits_{i=1}^{n}(X_i-\mu)^2},$$

所以

$$\ln L(\mu)=-\frac{n}{2}\ln(2\pi)-n\ln\sigma-\frac{1}{2\sigma^2}\sum_{i=1}^{n}(X_i-\mu)^2,$$

$$\frac{\mathrm{d}\ln L(\mu)}{\mathrm{d}\mu}=\frac{1}{\sigma^2}\sum_{i=1}^{n}(X_i-\mu)=\frac{1}{\sigma^2}\left(\sum_{i=1}^{n}X_i-n\mu\right),$$

令 $\dfrac{\mathrm{d}\ln L(\mu)}{\mathrm{d}\mu}=0$,解得 $\hat\mu=\dfrac{1}{n}\sum\limits_{i=1}^{n}X_i=\overline X$.

（2）由于 μ 已知，σ^2 未知，故似然函数为

$$L(\sigma^2) = \prod_{i=1}^{n}\left(\frac{1}{\sqrt{2\pi}\,\sigma}e^{-\frac{(X_i-\mu)^2}{2\sigma^2}}\right) = (2\pi)^{-\frac{n}{2}}\sigma^{-n}e^{-\frac{1}{2\sigma^2}\sum\limits_{i=1}^{n}(X_i-\mu)^2},$$

所以

$$\ln L(\sigma^2) = -\frac{n}{2}\ln(2\pi) - \frac{n}{2}\ln(\sigma^2) - \frac{1}{2\sigma^2}\sum_{i=1}^{n}(X_i-\mu)^2,$$

$$\frac{\mathrm{d}\ln L(\sigma^2)}{\mathrm{d}(\sigma^2)} = -\frac{n}{2}\cdot\frac{1}{\sigma^2} + \frac{1}{2\sigma^4}\sum_{i=1}^{n}(X_i-\mu)^2,$$

令 $\dfrac{\mathrm{d}\ln L(\sigma^2)}{\mathrm{d}(\sigma^2)} = 0$，解得 $\hat{\sigma}^2 = \dfrac{1}{n}\sum\limits_{i=1}^{n}(X_i-\mu)^2.$

（3）由于 μ,σ^2 均未知，属 $k=2$ 情形，故似然函数为

$$L(\mu,\sigma^2) = \prod_{i=1}^{n}\left(\frac{1}{\sqrt{2\pi}\,\sigma}e^{-\frac{(X_i-\mu)^2}{2\sigma^2}}\right) = (2\pi)^{-\frac{n}{2}}\sigma^{-n}e^{-\frac{1}{2\sigma^2}\sum\limits_{i=1}^{n}(X_i-\mu)^2},$$

所以

$$\ln L(\mu,\sigma^2) = -\frac{n}{2}\ln(2\pi) - \frac{n}{2}\ln(\sigma^2) - \frac{1}{2\sigma^2}\sum_{i=1}^{n}(X_i-\mu)^2,$$

$$\begin{cases}\dfrac{\partial\ln L(\mu,\sigma^2)}{\partial\mu} = \dfrac{1}{\sigma^2}\sum\limits_{i=1}^{n}(X_i-\mu) = \dfrac{1}{\sigma^2}\left(\sum\limits_{i=1}^{n}X_i - n\mu\right), \\[3mm] \dfrac{\partial\ln L(\mu,\sigma^2)}{\partial(\sigma^2)} = -\dfrac{n}{2}\cdot\dfrac{1}{\sigma^2} + \dfrac{1}{2\sigma^4}\sum\limits_{i=1}^{n}(X_i-\mu)^2,\end{cases}$$

令 $\begin{cases}\dfrac{\partial\ln L(\mu,\sigma^2)}{\partial\mu} = 0, \\[3mm] \dfrac{\partial\ln L(\mu,\sigma^2)}{\partial(\sigma^2)} = 0,\end{cases}$ 解得 $\hat{\mu} = \dfrac{1}{n}\sum\limits_{i=1}^{n}X_i = \overline{X}, \hat{\sigma}^2 = \dfrac{1}{n}\sum\limits_{i=1}^{n}(X_i-\overline{X})^2.$

从例 7.1.1 和例 7.1.6、例 7.1.2 和例 7.1.7 中发现，最大似然估计量和矩估计量有时是相同的，但有时不一样，两者之间并无必然联系.

典型例题分析 7-1
矩估计和最大似然估计

例 7.1.8　设总体 X 的分布律为 $X\sim\begin{pmatrix}0 & 1 & 2 & 3 \\ \theta^2 & 2\theta(1-\theta) & \theta^2 & 1-2\theta\end{pmatrix}$，其中

$\theta\left(0<\theta<\dfrac{1}{2}\right)$ 是未知参数，利用总体 X 的样本值 $(3,1,3,0,3,1,2,3)$，求 θ 的最大似然估计值 $\hat{\theta}.$

解　由于样本值 $(x_1,x_2,x_3,x_4,x_5,x_6,x_7,x_8) = (3,1,3,0,3,1,2,3)$，故似然函数为

$$L(\theta) = \prod_{i=1}^{n} P\{X_i = x_i\} = P\{X = 0\}\ (P\{X = 1\})^2 P\{X = 2\}\ (P\{X = 3\})^4$$

$$= \theta^2 \cdot [2\theta(1 - \theta)]^2 \cdot \theta^2 \cdot (1 - 2\theta)^4 = 4\theta^6 (1 - \theta)^2 (1 - 2\theta)^4,$$

所以

$$\ln L(\theta) = \ln 4 + 6\ln \theta + 2\ln(1-\theta) + 4\ln(1-2\theta),$$

$$\frac{\mathrm{d}\ln L(\theta)}{\mathrm{d}\theta} = \frac{6}{\theta} - \frac{2}{1-\theta} - \frac{8}{1-2\theta},$$

令 $\dfrac{\mathrm{d}\ln L(\theta)}{\mathrm{d}\theta} = 0$，解得 $\theta_1 = \dfrac{7 - \sqrt{13}}{12}$，$\theta_2 = \dfrac{7 + \sqrt{13}}{12}$. 因为 $\theta_2 = \dfrac{7 + \sqrt{13}}{12} > \dfrac{1}{2}$ 不合

题意，所以 θ 的最大似然估计值为 $\hat{\theta} = \dfrac{7 - \sqrt{13}}{12}$.

例 7.1.9　设总体 X 的密度函数为 $f(x;\theta) = \begin{cases} \mathrm{e}^{-(x-\theta)}, & x \geq \theta, \\ 0, & x < \theta, \end{cases}$ 其中 θ 为

未知参数. 从总体 X 中取得样本 $(X_1, X_2, \cdots, X_n)$，求 θ 的最大似然估计量 $\hat{\theta}$.

解　求 θ 的最大似然估计量 $\hat{\theta}$ 就是求似然函数

$$L(\theta) = L(X_1, X_2, \cdots, X_n; \theta) = \prod_{i=1}^{n} f(X_i; \theta)$$

的最大值点.

$$f(X_i; \theta) = \begin{cases} \mathrm{e}^{-(X_i - \theta)}, & X_i \geq \theta, \\ 0, & X_i < \theta, \end{cases} \quad i = 1, 2, \cdots, n.$$

当 $f(X_i; \theta) = 0$ 时，$L(\theta) = 0$ 为 $L(\theta)$ 的最小值，不合题意. 因此，$L(\theta) = 0$ 的情况可以不予考虑，故似然函数为

$$L(\theta) = \prod_{i=1}^{n} \mathrm{e}^{-(X_i - \theta)} = \mathrm{e}^{n\theta - \sum\limits_{i=1}^{n} X_i}, X_i \geq \theta, \quad i = 1, 2, \cdots, n.$$

因为 $\dfrac{\mathrm{d}\ln L(\theta)}{\mathrm{d}\theta} = n > 0$，所以方程 $\dfrac{\mathrm{d}\ln L(\theta)}{\mathrm{d}\theta} = 0$ 无解，且知 $L(\theta)$ 为 θ 的单

调增加函数(事实上，从 $L(\theta) = \mathrm{e}^{n\theta - \sum\limits_{i=1}^{n} X_i}$ 中也可直接得到 $L(\theta)$ 为 θ 的单调

增加函数)，此时 θ 的最大似然估计量必在 θ 取值范围的右端点处取得. 又

由于 $\theta \leq X_i$，$i = 1, 2, \cdots, n$，故 θ 的取值范围为 $\theta \leq \min\{X_1, X_2, \cdots, X_n\}$，故当

$\theta = \min\{X_1, X_2, \cdots, X_n\}$ 时，$L(\theta)$ 取得最大值，所以 θ 的最大似然估计量为

$\hat{\theta} = \min\{X_1, X_2, \cdots, X_n\} = X_1^*.$

需指明在定义 7.1.3 中，$\boldsymbol{\theta} = (\theta_1, \theta_2, \cdots, \theta_k)$ 的最大似然估计量 $\hat{\boldsymbol{\theta}} = (\hat{\theta}_1,$

$\hat{\theta}_2, \cdots, \hat{\theta}_k)$ 所满足的等式 $L(X_1, X_2, \cdots, X_n; \hat{\boldsymbol{\theta}}) = \max\limits_{\boldsymbol{\theta} \in \Theta} L(X_1, X_2, \cdots, X_n; \boldsymbol{\theta})$ 的

精确描述应为:$\hat{\boldsymbol{\theta}}=(\hat{\theta}_1,\hat{\theta}_2,\cdots,\hat{\theta}_k)$ 满足

$$L(X_1,X_2,\cdots,X_n;\hat{\boldsymbol{\theta}})=\sup_{\boldsymbol{\theta}\in\Theta}L(X_1,X_2,\cdots,X_n;\boldsymbol{\theta}),$$

其中 sup 表示上确界,简单地说,上确界指最小的上界.

当 $\max\limits_{\boldsymbol{\theta}\in\Theta}L(X_1,X_2,\cdots,X_n;\boldsymbol{\theta})$ 存在时,有

$$\sup_{\boldsymbol{\theta}\in\Theta}L(X_1,X_2,\cdots,X_n;\boldsymbol{\theta})=\max_{\boldsymbol{\theta}\in\Theta}L(X_1,X_2,\cdots,X_n;\boldsymbol{\theta}).$$

对最大似然估计值也有相应的精确描述.

在例 7.1.9 中,如果总体 X 的密度函数为 $f(x;\theta)=\begin{cases}\mathrm{e}^{-(x-\theta)}, & x>\theta,\\ 0, & x\leqslant\theta,\end{cases}$ 则

θ 的取值范围应为 $\theta<\min\{X_1,X_2,\cdots,X_n\}$,根据上确界的概念,此时 θ 的最大似然估计量仍为 $\hat{\theta}=\min\{X_1,X_2,\cdots,X_n\}=X_1^*$.

7.2　估计量的评价标准

对于未知参数 θ,由于其估计量 $\hat{\theta}$ 在一般情况下并不唯一,因此在实际问题中,选用合适的统计量以取得较好的效果,具有非常重要的意义.

理论上,评价估计量优劣的指标或准则很多.有时在某指标或准则下,估计量 $\hat{\theta}_1$ 优于 $\hat{\theta}_2$;但或许在另一个指标或准则下,可能会有 $\hat{\theta}_2$ 优于 $\hat{\theta}_1$. 因此,估计量的优劣是相对的,更不能把指标或准则绝对化,每一种指标或准则都有其局限性.在实际应用中,应根据问题的需要,选择指标或准则,并在此意义下,评价估计量的优劣.

另外,由于样本的随机性,某些看起来并不理想的估计量,在一些特殊的场合下却表现很好;还有些不错的估计量,其表现有时也很差.因此,在评价估计量的优劣时,不能只看在个别样本下的情况,应该从某种整体性能去衡量.例如本节将介绍的估计量的无偏性、有效性以及相合性就是从整体性能去考量的,

设 $\hat{\theta}$ 为 θ 的估计量,则其偏差为 $\hat{\theta}-\theta$. 由于 $\hat{\theta}-\theta$ 的值由样本 $(X_1,X_2,\cdots,X_n)$ 确定,因此 $\hat{\theta}-\theta$ 是随机变量.在求 $\hat{\theta}-\theta$ 的平均值 $E(\hat{\theta}-\theta)$ 时,会出现正负误差相互抵消的情况,不能真正反映估计量 $\hat{\theta}$ 的估计效果.为防止这一现象出现,通常选用 $E(|\hat{\theta}-\theta|)$ 或 $E[(\hat{\theta}-\theta)^2]$,来衡量用 $\hat{\theta}$ 来估计 θ 的估计效果.但由于绝对值函数 $|\cdot|$ 的运算性质较弱,故一般采用 $E[(\hat{\theta}-\theta)^2]$.

定义 7.2.1   设 $\hat{\theta}$ 为 θ 的估计量,如果 $E[(\hat{\theta}-\theta)^2]$ 存在,就称 $E[(\hat{\theta}-\theta)^2]$ 为用 $\hat{\theta}$ 估计 θ 时所产生的均方误差,记为 $MSE(\hat{\theta})$.

当 $MSE(\hat{\theta})$ 越小时,表明在均方误差意义下,用 $\hat{\theta}$ 估计 θ 的效果越"好".由于

$$E(\hat{\theta}-E\hat{\theta})=E\hat{\theta}-E(E\hat{\theta})=E\hat{\theta}-E\hat{\theta}=0,\quad E[(\theta-E\hat{\theta})^2]=(\theta-E\hat{\theta})^2,$$

所以

$$\begin{aligned}MSE(\hat{\theta})&=E[(\hat{\theta}-\theta)^2]=E\{[(\hat{\theta}-E\hat{\theta})-(\theta-E\hat{\theta})]^2\}\\&=E[(\hat{\theta}-E\hat{\theta})^2-2(\hat{\theta}-E\hat{\theta})(\theta-E\hat{\theta})+(\theta-E\hat{\theta})^2]\\&=D\hat{\theta}-2(\theta-E\hat{\theta})E(\hat{\theta}-E\hat{\theta})+E[(\theta-E\hat{\theta})^2]=D\hat{\theta}+(\theta-E\hat{\theta})^2.\end{aligned}$$

如果存在 $\hat{\theta}_0$,使得 $MSE(\hat{\theta}_0)=D\hat{\theta}_0+(\theta-E\hat{\theta}_0)^2$ 达到 $MSE(\hat{\theta})$ 的最小值,就称在均方误差意义下,$\hat{\theta}_0$ 为 θ 的一致最小均方误差估计量.但寻找这样的 $\hat{\theta}_0$ 是一件非常困难的事,因此,往往适当降低要求,其估计效果也是很好的.比如,先要求 $\hat{\theta}$ 满足 $\theta-E\hat{\theta}=0$,即 $E\hat{\theta}=\theta$;其次,在 $E\hat{\theta}=\theta$ 的情况下,尽可能地降低 $D\hat{\theta}$.这就引出了无偏估计和有效估计的概念.

7.2.1   无偏性

定义 7.2.2   设 $\hat{\theta}=\hat{\theta}(X_1,X_2,\cdots,X_n)$ 为 θ 的估计量,如果对任意的 $\theta\in\Theta$,均有 $E\hat{\theta}=\theta$,就称 $\hat{\theta}$ 为 θ 的无偏估计.否则称为有偏估计.如果 $\hat{\theta}$ 为 θ 的有偏估计,而 $\lim\limits_{n\to\infty}E\hat{\theta}=\theta$,就称 $\hat{\theta}$ 为 θ 的渐近无偏估计.

概念解析 7-2
无偏估计与有偏估计

无偏估计的意义是:由于样本 $(X_1,X_2,\cdots,X_n)$ 是随机的,利用 $\hat{\theta}=\hat{\theta}(X_1,X_2,\cdots,X_n)$ 估计 θ 时,有时会偏高于 θ,有时会偏低于 θ,但整体平均取值等于 θ.

例 7.2.1   设总体 $X\sim B(1,p)$,$(X_1,X_2,\cdots,X_n)$ 为来自总体 X 的样本,试问 $\hat{p}=\overline{X}$ 是否为未知参数 p 的无偏估计?

解   由于 $E\hat{p}=E\overline{X}=EX=p$,所以 $\hat{p}=\overline{X}$ 是 p 的无偏估计.

例 7.2.2   设总体 X 的密度函数为 $f(x;\theta)=\begin{cases}e^{-(x-\theta)},&x\geqslant\theta,\\0,&x<\theta,\end{cases}$ $(X_1,X_2,\cdots,X_n)$ 为来自总体 X 的样本.试分别讨论未知参数 θ 的矩估计量 $\hat{\theta}_M=$

$\overline{X}-1$(参见例7.1.4)和最大似然估计量$\hat{\theta}_L=\min\{X_1,X_2,\cdots,X_n\}$的无偏性(参见例7.1.9).

解　(1) 由于$EX=\int_\theta^{+\infty}x\mathrm{e}^{-(x-\theta)}\mathrm{d}x=1+\theta$,得$E\overline{X}=1+\theta$,故

$$E\hat{\theta}_M=E(\overline{X}-1)=E\overline{X}-1=(1+\theta)-1=\theta,$$

所以$\hat{\theta}_M=\overline{X}-1$是$\theta$的无偏估计.

(2) 利用总体X的密度函数$f(x;\theta)=\begin{cases}\mathrm{e}^{-(x-\theta)}, & x\geq\theta,\\ 0, & x<\theta,\end{cases}$可得其分布函

数为$F(x;\theta)=\begin{cases}1-\mathrm{e}^{-(x-\theta)}, & x\geq\theta,\\ 0, & x<\theta.\end{cases}$故$\hat{\theta}_L=\min\{X_1,X_2,\cdots,X_n\}$的密度函数为

$$f_{\hat{\theta}_L}(x;\theta)=nf(x;\theta)\left[1-F(x;\theta)\right]^{n-1}=\begin{cases}n\mathrm{e}^{-n(x-\theta)}, & x\geq\theta,\\ 0, & x<\theta\end{cases}\text{(参见定理3.8.4)}.$$

由于$E\hat{\theta}_L=\int_\theta^{+\infty}x\cdot n\mathrm{e}^{-n(x-\theta)}\mathrm{d}x=\theta+\dfrac{1}{n}\neq\theta$,所以$\hat{\theta}_L=\min\{X_1,X_2,\cdots,X_n\}$不是$\theta$的无偏估计,即为有偏估计.

因为$\lim\limits_{n\to\infty}E\hat{\theta}_L=\lim\limits_{n\to\infty}\left(\theta+\dfrac{1}{n}\right)=\theta$,所以$\hat{\theta}_L$为$\theta$的渐近无偏估计.

定理7.2.1　设总体X的数学期望$EX=\mu$,方差$DX=\sigma^2$,$(X_1,X_2,\cdots,X_n)(n>1)$为来自总体$X$的样本,则

(1) $\overline{X}$是μ的无偏估计,即$E\overline{X}=\mu$;

(2) S^2是σ^2的无偏估计,即$E(S^2)=\sigma^2$.

利用例6.1.5中已有结论,即可证得定理7.2.1.

定理7.2.1(2)说明了在样本方差$S^2=\dfrac{1}{n-1}\sum\limits_{i=1}^n(X_i-\overline{X})^2$中$\dfrac{1}{n-1}$的作

用.对于样本的二阶中心矩$\dfrac{1}{n}\sum\limits_{i=1}^n(X_i-\overline{X})^2=\dfrac{n-1}{n}S^2$,由于其数学期望

为$\dfrac{n-1}{n}\sigma^2\neq\sigma^2$,所以$\dfrac{1}{n}\sum\limits_{i=1}^n(X_i-\overline{X})^2$是$\sigma^2$的有偏估计.

但由于$\lim\limits_{n\to\infty}E\left[\dfrac{1}{n}\sum\limits_{i=1}^n(X_i-\overline{X})^2\right]=\sigma^2$,因此$\dfrac{1}{n}\sum\limits_{i=1}^n(X_i-\overline{X})^2$是$\sigma^2$的渐

近无偏估计.为了便于与S^2对比,也将样本的二阶中心矩$\dfrac{1}{n}\sum\limits_{i=1}^n(X_i-\overline{X})^2$记

为 S_n^2, 即 $S_n^2 = \dfrac{1}{n} \sum\limits_{i=1}^{n} (X_i - \overline{X})^2$.

定理 7.2.2 设估计量 $\hat{\theta}_1, \hat{\theta}_2, \cdots, \hat{\theta}_m$ 均为 θ 的无偏估计, $c_1, c_2, \cdots, c_m$ 为常数, 且 $\sum\limits_{i=1}^{m} c_i = 1$, 则 $\sum\limits_{i=1}^{m} c_i \hat{\theta}_i$ 仍为 θ 的无偏估计.

证 由于 $E\left(\sum\limits_{i=1}^{m} c_i \hat{\theta}_i \right) = \sum\limits_{i=1}^{m} c_i E \hat{\theta}_i = \sum\limits_{i=1}^{m} c_i \theta = \theta$, 所以 $\sum\limits_{i=1}^{m} c_i \hat{\theta}_i$ 为 θ 的无偏估计.

例 7.2.3 设总体 $X \sim P(\lambda)$, 对任意的常数 $c \in (0,1)$, 问 $c\overline{X} + (1-c)S^2$ 是否为 λ 的无偏估计?

解 由于 $X \sim P(\lambda)$, 故 $EX = DX = \lambda$, 由定理 7.2.1, $\overline{X}$ 和 S^2 均为 λ 的无偏估计. 又因为 $c + (1-c) = 1$, 再由定理 7.2.2 知, $c\overline{X} + (1-c)S^2$ 为 λ 的无偏估计.

例 7.2.4 设总体 $X \sim N(\mu, \sigma^2)$, 由定理 7.2.1 知 $\overline{X}$ 是 μ 的无偏估计, 问 $\overline{X}^2$ 是否为 μ^2 的无偏估计?

解 由于 $E(\overline{X}^2) = D\overline{X} + (E\overline{X})^2 = \dfrac{\sigma^2}{n} + \mu^2 \neq \mu^2$, 所以 $\overline{X}^2$ 不是 μ^2 的无偏估计.

本例表明, 虽然 $E\overline{X} = \mu$, 但 $E(\overline{X}^2) \neq \mu^2$. 一般地, 虽然 $E\hat{\theta} = \theta$, 但未必有 $E[g(\hat{\theta})] = g(\theta)$, 说明即使 $\hat{\theta}$ 为 θ 的无偏估计, 而 $g(\hat{\theta})$ 未必为 $g(\theta)$ 的无偏估计.

例 7.2.5 设总体 $X \sim B(m,p) (m>1)$, $(X_1, X_2, \cdots, X_n)$ 为来自总体 X 的一个样本, 如果 $Y = c \sum\limits_{i=1}^{n} X_i(X_i - 1)$ 为 p^2 的无偏估计, 求常数 c.

解 由于 $X \sim B(m,p)$ 知 $EX_i = mp, DX_i = mp(1-p)$, $i = 1, 2, \cdots, n$, 所以

$$EY = E\left[c \sum_{i=1}^{n} X_i(X_i - 1) \right] = c \sum_{i=1}^{n} \left[E(X_i^2) - EX_i \right]$$

$$= c \sum_{i=1}^{n} \left[DX_i + (EX_i)^2 - EX_i \right]$$

$$= c \sum_{i=1}^{n} \left[mp(1 - p) + (mp)^2 - mp \right] = cm(m - 1)np^2,$$

由 $EY = cm(m-1)np^2 = p^2$, 解得 $c = \dfrac{1}{m(m-1)n}$.

7.2.2　有效性

如果 $\hat{\theta}_1,\hat{\theta}_2$ 均为 θ 的无偏估计,则 $MSE(\hat{\theta}_1)=D\hat{\theta}_1,MSE(\hat{\theta}_2)=D\hat{\theta}_2$.此时均方误差准则就是方差准则,因此,哪个估计量的方差小,哪个估计量的均方误差就小.

定义 7.2.3　设 $\hat{\theta}_1=\hat{\theta}_1(x_1,x_2,\cdots,x_n),\hat{\theta}_2=\hat{\theta}_2(x_1,x_2,\cdots,x_n)$ 均为 θ 的无偏估计,如果 $D\hat{\theta}_1<D\hat{\theta}_2$,就称 $\hat{\theta}_1$ 比 $\hat{\theta}_2$ 有效.

例 7.2.6　设 $(X_1,X_2,\cdots,X_n)(n>1)$ 为来自总体 X 的一个样本,且 $EX=\mu,DX=\sigma^2(\sigma>0)$,问 μ 的估计量 $\hat{\mu}_1=X_1$ 和 $\hat{\mu}_2=\overline{X}$ 中,哪个更有效?

解　由于 $E\hat{\mu}_1=EX_1=\mu,E\hat{\mu}_2=E\overline{X}=\mu$,故 $\hat{\mu}_1=X_1$ 和 $\hat{\mu}_2=\overline{X}$ 均为 μ 的无偏估计,又由于

$$D\hat{\mu}_1=DX_1=DX=\sigma^2,\qquad D\hat{\mu}_2=D\overline{X}=\frac{\sigma^2}{n},$$

当 $n>1$ 时,有 $D\hat{\mu}_2<D\hat{\mu}_1$,所以 $\hat{\mu}_2=\overline{X}$ 比 $\hat{\mu}_1=X_1$ 更有效.

例 7.2.7　设总体 $X\sim N(\mu,\sigma^2)$,其中 μ 已知.$(X_1,X_2,\cdots,X_n)(n>1)$ 为来自总体 X 的一个样本,问 σ^2 的估计量 $\hat{\sigma_1^2}=S_0^2=\dfrac{1}{n}\sum_{i=1}^{n}(X_i-\mu)^2$ 和 $\hat{\sigma_2^2}=S^2=\dfrac{1}{n-1}\sum_{i=1}^{n}(X_i-\overline{X})^2$ 中,哪个更有效?

解　由例 6.3.2 知,$E(S_0^2)=\sigma^2,E(S^2)=\sigma^2$,所以 $\hat{\sigma_1^2}=S_0^2$ 和 $\hat{\sigma_2^2}=S^2$ 均为 σ^2 的无偏估计.又由于 $D(S_0^2)=\dfrac{2\sigma^4}{n}<D(S^2)=\dfrac{2\sigma^4}{n-1}$,所以 $\hat{\sigma_1^2}=S_0^2$ 比 $\hat{\sigma_2^2}=S^2$ 更有效.

定义 7.2.4　设 $\hat{\theta}=\hat{\theta}(X_1,X_2,\cdots,X_n)$ 为 θ 的任一无偏估计,如果存在 θ 的无偏估计 $\hat{\theta}_0=\hat{\theta}_0(X_1,X_2,\cdots,X_n)$,有 $D\hat{\theta}_0\leqslant D\hat{\theta}$,就称 $\hat{\theta}_0$ 为 θ 的一致最小方差的无偏估计.

现在的问题是无偏估计的方差是否可以任意小,印度统计学家 C.R.罗和瑞典统计学家 H.克拉美分别在 1945 年和 1946 年先后独立地证明了下列不等式(简称 C-R 不等式).

定理 7.2.3　设参数空间 Θ 是实数轴上的一个开区间,总体 X 的分布

典型例题分析 7-2
估计量的无偏性和有效性

律 $p(x;\theta)$ 或密度函数 $f(x;\theta)$ 满足一定的正则条件,则对 $\theta \in \Theta$ 的任一无偏估计 $\hat{\theta} = \hat{\theta}(X_1, X_2, \cdots, X_n)$, 必有 $D\hat{\theta} \geqslant \dfrac{1}{nI(\theta)}$, 其中 $I(\theta) = E_\theta \left[\left(\dfrac{\partial \ln p(X;\theta)}{\partial \theta} \right)^2 \right]$ 或 $I(\theta) = E_\theta \left[\left(\dfrac{\partial \ln f(X;\theta)}{\partial \theta} \right)^2 \right]$.

定理 7.2.3 的证明从略.

定理 7.2.3 表明无偏估计的方差不可任意地小,总有 $D\hat{\theta} \geqslant \dfrac{1}{nI(\theta)}$,因此称 $\dfrac{1}{nI(\theta)}$ 为方差下界.

定义 7.2.5　设 $\hat{\theta}_0 = \hat{\theta}_0(X_1, X_2, \cdots, X_n)$ 为 θ 的无偏估计,如果 $D\hat{\theta}_0 = \dfrac{1}{nI(\theta)}$,就称 $\hat{\theta}_0$ 为 θ 的有效估计.

由定义 7.2.4 和定义 7.2.5 知,如果 $\hat{\theta}_0$ 为 θ 的有效估计,则 $\hat{\theta}_0$ 为 θ 的一致最小方差的无偏估计.但反之未必.

有效估计的理论非常丰富,也比较复杂,此处不再举例,感兴趣的读者可参阅 课外阅读第四篇.

7.2.3 相合性(一致性)

定义 7.2.6　设 $\hat{\theta} = \hat{\theta}(X_1, X_2, \cdots, X_n)$ 为 θ 的估计量,如果对任意的 $\varepsilon > 0$,均有 $\lim\limits_{n \to \infty} P\{|\hat{\theta} - \theta| < \varepsilon\} = 1$,就称 $\hat{\theta}$ 为 θ 的相合估计或一致估计.

定理 7.2.4　设 $(X_1, X_2, \cdots, X_n)$ 是来自总体 X 的样本,如果对于正整数 k, $E(X^k)$ 存在,则 $\dfrac{1}{n} \sum\limits_{i=1}^{n} X_i^k$ 为 $E(X^k)$ 的相合估计,即对任意的 $\varepsilon > 0$,有 $\lim\limits_{n \to \infty} P\left\{ \left| \dfrac{1}{n} \sum\limits_{i=1}^{n} X_i^k - E(X^k) \right| < \varepsilon \right\} = 1$.

定理 7.2.4 由推论 5.1.3 即可证得.

定理 7.2.5　设 $\hat{\theta} = \hat{\theta}(X_1, X_2, \cdots, X_n)$ 是 θ 的相合估计, $\{c_n\}$ 和 $\{d_n\}$ 是两个常数数列,满足 $\lim\limits_{n \to \infty} c_n = 0$ 和 $\lim\limits_{n \to \infty} d_n = 1$,则 $\hat{\theta} + c_n$ 和 $d_n \hat{\theta}$ 也是 θ 的相合估计.

定理 7.2.6　设 $\hat{\theta} = \hat{\theta}(X_1, X_2, \cdots, X_n)$ 是 θ 的相合估计, $g(x)$ 在点 $x = \theta$ 处连续,则 $g(\hat{\theta})$ 也是 $g(\theta)$ 的相合估计.

定理 7.2.5 和定理 7.2.6 证明略.

例如,设总体 X 的数学期望为 μ,方差为 σ^2.$(X_1,X_2,\cdots,X_n)$ 是来自总体 X 的样本,则由定理 7.2.4 知 $\bar{X}$ 为 μ 的相合估计,进而由定理 7.2.5 和定理 7.2.6 得 $2\bar{X}$ 为 2μ 的相合估计,$\bar{X}^2$ 为 μ^2 的相合估计.如果在定理 7.2.4 中将 X_i 换为 $X_i-\mu\,(i=1,2,\cdots,n)$,并取 $k=2$,则可得 $S_0^2 = \dfrac{1}{n}\displaystyle\sum_{i=1}^{n}(X_i-\mu)^2$ 为 σ^2 的相合估计.

如果总体 $X\sim N(\mu,\sigma^2)$,则由切比雪夫不等式知,对任意的 $\varepsilon>0$,有

$$P\{\,|S^2-E(S^2)|<\varepsilon\} \geq 1-\frac{D(S^2)}{\varepsilon^2}.$$

由于 $E(S^2)=\sigma^2$,$D(S^2)=\dfrac{2\sigma^4}{n-1}$(由例 6.3.2 可知),故有

$$1 \geq P\{\,|S^2-\sigma^2|<\varepsilon\} \geq 1-\frac{2\sigma^4}{(n-1)\varepsilon^2}.$$

令 $n\to\infty$,并由夹逼准则得 $\lim\limits_{n\to\infty} P\{\,|S^2-\sigma^2|<\varepsilon\}=1$,所以 S^2 为 σ^2 的相合估计,再由定理 7.2.5,$S_n^2 = \dfrac{1}{n}\displaystyle\sum_{i=1}^{n}(X_i-\bar{X})^2 = \dfrac{n-1}{n}S^2$ 也为 σ^2 的相合估计.

7.3　区间估计

7.3.1　区间估计的概念与基本思想

顾名思义,前面所介绍的点估计是用一个点 $\hat{\theta}$ 去估计总体 X 中的未知参数 θ,其特点是简单、直观.但点估计也存在着明显的不足,主要表现在点估计不能反映估计量的可信度和精度.为了弥补点估计在这方面的不足,下面介绍区间估计,即用一个区间去估计 θ 的取值范围.

统计学家 J.奈曼于 20 世纪 30 年代创立了区间估计的一种理论.要求构造两个统计量 $\hat{\theta}_1=\hat{\theta}_1(X_1,X_2,\cdots,X_n)$ 和 $\hat{\theta}_2=\hat{\theta}_2(X_1,X_2,\cdots,X_n)$,并满足

$$-\infty<\hat{\theta}_1(X_1,X_2,\cdots,X_n)<\hat{\theta}_2(X_1,X_2,\cdots,X_n)<+\infty\,,$$

用区间 $(\hat{\theta}_1,\hat{\theta}_2)=(\hat{\theta}_1(X_1,X_2,\cdots,X_n),\hat{\theta}_2(X_1,X_2,\cdots,X_n))$ 估计 θ 的取值

范围.

一般地,概率

$$P\{\theta\in(\hat\theta_1,\hat\theta_2)\}=P\{\hat\theta_1(X_1,X_2,\cdots,X_n)<\theta<\hat\theta_2(X_1,X_2,\cdots,X_n)\}$$

反映了可信度(也称置信度),而区间长度

$$\hat\theta_2(X_1,X_2,\cdots,X_n)-\hat\theta_1(X_1,X_2,\cdots,X_n)$$

反映了精度.不难发现,在大多情况下,如果$\hat\theta_2(X_1,X_2,\cdots,X_n)-\hat\theta_1(X_1,X_2,\cdots,X_n)$越小,则精度越高,但可信度可能越低;反之,如果$\hat\theta_2(X_1,X_2,\cdots,X_n)-\hat\theta_1(X_1,X_2,\cdots,X_n)$越大,则精度越低,而可信度可能越高.可见可信度和精度之间往往产生此消彼长的现象.

如何解决上述的矛盾现象? 在统计分析中,优先考虑可信度,然后在确保可信度的前提下,通过构造"好"的统计量$\hat\theta_1(X_1,X_2,\cdots,X_n)$和$\hat\theta_2(X_1,X_2,\cdots,X_n)$,以提高精度.

定义 7.3.1　设$(X_1,X_2,\cdots,X_n)$为来自总体X的一个样本,θ为总体X中的未知参数,Θ为参数空间,$\hat\theta_1=\hat\theta_1(X_1,X_2,\cdots,X_n)$和$\hat\theta_2=\hat\theta_2(X_1,X_2,\cdots,X_n)$为两个统计量,对于给定的$\alpha(0<\alpha<1)$,如果$P\{\theta\in(\hat\theta_1,\hat\theta_2)\}=P\{\hat\theta_1(X_1,X_2,\cdots,X_n)<\theta<\hat\theta_2(X_1,X_2,\cdots,X_n)\}=1-\alpha$,对一切$\theta\in\Theta$,就称区间$(\hat\theta_1,\hat\theta_2)=(\hat\theta_1(X_1,X_2,\cdots,X_n),\hat\theta_2(X_1,X_2,\cdots,X_n))$为$\theta$的置信度为$1-\alpha$的置信区间,并称$\hat\theta_1=\hat\theta_1(X_1,X_2,\cdots,X_n)$为置信下限,$\hat\theta_2=\hat\theta_2(X_1,X_2,\cdots,X_n)$为置信上限,$1-\alpha$也称为置信系数或置信水平.

由定义 7.3.1 知,置信区间$(\hat\theta_1(X_1,X_2,\cdots,X_n),\hat\theta_2(X_1,X_2,\cdots,X_n))$是随机区间.置信度$1-\alpha$为该区间包含未知参数$\theta$的概率.当得到样本值$(x_1,x_2,\cdots,x_n)$时,$\theta$要么在$(\hat\theta_1(x_1,x_2,\cdots,x_n),\hat\theta_2(x_1,x_2,\cdots,x_n))$内,要么不在该区间内,两者必居其一,并无概率可言.此时,置信度$1-\alpha$可直观地理解为在样本容量n不变的情况下,反复抽样,得到m个区间$(\hat\theta_1(x_1,x_2,\cdots,x_n),\hat\theta_2(x_1,x_2,\cdots,x_n))$,其中大约有$m(1-\alpha)$个区间包含了未知参数$\theta$.

在实际应用中,α通常取 0.05,此时的置信度为 0.95,α有时也取 0.01,0.10 等.

在定义 7.3.1 中,对于给定的$\alpha(0<\alpha<1)$,满足$P\{\theta\in(\hat\theta_1,\hat\theta_2)\}=$

$P\{\hat{\theta}_1(X_1,X_2,\cdots,X_n)<\theta<\hat{\theta}_2(X_1,X_2,\cdots,X_n)\}=1-\alpha$ 的统计量 $\hat{\theta}_1=\hat{\theta}_1(X_1,X_2,\cdots,X_n)$ 和 $\hat{\theta}_2=\hat{\theta}_2(X_1,X_2,\cdots,X_n)$ 并不唯一,这为提高估计的精度提供了想象空间.根据 J.奈曼的原则,在确保置信度为 $1-\alpha$ 的前提下,根据精度"优良"的某种准则,构造统计量 $\hat{\theta}_1(X_1,X_2,\cdots,X_n)$ 和 $\hat{\theta}_2(X_1,X_2,\cdots,X_n)$,使得

$$\hat{\theta}_2(X_1,X_2,\cdots,X_n)-\hat{\theta}_1(X_1,X_2,\cdots,X_n)$$

尽可能小.由于 $\hat{\theta}_2(X_1,X_2,\cdots,X_n)-\hat{\theta}_1(X_1,X_2,\cdots,X_n)$ 是随机变量,一般,用

$$l_\theta=E[\hat{\theta}_2(X_1,X_2,\cdots,X_n)-\hat{\theta}_1(X_1,X_2,\cdots,X_n)]$$

刻画精度,l_θ 越小,精度越高.但这些理论已经超出了本教材的范围,现在根据已有的结论以及直观判断来介绍相关的理论和方法.

设 $(X_1,X_2,\cdots,X_n)$ 为来自总体 X 的一个样本,θ 为总体 X 中的未知参数.下面给出进行区间估计(置信度为 $1-\alpha$)的一般步骤.

第一步:构造包含未知参数 θ 的函数 $G(X_1,X_2,\cdots,X_n;\theta)$,其中 $G(X_1,X_2,\cdots,X_n;\theta)$ 的分布已知,且与 θ 无关;

第二步:对给定的置信度 $1-\alpha$,由 $P\{c<G(X_1,X_2,\cdots,X_n;\theta)<d\}=1-\alpha$,适当地确定常数 c,d,其中 c,d 的取值不唯一;

第三步:从不等式 $c<G(X_1,X_2,\cdots,X_n;\theta)<d$ 中等价解得 $\hat{\theta}_1(X_1,X_2,\cdots,X_n)<\theta<\hat{\theta}_2(X_1,X_2,\cdots,X_n)$,从而有 $P\{\hat{\theta}_1(X_1,X_2,\cdots,X_n)<\theta<\hat{\theta}_2(X_1,X_2,\cdots,X_n)\}=1-\alpha$,其中 $\hat{\theta}_1(X_1,X_2,\cdots,X_n)$,$\hat{\theta}_2(X_1,X_2,\cdots,X_n)$ 与 c,d 有关;

第四步:进一步确定常数 c,d,使得 l_θ 最小.

此时,θ 的置信区间 $(\hat{\theta}_1(X_1,X_2,\cdots,X_n),\hat{\theta}_2(X_1,X_2,\cdots,X_n))$ 称为在 $G(X_1,X_2,\cdots,X_n;\theta)$ 下的最优置信区间,仍称为置信区间.

由上可知,区间估计的关键是构造函数 $G(X_1,X_2,\cdots,X_n;\theta)$,以及确定其分布,其一般性理论较为复杂.如果总体 $X\sim N(\mu,\sigma^2)$,且未知参数 θ 为 μ 或 σ^2,则已有研究结果表明,$G(X_1,X_2,\cdots,X_n;\theta)$ 可由定理 6.3.1 和定理 6.3.2 中的函数确定,且 c,d 分别取其分布的上侧 $1-\dfrac{\alpha}{2}$ 分位点和上侧 $\dfrac{\alpha}{2}$ 分位点.

7.3.2　单正态总体的均值与方差的置信区间

设总体 $X \sim N(\mu, \sigma^2)$，$(X_1, X_2, \cdots, X_n)$ 为来自总体 X 的样本.

1. μ 的置信度为 $1-\alpha$ 的置信区间

（1）σ^2 已知的情形

由于随机变量 $U = \dfrac{\overline{X} - \mu}{\sigma / \sqrt{n}} \sim N(0, 1)$，故对给定的 $\alpha(0 < \alpha < 1)$，

$$P\left\{ -u_{\frac{\alpha}{2}} < \frac{\overline{X} - \mu}{\sigma / \sqrt{n}} < u_{\frac{\alpha}{2}} \right\} = 1 - \alpha \quad （图 7.3.1），$$

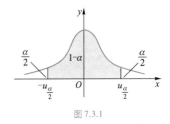

图 7.3.1

故从不等式 $-u_{\frac{\alpha}{2}} < \dfrac{\overline{X} - \mu}{\sigma / \sqrt{n}} < u_{\frac{\alpha}{2}}$ 中，等价地解得 $\overline{X} - u_{\frac{\alpha}{2}} \dfrac{\sigma}{\sqrt{n}} < \mu < \overline{X} + u_{\frac{\alpha}{2}} \dfrac{\sigma}{\sqrt{n}}$，因此 μ 的

置信度为 $1-\alpha$ 的置信区间为

$$\left(\overline{X} - u_{\frac{\alpha}{2}} \frac{\sigma}{\sqrt{n}}, \overline{X} + u_{\frac{\alpha}{2}} \frac{\sigma}{\sqrt{n}} \right),$$

其中 $c = -u_{\frac{\alpha}{2}}, d = u_{\frac{\alpha}{2}}$ 使得此置信区间的长度 $2u_{\frac{\alpha}{2}} \dfrac{\sigma}{\sqrt{n}}$ 为最短.

（2）σ^2 未知的情形

由于随机变量 $T = \dfrac{\overline{X} - \mu}{S / \sqrt{n}} \sim t(n-1)$，故对给定的 $\alpha(0 < \alpha < 1)$，

$$P\left\{ -t_{\frac{\alpha}{2}}(n-1) < \frac{\overline{X} - \mu}{S / \sqrt{n}} < t_{\frac{\alpha}{2}}(n-1) \right\} = 1 - \alpha（图 7.3.2），$$

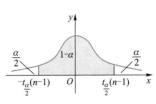

图 7.3.2

从不等式 $-t_{\frac{\alpha}{2}}(n-1) < \dfrac{\overline{X} - \mu}{S / \sqrt{n}} < t_{\frac{\alpha}{2}}(n-1)$ 中等价解得

$\overline{X} - t_{\frac{\alpha}{2}}(n-1) \dfrac{S}{\sqrt{n}} < \mu < \overline{X} + t_{\frac{\alpha}{2}}(n-1) \dfrac{S}{\sqrt{n}}$，因此 μ 的置信度为 $1-\alpha$ 的置信区

间为

$$\left(\overline{X} - t_{\frac{\alpha}{2}}(n-1) \frac{S}{\sqrt{n}}, \overline{X} + t_{\frac{\alpha}{2}}(n-1) \frac{S}{\sqrt{n}} \right).$$

例 7.3.1　在某种清漆中随机抽取九个样品，其干燥时间（单位:h）分

别为

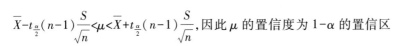

6.0，　5.7，　5.8，　6.5，　7.0，　6.3，　5.6，　6.1，　5.0.

设干燥时间总体 $X \sim N(\mu, \sigma^2)$,试在(1)$\sigma = 0.6$(小时);(2)σ 未知的两种情况下,分别求 μ 的置信度为 0.95 的置信区间.

解　$n = 9$,可计算得 $\bar{x} = 6$,$s \approx 0.5744$,又因为 $1 - \alpha = 0.95$,得 $\dfrac{\alpha}{2} = 0.025$,由查表知 $u_{0.025} = 1.96$,$t_{0.025}(8) = 2.306$.

(1)当 $\sigma = 0.6$ 时,μ 的置信度为 0.95 的置信区间为

$$\left(\bar{x} - U_{\frac{\alpha}{2}} \frac{\sigma}{\sqrt{n}}, \bar{x} + U_{\frac{\alpha}{2}} \frac{\sigma}{\sqrt{n}} \right) = \left(6 - 1.96 \times \frac{0.6}{\sqrt{9}}, 6 + 1.96 \times \frac{0.6}{\sqrt{9}} \right) = (5.608, 6.392).$$

(2)当 σ 未知时,μ 的置信度为 0.95 的置信区间为

$$\left(\bar{x} - t_{\frac{\alpha}{2}}(n-1) \frac{s}{\sqrt{n}}, \bar{x} + t_{\frac{\alpha}{2}}(n-1) \frac{s}{\sqrt{n}} \right) = \left(6 - 2.306 \times \frac{0.5744}{\sqrt{9}}, 6 + 2.306 \times \frac{0.5744}{\sqrt{9}} \right)$$
$$= (5.558, 6.442).$$

2. σ^2 的置信度为 $1-\alpha$ 的置信区间

(1)μ 已知的情形

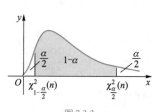

图 7.3.3

由于随机变量 $\chi^2 = \displaystyle\sum_{i=1}^{n} \frac{(X_i - \mu)^2}{\sigma^2} \sim \chi^2(n)$,故对给定的 $\alpha(0 < \alpha < 1)$,

$$P\left\{ \chi^2_{1-\frac{\alpha}{2}}(n) < \sum_{i=1}^{n} \frac{(X_i - \mu)^2}{\sigma^2} < \chi^2_{\frac{\alpha}{2}}(n) \right\} = 1 - \alpha \quad (\text{图 7.3.3}),$$

从不等式 $\chi^2_{1-\frac{\alpha}{2}}(n) < \displaystyle\sum_{i=1}^{n} \frac{(X_i - \mu)^2}{\sigma^2} < \chi^2_{\frac{\alpha}{2}}(n)$ 中等价解得 $\dfrac{\displaystyle\sum_{i=1}^{n} (X_i - \mu)^2}{\chi^2_{\frac{\alpha}{2}}(n)} <$

$\sigma^2 < \dfrac{\displaystyle\sum_{i=1}^{n} (X_i - \mu)^2}{\chi^2_{1-\frac{\alpha}{2}}(n)}$,因此 σ^2 的置信度为 $1-\alpha$ 置信区间为

$$\left(\frac{\displaystyle\sum_{i=1}^{n} (X_i - \mu)^2}{\chi^2_{\frac{\alpha}{2}}(n)}, \frac{\displaystyle\sum_{i=1}^{n} (X_i - \mu)^2}{\chi^2_{1-\frac{\alpha}{2}}(n)} \right).$$

进而求得 σ 的置信度为 $1-\alpha$ 的置信区间为

$$\left(\sqrt{\frac{\displaystyle\sum_{i=1}^{n} (X_i - \mu)^2}{\chi^2_{\frac{\alpha}{2}}(n)}}, \sqrt{\frac{\displaystyle\sum_{i=1}^{n} (X_i - \mu)^2}{\chi^2_{1-\frac{\alpha}{2}}(n)}} \right).$$

(2)μ 未知的情形

由于随机变量 $\chi^2 = \dfrac{(n-1)S^2}{\sigma^2} \sim \chi^2(n-1)$,故可同样求得 σ^2 的置信系数

为 $1-\alpha$ 的置信区间为

$$\left(\frac{(n-1)S^2}{\chi^2_{\frac{\alpha}{2}}(n-1)},\frac{(n-1)S^2}{\chi^2_{1-\frac{\alpha}{2}}(n-1)}\right),$$

σ 的置信度为 $1-\alpha$ 的置信区间为 $\left(\sqrt{\dfrac{n-1}{\chi^2_{\frac{\alpha}{2}}(n-1)}}S,\sqrt{\dfrac{n-1}{\chi^2_{1-\frac{\alpha}{2}}(n-1)}}S\right).$

例 7.3.2　使用铂球测定引力常数,测定五次,并计算得样本方差的观察值为 $s^2=9\times10^{-6}$,设测定值总体 $X\sim N(\mu,\sigma^2)$,求 σ^2 的置信度为 0.9 的置信区间.

解　$n=5,1-\alpha=0.9,\dfrac{\alpha}{2}=0.05,\chi^2_{0.05}(4)=9.488,\chi^2_{0.95}(4)=0.711,$ 所以 σ^2 的置信度为 0.9 的置信区间为

$$\left(\frac{(n-1)s^2}{\chi^2_{\frac{\alpha}{2}}(n-1)},\frac{(n-1)s^2}{\chi^2_{1-\frac{\alpha}{2}}(n-1)}\right)=\left(\frac{4\times9\times10^{-6}}{9.488},\frac{4\times9\times10^{-6}}{0.711}\right)$$

$$=(3.794\times10^{-6},5.063\times10^{-5}).$$

7.3.3　双正态总体均值差和方差比的置信区间

设 $(X_1,X_2,\cdots,X_{n_1})$ 为来自总体 $X\sim N(\mu_1,\sigma_1^2)$ 的一个样本,样本均值为 $\overline{X}$,样本方差为 $S_1^2.(Y_1,Y_2,\cdots,Y_{n_2})$ 为来自总体 $Y\sim N(\mu_2,\sigma_2^2)$ 的一个样本,样本均值为 $\overline{Y}$,样本方差为 S_2^2,且 $X_1,X_2,\cdots,X_{n_1}$ 和 $Y_1,Y_2,\cdots,Y_{n_2}$ 相互独立.

1. $\mu_1-\mu_2$ 的置信度为 $1-\alpha$ 的置信区间

(1) σ_1^2,σ_2^2 均已知的情形

由于随机变量 $U=\dfrac{(\overline{X}-\overline{Y})-(\mu_1-\mu_2)}{\sqrt{\dfrac{\sigma_1^2}{n_1}+\dfrac{\sigma_2^2}{n_2}}}\sim N(0,1)$,故对给定的 $\alpha(0<\alpha<1)$,有

$$P\left\{-u_{\frac{\alpha}{2}}<\frac{(\overline{X}-\overline{Y})-(\mu_1-\mu_2)}{\sqrt{\dfrac{\sigma_1^2}{n_1}+\dfrac{\sigma_2^2}{n_2}}}<u_{\frac{\alpha}{2}}\right\}=1-\alpha,$$

等价求解其中的不等式，得 $\mu_1 - \mu_2$ 的置信度为 $1-\alpha$ 的置信区间为

$$\left((\overline{X}-\overline{Y}) - u_{\frac{\alpha}{2}}\sqrt{\frac{\sigma_1^2}{n_1}+\frac{\sigma_2^2}{n_2}}, (\overline{X}-\overline{Y}) + u_{\frac{\alpha}{2}}\sqrt{\frac{\sigma_1^2}{n_1}+\frac{\sigma_2^2}{n_2}} \right).$$

（2）σ_1^2, σ_2^2 均未知，但 $\sigma_1^2 = \sigma_2^2$ 的情形

由于随机变量 $T = \dfrac{(\overline{X}-\overline{Y})-(\mu_1-\mu_2)}{S_W\sqrt{\dfrac{1}{n_1}+\dfrac{1}{n_2}}} \sim t(n_1+n_2-2)$，其中 $S_W = $

$\sqrt{\dfrac{(n_1-1)S_1^2+(n_2-1)S_2^2}{n_1+n_2-2}}$，故对给定的 $\alpha(0<\alpha<1)$，有

$$P\left\{ -t_{\frac{\alpha}{2}}(n_1+n_2-2) < \frac{(\overline{X}-\overline{Y})-(\mu_1-\mu_2)}{S_W\sqrt{\dfrac{1}{n_1}+\dfrac{1}{n_2}}} < t_{\frac{\alpha}{2}}(n_1+n_2-2) \right\} = 1-\alpha,$$

等价求解其中的不等式，得 $\mu_1 - \mu_2$ 的置信度为 $1-\alpha$ 的置信区间为

$$\left((\overline{X}-\overline{Y}) - t_{\frac{\alpha}{2}}(n_1+n_2-2)S_W\sqrt{\frac{1}{n_1}+\frac{1}{n_2}}, (\overline{X}-\overline{Y}) + t_{\frac{\alpha}{2}}(n_1+n_2-2)S_W\sqrt{\frac{1}{n_1}+\frac{1}{n_2}} \right).$$

例 7.3.3　为了比较 A, B 两种型号灯泡的寿命，随机抽取 A 型灯泡 5 只，测得平均寿命 $\bar{x}_A = 1\,000\text{ h}$，样本方差 $s_A^2 = 784\text{ h}^2$；随机抽取 B 型灯泡 7 只，测得平均寿命 $\bar{x}_B = 980\text{ h}$，样本方差 $s_B^2 = 1\,023.9\text{ h}^2$. 设两种型号灯泡的寿命都服从正态分布，并且由生产过程知它们的方差相等. 求两个正态总体均值差 $\mu_A - \mu_B$ 的置信度为 0.99 的置信区间.

解　$n_1 = 5, n_2 = 7, n_1+n_2-2 = 10, 1-\alpha = 0.99, \dfrac{\alpha}{2} = 0.005, t_{0.005}(10) = $

3.169 3，又 $\bar{x}_A - \bar{x}_B = 1\,000 - 980 = 20$，$s_w = \sqrt{\dfrac{1}{10}(4 \times 784 + 6 \times 1\,023.9)} = \sqrt{927.94} \approx$

30.46.

由实际抽样的随机性可知两个样本相互独立，且两总体的方差相等，故 $\mu_A - \mu_B$ 的置信度为 0.99 的置信区间为

$$\left((\bar{x}_A-\bar{x}_B) - t_{\frac{\alpha}{2}}(n_1+n_2-2)s_w\sqrt{\frac{1}{n_1}+\frac{1}{n_2}}, (\bar{x}_A-\bar{x}_B) + t_{\frac{\alpha}{2}}(n_1+n_2-2)s_w\sqrt{\frac{1}{n_1}+\frac{1}{n_2}} \right)$$

$$= \left(20 - 3.169\,3 \times 30.46 \times \sqrt{\frac{1}{5}+\frac{1}{7}}, 20 + 3.169\,3 \times 30.46 \times \sqrt{\frac{1}{5}+\frac{1}{7}} \right)$$

$$= (-36.5, 76.5).$$

2. $\dfrac{\sigma_1^2}{\sigma_2^2}$ 的置信系数为 $1-\alpha$ 的置信区间

从理论上讲,应讨论 μ_1 和 μ_2 已知或未知等情形.但考虑到运算的复杂度以及误差等因素,这里在不论 μ_1 和 μ_2 是否已知的情形下,求 $\dfrac{\sigma_1^2}{\sigma_2^2}$ 的置信度为 $1-\alpha$ 的置信区间.

由于随机变量 $F=\dfrac{S_1^2/\sigma_1^2}{S_2^2/\sigma_2^2}\sim F(n_1-1,n_2-1)$,故对给定的 $\alpha(0<\alpha<1)$,

$$P\left\{F_{1-\frac{\alpha}{2}}(n_1-1,n_2-1)<\frac{S_1^2/\sigma_1^2}{S_2^2/\sigma_2^2}<F_{\frac{\alpha}{2}}(n_1-1,n_2-1)\right\}=1-\alpha,$$

等价求解其中的不等式,得 $\dfrac{\sigma_1^2}{\sigma_2^2}$ 的置信度为 $1-\alpha$ 的置信区间为

$$\left(\frac{S_1^2}{S_2^2}\cdot\frac{1}{F_{\frac{\alpha}{2}}(n_1-1,n_2-1)},\frac{S_1^2}{S_2^2}\cdot\frac{1}{F_{1-\frac{\alpha}{2}}(n_1-1,n_2-1)}\right).$$

例 7.3.4　设两正态总体 $N(\mu_1,\sigma_1^2),N(\mu_2,\sigma_2^2)$ 的参数均未知,今分别抽取容量为 25,15 的两独立样本,测得样本方差分别为 6.38,5.15.求方差比 $\dfrac{\sigma_1^2}{\sigma_2^2}$ 的置信度为 0.90 的置信区间.

解　$n_1=25,n_2=15,s_1^2=6.38,s_2^2=5.15,\dfrac{s_1^2}{s_2^2}=\dfrac{6.38}{5.15}\approx1.24,1-\alpha=0.90,$

$\dfrac{\alpha}{2}=0.05,F_{0.05}(24,14)=2.35,F_{0.95}(24,14)=\dfrac{1}{F_{0.05}(14,24)}=\dfrac{1}{2.13}$,所以 $\dfrac{\sigma_1^2}{\sigma_2^2}$ 的置信度为 0.90 的置信区间为

$$\left(\frac{s_1^2}{s_2^2}\cdot\frac{1}{F_{\frac{\alpha}{2}}(n_1-1,n_2-1)},\frac{s_1^2}{s_2^2}\cdot\frac{1}{F_{1-\frac{\alpha}{2}}(n_1-1,n_2-1)}\right)$$

$$=\left(\frac{1.24}{2.35},1.24\times2.13\right)=(0.53,2.64).$$

7.3.4　单侧置信区间

以上讨论的置信区间称为双侧置信区间.

在有些实际问题中,我们只对未知参数 θ 的置信下限或置信上限感兴趣.例如,对于灯泡的使用寿命来说,其平均寿命过长时并没有什么问

题,如果过短就有问题了.此时,可将置信上限取为 $+\infty$,而重点考虑置信下限.即对给定的置信度 $1-\alpha$,设法找到一个统计量 $\underline{\theta}(X_1,X_2,\cdots,X_n)$,使

$$P\{\underline{\theta}(X_1,X_2,\cdots,X_n)<\theta<+\infty\}=1-\alpha,\quad \text{对一切 }\theta\in\Theta,$$

此时未知参数 θ 的置信度为 $1-\alpha$ 的置信区间为 $(\underline{\theta}(X_1,X_2,\cdots,X_n),+\infty)$.这就是单侧区间问题,一般地,有

定义 7.3.2　设 $(X_1,X_2,\cdots,X_n)$ 为来自总体 X 的一个样本,θ 为总体 X 中的未知参数,Θ 为参数空间.

（1）如果存在统计量 $\underline{\theta}=\underline{\theta}(X_1,X_2,\cdots,X_n)$,使得 $P\{\theta>\underline{\theta}(X_1,X_2,\cdots,X_n)\}=1-\alpha$,对一切 $\theta\in\Theta$,就称 $\underline{\theta}=\underline{\theta}(X_1,X_2,\cdots,X_n)$ 为 θ 的置信度为 $1-\alpha$ 的置信下限;

（2）如果存在统计量 $\overline{\theta}=\overline{\theta}(X_1,X_2,\cdots,X_n)$,使得 $P\{\theta<\overline{\theta}(X_1,X_2,\cdots,X_n)\}=1-\alpha$,对一切 $\theta\in\Theta$,就称 $\overline{\theta}=\overline{\theta}(X_1,X_2,\cdots,X_n)$ 为 θ 的置信度为 $1-\alpha$ 的置信上限.

如果 $\underline{\theta}=\underline{\theta}(X_1,X_2,\cdots,X_n)$ 为 θ 的置信度为 $1-\alpha$ 的置信下限,则 $(\underline{\theta},+\infty)\cap\Theta$ 为 θ 的置信度为 $1-\alpha$ 的置信区间,其中 $\underline{\theta}$ 越大,精度越高.同理,如果 $\overline{\theta}=\overline{\theta}(X_1,X_2,\cdots,X_n)$ 为 θ 的置信度为 $1-\alpha$ 的置信上限,则 $(-\infty,\overline{\theta})\cap\Theta$ 为 θ 的置信度为 $1-\alpha$ 的置信区间,其中 $\overline{\theta}$ 越小,精度越高.

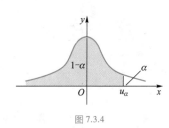

图 7.3.4

由定义 7.3.2 知,单侧置信区间的求法与双侧置信区间的求法类似,只是在建立不等式时有一定的差别.例如,设 $(X_1,X_2,\cdots,X_n)$ 为来自总体 $X\sim N(\mu,\sigma^2)$ 的一个样本,其中 σ^2 已知,故对给定的 $\alpha(0<\alpha<1)$,由于 $P\left\{\dfrac{\overline{X}-\mu}{\sigma/\sqrt{n}}<u_\alpha\right\}=1-\alpha$（图 7.3.4）,从不等式 $\dfrac{\overline{X}-\mu}{\sigma/\sqrt{n}}<u_\alpha$ 中,等价地解得

$$P\left\{\mu>\overline{X}-u_\alpha\frac{\sigma}{\sqrt{n}}\right\}=1-\alpha,$$

因此,$\overline{X}-u_\alpha\dfrac{\sigma}{\sqrt{n}}$ 为 μ 的置信度为 $1-\alpha$ 的置信下限,其置信区间为 $\left(\overline{X}-u_\alpha\dfrac{\sigma}{\sqrt{n}},+\infty\right)$.同理,$\mu$ 的置信度为 $1-\alpha$ 的置信上限为 $\overline{X}+u_\alpha\dfrac{\sigma}{\sqrt{n}}$,其置信区间为 $\left(-\infty,\overline{X}+u_\alpha\dfrac{\sigma}{\sqrt{n}}\right)$.

其他情形可以相仿处理.为了便于理解,不妨将其结果列表 7.3.1 如下.

表 7.3.1　单正态总体 $N(\mu,\sigma^2)$ 中 μ 与 σ^2 的置信下限、置信上限和单侧置信区间

参数	前提条件	置信下限或置信上限	单侧置信区间
μ	σ^2 已知	置信下限：$\bar{X}-u_{\alpha}\dfrac{\sigma}{\sqrt{n}}$	$\left(\bar{X}-u_{\alpha}\dfrac{\sigma}{\sqrt{n}},+\infty\right)$
		置信上限：$\bar{X}+u_{\alpha}\dfrac{\sigma}{\sqrt{n}}$	$\left(-\infty,\bar{X}+u_{\alpha}\dfrac{\sigma}{\sqrt{n}}\right)$
	σ^2 未知	置信下限：$\bar{X}-t_{\alpha}(n-1)\dfrac{S}{\sqrt{n}}$	$\left(\bar{X}-t_{\alpha}(n-1)\dfrac{S}{\sqrt{n}},+\infty\right)$
		置信上限：$\bar{X}+t_{\alpha}(n-1)\dfrac{S}{\sqrt{n}}$	$\left(-\infty,\bar{X}+t_{\alpha}(n-1)\dfrac{S}{\sqrt{n}}\right)$
σ^2	μ 已知	置信下限：$\dfrac{\sum\limits_{i=1}^{n}(X_i-\mu)^2}{\chi_{\alpha}^2(n)}$	$\left(\dfrac{\sum\limits_{i=1}^{n}(X_i-\mu)^2}{\chi_{\alpha}^2(n)},+\infty\right)$
		置信上限：$\dfrac{\sum\limits_{i=1}^{n}(X_i-\mu)^2}{\chi_{1-\alpha}^2(n)}$	$\left(0,\dfrac{\sum\limits_{i=1}^{n}(X_i-\mu)^2}{\chi_{1-\alpha}^2(n)}\right)$
	μ 未知	置信下限：$\dfrac{(n-1)S^2}{\chi_{\alpha}^2(n-1)}$	$\left(\dfrac{(n-1)S^2}{\chi_{\alpha}^2(n-1)},+\infty\right)$
		置信上限：$\dfrac{(n-1)S^2}{\chi_{1-\alpha}^2(n-1)}$	$\left(0,\dfrac{(n-1)S^2}{\chi_{1-\alpha}^2(n-1)}\right)$

同理，可得双正态总体 $N(\mu_1,\sigma_1^2)$，$N(\mu_2,\sigma_2^2)$ 的 $\mu_1-\mu_2$ 和 $\dfrac{\sigma_1^2}{\sigma_2^2}$ 的置信下限、置信上限和单侧置信区间，由于过于烦琐，此处不再叙述，请读者自己完成.

例 7.3.5　从某批灯泡中随机取出 5 只作寿命试验，其寿命（单位:h）如下

$$1\,050,\quad 1\,100,\quad 1\,120,\quad 1\,250,\quad 1\,280.$$

设这批灯泡的寿命 $X\sim N(\mu,\sigma^2)$，其中 μ,σ^2 均为未知.试求 μ 的置信度为 0.95 的置信下限，以及对应的单侧置信区间.

解　根据提供的样本观察值，得 $n=5$，$\bar{x}=1\,160$，$s^2=9\,950$.又因 $1-\alpha=0.95$，$\alpha=0.05$，查表得 $t_{0.05}(4)=2.131\,8$.故 μ 的置信系数为 0.95 的置信下限为

$$\bar{x}-t_{\alpha}(n-1)\frac{s}{\sqrt{n}}=1\,160-2.131\,8\times\frac{\sqrt{9\,950}}{\sqrt{5}}\approx1\,065.$$

对应的单侧置信区间为 $(1\,065,+\infty)$.

小结

本章是数理统计的重点,其内容包含点估计、估计量的评价标准和区间估计.

1. 点估计

主要掌握矩估计法和最大似然估计法的思想和方法.

对于矩估计法,会利用样本矩代替总体矩建立方程,从中求出未知参数的矩估计量或矩估计值.

对于最大似然估计法,要正确理解似然函数的概念,熟练地写出似然函数,然后通过求似然函数的最大值点,求出未知参数的最大似然估计量或最大似然估计值.

2. 估计量的评价标准

了解均方误差的概念,了解无偏性和有效性产生的背景.

会通过计算 $E\hat{\theta}$,判断 $\hat{\theta}$ 是否为 θ 的无偏估计,并注意无偏估计不唯一.在 $\hat{\theta}_1$ 和 $\hat{\theta}_2$ 均为 θ 的无偏估计的前提下,计算 $D\hat{\theta}_1$ 和 $D\hat{\theta}_2$,并进行比较,判断哪个更有效.知道有效估计的概念和基本理论.

知道一致估计的概念和有关结论.

3. 区间估计

了解区间估计的概念,区分区间估计和点估计的特点.由于区间估计中,充分考虑到估计量的可信度(置信度)和精度,因此说区间估计更为科学合理.在处理过程中,首先确保可信度为 $1-\alpha$,在此前提下,提高精度,从而得到求区间估计的一般方法.

熟记正态总体 $N(\mu, \sigma^2)$ 中 μ 与 σ^2 的相关置信区间.了解双正态总体中均值差和方差比的置信区间,了解置信下限、置信上限以及单侧置信区间的概念和有关结论.

📖 第 7 章习题

一、填空题

1. 设总体 $X \sim B(1, p)$,其中 p 为未知参数,从总体 X 中抽取样本值为 $1, 0, 0, 1, 1$,则 p 的矩估计值 $\hat{p} = $ _____.

2. 设总体 X 的密度函数为 $f(x) = \begin{cases} \lambda^2 x e^{-\lambda x}, & x>0, \\ 0, & \text{其他}, \end{cases}$ 其中参数 $\lambda(\lambda>0)$ 未知，$(X_1, X_2, \cdots, X_n)$ 是来自总体 X 的样本，则 λ 的最大似然估计量 $\hat{\lambda} = $ _____ .

3. 设 $(X_1, X_2 \cdots, X_m)$ 为来自二项分布总体 $B(n, p)$ 的样本，$\overline{X}$ 和 S^2 分别为样本均值和样本方差，若 $\overline{X} + kS^2$ 为 np^2 的无偏估计量，则常数 $k = $ _____ .

4. 设总体 X 的密度函数为 $f(x; \theta) = \begin{cases} \dfrac{2x}{3\theta^2}, & \theta<x<2\theta, \\ 0, & \text{其他}, \end{cases}$ 其中 θ 未知，$(X_1, X_2, \cdots, X_n)$ 为来自总体 X 的样本，若 $c \sum\limits_{i=1}^{n} X_i^2$ 是 θ^2 的无偏估计，则常数 $c = $ _____ .

5. 设 (X_1, X_2, X_3) 为来自总体 X 的样本，若 $X_1 + aX_2 - bX_3$ 和 $2bX_1 - X_2 - aX_3$ 均为总体均值 $\mu(\neq 0)$ 的无偏估计，则常数 $a = $ _____ ，$b = $ _____ .

6. 已知一批零件的长度 X（单位:cm）服从正态分布 $N(\mu, 1)$，从中随机地抽取 16 个零件，得到长度的平均值为 40 cm，则 μ 的置信度为 0.95 的置信区间是 _____ .

7. 设总体 $X \sim N(\mu, 16)$，若使得 μ 的置信度为 0.95 的置信区间长度 $l \leq 4$，则 n 至少取 _____ .

二、选择题

1. 设 $(X_1, X_2, \cdots, X_n)$ 为来自总体 $X \sim U[\theta, 1]$ 的一个样本，则未知参数 θ 的最大似然估计量 $\hat{\theta} = ($ ____ $)$.

(A) $\min\limits_{1 \leq i \leq n} X_i$ 　　　　(B) $\max\limits_{1 \leq i \leq n} X_i$

(C) $1 - \min\limits_{1 \leq i \leq n} X_i$ 　　(D) $1 - \max\limits_{1 \leq i \leq n} X_i$

2. 设 $\hat{\theta}$ 为 θ 的无偏估计量，且 $D\hat{\theta} > 0$，$a(a \neq 0)$，b 为常数，则(____).

(A) $a\hat{\theta} + b$ 是 $a\theta + b$ 的无偏估计，$\hat{\theta}^2$ 是 θ^2 的无偏估计

(B) $a\hat{\theta} + b$ 是 $a\theta + b$ 的无偏估计，$\hat{\theta}^2$ 是 θ^2 的有偏估计

(C) $a\hat{\theta} + b$ 是 $a\theta + b$ 的有偏估计，$\hat{\theta}^2$ 是 θ^2 的无偏估计

(D) $a\hat{\theta} + b$ 是 $a\theta + b$ 的有偏估计，$\hat{\theta}^2$ 是 θ^2 的有偏估计

3. 设 $(X_1, X_2, \cdots, X_n)$ 是取自总体 $X \sim E(\lambda)$ 的样本，λ 为未知参数，且 $\lambda \neq 1$，则(____).

(A) $\dfrac{1}{\overline{X}}$ 是 λ 的无偏估计，$\overline{X}$ 是 $\dfrac{1}{\lambda}$ 的无偏估计

(B) $\dfrac{1}{\overline{X}}$ 是 λ 的无偏估计，$\overline{X}$ 是 $\dfrac{1}{\lambda}$ 的有偏估计

(C) $\dfrac{1}{\overline{X}}$ 是 λ 的有偏估计，$\overline{X}$ 是 $\dfrac{1}{\lambda}$ 的无偏估计

(D) $\dfrac{1}{\overline{X}}$ 是 λ 的有偏估计，$\overline{X}$ 是 $\dfrac{1}{\lambda}$ 的有偏估计

4. 设总体 X 的数学期望为 μ，方差为 σ^2，其中 $\mu \neq 0$，$\sigma > 0$.(X_1, X_2, X_3) 为来自总体 X 的样本，则下列 μ 的估计量中，方差最小的无偏估计量为(____).

(A) $\hat{\mu}_1 = \dfrac{1}{2}X_1 + \dfrac{1}{3}X_2 + \dfrac{1}{6}X_3$

(B) $\hat{\mu}_2 = \dfrac{1}{3}X_1 + \dfrac{1}{3}X_2 + \dfrac{1}{3}X_3$

(C) $\hat{\mu}_3 = \dfrac{1}{5}X_1 + \dfrac{2}{5}X_2 + \dfrac{2}{5}X_3$

(D) $\hat{\mu}_4 = \dfrac{1}{7}X_1 + \dfrac{2}{7}X_2 + \dfrac{3}{7}X_3$

5. 设总体 $X \sim N(0, \sigma^2)$，$(X_1, X_2, \cdots, X_n)(n>1)$ 为来自总体 X 的样本.则下列估计量中为 σ^2 的无偏估计，且方差最小的是(____).

(A) X_1^2 　　　　　　　　(B) $(X_1 - X_2)^2$

(C) $\dfrac{1}{n} \sum\limits_{i=1}^{n} X_i^2$ 　　　(D) S^2

6. 设 $(X_1, X_2, \cdots, X_n)$ 为来自总体 $X \sim N(\mu, 1)$ 的样本.如果 μ 的置信度为 0.90 的置信区间为 $(9.765, 10.235)$，则下列结论中不正确的是(____).

(A) 样本均值的观测值为 $\bar{x} = 10$

(B) 样本容量为 $n = 49$

(C) μ 的置信度为 0.95 的置信区间为 $(9.720, 10.280)$

(D) μ 的置信度分别为 0.90 和 0.95 的置信区间长度之比为 $0.90:0.95$

三、解答题

A 类

1. 设 $(X_1, X_2, \cdots, X_n)$ 为取自总体 X 的样本，X 的分布律为 $P\{X=k\} = p(1-p)^{k-1}, k=1,2,\cdots$，其中 $0<p<1$，且 p 未知，求 p 的矩估计量 $\hat{p}_M$ 和最大似然估计量 $\hat{p}_L$.

2. 设总体 $X \sim E(\lambda)$，其中 λ 为未知参数. 从总体 X 中取得样本 $(X_1, X_2, \cdots, X_n)$，求 λ 的矩估计量 $\hat{\lambda}_M$ 和最大似然估计量 $\hat{\lambda}_L$.

3. 设总体 X 的分布函数为 $F(x;\beta) = \begin{cases} 1 - \dfrac{1}{x^\beta}, & x>1, \\ 0, & x \le 1, \end{cases}$ 其中 β 为未知参数，且 $\beta>1$，$(X_1, X_2, \cdots, X_n)$ 为来自总体 X 的样本，求 β 的矩估计量 $\hat{\beta}_M$ 和最大似然估计量 $\hat{\beta}_L$.

4. 设总体 X 的密度函数为 $f(x;\theta) = \begin{cases} \theta, & 0<x<1, \\ 1-\theta, & 1 \le x<2, \\ 0, & \text{其他}, \end{cases}$ 中 $\theta (0<\theta<1)$ 是未知参数. 记 N 为样本值 $x_1, x_2, \cdots, x_n$ 中小于 1 的个数，求 θ 的最大似然估计值 $\hat{\theta}$.

5. 设总体 X 的密度函数为 $f(x;\theta) = \begin{cases} \dfrac{1}{2\theta}, & 0<x<\theta, \\ \dfrac{1}{2(1-\theta)}, & \theta \le x<1, \\ 0, & \text{其他}. \end{cases}$ 其中参数 $\theta (0<\theta<1)$ 未知，$(X_1, X_2, \cdots, X_n)$ 是来自总体 X 的样本. (1) 求参数 θ 的矩估计量 $\hat{\theta}$；(2) 判断 $4\overline{X}^2$ 是否为 θ^2 的无偏估计量，并说明理由.

6. 设总体 $X \sim B(n,p)$，从总体 X 中获取样本 $(X_1, X_2, \cdots, X_m)$，求未知参数 n 和 p 的矩估计量 $\hat{n}$ 和 $\hat{p}$.

7. 设总体 $X \sim N(\mu, \sigma^2)$，μ 已知，$(X_1, X_2, \cdots, X_n)(n>1)$ 为来自 X 的样本，求常数 c，使得 $Y = c\sum_{i=2}^{n} X_i(X_i - X_{i-1})$ 是 σ^2 的无偏估计.

8. 设总体 X 的方差为 $\sigma^2 (\sigma>0)$. $(X_{11}, X_{12}, \cdots, X_{1n})$ 与 $(X_{21}, X_{22}, \cdots, X_{2m})$ 为取自该总体的两个独立简单随机样本，证明 $\hat{\sigma}^2 = \dfrac{(n-1)S_1^2 + (m-1)S_2^2}{n+m-2}$ 是 σ^2 的无偏估计，其中 $S_1^2 = \dfrac{1}{n-1}\sum_{i=1}^{n}(X_{1i} - \overline{X}_1)^2, S_2^2 = \dfrac{1}{m-1}\sum_{i=1}^{m}(X_{2i} - \overline{X}_2)^2, \overline{X}_1 = \dfrac{1}{n}\sum_{i=1}^{n}X_{1i}, \overline{X}_2 = \dfrac{1}{m}\sum_{i=1}^{m}X_{2i}$.

9. 设随机变量 X 与 Y 相互独立且分别服从正态分布 $N(\mu, \sigma^2)$ 与 $N(\mu, 2\sigma^2)$，其中 σ 是未知参数且 $\sigma>0$. 记 $Z=X-Y$. (1) 求 Z 的密度函数 $f(z;\sigma^2)$；(2) 设 $(Z_1, Z_2, \cdots, Z_n)$ 为来自总体 Z 的一个样本，求 σ^2 的最大似然估计量 $\hat{\sigma}^2$；(3) 证明 $\hat{\sigma}^2$ 为 σ^2 的无偏估计.

10. 设 $(X_1, X_2, \cdots, X_n)$ 和 $(Y_1, Y_2, \cdots, Y_{2n})$ 是来自总体 $X \sim N(\mu,1)$ 的两个独立样本，$\overline{X} = \dfrac{1}{n}\sum_{i=1}^{n}X_i, \overline{Y} = \dfrac{1}{2n}\sum_{i=1}^{2n}Y_i$. 证明 $\hat{\mu}_1 = \dfrac{1}{2}(\overline{X}+\overline{Y})$，$\hat{\mu}_2 = \dfrac{1}{3}(\overline{X}+2\overline{Y})$ 均为 μ 的无偏估计，并问哪个更有效？

11. 设自总体 $N(\mu, \sigma_1^2)$ 和 $N(\mu, \sigma_2^2)$ 中分别抽取容量为 n_1, n_2 的两个相互独立样本，其样本均值分别为 $\overline{X}$ 和 $\overline{Y}$，$Z = a\overline{X} + b\overline{Y}$，其中 a,b 为常数，且 $a+b=1$. (1) 证明 Z 是 μ 的无偏估计；(2) 当 σ_1^2 和 σ_2^2 均已知时，求 a,b 的值，使得 DZ 最小.

12. 设 $(X_1, X_2, \cdots, X_n)$ 为来自总体 X 的一个样本，θ 为总体 X 中含有的一个未知参数，若统计量 $\hat{\theta} = \hat{\theta}(X_1, X_2, \cdots, X_n)$ 是 θ 的无偏估计，且 $\lim_{n\to\infty} D\hat{\theta} = 0$，证明 $\hat{\theta}$ 是 θ 的一致估计.

13. 已知某种木材的横纹抗压力 $X \sim N(\mu, \sigma^2)$（单位：kg/cm²），现对 10 个试件做横纹抗压力实验，得 $\bar{x} = 457.5, s = 35.22$.（1）求 μ 的置信度为 0.95 的置信区间；（2）求 σ 的置信度为 0.90 的置信区间.

14. 研究由机器 A 和机器 B 生产的钢管的内径（单位：mm），现随机抽取机器 A 生产的钢管 18 只，测量样本均值 $\bar{x} = 91.73$，样本方差 $s_X^2 = 0.34$；抽取机器 B 生产的钢管 13 只，测得样本均值 $\bar{y} = 93.75$，样本方差 $s_Y^2 = 0.29$. 设两样本相互独立，且这两台机器生产的钢管内径分别服从正态分布 $N(\mu_1, \sigma^2), N(\mu_2, \sigma^2)$，求总体均值差 $\mu_1 - \mu_2$ 的置信度为 0.90 的置信区间.

15. 设有两个化验员 A 与 B 独立地对某种聚合物中的含氯量用同一种方法各作 10 次测定，其测定值的样本方差分别为 $s_A^2 = 0.541\ 9, s_B^2 = 0.606\ 5$. 假定各自的测定值分别服从正态分布，方差分别为 σ_A^2 与 σ_B^2，求 $\dfrac{\sigma_A^2}{\sigma_B^2}$ 的置信度为 0.90 的置信区间.

16. 为研究某汽车轮胎的磨损特性，随机抽取 16 只轮胎进行实际独立使用，并记录轮胎使用到磨坏时所行驶的路程数（单位：km），经过统计并计算得 $\bar{x} = 41\ 116, s = 6\ 346$. 若此样本来自正态总体 $N(\mu, \sigma^2)$，其中 μ, σ^2 均未知. 求该轮胎平均行驶路程 μ 的置信度为 0.95 的置信下限.

17. 用仪器间接测量炉子的温度，其测量值（单位：℃）$X \sim N(\mu, \sigma^2)$，其中 μ, σ^2 未知. 用该仪器重复测量炉子的温度 5 次，结果为

　　1 250，　1 265，　1 245，　1 265，　1 275，

试求 σ 的置信系数为 0.95 的置信上限.

B 类

1. 已知总体 X 可能的取值为 0，1，2. $(X_1, X_2, \cdots, X_n)$ 是来自总体 X 的一个样本，若 $P\{X = 2\} = (1 - \theta)^2, EX = 2(1 - \theta), 0 < \theta < 1$.（1）求 X 的概率分布；（2）求 θ 的矩估计量 $\hat{\theta}_M$，并讨论其无偏性；（3）若样本观测值为 0，1，1，2，求 θ 的最大似然估计值 $\hat{\theta}_L$.

2. 设总体 X 的密度函数为 $f(x; \theta) = \begin{cases} \dfrac{2}{\theta^2} x, & 0 \leqslant x \leqslant \theta, \\ 0, & \text{其他,} \end{cases}$ 其中参数 $\theta(\theta > 0)$ 未知，从总体中取得样本 $(X_1, X_2, \cdots, X_n)$，求 θ 的矩估计量 $\hat{\theta}_M$ 和最大似然估计量 $\hat{\theta}_L$.

3. 设总体 X 的密度函数为 $f(x; \sigma) = \dfrac{1}{2\sigma} e^{-\frac{|x|}{\sigma}}, -\infty < x < \infty$，其中参数 σ 未知，从总体中取得样本 $(X_1, X_2, \cdots, X_n)$，求 σ 的矩估计量 $\hat{\sigma}_M$ 和最大似然估计量 $\hat{\sigma}_L$.

4. 设 $(X_1, X_2, \cdots, X_n)$ 是总体 $X \sim N(\mu, \sigma^2)$ 的一个样本. $\bar{X} = \dfrac{1}{n} \sum_{i=1}^{n} X_i, S^2 = \dfrac{1}{n-1} \sum_{i=1}^{n} (X_i - \bar{X})^2, T = \bar{X}^2 - \dfrac{1}{n} S^2$.（1）证明 T 是 μ^2 的无偏估计；（2）当 $\mu = 0, \sigma = 1$ 时，求 DT.

5. 设 $(X_1, X_2, \cdots, X_n)$ 是来自总体 $X \sim N(\mu_1, 1)$ 的一个样本，$(Y_1, Y_2, \cdots, Y_m)$ 是来自总体 $Y \sim N(\mu_2, 4)$ 的一个样本，且两个样本独立.（1）证明 $\hat{\mu} = \bar{X} - \bar{Y}$ 是 $\mu = \mu_1 - \mu_2$ 的无偏估计；（2）如果 $n + m = 60$，试问 n 与 m 分别取多少时才能使 $\hat{\mu}$ 的方差达到最小？

6. 设袋中有编号为 $1, 2, \cdots, N(N > 1)$ 的 N 张卡片，其中 N 未知. 现从中有放回地任取 n 张，所得号码为 $X_1, X_2, \cdots, X_n$.（1）求 N 的矩估计量 $\hat{N}_M$ 和最大似然估计量 $\hat{N}_L$；（2）证明 $\hat{N}_M$ 为 N 的无偏估计，$\hat{N}_L$ 为 N 的有偏估计，且为渐近无偏估计.

7. 设 $(X_1, X_2, \cdots, X_n)(n > 1)$ 为来自总体 $X \sim N(\mu, \sigma^2)$ 的一个样本. 记 $\hat{\mu} = \dfrac{1}{2}(X_1 + X_n), \hat{\sigma}^2 = \dfrac{1}{n} \sum_{i=1}^{n} (X_i - \bar{X})^2$.

分别计算均方误差 $E(\hat{\mu}-\mu)^2$ 和 $E(\hat{\sigma^2}-\sigma^2)^2$.

C 类

1. 设总体 $X \sim U[\theta_1, \theta_2]$，其中 θ_1 和 θ_2 为未知参数，且 $\theta_1 < \theta_2$. 从总体 X 中取得样本 $(X_1, X_2, \cdots, X_n)$，分别求 θ_1, θ_2 的矩估计量 $\hat{\theta}_{1M}, \hat{\theta}_{2M}$ 和最大似然估计量 $\hat{\theta}_{1L}, \hat{\theta}_{2L}$.

2. 设总体 X 的密度函数为 $f(x; \theta, \mu) = \begin{cases} \dfrac{1}{\theta} e^{-\frac{x-\mu}{\theta}}, & x \geq \mu, \\ 0, & x < \mu. \end{cases}$ 其中 $\theta > 0, \theta, \mu$ 未知，$(X_1, X_2, \cdots, X_n)$ 为来自总体 X 的一个样本，分别求 θ, μ 的矩估计量 $\hat{\theta}_M, \hat{\mu}_M$ 和最大似然估计量 $\hat{\theta}_L, \hat{\mu}_L$.

3. 设某鱼塘中有 n 条鱼，从中先捉到 1 200 条鱼并分别做了红色记号后放回鱼塘中.（1）令 X_n 表示再从鱼塘中任意捉出的 1 000 条鱼中带有红色记号的鱼的数目，求 X_n 的分布律；（2）如果发现此 1 000 条鱼中有 100 条鱼做了红色记号. 试求 n 的最大似然估计值 $\hat{n}$.

4. 设总体 X 的概率分布为 $X \sim \begin{pmatrix} 1 & 2 & 3 \\ 1-\theta & \theta-\theta^2 & \theta^2 \end{pmatrix}$，其中 $\theta (0 < \theta < 1)$ 是未知参数. 以 N_i 表示来自总体 X 的简单随机样本（样本容量为 n）中等于 i 的个数（$i = 1, 2, 3$）；试求常数 a_1, a_2, a_3，使 $T = \sum_{i=1}^{3} a_i N_i$ 为 θ 的无偏估计，并求 T 的方差.

5. 设 (X_1, X_2) 为来自总体 $X \sim N(\mu, \sigma^2)$ 的一个样本.（1）求样本标准差 S 的密度函数 $f_S(s)$；（2）问 S 是否为 σ 的无偏估计？

6. 设 $(X_1, X_2, \cdots, X_n)$ 是取自总体 $X \sim U(\theta, \theta+1)$ 的一个样本，证明 $\hat{\theta}_1 = \bar{X} - \dfrac{1}{2}$ 和 $\hat{\theta}_2 = \max_{1 \leq i \leq n} X_i - \dfrac{n}{n+1}$ 都是 θ 的无偏估计.

网上更多……　✎ 自测题

第 8 章　假设检验

假设检验是统计推断的另一个基本问题.当总体的分布未知或只知其类型,不知其参数时,对总体的某种性质作出假设,然后抽样得到样本,经过统计分析,判断样本与总体之间的差异是由样本的随机性造成的不显著差异,还是样本与总体之间的本质差异,从而对假设作出接受或拒绝的选择.

8.1　假设检验的基本概念

8.1.1　假设检验的背景及提法

1. 假设检验的背景

在实际问题中,假设检验有着广泛的应用.

例 8.1.1　某洗衣粉厂用自动包装机进行包装,正常情况下包装质量(单位:g)$X \sim N(500,9)$,现随机抽取 25 袋洗衣粉,测得平均质量 $\bar{x} = 501.5\,\mathrm{g}$,假定方差不变,问可否认为平均包装质量 μ 仍为 500 g?

这个问题实际上是根据理论分析,要求在 $\mu = 500$ 和其对立面 $\mu \neq 500$ 之间作出选择.如果选择了 $\mu = 500$,则包装机继续工作;否则,应选择 $\mu \neq 500$,说明自动包装机工作出现不正常,应该停机检查.

例 8.1.2　设有某车间生产的甲、乙两批同型号的产品,其次品率分别为 p_1 和 p_2,其中 p_1 和 p_2 均未知.现从甲批产品中任取 36 件,发现有 2 件次品;再从乙批产品中任取 50 件,发现有 3 件次品,问是否有 $p_1 < p_2$?

例 8.1.2 是要求在 $p_1 < p_2$ 和其对立面 $p_1 \geqslant p_2$ 中,作出理论判断.如果 $p_1 < p_2$ 成立,表明甲批产品的次品率低于乙批产品的次品率,否则,甲批产品的次品率不低于(大于或等于)乙批产品的次品率.

例 8.1.3　将一枚骰子随机地掷 120 次,并统计出各点数出现的次数如下

点数	1	2	3	4	5	6
出现的次数	21	28	19	24	16	12

问这枚骰子的六个面是否均匀?

这里检验的对象是该骰子的六个面均匀或不均匀.如果该骰子的六个面是均匀的,则意味着任意掷一次骰子所出现的点数 X 应具有下列分布律

X	1	2	3	4	5	6
P	$\dfrac{1}{6}$	$\dfrac{1}{6}$	$\dfrac{1}{6}$	$\dfrac{1}{6}$	$\dfrac{1}{6}$	$\dfrac{1}{6}$

因此,例 8.1.3 实际上是对 X 所服从的分布进行检验.

以上三个例子均为假设检验问题,由此可见,假设检验问题是非常丰富多样的.按检验的内容,假设检验可分为参数检验和非参数检验.

如果总体 X 的分布类型已知,检验只涉及其中的某些参数,这类假设检验称为参数检验.如例 8.1.1 中,已知包装量 X 服从正态分布,检验 $\mu=500$,还是 $\mu \neq 500$,这属于参数检验问题.在例 8.1.2 中,记

$$X=\begin{cases} 0, & \text{如果从甲批产品中任取一个产品为正品,} \\ 1, & \text{如果从甲批产品中任取一个产品为次品,} \end{cases}$$

$$Y=\begin{cases} 0, & \text{如果从乙批产品中任取一个产品为正品,} \\ 1, & \text{如果从乙批产品中任取一个产品为次品,} \end{cases}$$

则 $X \sim B(1,p_1)$,$Y \sim B(1,p_2)$,同样,X 和 Y 的分布类型均已知,只是检验参数 $p_1 < p_2$,还是 $p_1 \geqslant p_2$,所以例 8.1.2 仍属于参数检验问题.

如果检验问题涉及总体 X 的分布类型(其中可以包含总体未知参数),而不只是未知参数,这类检验为非参数检验.如例 8.1.3 中的检验问题就属于非参数检验问题.

本书主要介绍参数检验的思想和方法.

在参数检验问题中,又会出现单总体和多总体情形.如例 8.1.1 为单总体情形,例 8.1.2 为双总体情形.另外,在参数检验问题中,根据实际需要,还会出现双边检验和单边检验.如例 8.1.1 为双边检验;例 8.1.2 为单边检验.

由上不难发现,假设检验不同于参数估计.参数估计是想了解总体 X 中未知参数 θ 的取值大约是多少,从而进行点估计等.而假设检验并不想

知道未知参数 θ 的取值,只是判断未知参数 θ 是否满足某种关系.如例 8.1.1中,检验的问题是接受 $\mu=500$,还是 $\mu\neq500$,如果 $\mu\neq500$,那么此时 μ 取值多少并不是重点关注的问题.在例 8.1.2 中,由题意知,无论是接受了 $p_1<p_2$,还是 $p_1\geq p_2$,都没有涉及 p_1 和 p_2 各自取值多少的问题.

由于样本的随机性,我们不能简单直观地对检验问题作出回答.比如在例 8.1.2 中,36 件甲批产品中的次品率为 $\frac{2}{36}\approx5.56\%$,50 件乙批产品中的次品率为 $\frac{3}{50}=6\%$,虽然有 $5.56\%<6\%$,但不能以此作出结论,认为 $p_1<p_2$,而是需要根据假设检验的思想和方法,进行充分的理论分析,最后给出科学客观的结论.

2. 假设的提法

称检验问题中相互对立的两个命题为假设或统计假设.并将其中一个命题称为原假设或零假设,记为 H_0;另一个命题称为备选假设或对立假设,记为 H_1.因此检验问题常简记为 (H_0,H_1).

原假设中的"原"可理解为"原本有的",具有"保持不变"的特征.备选假设指抛弃原假设后可供选择的假设,具有"发生变化"的特征.

在例 8.1.1 中,$\mu=500$ 是正常情况下原本有的总体均值,故原假设为 $H_0:\mu=500$.而 $\mu\neq500$ 是可能会发生变化的情况,故备选假设为 $H_1:\mu\neq500$,所以假设检验问题为

$$H_0:\mu=500, \quad H_1:\mu\neq500.$$

在例 8.1.2 中,$p_1<p_2$ 是指次品率发生了变化,所以备选假设为 $H_1:p_1<p_2$.与之对应,原假设应该为 $H_0:p_1\geq p_2$.由于原假设具有"原本有的""保持不变"的含义,因此 $H_0:p_1\geq p_2$ 可转化为 $H_0':p_1=p_2$.注意此时不可将 $H_1:p_1<p_2$ 转化为 $H_1':p_1\neq p_2$,从表面上看这种转换似乎合理,但检验的问题已经发生"质"的变化.因为接受 H_1' 时,可能会出现 $p_1>p_2$,这与例 8.1.2 中所需检验的问题完全不同.因此例 8.1.2 的假设检验问题为

$$H_0:p_1\geq p_2, H_1:p_1<p_2, \quad \text{或} \quad H_0':p_1=p_2, H_1:p_1<p_2.$$

同理,例 8.1.3 的假设检验问题为

$$H_0:\text{六个面均匀}, \quad H_1:\text{六个面不均匀}.$$

将上述确定原假设和备选假设的思路引伸一下,并不严谨地说,在参数检验问题中,带有"="" $\leq$ "或" $\geq$ "的命题往往是原假设,而含有" $\neq$ "" $<$ "或" $>$ "的命题一般为备选假设.

8.1.2 假设检验的思想和方法

1. 假设检验中的反证法思想

在数学中,证明某命题成立时,经常运用反证法,即先假定该命题不成立,然后进行理论分析和演算,得到矛盾的结果,表明"假定该命题不成立"是错误的,从而证明了该命题成立.

在假设检验问题 (H_0, H_1) 中,也运用反证法思想(注意:不是指严格的反证法).具体运用方式为:先假定 H_0 成立,然后根据统计分析的思想和方法,进行推理和演算,如果推理和演算的结果中有"矛盾"的现象出现,就"主动地"拒绝 H_0,接受 H_1;如果其结果中没有"矛盾"的现象出现,就不能拒绝 H_0,因此只好"被动地"接受 H_0,拒绝 H_1.

现在的问题是,如何正确理解和认识上述"'矛盾'的现象".事实上,这里的"矛盾"并不是指真正意义上与已有条件相抵触的"矛盾".所谓"'矛盾'的现象",实际上是指某种"不正常的现象",这与假设检验的基本原理有着密切的关系.

2. 假设检验的基本原理

先介绍小概率原理,即在正常情况下,小概率事件在一次抽样中是几乎不可能发生的.

反之,如果在一次抽样中,某小概率事件 A 发生了,应属于"不正常的现象",即"'矛盾'的现象"出现了.在检验问题 (H_0, H_1) 中,就会认为对总体所做的原假设 H_0 不正确,从而拒绝 H_0,接受 H_1.

下面举例说明假设检验的基本原理.

例 8.1.4 某食品厂生产的罐头质量(单位:g) $X \sim N(\mu, 4)$,在正常情况下, $\mu = 500$.现任意抽取了 16 听罐头,测得其平均质量为 $\bar{x} = 502$ g,问可否认为现在仍有 $\mu = 500$?

解 由题意知,本题的假设检验问题为 $H_0 : \mu = 500, H_1 : \mu \neq 500$.

先假定 H_0 成立,即 $\mu = 500$.然后构造统计量,对样本进行"加工",把与 μ 有关的信息收集起来,把与 μ 无关的信息尽量舍弃掉.由定理 6.3.1

知, $U = \dfrac{\overline{X} - \mu}{\sigma/\sqrt{n}} \xlongequal{\text{当 } H_0 \text{ 成立时}} \dfrac{\overline{X} - 500}{\sigma/\sqrt{n}} \sim N(0,1)$. 又 $\sigma = 2, n = 16, \overline{x} = 502$, 代入

上述统计量后计算得统计量的观察值为

$$u_0 = \frac{502 - 500}{2/\sqrt{16}} = 4.$$

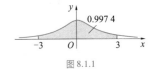

图 8.1.1

由于 $U \sim N(0,1)$, 根据例 2.3.7 中正态分布的"3σ 原则", $P\{|U| < 3\} = 0.9974$, 从而 $P\{|U| \geqslant 3\} = 0.0026$, 表明 U 的取值基本上都落在区间 $(-3,3)$ 内(如图 8.1.1), 而在其外的可能性很小, 因此事件 $A = \{|U| \geqslant 3\}$ 为小概率事件.

现在已经求得 $u_0 = 4$, 意味着小概率事件 $A = \{|U| \geqslant 3\}$ 竟然在一次抽样中发生了, 属于"不正常的现象"出现了, 根据假设检验的基本原理, 应该拒绝 H_0, 即不可认为现在仍有 $\mu = 500$.

例 8.1.4 只是用来介绍假设检验的基本原理, 其中还有许多问题并没有讲透. 比如, 为什么选择统计量为 $U = \dfrac{\overline{X} - 500}{\sigma/\sqrt{n}}$, 而不是其他统计量; 又如, 小概率事件 $A = \{|U| \geqslant 3\}$ 是由正态分布的"3σ 原则"产生的, 对于其他分布, 如 χ^2 分布、t 分布和 F 分布等并无此原则, 那么一般情况下, 小概率事件 A 又如何确定等. 这些问题将在后续内容中逐一介绍.

3. 假设检验的两类错误

根据假设检验的基本原理知道, 在假定 H_0 成立的情况下, 先构造统计量 $g(X_1, X_2, \cdots, X_n)$, 并由 $g(X_1, X_2, \cdots, X_n)$ 的分布确定一个小概率事件 A. 当经过抽样得到样本值 $(x_1, x_2, \cdots, x_n)$ 时, 计算统计量 $g(X_1, X_2, \cdots, X_n)$ 的观察值 $g(x_1, x_2, \cdots, x_n)$, 再根据 $g(x_1, x_2, \cdots, x_n)$ 的结果, 决定小概率事件 A 是否发生, 并依此对检验问题 (H_0, H_1) 作出判断.

如果小概率事件 A 发生, 则拒绝 H_0. 因此, 导致小概率事件 A 发生的 $g(X_1, X_2, \cdots, X_n)$ 的全体取值范围称为 H_0 的拒绝域, 记为 W. 如果小概率事件 A 不发生, 则接受 H_0. 同理, 导致小概率事件 A 不发生的 $g(X_1, X_2, \cdots, X_n)$ 的全体取值范围称为 H_0 的接受域.

由于样本具有随机性, 在一次抽样中, A 可能发生, 也可能不发生. 因此, 检验结果与真实情况之间就有四种情形:

(1) 真实情况 H_0 成立, 且检验结果接受 H_0, 拒绝 H_1;

(2) 真实情况 H_0 成立, 而检验结果拒绝 H_0, 接受 H_1;

(3) 真实情况 H_1 成立, 而检验结果接受 H_0, 拒绝 H_1;

(4) 真实情况 H_1 成立, 且检验结果拒绝 H_0, 接受 H_1.

由此可见, 其中 (1) 和 (4) 中的检验结果与真实情况完全吻合, 表明理论判断正确. 但 (2) 和 (3) 中两者不一致, 表明理论判断有误, 这就是假设检验的两类错误.

定义 8.1.1　称真实情况 H_0 成立, 而检验结果拒绝 H_0 为第一类错误或弃真错误; 称真实情况 H_1 成立, 而检验结果接受 H_0 为第二类错误或存伪错误.

上述假设检验的两类错误见下表.

概念解析 8-1
假设检验的两类错误

典型例题分析 8-1
两类错误的含义

真实情况	检验结果	
	接受 H_0	接受 H_1
H_0 成立	判断正确	第一类错误(弃真错误)
H_1 成立	第二类错误(存伪错误)	判断正确

由此可知, 检验结果无论是接受 H_0, 还是接受 H_1, 都有可能犯错. 在实际应用时, 应该尽量降低犯错的概率.

记犯第一类错误即弃真错误的概率为 α, 犯第二类错误即存伪错误的概率为 β. 理论上已经证明, 当样本容量 n 无限增大时, 可以同时降低 α 和 β, 而这在实际问题中是不可能做到的. 但当样本容量 n 取某固定值时, α 和 β 会出现此消彼长的现象. 因此, 在控制 α 和 β 时, 要选择一个先后次序.

由于犯第一类错误时, 检验出本来不存在的现象 H_1, 由此现象而衍生出的后续研究及其应用的危害将是不可估量的. 因此一般来说, 犯第一类错误的危害性比犯第二类错误的危害性要大. 同时也兼顾到假设检验的原理、思想和方法, 所以目前比较流行的做法是采用 "优先固定或限制犯第一类错误概率 α 的原则", 并在此基础上, 降低犯第二类错误的概率. 在实际问题中, 根据犯第一类错误的危害性程度, 通常取 α 为 0.05, 0.01, 0.10 等值, 其中 $\alpha = 0.05$ 较为普遍.

当小概率事件 A 发生时, 拒绝 H_0, 接受 H_1, 这样就会有两种结果; 其一,判断正确,即真实情况为 H_1 成立;其二,犯第一类错误,因此犯第一类错误的概率 $\alpha \leqslant P(A)$.另外,当真实情况为 H_0 成立时,$\alpha = P(A)$.综上,如果在确定小概率事件 A 时,使得 $P(A) = \alpha$,这样就能达到"固定或限制犯第一类错误概率"的目的.

在优先固定或限制犯第一类错误概率 α 后,如何计算犯第二类错误概率 β 的问题已经超出本教材的范围,不再讨论.但理论研究表明,当样本容量 n 取某固定值时,可以通过构造"好"的统计量或统计方法,降低犯第二类错误的概率 β.例如,在正态总体下,选择定理 6.3.1 和定理 6.3.2 中的统计量,就能使得在固定或限制犯第一类错误概率 α 后,降低或控制犯第二类错误的概率 β,甚至可以将 β 降至最小值.在例 8.1.4 中,所选择统计量为 $U = \dfrac{\overline{X} - 500}{\sigma/\sqrt{n}} \sim N(0,1)$ 就是基于这些理论研究.

4. 显著性检验

假设检验中有一个特点是量变可能引起质变,也就是说量变到一定的程度就不是"简单的量变"("简单的量变"指总体的状况没有改变,变化仅仅是由样本的随机性造成的),而是产生了本质上的变化(总体的状况已经发生变化).

例如,在购买白糖时,每袋白糖标准质量为 500 g,现任意购买了 1 袋白糖,测得其质量为 499 g,虽然 499<500,但这种差别不显著,往往是由样本的随机性造成的,属于正常的偏差.如果购买了 1 袋白糖,测得其质量为 450 g,那么,差别就非常显著,仅靠样本的随机性误差是不可能达到这样大的偏差,因此怀疑秤有问题或者人为的扣秤,即总体的状况已经发生了质的变化.

显著性检验指的是对于检验问题 (H_0, H_1),利用样本信息来判断原假设 H_0 是否合理,即判断总体的真实情况与原假设 H_0 是否有显著差异.换句话说,显著性检验要判断样本与对总体所做的假设之间产生的差异,是由样本的随机性造成的不显著差异,还是由所建立的假设与总体真实情况之间不一致所引起的显著差异.

根据假设检验的基本原理,先假定 H_0 成立,然后选择统计量 $g(X_1, X_2, \cdots, X_n)$,并由样本值 $(x_1, x_2, \cdots, x_n)$ 得到统计量的值 $g(x_1, x_2, \cdots, x_n)$,

如果 $g(x_1,x_2,\cdots,x_n)$ 反映了抽样结果与总体情况有显著的差异,则表明总体的状况已经发生了质的变化,这时就应该拒绝 H_0.而拒绝 H_0 后,就有可能犯第一类错误.因此,统计中,称犯第一类错误的概率 α 为 显著性水平.

显著性水平 α 确定了 $g(x_1,x_2,\cdots,x_n)$ 所反映的抽样结果与总体情况的差异由量变过渡到质变过程中的临界值或转折点,通俗地讲,显著性水平 α 决定了什么样的差异为显著的差异,又什么样的差异为不显著的差异.具体地讲,将检验统计量的观察值 $g(x_1,x_2,\cdots,x_n)$ 和临界值比较,如果"超出"("超出"的含义应根据具体问题来理解)临界值,就认为有显著的差异,拒绝原假设 H_0;如果没有"超出"临界值,就认为没有显著的差异,不能拒绝原假设 H_0,只好被动接受 H_0.

由此可见,显著性水平 α 确定了临界值,从而确定了 H_0 的拒绝域 W.并且

$$P\{g(X_1,X_2,\cdots,X_n)\in W\}=P(A)=\alpha.$$

因此,前面所提及的小概率事件 A 为

$$A=\{g(X_1,X_2,\cdots,X_n)\in W\}.$$

现在的问题是如何确定 H_0 的拒绝域 W.H_0 的拒绝域 W 是由统计量 $g(X_1,X_2,\cdots,X_n)$ 的分布,及其分位点决定的,同时又与所谓的双侧检验和单侧检验有关.

双侧检验和单侧检验的理论很丰富,这里只介绍一些基本情况.

定义 8.1.2   如果假设检验问题 (H_0,H_1) 为 $H_0:\theta=\theta_0,H_1:\theta\neq\theta_0$,就称之为双侧检验.

如果假设检验问题 (H_0,H_1) 为 $H_0:\theta\geqslant\theta_0,H_1:\theta<\theta_0$,或 $H_0:\theta\leqslant\theta_0,H_1:\theta>\theta_0$,就称之为单侧检验.

对于双侧检验,由显著性水平 α、统计量 $g(X_1,X_2,\cdots,X_n)$ 的分布,以及两侧的同等重要程度,得出上侧分位点即临界值 $g_{\frac{\alpha}{2}}$ 和 $g_{1-\frac{\alpha}{2}}$,故 H_0 的拒绝域为

$$W=\{g(X_1,X_2,\cdots,X_n)\leqslant g_{1-\frac{\alpha}{2}}\quad\text{或}\quad g(X_1,X_2,\cdots,X_n)\geqslant g_{\frac{\alpha}{2}}\},$$

其中 $g_{\frac{\alpha}{2}}$ 和 $g_{1-\frac{\alpha}{2}}$ 满足 $P\{g(X_1,X_2,\cdots,X_n)\leqslant g_{1-\frac{\alpha}{2}}\}=P\{g(X_1,X_2,\cdots,X_n)\geqslant g_{\frac{\alpha}{2}}\}=\dfrac{\alpha}{2}.$

典型例题分析 8-2
双侧拒绝域

对于单侧检验,理论上已经证明,$H_0:\theta\geqslant\theta_0$,$H_1:\theta<\theta_0$ 可转化为 $H_0:\theta=\theta_0$,$H_1:\theta<\theta_0$;$H_0:\theta\leqslant\theta_0$,$H_1:\theta>\theta_0$ 可转化为 $H_0:\theta=\theta_0$,$H_1:\theta>\theta_0$.此时由于各自的备选假设 H_1 相同,根据功效函数的性质(感兴趣的同学可参阅相关资料,此处不再详细介绍),对于给定的显著性水平 α,有相同的 H_0 的拒绝域.因此,当 H_0 为真时,可由 $\theta=\theta_0$ 确定统计量 $g(X_1,X_2,\cdots,X_n)$ 及其分布,进而得 H_0 的拒绝域为

$$W=\{g(X_1,X_2,\cdots,X_n)\leqslant g_{1-\alpha}\}\quad\text{或}\quad W=\{g(X_1,X_2,\cdots,X_n)\geqslant g_\alpha\}.$$

5. 假设检验的四个步骤

经过以上介绍,可以整理出假设检验的下列四个步骤.

第一步:根据给定的问题,建立假设检验问题(H_0,H_1);

第二步:根据检验问题(H_0,H_1)及条件,当 H_0 为真时,选择统计量 $g(X_1,X_2,\cdots,X_n)$,并确定 $g(X_1,X_2,\cdots,X_n)$ 的分布;

第三步:根据显著性水平 α,确定临界值和原假设 H_0 的拒绝域 W;

第四步:根据样本值$(x_1,x_2,\cdots,x_n)$,计算统计量 $g(X_1,X_2,\cdots,X_n)$ 的观察值 $g(x_1,x_2,\cdots,x_n)$.若 $g(x_1,x_2,\cdots,x_n)\in W$,则拒绝 H_0,否则接受 H_0.

微视频 8-1
假设检验解题的四个步骤

例 8.1.5　某食品厂生产的罐头质量(单位:g)$X\sim N(\mu,4)$,在正常情况下,$\mu=500$.现任意抽取了 16 听罐头,测得其平均质量为 $\bar x=502$ g.在显著性水平 $\alpha=0.05$ 下,问可否认为现在仍有 $\mu=500$?

解　假设检验问题为 $H_0:\mu=500$,$H_1:\mu\neq500$.选择统计量以及分布为

$$U=\frac{\bar X-\mu}{\sigma/\sqrt n}\xrightarrow{\text{当}H_0\text{成立时}}\frac{\bar X-500}{\sigma/\sqrt n}\sim N(0,1).$$

由于该检验为双侧检验,$\alpha=0.05$,查表得临界值为 $u_{\frac{\alpha}{2}}=u_{0.025}=1.96$ 和 $u_{1-\frac{\alpha}{2}}=u_{0.975}=-u_{0.025}=-1.96$,所以 H_0 的拒绝域(如图 8.1.2)为

$$W=\{U\leqslant-1.96\text{ 或 }U\geqslant1.96\}=\{|U|\geqslant1.96\}.$$

又 $\sigma=2$,$n=16$,$\bar x=502$,计算得统计量的观察值为 $u_0=\dfrac{502-500}{2/\sqrt{16}}=4\in W$,所以拒绝 H_0,即不可认为现在仍有 $\mu=500$.

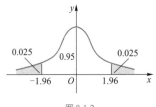

图 8.1.2

8.2   单正态总体中均值和方差的假设检验

设总体 $X \sim N(\mu, \sigma^2)$，$(X_1, X_2, \cdots, X_n)$ 为来自总体 X 的样本，显著性水平为 α.

8.2.1   单正态总体中均值的假设检验

1. 在 σ^2 已知的情形下，μ 的假设检验（U 检验法）

（1）双侧检验 $H_0: \mu = \mu_0, H_1: \mu \neq \mu_0$

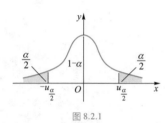
图 8.2.1

$$U = \frac{\overline{X} - \mu}{\sigma / \sqrt{n}} \xlongequal{\text{当 } H_0 \text{ 成立时}} \frac{\overline{X} - \mu_0}{\sigma / \sqrt{n}} \sim N(0,1),$$

对于显著性水平 α，查表得 $u_{\frac{\alpha}{2}}$，故 H_0 的拒绝域 $W = \{|U| \geqslant u_{\frac{\alpha}{2}}\}$（如图 8.2.1）.

根据样本值 $(x_1, x_2, \cdots, x_n)$，计算统计量的值 $u_0 = \dfrac{\overline{x} - \mu_0}{\sigma / \sqrt{n}}$. 如果 $u_0 \in W$，即 $|u_0| \geqslant U_{\frac{\alpha}{2}}$，则拒绝 H_0；否则，接受 H_0.

（2）单侧检验 $H_0: \mu = \mu_0, H_1: \mu < \mu_0$

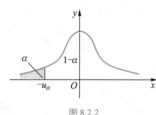
图 8.2.2

$$U = \frac{\overline{X} - \mu}{\sigma / \sqrt{n}} \xlongequal{\text{当 } H_0 \text{ 成立时}} \frac{\overline{X} - \mu_0}{\sigma / \sqrt{n}} \sim N(0,1),$$

对于显著性水平 α，查表得 u_α，故 H_0 的拒绝域 $W = \{U \leqslant -u_\alpha\}$（如图 8.2.2）.

根据样本值 $(x_1, x_2, \cdots, x_n)$，计算统计量的值 $u_0 = \dfrac{\overline{x} - \mu_0}{\sigma / \sqrt{n}}$. 如果 $u_0 \in W$，即 $u_0 \leqslant -u_\alpha$，则拒绝 H_0；否则，接受 H_0.

（3）单侧检验 $H_0: \mu = \mu_0, H_1: \mu > \mu_0$

此情形与（2）相仿，参见表 8.2.1.

2. 在 σ^2 未知的情形下，μ 的假设检验（t 检验法）

（1）双侧检验 $H_0: \mu = \mu_0, H_1: \mu \neq \mu_0$

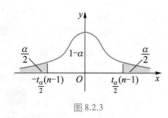
图 8.2.3

$$T = \frac{\overline{X} - \mu}{S / \sqrt{n}} \xlongequal{\text{当 } H_0 \text{ 成立时}} \frac{\overline{X} - \mu_0}{S / \sqrt{n}} \sim t(n-1),$$ 对于显著性水平 α，查表得 $t_{\frac{\alpha}{2}}(n-1)$，故 H_0 的拒绝域 $W = \{|T| \geqslant t_{\frac{\alpha}{2}}(n-1)\}$（如图 8.2.3）.

根据样本值 $(x_1, x_2, \cdots, x_n)$,计算统计量的值 $t_0 = \dfrac{\bar{x} - \mu_0}{s/\sqrt{n}}$. 如果 $t_0 \in W$,即

$|t_0| \geq t_{\frac{\alpha}{2}}(n-1)$,则拒绝 H_0 ;否则,接受 H_0 .

（2）单侧检验 $H_0: \mu = \mu_0, H_1: \mu < \mu_0$

$$T = \frac{\bar{X} - \mu}{S/\sqrt{n}} \xrightarrow[\text{当 } H_0 \text{ 成立时}]{} \frac{\bar{X} - \mu_0}{S/\sqrt{n}} \sim t(n-1) ,$$

对于显著性水平 α ,查表得 $t_\alpha(n-1)$,故 H_0 的拒绝域 $W = \{T \leq -t_\alpha(n-1)\}$

（如图 8.2.4）.

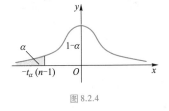

图 8.2.4

根据样本值 $(x_1, x_2, \cdots, x_n)$,计算统计量的值 $t_0 = \dfrac{\bar{x} - \mu_0}{s/\sqrt{n}}$. 如果 $t_0 \in W$,即

$t_0 \leq -t_\alpha(n-1)$,则拒绝 H_0 ;否则,接受 H_0 .

（3）单侧检验 $H_0: \mu = \mu_0, H_1: \mu > \mu_0$

此情形与（2）相仿,参见表 8.2.1.

8.2.2　单正态总体中方差的假设检验

1. 在 μ 已知的情形下, σ^2 的假设检验（χ^2 检验法）

（1）双侧检验 $H_0: \sigma^2 = \sigma_0^2, H_1: \sigma^2 \neq \sigma_0^2$

$$\chi^2 = \frac{\sum\limits_{i=1}^n (X_i - \mu)^2}{\sigma^2} \xrightarrow[\text{当 } H_0 \text{ 成立时}]{} \frac{\sum\limits_{i=1}^n (X_i - \mu)^2}{\sigma_0^2} \sim \chi^2(n) ,$$

对于显著性水平 α ,查表得 $\chi_{\frac{\alpha}{2}}^2(n)$ 和 $\chi_{1-\frac{\alpha}{2}}^2(n)$,故 H_0 的拒绝域为 $W = \{\chi^2 \geq$

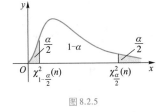

图 8.2.5

$\chi_{\frac{\alpha}{2}}^2(n)$ 或 $\chi^2 \leq \chi_{1-\frac{\alpha}{2}}^2(n)\}$ （如图 8.2.5）.

根据样本值 $(x_1, x_2, \cdots, x_n)$,计算统计量的值 $\chi_0^2 = \dfrac{\sum\limits_{i=1}^n (x_i - \mu)^2}{\sigma_0^2}$. 如果

$\chi_0^2 \in W$,则拒绝 H_0 ;否则,接受 H_0 .

（2）单侧检验 $H_0: \sigma^2 = \sigma_0^2, H_1: \sigma^2 < \sigma_0^2$

$$\chi^2 = \frac{\sum\limits_{i=1}^n (X_i - \mu)^2}{\sigma^2} \xrightarrow[\text{当 } H_0 \text{ 成立时}]{} \frac{\sum\limits_{i=1}^n (X_i - \mu)^2}{\sigma_0^2} \sim \chi^2(n) ,$$

对于显著性水平 α ,查表得 $\chi_{1-\alpha}^2(n)$,故 H_0 的拒绝域为 $W = \{\chi^2 \leq \chi_{1-\alpha}^2(n)\}$

（如图 8.2.6）.

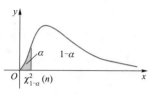

图 8.2.6

根据样本值 $(x_1,x_2,\cdots,x_n)$，计算统计量的值 $\chi_0^2 = \dfrac{\sum\limits_{i=1}^{n}(x_i-\mu)^2}{\sigma_0^2}$. 如果 $\chi_0^2 \in W$，则拒绝 H_0；否则，接受 H_0.

（3）单侧检验 $H_0:\sigma^2=\sigma_0^2,H_1:\sigma^2>\sigma_0^2$

参见表 8.2.1.

2. 在 μ 未知的情形下，σ^2 的假设检验（χ^2 检验法）

（1）双侧检验 $H_0:\sigma^2=\sigma_0^2,H_1:\sigma^2\neq\sigma_0^2$

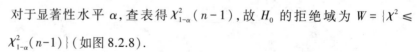

$$\chi^2 = \frac{(n-1)S^2}{\sigma^2} \xrightarrow[\text{当 } H_0 \text{ 成立时}]{} \frac{(n-1)S^2}{\sigma_0^2} \sim \chi^2(n-1),$$

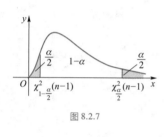

图 8.2.7

对于显著性水平 α，查表得 $\chi_{\frac{\alpha}{2}}^2(n-1)$ 和 $\chi_{1-\frac{\alpha}{2}}^2(n-1)$，故 H_0 的拒绝域为 $W = \{\chi^2 \geqslant \chi_{\frac{\alpha}{2}}^2(n-1)$ 或 $\chi^2 \leqslant \chi_{1-\frac{\alpha}{2}}^2(n-1)\}$（如图 8.2.7）.

根据样本值 $(x_1,x_2,\cdots,x_n)$，计算统计量的值 $\chi_0^2 = \dfrac{(n-1)s^2}{\sigma_0^2}$. 如果 $\chi_0^2 \in W$，则拒绝 H_0；否则，接受 H_0.

（2）单侧检验 $H_0:\sigma^2=\sigma_0^2,H_1:\sigma^2<\sigma_0^2$

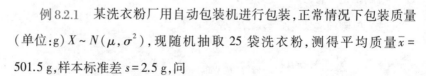

$$\chi^2 = \frac{(n-1)S^2}{\sigma^2} \xrightarrow[\text{当 } H_0 \text{ 成立时}]{} \frac{(n-1)S^2}{\sigma_0^2} \sim \chi^2(n-1),$$

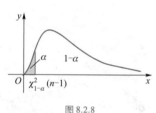

图 8.2.8

对于显著性水平 α，查表得 $\chi_{1-\alpha}^2(n-1)$，故 H_0 的拒绝域为 $W = \{\chi^2 \leqslant \chi_{1-\alpha}^2(n-1)\}$（如图 8.2.8）.

根据样本值 $(x_1,x_2,\cdots,x_n)$，计算统计量的值 $\chi_0^2 = \dfrac{(n-1)s^2}{\sigma_0^2}$. 如果 $\chi_0^2 \in W$，则拒绝 H_0；否则，接受 H_0.

（3）单侧检验 $H_0:\sigma^2=\sigma_0^2,H_1:\sigma^2>\sigma_0^2$

参见表 8.2.1.

例 8.2.1   某洗衣粉厂用自动包装机进行包装，正常情况下包装质量（单位：g）$X \sim N(\mu,\sigma^2)$，现随机抽取 25 袋洗衣粉，测得平均质量 $\bar{x} = 501.5\,\text{g}$，样本标准差 $s = 2.5\,\text{g}$，问

（1）可否认为 $\mu=500$（当 $\alpha=0.05$ 时）？

（2）可否认为 $\sigma^2>6$（当 $\alpha=0.1$ 时）？

解 （1）假设检验问题为 $H_0:\mu=500,H_1:\mu\neq500$.选择统计量以及分布为

$$T=\frac{\overline{X}-\mu}{S/\sqrt{n}}\xrightarrow[\ \ ]{\text{当}H_0\text{成立时}}\frac{\overline{X}-500}{S/\sqrt{n}}\sim t(n-1).$$

由 $\alpha=0.05,n=25$ 得 H_0 的拒绝域为 $W=\{|T|\geqslant t_{\frac{\alpha}{2}}(n-1)\}=\{|T|\geqslant t_{0.025}(24)\}=\{|T|\geqslant2.0639\}$.

又 $\bar{x}=501.5,s=2.5$,得 $t_0=\dfrac{501.5-500}{2.5/\sqrt{25}}=3\in W$,故拒绝 H_0,即不可认为 $\mu=500$.

（2）假设检验问题为 $H_0':\sigma^2\leqslant6,H_1':\sigma^2>6$,转化为 $H_0':\sigma^2=6,H_1':\sigma^2>6$.选择统计量以及分布为

$$\chi^2=\frac{(n-1)S^2}{\sigma^2}\xrightarrow[\ \ ]{\text{当}H_0'\text{成立时}}\frac{(n-1)S^2}{6}\sim\chi^2(n-1).$$

由 $\alpha=0.1,n=25$ 得 H_0' 的拒绝域为 $W'=\{\chi^2\geqslant\chi_\alpha^2(n-1)\}=\{\chi^2\geqslant\chi_{0.1}^2(24)\}=\{\chi^2\geqslant33.196\}$.

又 $s=2.5$,得 $\chi_0^2=\dfrac{(25-1)\times2.5^2}{6}=25\notin W'$,所以接受 H_0',即不可认为 $\sigma^2>6$.

为了便于理解和记忆,将单正态总体下的均值和方差的假设检验有关问题列表如表 8.2.1 所示.

表 8.2.1 单正态总体中均值和方差的假设检验

编号	H_0	当H_0为真时,检验统计量及其分布	H_1	H_0的拒绝域W
1	$\mu=\mu_0$ （σ^2 已知）	$U=\dfrac{\overline{X}-\mu_0}{\sigma/\sqrt{n}}\sim N(0,1)$	$\mu\neq\mu_0$	$|U|\geqslant u_{\frac{\alpha}{2}}$
			$\mu<\mu_0$	$U\leqslant-u_\alpha$
			$\mu>\mu_0$	$U\geqslant u_\alpha$
2	$\mu=\mu_0$ （σ^2 未知）	$T=\dfrac{\overline{X}-\mu_0}{S/\sqrt{n}}\sim t(n-1)$	$\mu\neq\mu_0$	$|T|\geqslant t_{\frac{\alpha}{2}}(n-1)$
			$\mu<\mu_0$	$T\leqslant-t_\alpha(n-1)$
			$\mu>\mu_0$	$T\geqslant t_\alpha(n-1)$
3	$\sigma^2=\sigma_0^2$ （μ 已知）	$\chi^2=\dfrac{\sum\limits_{i=1}^{n}(X_i-\mu)^2}{\sigma_0^2}\sim\chi^2(n)$	$\sigma^2\neq\sigma_0^2$	$\chi^2\geqslant\chi_{\frac{\alpha}{2}}^2(n)$ 或 $\chi^2\leqslant\chi_{1-\frac{\alpha}{2}}^2(n)$
			$\sigma^2<\sigma_0^2$	$\chi^2\leqslant\chi_{1-\alpha}^2(n)$
			$\sigma^2>\sigma_0^2$	$\chi^2\geqslant\chi_\alpha^2(n)$

编号	H_0	当H_0为真时， 检验统计量及其分布	H_1	H_0的拒绝域W
4	$\sigma^2 = \sigma_0^2$ （μ 未知）	$\chi^2 = \dfrac{(n-1)S^2}{\sigma_0^2} \sim \chi^2(n-1)$	$\sigma^2 \neq \sigma_0^2$	$\chi^2 \geqslant \chi^2_{\frac{\alpha}{2}}(n-1)$ 或 $\chi^2 \leqslant \chi^2_{1-\frac{\alpha}{2}}(n-1)$
			$\sigma^2 < \sigma_0^2$	$\chi^2 \leqslant \chi^2_{1-\alpha}(n-1)$
			$\sigma^2 > \sigma_0^2$	$\chi^2 \geqslant \chi^2_{\alpha}(n-1)$

由表 8.2.1 可以发现一个很有趣的现象，尽管假设检验与区间估计是两个不同概念的问题，但是双侧检验中 H_0 的接受域恰好对应着双侧置信区间；单侧检验中 H_0 的接受域恰好对应着单侧置信区间（参见第 7 章区间估计）.

8.3   双正态总体中均值和方差的假设检验

设 $(X_1, X_2, \cdots, X_{n_1})$ 为来自总体 $X \sim N(\mu_1, \sigma_1^2)$ 的一个样本，样本均值为 $\overline{X}$，样本方差为 S_1^2；$(Y_1, Y_2, \cdots, Y_{n_2})$ 为来自总体 $Y \sim N(\mu_2, \sigma_2^2)$ 的一个样本，样本均值为 $\overline{Y}$，样本方差为 S_2^2，且 $(X_1, X_2, \cdots, X_{n_1})$ 和 $(Y_1, Y_2, \cdots, Y_{n_2})$ 相互独立（显著性水平为 α）.

8.3.1   双正态总体中均值的假设检验

1. 在 σ_1^2, σ_2^2 均已知的情形下，μ_1, μ_2 的假设检验（U 检验法）

（1）双侧检验 $H_0: \mu_1 = \mu_2, H_1: \mu_1 \neq \mu_2$

$$U = \frac{(\overline{X} - \overline{Y}) - (\mu_1 - \mu_2)}{\sqrt{\dfrac{\sigma_1^2}{n_1} + \dfrac{\sigma_2^2}{n_2}}} \xlongequal{\text{当} H_0 \text{成立时}} \frac{\overline{X} - \overline{Y}}{\sqrt{\dfrac{\sigma_1^2}{n_1} + \dfrac{\sigma_2^2}{n_2}}} \sim N(0, 1),$$

对于显著性水平 α，查表得 $u_{\frac{\alpha}{2}}$，故 H_0 的拒绝域为 $W = \{|U| \geqslant u_{\frac{\alpha}{2}}\}$.

根据样本值，计算统计量的值 $u_0 = \dfrac{\overline{x} - \overline{y}}{\sqrt{\dfrac{\sigma_1^2}{n_1} + \dfrac{\sigma_2^2}{n_2}}}$. 如果 $u_0 \in W$，则拒绝 H_0；

否则,接受 H_0.

（2）单侧检验 $H_0:\mu_1=\mu_2$, $H_1:\mu_1<\mu_2$

$$U=\frac{(\overline{X}-\overline{Y})-(\mu_1-\mu_2)}{\sqrt{\dfrac{\sigma_1^2}{n_1}+\dfrac{\sigma_2^2}{n_2}}}\xlongequal{\text{当 }H_0\text{ 成立时}}\frac{\overline{X}-\overline{Y}}{\sqrt{\dfrac{\sigma_1^2}{n_1}+\dfrac{\sigma_2^2}{n_2}}}\sim N(0,1),$$

对于显著性水平 α,查表得 u_α,故 H_0 的拒绝域为 $W=\{U\leqslant -u_\alpha\}$.

根据样本值,计算统计量的值 $u_0=\dfrac{\overline{x}-\overline{y}}{\sqrt{\dfrac{\sigma_1^2}{n_1}+\dfrac{\sigma_2^2}{n_2}}}$.如果 $u_0\in W$,则拒绝 H_0;

否则,接受 H_0.

（3）单侧检验 $H_0:\mu_1=\mu_2$, $H_1:\mu_1>\mu_2$

参见表 8.3.1

2. 在 σ_1^2,σ_2^2 均未知,但 $\sigma_1^2=\sigma_2^2$ 的情形下,μ_1,μ_2 的假设检验(t 检验法)

（1）双侧检验 $H_0:\mu_1=\mu_2$, $H_1:\mu_1\neq\mu_2$

$$T=\frac{(\overline{X}-\overline{Y})-(\mu_1-\mu_2)}{S_W\sqrt{\dfrac{1}{n_1}+\dfrac{1}{n_2}}}\xlongequal{\text{当 }H_0\text{ 成立时}}\frac{\overline{X}-\overline{Y}}{S_W\sqrt{\dfrac{1}{n_1}+\dfrac{1}{n_2}}}\sim t(n_1+n_2-2),$$

其中 $S_W=\sqrt{\dfrac{(n_1-1)S_1^2+(n_2-1)S_2^2}{n_1+n_2-2}}$.

对于显著性水平 α,查表得 $t_{\frac{\alpha}{2}}(n_1+n_2-2)$,故 H_0 的拒绝域为 $W=\{|T|\geqslant t_{\frac{\alpha}{2}}(n_1+n_2-2)\}$.

根据样本值,计算统计量的值 $t_0=\dfrac{\overline{x}-\overline{y}}{s_w\sqrt{\dfrac{1}{n_1}+\dfrac{1}{n_2}}}$.如果 $t_0\in W$,则拒绝

H_0;否则,接受 H_0.

（2）单侧检验 $H_0:\mu_1=\mu_2$, $H_1:\mu_1<\mu_2$

$$T=\frac{(\overline{X}-\overline{Y})-(\mu_1-\mu_2)}{S_W\sqrt{\dfrac{1}{n_1}+\dfrac{1}{n_2}}}\xlongequal{\text{当 }H_0\text{ 成立时}}\frac{\overline{X}-\overline{Y}}{S_W\sqrt{\dfrac{1}{n_1}+\dfrac{1}{n_2}}}\sim t(n_1+n_2-2).$$

对于显著性水平 α,查表得 $t_\alpha(n_1+n_2-2)$,故 H_0 的拒绝域为 $W=\{T\leqslant -t_\alpha(n_1+n_2-2)\}$.

根据样本值,计算统计量的值 $t_0 = \dfrac{\bar{x}-\bar{y}}{s_w\sqrt{\dfrac{1}{n_1}+\dfrac{1}{n_2}}}$. 如果 $t_0 \in W$,则拒绝

H_0;否则,接受 H_0.

（3）单侧检验 $H_0:\mu_1=\mu_2$,$H_1:\mu_1>\mu_2$

参见表 8.3.1

8.3.2　双正态总体中方差的假设检验（F 检验法）

1. 在 μ_1,μ_2 均未知的情形下,σ_1^2,σ_2^2 的假设检验

（1）双侧检验 $H_0:\sigma_1^2=\sigma_2^2$,$H_1:\sigma_1^2\neq\sigma_2^2$

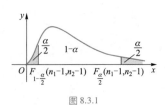

图 8.3.1

$$F=\frac{S_1^2/\sigma_1^2}{S_2^2/\sigma_2^2}\xrightarrow{\text{当 } H_0 \text{ 成立时}}\frac{S_1^2}{S_2^2}\sim F(n_1-1,n_2-1).$$

对于显著性水平 α,查表得 $F_{\frac{\alpha}{2}}(n_1-1,n_2-1)$ 和 $F_{1-\frac{\alpha}{2}}(n_1-1,n_2-1)$,故 H_0 的拒绝域为 $W=\{F\geqslant F_{\frac{\alpha}{2}}(n_1-1,n_2-1)$ 或 $F\leqslant F_{1-\frac{\alpha}{2}}(n_1-1,n_2-1)\}$（如图 8.3.1）.

根据样本值,计算统计量的值 $F_0=\dfrac{s_1^2}{s_2^2}$. 如果 $F_0 \in W$,则拒绝 H_0;否则,接受 H_0.

（2）单侧检验 $H_0:\sigma_1^2=\sigma_2^2$,$H_1:\sigma_1^2<\sigma_2^2$

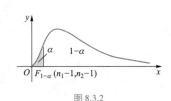

图 8.3.2

$$F=\frac{S_1^2/\sigma_1^2}{S_2^2/\sigma_2^2}\xrightarrow{\text{当 } H_0 \text{ 成立时}}\frac{S_1^2}{S_2^2}\sim F(n_1-1,n_2-1).$$

对于显著性水平 α,查表得 $F_{1-\alpha}(n_1-1,n_2-1)$,故 H_0 的拒绝域为 $W=\{F\leqslant F_{1-\alpha}(n_1-1,n_2-1)\}$（如图 8.3.2）.

根据样本值,计算统计量的值 $F_0=\dfrac{s_1^2}{s_2^2}$. 如果 $F_0 \in W$,则拒绝 H_0;否则,接受 H_0.

（3）单侧检验 $H_0:\sigma_1^2=\sigma_2^2$,$H_1:\sigma_1^2>\sigma_2^2$

参见表 8.3.1.

2. 当 μ_1,μ_2 均已知时,可类似地讨论 σ_1^2,σ_2^2 的假设检验问题,本教材从略.在允许存在一定误差时,也可用 μ_1,μ_2 均未知时的 σ_1^2,σ_2^2 的假设检验结论代替.

为了便于理解和记忆,将双正态总体中均值和方差的假设检验有关问题列表 8.3.1 如下.

表 8.3.1　双正态总体中均值和方差的假设检验

编号	H_0	当H_0 为真时,检验统计量及其分布	H_1	H_0 的拒绝域W
1	$\mu_1=\mu_2$ (σ_1^2,σ_2^2 均已知)	$U=\dfrac{\bar{X}-\bar{Y}}{\sqrt{\dfrac{\sigma_1^2}{n_1}+\dfrac{\sigma_2^2}{n_2}}}$ $\sim N(0,1)$	$\mu_1\neq\mu_2$ $\mu_1<\mu_2$ $\mu_1>\mu_2$	$\|U\|\geq u_{\frac{\alpha}{2}}$ $U\leq -u_\alpha$ $U\geq u_\alpha$
2	$\mu_1=\mu_2$ (σ_1^2,σ_2^2 均未知, 但 $\sigma_1^2=\sigma_2^2$)	$T=\dfrac{\bar{X}-\bar{Y}}{S_W\sqrt{\dfrac{1}{n_1}+\dfrac{1}{n_2}}}$ $\sim t(n_1+n_2-2)$	$\mu_1\neq\mu_2$ $\mu_1<\mu_2$ $\mu_1>\mu_2$	$\|T\|\geq t_{\frac{\alpha}{2}}(n_1+n_2-2)$ $T\leq -t_\alpha(n_1+n_2-2)$ $T\geq t_\alpha(n_1+n_2-2)$
3	$\sigma_1^2=\sigma_2^2$ (μ_1,μ_2 未知)	$F=\dfrac{S_1^2}{S_2^2}$ $\sim F(n_1-1,n_2-1)$	$\sigma_1^2\neq\sigma_2^2$ $\sigma_1^2<\sigma_2^2$ $\sigma_1^2>\sigma_2^2$	$F\geq F_{\frac{\alpha}{2}}(n_1-1,n_2-1)$ 或 $F\leq F_{1-\frac{\alpha}{2}}(n_1-1,n_2-1)$ $F\leq F_{1-\alpha}(n_1-1,n_2-1)$ $F\geq F_\alpha(n_1-1,n_2-1)$

例 8.3.1　为考察两地土壤的含水率的均值有无差别,从两地各取 5 块土壤和 4 块土壤测量其含水率,并计算得两地样本均值和样本方差依次为 $\bar{x}=0.215,s_1^2=7.505\times 10^{-4}$ 和 $\bar{y}=0.180,s_2^2=2.593\times 10^{-4}$.设两地土壤的含水率均服从正态分布,且两方差相等,在显著性水平 $\alpha=0.01$ 下,试判断两地土壤含水率的均值有无显著差别.

解　由题意知,假设检验问题为 $H_0:\mu_1=\mu_2,H_1:\mu_1\neq\mu_2$.

由于两地土壤的含水率均服从正态分布,且两方差相等,故检验统计量及其分布为

$$T=\frac{\bar{X}-\bar{Y}}{S_W\sqrt{\dfrac{1}{n_1}+\dfrac{1}{n_2}}}\sim t(n_1+n_2-2),\quad 其中 S_W=\sqrt{\frac{(n_1-1)S_1^2+(n_2-1)S_2^2}{n_1+n_2-2}}.$$

又由 $\alpha=0.01,n_1=5,n_2=4$,及备选假设 $H_1:\mu_1\neq\mu_2$,得 H_0 的拒绝域为

$$W=\{|T|\geq t_{\frac{\alpha}{2}}(n_1+n_2-2)\}=\{|T|\geq t_{0.005}(7)\}=\{|T|\geq 3.499\,5\}.$$

将观察值代入统计量计算得

$$t_0 = \frac{0.215 - 0.180}{\sqrt{\frac{4 \times 7.505 \times 10^{-4} + 3 \times 2.593 \times 10^{-4}}{5 + 4 - 2}} \sqrt{\frac{1}{5} + \frac{1}{4}}} \approx 2.245 \notin W,$$

所以两地土壤含水率的均值无显著差别.

例 8.3.2   在例 8.3.1 中, 根据抽样结果说明, 假定两地土壤含水率的方差相等(在显著性水平 $\alpha = 0.05$ 下)是否合理?

解   本题的假设检验问题为 $H_0 : \sigma_1^2 = \sigma_2^2, H_1 : \sigma_1^2 \neq \sigma_2^2$. 依题意, 选择统计量及其分布为 $F = \dfrac{S_1^2}{S_2^2} \sim F(n_1 - 1, n_2 - 1)$.

又由 $\alpha = 0.05, n_1 = 5, n_2 = 4$, 及备选假设 $H_1 : \sigma_1^2 \neq \sigma_2^2$, 得 H_0 的拒绝域为

$$W = \{ F \geqslant F_{\frac{\alpha}{2}}(n_1 - 1, n_2 - 1) \text{ 或 } F \leqslant F_{1 - \frac{\alpha}{2}}(n_1 - 1, n_2 - 1) \}$$

$$= \{ F \geqslant F_{0.025}(4, 3) \text{ 或 } F \leqslant F_{0.975}(4, 3) \} = \left\{ F \,\middle|\, F \geqslant 15.10 \text{ 或 } F \leqslant \frac{1}{9.98} \right\}.$$

将观察值代入统计量计算得

$$F_0 = \frac{7.505 \times 10^{-4}}{2.593 \times 10^{-4}} \approx 2.894 \notin W,$$

所以假定两地土壤含水率的方差相等是合理的.

8.4   基于成对数据的检验(t 检验法)

在实际问题中, 有时为了比较两个总体的均值的差异, 常常对同一批对象作对比试验, 得到一批具有一定关联度的成对观察值, 然后根据观察数据作出推断, 这种方法称为基于成对数据的检验法, 也称为逐对比较法, 或配对数据分析法.

例如, 为了考察一种安眠药对延长睡眠时间的影响, 随机选取了 n 个人进行观察, 先测得其正常睡眠时间 $(X_1, X_2, \cdots, X_n)$. 服用此药后, 再测得其睡眠时间 $(Y_1, Y_2, \cdots, Y_n)$. 此处 X_i 和 Y_i 是第 i 个人服药前后的睡眠时间, 因此得到一个成对的样本 $(X_i, Y_i), i = 1, 2, \cdots, n$.

因为每个人的睡眠情况不同, 因此 $(X_1, X_2, \cdots, X_n)$ 不可视为来自某总体的样本, 同样 $(Y_1, Y_2, \cdots, Y_n)$ 也不可视为来自某总体的样本. 另外, 考虑到观察对象为同样一批人, 故一般情况下, $(X_1, X_2, \cdots, X_n)$ 和 $(Y_1, Y_2, \cdots,$

Y_n)不是相互独立的,因此不能运用前面所介绍的方法检验该安眠药对延长睡眠时间的影响.

记 $Z_i = Y_i - X_i, i = 1, 2, \cdots, n$,则 $Z_i(i = 1, 2, \cdots, n)$ 反映了剔除个人睡眠情况差异后,安眠药对 n 个人的睡眠延长时间.从而可将$(Z_1, Z_2, \cdots, Z_n)$ 视为来自总体 Z(睡眠延长时间)的样本.在实际问题中,可设 $Z \sim N(\mu, \sigma^2)$,其中 μ 为安眠药的平均睡眠延长时间,σ^2 未知.

由上述分析可知,推断该安眠药的平均睡眠延长时间是否为 μ_0,可归结为检验下列假设

$$H_0: \mu = \mu_0, \quad H_1: \mu \neq \mu_0.$$

特别地,推断该安眠药对睡眠延长时间是否有影响,可归结为检验假设

$$H_0: \mu = 0, \quad H_1: \mu \neq 0.$$

另外还有 $H_0: \mu = \mu_0, H_1: \mu > \mu_0$ 以及 $H_0: \mu = \mu_0, H_1: \mu < \mu_0$ 等情形.

由于 σ^2 未知,故采用 t 检验法,选取统计量为 $T = \dfrac{\overline{Z} - \mu_0}{S_z / \sqrt{n}} \sim t(n-1)$,其中

$$\overline{Z} = \frac{1}{n} \sum_{i=1}^{n} Z_i, \quad S_z^2 = \frac{1}{n-1} \sum_{i=1}^{n} (Z_i - \overline{Z})^2.$$

对于给定的显著性水平 α,作出 H_0 的对应拒绝域 W.由样本值$(z_1, z_2, \cdots, z_n)$计算出统计量的值 T_0,若 $T_0 \in W$,则拒绝 H_0;否则,接受 H_0.

例 8.4.1 为了考察一种安眠药对延长睡眠时间的影响,随机选取了 5 个人服用此药,并分别测得其前后睡眠时间(单位:h)分别为

| x_i | 6.9 | 7.5 | 5.9 | 9.4 | 5.9 |
| y_i | 7.9 | 8.8 | 6.8 | 10.6 | 7.4 |

在显著性水平 $\alpha = 0.05$ 时,(1)问该安眠药对延长睡眠时间是否有影响?(2)问该安眠药的平均睡眠延长时间是否超过 1 小时?

解 由题意知 $z_i = y_i - x_i$:1.0,1.3,0.9,1.2,1.5,并计算得 $\overline{z} = 1.18, s_z^2 = 0.057$.

(1) 假设检验问题为 $H_0: \mu = 0, H_1: \mu \neq 0$;选取统计量及其分布 $T = \dfrac{\overline{Z} - 0}{S_z / \sqrt{n}} = \dfrac{\overline{Z}}{S_z / \sqrt{n}} \sim t(n-1)$.

由于 $\alpha = 0.05$, $n = 5$, 得 H_0 的拒绝域为 $W = \{|T| \geqslant t_{\frac{\alpha}{2}}(n-1) = t_{0.025}(4) = 2.776\,4\}$.

又计算得 $t_0 = \dfrac{1.18}{\sqrt{0.057/5}} = 11.052 \in W$, 所以拒绝 H_0, 认为该安眠药对延长睡眠时间有影响.

（2）假设检验问题为 $H_0':\mu \leqslant 1$, $H_1':\mu > 1$, 可将其转化为 $H_0':\mu = 1$, $H_1':\mu > 1$, 选取统计量及其分布 $T' = \dfrac{\overline{Z}-1}{S_z/\sqrt{n}} \sim t(n-1)$.

由于 $\alpha = 0.05$, $n = 5$, 得 H_0' 的拒绝域为 $W' = \{T' \geqslant t_{\alpha}(n-1) = t_{0.05}(4) = 2.131\,8\}$.

又计算得 $t_0' = \dfrac{1.18-1}{\sqrt{0.057/5}} = 1.686 \notin W'$, 故接受 H_0', 认为该安眠药的平均睡眠延长时间不超过 1 小时.

上述基于成对数据的检验法也用于比较两种产品的差异、两种仪器的差异或两种方法的差异等, 在实际问题中经常运用.

小结

1. 假设检验的概念

首先要了解假设检验的背景和假设检验在实际问题中的作用,并能根据实际问题正确建立假设 (H_0, H_1).理解假设检验的基本原理、假设检验的反证法思想、假设检验的两类错误和显著性检验的概念,掌握假设检验的四个检验步骤.

2. 假设检验的两类错误

样本的随机性导致假设检验的结果可能会出现两种错误:第一类错误(弃真错误)指的是当 H_0 为真时,对应检验统计量的观察值却落入拒绝域,使得检验结果为拒绝 H_0;第二类错误(存伪错误)指的是当 H_0 为假时,对应检验统计量的观察值未落入拒绝域,使得检验结果为接受 H_0.因此,拒绝 H_0 时有可能犯第一类错误,不可能犯第二类错误.同理,接受 H_0 时可能犯第二类错误,不可能犯第一类错误.

当样本容量 n 增大时,可以同时降低两类错误发生的概率.而当样本容量 n 固定时,如果降低了犯第一类错误的概率,就会使得犯第二类错误的概率增大,反之亦然.由于在实际问题中,犯第一类错误的概率的危害性往往较大,因此,在假设检验中主要是控制犯第一类错误的概率.

3. 正态总体中均值和方差的假设检验

在正态总体中,熟记其均值和方差检验时所选用的检验统计量及其分布,并根据假设检验的四个步骤,会对正态总体中均值和方差作假设检验.

目 第 8 章习题

一、填空题

1. 在正态总体的均值和方差检验中, U 检验法和 t 检验法都是用于检验_____的;且当_____时,用 U 检验法;当_____时,用 t 检验法. χ^2 检验法和 F 检验法都是用于检验_____的;且在_____时,用 χ^2 检验法;在_____时,用 F 检验法.

2. 在正态总体 $N(\mu, \sigma^2)$ 的均值检验中, H_0 为 $\mu = \mu_0$,且方差 σ^2 未知,则相应构造的统计量及其分布为

_____;若 H_1 为 $\mu \neq \mu_0$,则 H_0 的拒绝域为

_____;若 H_0 的拒绝域为 $\dfrac{\bar{x}-\mu_0}{s/\sqrt{n}} \leqslant -t_\alpha(n-1)$,则 H_1

为_____.

3. 设总体 $X \sim N(\mu,\sigma^2)$,其中 μ,σ^2 均未知.检验问题为 $H_0:\sigma^2 \leqslant 10$, $H_1:\sigma^2 > 10$.已 知 $n = 25$, $\alpha = 0.05$, $\chi^2_{0.05}(24) = 36.415$,且 $s^2 = 12$,则检验结果可能会犯_____错误.

二、选择题

1. 在正态总体的假设检验中,显著性水平为 α,则下列结论正确的是(　　).

（A）若在 $\alpha = 0.05$ 下接受 H_0,则在 $\alpha = 0.01$ 下必接受 H_0

（B）若在 $\alpha = 0.05$ 下接受 H_0,则在 $\alpha = 0.01$ 下必拒绝 H_0

（C）若在 $\alpha = 0.05$ 下拒绝 H_0,则在 $\alpha = 0.01$ 下必接受 H_0

（D）若在 $\alpha = 0.05$ 下拒绝 H_0,则在 $\alpha = 0.01$ 下必拒绝 H_0

2. 在假设检验中,下列说法正确的是(　　).

（A）可能同时犯两类错误

（B）不可能同时犯两类错误

（C）一定会犯第一类错误

（D）一定会犯第二类错误

3. 已知在检验假设 $H_0:\mu=\mu_0$, $H_1:\mu<\mu_0$ 时出现了第一类错误,则表明(　　).

（A）$\mu=\mu_0$ 为真,但接受了 $\mu<\mu_0$

（B）$\mu<\mu_0$ 为真,但接受了 $\mu=\mu_0$

（C）$\mu \geqslant \mu_0$ 为真,但接受了 $\mu<\mu_0$

（D）$\mu<\mu_0$ 为真,但接受了 $\mu \geqslant \mu_0$

4. 在单(双)正态总体的假设检验过程中,下列说法正确的是(　　).

（A）犯两类错误的概率可同时被降低

（B）犯两类错误的概率不可同时被降低

（C）只考虑了控制犯第一类错误的概率,没有考虑犯第二类错误的概率

（D）考虑到了犯第二类错误的概率

三、解答题

A 类

1. 设某厂生产的化纤的纤度 $X \sim N(\mu,0.04^2)$.某天测得 25 根纤维的纤度,得样本均值为 $\bar{x} = 1.39$,问现在生产的化纤纤度与原设计的化纤纤度 1.40 有无显著差异(取 $\alpha = 0.05$)?

2. 在正常情况下,某炼钢厂的铁水含碳量(单位:%) $X \sim N(4.55,\sigma^2)$(其中 σ 未知).某日测得 5 炉铁水含碳量如下

4.48,　4.40,　4.42,　4.45,　4.47.

在显著性水平 $\alpha = 0.05$ 下,试问该日铁水含碳量的均值是否有明显变化?

3. 某厂产品需要用玻璃纸作包装,按规定供应商供应的玻璃纸的横向延伸率(单位:%)不低于 65.已知该指标服从正态分布 $N(\mu,5.5^2)$.从近期来货中抽查了 100 个样品,得样本均值 $\bar{x} = 55.06$,试问在显著性水平 $\alpha = 0.05$ 下能否接收这批玻璃纸?

4. 根据某地环境保护法规定,倾入河流的废物中,某种有毒化学物质含量不得超过 3(单位:ppm).该地区环保组织对某厂连日倾入河流的废物进行化验,测得有毒化学物质的含量分别为 $x_1,x_2,\cdots,x_{15}$,经计算得知 $\sum\limits_{i=1}^{15} x_i = 48$, $\sum\limits_{i=1}^{15} x_i^2 = 156.26$.设该有毒化学物质含量服从正态分布,试在 $\alpha = 0.05$ 水平下,判断该厂该有毒化学物质含量是否符合该地环境保护法的规定.

5. 某种导线的电阻(单位:Ω)服从 $N(\mu,\sigma^2)$,其中 μ 未知.电阻的一个质量指标是要求其标准差不大于

0.005 Ω.现从中抽取了 9 根导线测其电阻,测得样本标准差 $s = 0.006\,6\,Ω$,试问在 $α = 0.05$ 水平下能否认为这批导线的电阻的波动合格?

B 类

1. 某厂铸造车间为提高缸体的耐磨性而试制了一种镍合金铸件以取代一种铜合金铸件,现从两种铸件中各抽出一个样本进行硬度(HRC)测试(表示耐磨性的一种考核指标),其结果如下

| 镍合金铸件 X | 72.0 | 69.5 | 74.0 | 70.5 | 71.8 |
| 铜合金铸件 Y | 69.8 | 70.0 | 72.0 | 68.5 | 73.0 | 70.0 |

根据以往经验知硬度 $X \sim N(\mu_1, \sigma_1^2)$,$Y \sim N(\mu_2, \sigma_2^2)$,且 $\sigma_1 = \sigma_2 = 2$,试在 $α = 0.05$ 水平下比较镍合金铸件硬度有无显著提高.

2. 用新设计的一种测量仪器测定某物体的膨胀系数 11 次,又用进口仪器重复测同一物体 11 次,两样本的样本方差分别是 $s_1^2 = 1.236$,$s_2^2 = 3.978$.假定测量值分别服从正态分布,问在 $α = 0.05$ 水平下,新设计仪器的方差是否比进口仪器的方差显著地小?

3. 比较两种安眠药 A,B 的疗效,以 10 位失眠患者为对象,用 X,Y 分别表示患者使用过 A,B 两种药后延长的睡眠时间,对每位患者各服用这两种药一次所得的睡眠延长时间(单位:h)记录如下:

x_i	1.9	0.8	1.1	0.1	−0.1
y_i	0.7	−1.6	−0.2	−1.2	−0.1
x_i	4.4	5.5	1.6	4.6	3.4
y_i	3.4	3.7	0.8	0	2.0

给定显著性水平 $α = 0.01$,试问这两种药的疗效有无显著差异?

4. 为了检验 A,B 两种测定铜矿石含铜量(单位:%)的方法是否有明显差异,现用这两种方法测定了取自 9 个不同铜矿的矿石标本的含铜量,结果列于下表.

方法 A	0.20	0.30	0.40	0.50	0.60
方法 B	0.10	0.21	0.52	0.32	0.78
方法 A	0.70	0.80	0.90	1.00	
方法 B	0.59	0.68	0.77	0.89	

取 $α = 0.05$,问这两种测定方法是否有显著差异?

C 类

1. 设某物质在处理前含脂率 $X \sim N(\mu_1, \sigma_1^2)$,在处理后含脂率 $Y \sim N(\mu_2, \sigma_2^2)$.现在处理前抽取 $n_1 = 10$ 个样品,测得 $\bar{x} = 0.273$,$s_X^2 = 0.028\,11$;在处理后抽取 $n_2 = 11$ 个样品,测得 $\bar{y} = 0.135$,$s_Y^2 = 0.006\,42$.设两个样本相互独立,问在显著性水平 $α = 0.01$ 下,处理后是否显著地降低了平均含脂率?

2. 设总体 $X \sim N(\mu, 100)$,假设检验问题为 $H_0: \mu \geq 10$,$H_1: \mu < 10$.(1)现从总体中抽取容量为 25 的样本,测得 $\bar{x} = 9$,问在显著性水平 $α = 0.05$ 下,可否接受 H_1?(2)从总体中抽取样本为 $(X_1, X_2, \cdots, X_n)$,若拒绝域 $W: \bar{X} \leq 8$,求犯第一类错误概率的最大值,若使该最大值不超过 0.023,问 n 至少应该取多少?

第9章 概率论与数理统计在数学建模和数学实验中的应用举例

9.1 概率论与数理统计在数学建模中的应用举例

数学建模是指用数学语言描述自然现象或社会现象的某种特征本质,从数学角度来反映或近似地反映实际问题.它是根据实际问题通过抽象概括、简化假设等方式建立数学模型,并对其进行分析、判断、归纳、计算求解,再将计算结果进行实践检验,并在此基础上不断修改和完善的过程.我们可以根据数学建模的结果去解决实际问题。

数学建模牵涉到数学的各个分支,概率论与数理统计就是其中的一个重要组成部分.本节通过实际问题介绍概率论与数理统计在数学建模中的应用.

问题1(配对问题) 设有 n 把钥匙和 n 把锁,每把钥匙只能开一把锁.现在采用不放回的方式进行随机开锁,求没有锁能被打开的概率 $p_0(n)$ 和恰有 r 把锁能被打开的概率 $p_r(n)$,并考虑 n 充分大时的情形.

解决方案 将 n 把锁编号为 $1,2,\cdots,n$,设 A_i 表示"第 i 把锁被打开", $i=1,2,\cdots,n$,则由对立事件概率计算公式和乘法公式得下列模型

$$p_0(n)=1-P(\bigcup_{i=1}^{n}A_i),\tag{9.1.1}$$

$$p_r(n)=C_n^r\cdot\frac{1}{n(n-1)(n-2)\cdots(n-r+1)}p_0(n-r)=\frac{1}{r!}p_0(n-r).$$
$$\tag{9.1.2}$$

由于对任意的 $i<j<k<\cdots$,有

$$P(A_i)=\frac{1}{n}=\frac{(n-1)!}{n!},$$

$$P(A_iA_j)=\frac{1}{n(n-1)}=\frac{(n-2)!}{n!},$$

$$P(A_iA_jA_k)=\frac{1}{n(n-1)(n-2)}=\frac{(n-3)!}{n!},$$

$$\cdots$$

$$P(A_1 A_2 \cdots A_n) = \frac{1}{n(n-1)(n-2)\cdots 1} = \frac{1}{n!}.$$

因此,

$$\sum_{i=1}^{n} P(A_i) = \frac{1}{1!},$$

$$\sum_{1 \leqslant i < j \leqslant n} P(A_i A_j) = C_n^2 \frac{(n-2)!}{n!} = \frac{1}{2!},$$

$$\sum_{1 \leqslant i < j < k \leqslant n} P(A_i A_j A_k) = C_n^3 \frac{(n-3)!}{n!} = \frac{1}{3!},$$

$$\cdots$$

$$P(A_1 A_2 \cdots A_n) = \frac{1}{n!}.$$

由式(9.1.1)和式(9.1.2)得

$$p_0(n) = 1 - \sum_{i=1}^{n} P(A_i) + \sum_{1 \leqslant i < j \leqslant n} P(A_i A_j) - \sum_{1 \leqslant i < j < k \leqslant n} P(A_i A_j A_k) + \cdots +$$

$$(-1)^n P(A_1 A_2 \cdots A_n)$$

$$= 1 - \frac{1}{1!} + \frac{1}{2!} - \frac{1}{3!} + \cdots + (-1)^n \frac{1}{n!} = \sum_{i=0}^{n} (-1)^i \frac{1}{i!},$$

$$p_r(n) = \frac{1}{r!} p_0(n-r) = \frac{1}{r!} \sum_{i=0}^{n-r} (-1)^i \frac{1}{i!}.$$

由于

$$\lim_{n \to \infty} p_0(n) = \lim_{n \to \infty} \sum_{i=0}^{n} (-1)^i \frac{1}{i!} = e^{-1},$$

$$\lim_{n \to \infty} p_r(n) = \lim_{n \to \infty} \frac{1}{r!} \sum_{i=0}^{n-r} (-1)^i \frac{1}{i!} = \frac{1}{r!} e^{-1},$$

所以当 n 充分大时, $p_0(n) \approx e^{-1}$, $p_r(n) \approx \frac{1}{r!} e^{-1}$.

同时表明,如果记 X 为能被打开的锁的数量,则当 n 充分大时, X 近似服从参数为 1 的泊松分布.

问题 2(进货量问题)　设一种食品某天的销售价为 a,进货价为 b.对于规定期限内未售出的食品需要处理掉,处理价为 c,其中 $a>b>c$.由于处理时赔本,因此要根据销售量 X 的分布情况,决定进货数量 u,使得该天的平均利润 EL 最大.

解决方案 当 $X \leqslant u$ 时,销售量不大于进货量,则销售了 X 单位的食品,获利 $(a-b)X$,同时 $u-X$ 单位的食品需要赔本处理,损失 $(b-c)(u-X)$,因此利润为 $(a-b)X-(b-c)(u-X)$.

当 $X>u$ 时,销售量大于进货量,则销售了 u 单位的食品,获利 $(a-b)u$.

故该天的利润 L 为

$$L = L(X,u) = \begin{cases} (a-b)X-(b-c)(u-X), & X \leqslant u, \\ (a-b)u, & X>u \end{cases}$$

$$= \begin{cases} (a-c)X-(b-c)u, & X \leqslant u, \\ (a-b)u, & X>u, \end{cases}$$

进而 $EL = E[L(X,u)]$.可见 EL 与 X 的分布有关.

如果销售量 X 为连续型随机变量,且其密度函数为 $f(x)$,分布函数为 $F(x)$.由实际问题知,当 $x<0$ 时,$f(x)=0$,因此当 $x \geqslant 0$ 时,$F(x) = \int_0^x f(t)\,\mathrm{d}t$. 由此得

$$EL = E[L(X,u)] = \int_{-\infty}^{+\infty} L(x,u)f(x)\,\mathrm{d}x$$

$$= \int_0^u [(a-c)x-(b-c)u]f(x)\,\mathrm{d}x + \int_u^{+\infty}(a-b)uf(x)\,\mathrm{d}x$$

$$= (a-c)\int_0^u xf(x)\,\mathrm{d}x - (b-c)u\int_0^u f(x)\,\mathrm{d}x + (a-b)u\int_u^{+\infty}f(x)\,\mathrm{d}x,$$

故

$$\frac{\mathrm{d}EL}{\mathrm{d}u} = (a-b)\int_u^{+\infty}f(x)\,\mathrm{d}x - (b-c)\int_0^u f(x)\,\mathrm{d}x$$

$$= (a-b)\left[1-\int_0^u f(x)\,\mathrm{d}x\right] - (b-c)\int_0^u f(x)\,\mathrm{d}x$$

$$= (a-b)-(a-c)\int_0^u f(x)\,\mathrm{d}x = (a-b)-(a-c)F(u).$$

令 $\dfrac{\mathrm{d}EL}{\mathrm{d}u}=0$,则 $(a-c)F(u)=a-b$,所以由 $F(u)=\dfrac{a-b}{a-c}$,解得 $u^* = F^{-1}\left(\dfrac{a-b}{a-c}\right)$.

又因为 $\dfrac{\mathrm{d}^2 EL}{\mathrm{d}u^2}=-(a-c)f(u)<0$,所以 EL 在点 $u^* = F^{-1}\left(\dfrac{a-b}{a-c}\right)$ 处取得最大值.

例如,设销售量 $X \sim U(0,s)$,此时应有进货量 $u \leq s$,则 $\int_0^u f(x)\,\mathrm{d}x = \dfrac{u}{s}$,

由 $\dfrac{u}{s} = \dfrac{a-b}{a-c}$ 解得 $u^* = \dfrac{a-b}{a-c}s$,故当进货量 $u^* = \dfrac{a-b}{a-c}s$ 时,EL 最大.

如果销售量 X 为离散型随机变量,且其分布律为 $P\{X=k\}=p_k, k=0,$ $1,2,\cdots,$分布函数为 $F(x)$.由此得

$$EL = E[L(X,u)] = \sum_{k=0}^{\infty} L(k,u)p_k$$

$$= \sum_{k=0}^{u} [(a-c)k - (b-c)u]p_k + \sum_{k=u+1}^{\infty} (a-b)up_k$$

$$= (a-c)\sum_{k=0}^{u} kp_k - (b-c)u\sum_{k=0}^{u} p_k + (a-b)u\sum_{k=u+1}^{\infty} p_k.$$

记 $g(u) = EL$,则

$$g(u+1) - g(u) = \Big[(a-c)\sum_{k=0}^{u+1} kp_k - (b-c)(u+1)\sum_{k=0}^{u+1} p_k +$$

$$(a-b)(u+1)\sum_{k=u+2}^{\infty} p_k\Big] - \Big[(a-c)\sum_{k=0}^{u} kp_k -$$

$$(b-c)u\sum_{k=0}^{u} p_k + (a-b)u\sum_{k=u+1}^{\infty} p_k\Big]$$

$$= (a-b) - (a-c)\sum_{k=0}^{u} p_k$$

$$= (a-b) - (a-c)F(u).$$

可见 $g(u+1)-g(u)$ 为 u 的减函数,由此求出 u^*,使得

$$g(u^*+1)-g(u^*) \leq 0, \quad \text{且 } g(u^*)-g(u^*-1) \geq 0,$$

即

$$F(u^*) \geq \frac{a-b}{a-c}, \quad \text{且 } F(u^*-1) \leq \frac{a-b}{a-c}.$$

此时 EL 在点 u^* 处取得最大值.

例如,设销售量 $X \sim \begin{pmatrix} m+1 & m+2 & \cdots & 2m \\ \dfrac{1}{m} & \dfrac{1}{m} & \cdots & \dfrac{1}{m} \end{pmatrix}$,所以 $P\{X=k\} = \dfrac{1}{m}, k=$

$m+1, m+2, \cdots, 2m,$由实际问题知进货量 u 应该在 $[m+1,2m]$ 之中,此时

$F(u) = \sum_{k=m+1}^{u} \dfrac{1}{m} = \dfrac{u-m}{m} = \dfrac{u}{m} - 1$,因此由

$$\frac{u^*}{m} - 1 \geq \frac{a-b}{a-c}, \quad \text{且} \frac{u^*-1}{m} - 1 \leq \frac{a-b}{a-c},$$

即

$$u^* \geqslant \frac{2a-b-c}{a-c}m, \quad \text{且 } u^* \leqslant \frac{2a-b-c}{a-c}m+1,$$

故取 $u^* = \left[\dfrac{2a-b-c}{a-c}m\right]+1$，其中 $\left[\dfrac{2a-b-c}{a-c}m\right]$ 为 $\dfrac{2a-b-c}{a-c}m$ 的取整.

因此当进货量 $u^* = \left[\dfrac{2a-b-c}{a-c}m\right]+1$ 时，EL 最大.

问题 3（高尔顿板钉问题） 高尔顿板钉如图 9.1.1，图中黑点表示钉在板上的钉子，它们彼此间的距离均相等，上一层的每一颗的水平位置恰好位于下一层的两颗正中间. 从入口处放进一个直径略小于两颗钉子之间的距离的小圆玻璃球，在小圆球向下降落过程中，碰到钉子后均以 $\dfrac{1}{2}$ 的概率向左或向右滚下，于是又碰到下一层钉子. 如此继续下去，直到滚到底板的一个格子内为止. 把许多同样大小的小圆球不断从入口处放下，说明只要小圆球的数目相当大，它们在底板将堆成近似于正态分布 $N(0,n)$ 的密度函数的图形，其中 n 为钉子的层数，底板中心坐标为 0，其他黑柱处的坐标分别为 $\pm1, \pm2, \pm3, \cdots$.

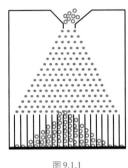

图 9.1.1

解决方案 设 $\xi_i = \begin{cases} -1, & \text{当小圆球第 } i \text{ 次碰到钉子时，向左落下}, \\ 1, & \text{当小圆球第 } i \text{ 次碰到钉子时，向右落下}, \end{cases}$ 则

$\xi_i \sim \begin{pmatrix} -1 & 1 \\ \dfrac{1}{2} & \dfrac{1}{2} \end{pmatrix}, i=1,2,\cdots,n$. 且由题意知，$\xi_1, \xi_2, \cdots, \xi_n$ 相互独立.

又设 X_n 表示第 n 次碰到钉子后所落的位置，则 $X_n = \displaystyle\sum_{i=1}^{n}\xi_i$. 由于 $\dfrac{\xi_i+1}{2} \sim B\left(1, \dfrac{1}{2}\right), i=1,2,\cdots,n$，所以

$$\sum_{i=1}^{n}\frac{\xi_i+1}{2} = \frac{X_n+n}{2} \sim B\left(n, \frac{1}{2}\right).$$

当 n 充分大时，由中心极限定理知 $\dfrac{X_n+n}{2} \overset{\text{近似}}{\sim} N\left(\dfrac{n}{2}, \dfrac{n}{4}\right)$，即 $X_n \overset{\text{近似}}{\sim} N(0,n)$.

表明只要球的数目相当大，它们在底板将堆成近似于正态分布 $N(0,n)$ 的密度函数图形.

问题 4（鱼数问题） 为了估计湖中的鱼数，采取下列方式：先从湖中

捞出 r 条鱼,将它们记上标记,然后再放回湖中.一段时间后,再从中随机捕捞 s 条鱼,若发现其中有 n 条鱼记有标记,试利用最大似然估计法估计湖中鱼的数量 N.

解决方案 设 X 为随机捕捞的 s 条鱼中,记有标记的鱼数目,则 X 的分布律为

$$P\{X=k\} = \frac{C_r^k C_{N-r}^{s-k}}{C_N^s},$$

其中 k 为整数,且 $\max\{0, r+s-N\} \leq k \leq \min\{r, s\}$.

今发现随机捕捞的 s 条鱼中,有 n 条鱼记有标记,表明在一次抽样中,得样本观察值为 $X=n$,故似然函数

$$L(n; N) = \frac{C_r^n C_{N-r}^{s-n}}{C_N^s}.$$

由于对 $L(n; N)$ 取对数后,再对 N 求导数是非常困难的(概念上也不易理解),同时 N 的最大似然估计值 $\hat{N}$ 就是 $L(n; N)$ 的最大值点,因此考虑比值

$$\frac{L(n; N)}{L(n; N-1)} = \frac{N-r}{N} \times \frac{N-s}{(N-r)-(s-n)} = \frac{N^2 - (r+s)N + rs}{N^2 - (r+s)N + nN}.$$

由上式不难发现,当 $rs > nN$,即 $N < \dfrac{rs}{n}$ 时,$L(n; N) > L(n; N-1)$;当 $rs < nN$,即 $N > \dfrac{rs}{n}$ 时,$L(n; N) < L(n; N-1)$.

考虑到 N 为正整数,故当 $N = \left[\dfrac{rs}{n}\right]$ 时,$L(n; N)$ 取最大值,所以 N 的最大似然估计值为 $\hat{N} = \left[\dfrac{rs}{n}\right]$,其中 $[\cdot]$ 表示取整函数.

问题5(质量控制问题) 在产品生产的过程中,经常采用预告性质量检查,预告生产过程稳定性即将被破坏,次品即将产生等,并在一定程度上指出原因所在,以便采取措施,控制产品的质量.生产过程稳定性是指影响产品质量的主要因素无显著变化时,产品质量不会有太大变化.即使生产过程是稳定的,还会有许多随机因素在起作用,造成产品质量的变动.因此当产品质量发生一些变化时,就需要分析这种变化是随机因素造成的,还是生产过程的稳定性受到破坏造成的.设在生产过程稳定的状态

下,反映产品质量的数量指标 $X \sim N(\mu_0, \sigma_0^2)$,为简单起见,假定 σ_0^2 已知且不变,问如何判断是否出现次品,以及如何预警是否将会出现次品?

解决方案 上述问题即为对假设 $H_0: \mu = \mu_0$,$H_1: \mu \neq \mu_0$ 进行检验.

(1)控制域

对于给定的置信度 $1 - \alpha_1$,有

$$P\left\{\mu_0 - u_{\frac{\alpha_1}{2}}\frac{\sigma_0}{\sqrt{n}} < \overline{X} < \mu_0 + u_{\frac{\alpha_1}{2}}\frac{\sigma_0}{\sqrt{n}}\right\} = 1 - \alpha_1.$$

如果 $\overline{X} \in \left(\mu_0 - u_{\frac{\alpha_1}{2}}\frac{\sigma_0}{\sqrt{n}}, \mu_0 + u_{\frac{\alpha_1}{2}}\frac{\sigma_0}{\sqrt{n}}\right)$,则以置信度 $1 - \alpha_1$ 认为生产过程是稳定的,否则认为生产过程不稳定,需要采取相应的措施,以保证正常生产.

区间 $\left(\mu_0 - u_{\frac{\alpha_1}{2}}\frac{\sigma_0}{\sqrt{n}}, \mu_0 + u_{\frac{\alpha_1}{2}}\frac{\sigma_0}{\sqrt{n}}\right)$ 称为样本均值 $\overline{X}$ 的置信度为 $1 - \alpha_1$ 的控制域.

(2)预警域

为了提前做好预告,给定 $\alpha_2(\alpha_1 < \alpha_2)$,对于置信度 $1 - \alpha_2$,称

$$\left(\mu_0 - u_{\frac{\alpha_1}{2}}\frac{\sigma_0}{\sqrt{n}}, \mu_0 - u_{\frac{\alpha_2}{2}}\frac{\sigma_0}{\sqrt{n}}\right) \cup \left(\mu_0 + u_{\frac{\alpha_2}{2}}\frac{\sigma_0}{\sqrt{n}}, \mu_0 + u_{\frac{\alpha_1}{2}}\frac{\sigma_0}{\sqrt{n}}\right)$$

为预警域.

如果 $\overline{X} \in \left(\mu_0 - u_{\frac{\alpha_1}{2}}\frac{\sigma_0}{\sqrt{n}}, \mu_0 - u_{\frac{\alpha_2}{2}}\frac{\sigma_0}{\sqrt{n}}\right) \cup \left(\mu_0 + u_{\frac{\alpha_2}{2}}\frac{\sigma_0}{\sqrt{n}}, \mu_0 + u_{\frac{\alpha_1}{2}}\frac{\sigma_0}{\sqrt{n}}\right)$,就提前发布预警,预示即将可能产生次品,做到防患于未然.

(3)均值控制图

在工作现场,为操作简单,作均值控制图(图 9.1.2).

以直线 $y = \mu_0$ 为中心,作四条水平线

$$L_1: y = \mu_0 - u_{\frac{\alpha_1}{2}}\frac{\sigma_0}{\sqrt{n}}; \quad L_2: y = \mu_0 + u_{\frac{\alpha_1}{2}}\frac{\sigma_0}{\sqrt{n}};$$

$$M_1: y = \mu_0 - u_{\frac{\alpha_2}{2}}\frac{\sigma_0}{\sqrt{n}}; \quad M_2: y = \mu_0 + u_{\frac{\alpha_2}{2}}\frac{\sigma_0}{\sqrt{n}},$$

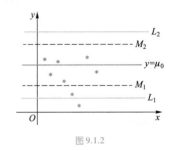

图 9.1.2

其中 α_1, α_2 可根据生产实际和产品性质来决定.图 9.1.2 中 L_1 和 L_2 称为控制线,M_1 和 M_2 称为预警线.图中每个黑点表示在一次抽样中,根据样本观察值所计算的样本均值 $\overline{x}$.假设每天做 8 次抽样,得到 8 个样本均值 $\overline{x}$,图中黑点从左至右依次表示第 1-8 次抽样得到的样本均值.

如果 $\bar{x}$ 落在 M_1 和 M_2 之间,表明产生过程是非常稳定的,可以继续生产.

如果 $\bar{x}$ 落在 M_1 和 L_1 之间或 M_2 和 L_2 之间,表明生产过程基本稳定,但有产生次品的可能.例如第 5 次抽样中,$\bar{x}$ 落在预警区,应该发出预警.

如果 $\bar{x}$ 落在 L_1 或 L_2 之外,表明生产中出现次品.如在第 5 次抽样预警后,第 6 次抽样中 $\bar{x}$ 落在控制域之外,出现了次品,应该停止生产,并采取相应的维护措施.解决问题后方可继续生产,如第 7 次和第 8 次抽样的 $\bar{x}$ 落在 M_1 和 M_2 之间,表明生产过程恢复正常.

另外,从均值控制图中还可以看出某些"倾向性",可以帮助我们分析原因.例如,如果所有 $\bar{x}$ 均在中心线 $y = \mu_0$ 的上方或下方,表明设备的安装可能有问题.如果 $\bar{x}$ 具有单调特征,表明设备可能有磨损,而且越发严重.如果 $\bar{x}$ 上下波动较大,表明原料质量、工人操作或者电力供应等因素可能出现问题.

问题 6(样本容量确定问题)   在抽样中,如果样本 $(X_1, X_2, \cdots, X_n)$ 的容量 n 太小,则用样本推测总体的效果并不太好.如果容量 n 太大,则可能造成人力、物力和财力的浪费,因此选择合适的容量 n 具有非常重要的意义.设总体 $X \sim N(\mu, \sigma^2)$,其中 μ, σ^2 均未知.对于给定的显著性水平 α,要检验假设 $H_0: \mu = \mu_0, H_1: \mu \neq \mu_0$,问如何选择合适的容量 n?

解决方案   当 $H_0: \mu = \mu_0$ 成立时,由 $\dfrac{\bar{X} - \mu_0}{S/\sqrt{n}} \sim t(n-1)$,确定 $t_{\frac{\alpha}{2}}(n-1)$,使得

$$P\left\{ -t_{\frac{\alpha}{2}}(n-1) < \frac{\bar{X} - \mu}{S/\sqrt{n}} < t_{\frac{\alpha}{2}}(n-1) \right\} = 1 - \alpha.$$

并由此得到 H_0 的接受域 $\left(\bar{X} - t_{\frac{\alpha}{2}}(n-1)\dfrac{S}{\sqrt{n}}, \bar{X} + t_{\frac{\alpha}{2}}(n-1)\dfrac{S}{\sqrt{n}} \right)$,而此接受域也是 μ 的置信度为 $1 - \alpha$ 的置信区间.其长度记为 $2l$,其中 $l = t_{\frac{\alpha}{2}}(n-1)\dfrac{S}{\sqrt{n}}$,称为误差精度或估计精度.如果事先给定了误差精度 l 的值,则

$$n = t_{\frac{\alpha}{2}}^2(n-1)\frac{S^2}{l^2}.$$

但上式中,$S^2 = \dfrac{1}{n-1}\sum_{i=1}^{n}(X_i - \bar{X})^2$ 以及 $t_{\frac{\alpha}{2}}(n-1)$ 本身又与 n 有关.通常的

处理方法如下.

由于 $E(S^2)=\sigma^2$, 因此用 σ^2 代替 S^2 效果较好, 但 σ^2 未知, 不能代替. 如果在实际问题中, 根据以往的经验, 有 $\sigma^2 \leq \sigma_0^2$, 则用 σ_0^2 代替 S^2, 近似有

$$n \approx t_{\frac{\alpha}{2}}^2(n-1)\frac{\sigma_0^2}{l^2}. \tag{9.1.3}$$

此时可能造成 n 稍稍偏大, 但也不失为一种处理方法.

又当 n 充分大时, $t_{\frac{\alpha}{2}}(n-1) \approx u_{\frac{\alpha}{2}}$. 因此又有近似公式

$$n \approx u_{\frac{\alpha}{2}}^2 \frac{\sigma_0^2}{l^2}. \tag{9.1.4}$$

如果利用式 (9.1.4) 所计算的 $u_{\frac{\alpha}{2}}^2 \frac{\sigma_0^2}{l^2}$ 充分大 (一般指大于 30), 就以此值作为样本容量 n.

如果 $u_{\frac{\alpha}{2}}^2 \frac{\sigma_0^2}{l^2} \leq 30$, 则采用循环迭代的方法确定样本容量 n. 具体为: 利用式 (9.1.4) 所计算的 $u_{\frac{\alpha}{2}}^2 \frac{\sigma_0^2}{l^2}$ 作为 n, 查表确定 $t_{\frac{\alpha}{2}}(n-1)$, 并代入式 (9.1.3) 得到 n; 再以此 n 查表确定 $t_{\frac{\alpha}{2}}(n-1)$, 再并代入式 (9.1.3) 计算 n; 如此反复. 直到两次计算的 n 值相同或差异极小时为止, 并以此 n 作为样本容量.

一般地, 根据经验, 样本容量不要小于 5. 否则, 样本容量取为 5.

问题 7 (预测与控制问题)   预测与控制问题是与各行各业都密切相关的问题. 预测与控制的类型和方法很多, 利用线性回归进行预测与控制是一类常用的方法. 在汛期, 需要在河道的某点处定期测量水位, 依此了解水位高度 (H) 与时间 (t) 的关系, 做到提前预防. 设经过 n 次独立观察, 得到 n 组数据 $(t_1, H_1), (t_2, H_2), \cdots, (t_n, H_n)$. 根据以往经验知道 (t_i, H_i) 满足

$$H_i = \alpha + \beta t_i + \varepsilon_i, \tag{9.1.5}$$

其中随机误差 $\varepsilon_i \sim N(0, \sigma^2)$, $i=1,2,\cdots,n$, 且 $\varepsilon_1, \varepsilon_2, \cdots, \varepsilon_n$ 相互独立, 常数 α, β, σ^2 均未知. (1) 试在 $t=t_0$ 时刻, 预测水位高度 H 的取值 H_0; (2) 问在何时间段内, 水位高度达到 H_{01} 和 H_{02} 之间?

解决方案   由式 (9.1.5) 知 $\varepsilon_i = H_i - \alpha - \beta t_i$, $i=1,2,\cdots,n$, 则误差平方和为

$$Q(\alpha,\beta) = \sum_{i=1}^{n} (H_i - \alpha - \beta t_i)^2,$$

并且 $Q(\alpha,\beta)$ 越小拟合效果越好,因此要求 $Q(\alpha,\beta)$ 的最小值.下面利用最小二乘法求解.令 $\dfrac{\partial Q(\alpha,\beta)}{\partial \alpha} = 0, \dfrac{\partial Q(\alpha,\beta)}{\partial \beta} = 0$,解得 α,β 的估计量为

$$\hat{\beta} = \frac{L_{tH}}{L_{tt}}, \hat{\alpha} = \overline{H} - \hat{\beta}\bar{t}, \tag{9.1.6}$$

其中 $\bar{t} = \dfrac{1}{n} \sum_{i=1}^{n} t_i, \overline{H} = \dfrac{1}{n} \sum_{i=1}^{n} H_i, L_{tt} = \sum_{i=1}^{n} (t_i - \bar{t})^2, L_{tH} = \sum_{i=1}^{n} (t_i - \bar{t}) H_i.$ 并且可以证明

$$\hat{\alpha} + \hat{\beta}t \sim N\left(\alpha + \beta t, \sigma^2 \left[\frac{1}{n} + \frac{(t-\bar{t})^2}{L_{tt}} \right] \right), \tag{9.1.7}$$

$$\frac{1}{\sigma^2} \sum_{i=1}^{n} (H_i - \hat{\alpha} - \hat{\beta}t_i)^2 \sim \chi^2(n-2), \text{且} \sum_{i=1}^{n} (H_i - \hat{\alpha} - \hat{\beta}t_i)^2 \text{和} \hat{\alpha}, \hat{\beta} \text{相互独立}.$$

$$\tag{9.1.8}$$

称

$$\hat{H} = \hat{\alpha} + \hat{\beta}t \tag{9.1.9}$$

为经验回归方程.

(1) 当 $t = t_0$ 时,H_0 的实际值为 $H_0 = \alpha + \beta t_0 + \varepsilon_0$,其中 $\varepsilon_0 \sim N(0, \sigma^2)$. 从而

$$H_0 \sim N(\alpha + \beta t_0, \sigma^2). \tag{9.1.10}$$

将 $t = t_0$ 代入式(9.1.9)得 $\hat{H}_0 = \hat{\alpha} + \hat{\beta}t_0$,并以 $\hat{H}_0$ 作为 H_0 的点预测(点估计).

由于 H_0 与 $H_1, H_2, \cdots, H_n$ 相互独立,故由式(9.1.7)和式(9.1.10)得

$$H_0 - \hat{H}_0 = H_0 - (\hat{\alpha} + \hat{\beta}t_0) \sim N\left(0, \sigma^2 \left[1 + \frac{1}{n} + \frac{(t_0 - \bar{t})^2}{L_{tt}} \right] \right). \tag{9.1.11}$$

所以 $\dfrac{H_0 - \hat{H}_0}{\sigma \sqrt{1 + \dfrac{1}{n} + \dfrac{(t_0 - \bar{t})^2}{L_{tt}}}} \sim N(0,1)$. 记 $\widehat{\sigma^2} = \dfrac{1}{n-2} \sum_{i=1}^{n} (H_i - \hat{\alpha} - \hat{\beta}t_i)^2$,由式

(9.1.8)知

$$\frac{H_0 - \hat{H}_0}{\hat{\sigma} \sqrt{1 + \dfrac{1}{n} + \dfrac{(t_0 - \bar{t})^2}{L_{tt}}}} \sim t(n-2).$$

由此可得 H_0 的置信系数为 $1-\alpha$ 的置信(预测)区间为

$$(\hat{H}_0-\delta(t_0),\hat{H}_0+\delta(t_0)), \quad 即(\hat{\alpha}+\hat{\beta}t_0-\delta(t_0),\hat{\alpha}+\hat{\beta}t_0+\delta(t_0)),$$

其中 $\delta(t_0)=t_{\frac{\alpha}{2}}(n-2)\hat{\sigma}\sqrt{1+\dfrac{1}{n}+\dfrac{(t_0-\bar{t})^2}{L_{tt}}}.$

令 $H(t)=\hat{\alpha}+\hat{\beta}t, H_1(t)=\hat{\alpha}+\hat{\beta}t-\delta(t), H_2(t)=\hat{\alpha}+\hat{\beta}t+\delta(t)$, 并分别称为经验回归直线、置信下限曲线和置信上限曲线, 其中 $\delta(t)=$
$t_{\frac{\alpha}{2}}(n-2)\hat{\sigma}\sqrt{1+\dfrac{1}{n}+\dfrac{(t-\bar{t})^2}{L_{tt}}}.$

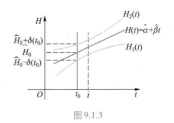

图 9.1.3

依此作预测区间图(如图 9.1.3). 当 $t=t_0$ 时, 直线 $t=t_0$ 与置信下限曲线和置信上限曲线交点的纵坐标 $\hat{H}_0-\delta(t_0)$ 和 $\hat{H}_0+\delta(t_0)$ 构成了预测区间 $(\hat{H}_0-\delta(t_0),\hat{H}_0+\delta(t_0)).$

根据图 9.1.3, 将问题进一步延伸一下. 如果 $t\in(t_{01},t_{02})$, 则直线 $t=t_{01}$ 与置信下限曲线交点的纵坐标 $\hat{H}_{01}$ 和直线 $t=t_{02}$ 与置信上限曲线交点的纵坐标 $\hat{H}_{02}$ 构成了预测区间 $(\hat{H}_{01},\hat{H}_{02})$(如图 9.1.4).

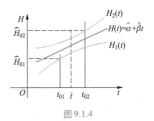

图 9.1.4

(2) 此为预测问题的反问题, 称为控制问题.

当水位高度达到 H_{01} 和 H_{02} 之间时, 根据图 9.1.4 反向操作. 直线 $H=H_{01}$ 与置信下限曲线交点的横坐标 t_{01} 和直线 $H=H_{02}$ 与置信上限曲线交点的横坐标 t_{02} 构成了 t 的控制区域 (t_{01},t_{02})(如图 9.1.5).

由图 9.1.5 可见, 跨度 $H_{02}-H_{01}$ 应该有足够大, 以确保 $t_{01}\leqslant t_{02}$. 否则, 如果出现 $t_{01}>t_{02}$, 表明控制问题无解.

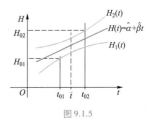

图 9.1.5

9.2 概率论与数理统计在数学实验中的应用举例

简单地说, 数学实验是利用计算机技术和数学软件平台, 结合已有数学知识, 对学习过程中的某些问题进行实验研究并发现规律. 从而熟悉从数学建模、解法研究到实验分析的科学研究方法.

本节通过两个具体问题, 介绍概率论与数理统计在数学实验中的应用.

问题 1(生日问题) 设每个人的生日在一年(365 天)中的任意一天是等可能的. 问随机抽取的 $n(n<365)$ 个人中, 至少有两个人的生日在同一天的概率是多少?

实验内容   取 $n=45$（表示一个班的 45 位同学）. 利用计算机模拟实验，求出至少有两个人的生日在同一天的概率.

预备知识   古典概型的概率计算，随机数的应用.

实验目的   要求学生会将烦琐的概率计算问题转化为利用计算机进行模拟实验.

实验过程

（1）问题分析   由古典概型的概率计算得 45 个人中至少有两个人的生日在同一天的概率为

$$p = 1 - \frac{365 \times 364 \times \cdots \times 321}{365^{45}}.$$

由于上述概率的计算量较大，故改为采用计算机模拟实验求出至少有两个人的生日在同一天的概率.

采用计算机模拟实验方法时，先随机产生 45 个正整数 $x_1, x_2, \cdots, x_{45}$，$1 \leqslant x_i \leqslant 365, i = 1, 2, \cdots, 45$. 再将此 45 个正整数逐个比较，如果有两个数相等（表示有两个人生日在同一天），则计算机输出"1"，否则计算机输出"0".

为了避免随机数出现极端情况，重复观察 1 000 次，最后统计出"1"出现的频率，此频率可作为有两个人的生日在同一天的概率的近似值.

（2）计算过程

```
%% 生日问题源程序
%% number 表示模拟的次数,n 表示人数,k 表示计数变量
number=input('模拟次数:');
n=input('n 个人:');
k=0;
for i=1:number
    random=unidrnd(365,1,n);% 随机产生 1 行 n 列的数,每个数在
1~365 之间
    sort_random=sort(random);% 按从小到大排序
    diff_random=diff(sort_random);% 求前后两数之差
    flag=find(diff_random==0);% 找出差值为 0 的列
    if flag ~=0
```

```
        k=k+1；% flag 不为 0 表示有两数相等,k 增加 1

        fprintf('第%d次模拟:1 \\n',i);% 输出"1"表示有两个数相等

    else

        fprintf('第%d次模拟:0 \\n',i);% 输出"0"表示无两个数相等

    end

end

% 计算两数相等出现的频率

p=k/number

fprintf('出现%d次两数相等\\n',k)
```

（3）计算结果　取 number=1 000,n=45,有两个人的生日在同一天的概率的近似值为 0.935.

由于所产生随机数的随机性可能造成所求概率具有一定的波动,因此可采用下列两种方法加以改进.方法一,增加观察次数,如 5 000 次,10 000 次等.方法二,增加实验次数,如作 10 次实验,每次观察 1 000 次,然后将 10 次实验所得概率的近似值求其平均值,以期达到更好的效果.

问题 2(π 的近似计算问题)　通过构造概率模型,利用概率计算和模拟实验,近似计算圆周率 π.

实验内容　设二维随机变量 (X,Y) 服从区域 $D=\{(x,y)\,|\,0\leqslant x\leqslant 1,0\leqslant y\leqslant 1\}$ 上的均匀分布,并记

$$Z=\begin{cases}0, & X^2+Y^2>1,\\ 1, & X^2+Y^2\leqslant 1.\end{cases}$$

通过在区域 D 上随机地取 n 个点 $(X_i,Y_i),i=1,2,\cdots,n$,统计出事件 $\{Z=1\}$ 出现的频数 k 及频率 $\dfrac{k}{n}$,从而当 n 充分大时,近似计算出 π.

预备知识　相关概率计算,频率与概率的关系;随机数的应用.

实验目的　要求学生会利用计算机进行模拟实验,将理论和实践相结合,解决实际问题.

实验过程

（1）问题分析　由于二维随机变量 (X,Y) 服从区域 D 上的均匀分布,由此计算出 $P\{X^2+Y^2\leqslant 1\}=\dfrac{\pi}{4}$.而点 (X_i,Y_i) 可通过产生两个随机数进

行模拟,从而统计出频率 $\dfrac{k}{n}$,再利用频率与概率的关系,当 n 充分大时,近

似有 $\pi \approx \dfrac{4k}{n}$.

（2）计算过程

```
% 随机投点计算 pi 的近似值源程序
k=0;% 点落在区域 D 内的计数变量
n=input('随机点数 n:')
fori=1:n
    x=rand;% 产生 0~1 之间的随机数 x
    y=rand;% 产生 0~1 之间的随机数 y
    ifx^2+y^2<=1% 判断是否落在区域 D 内
        k=k+1;% 若落在 D 内,k 增加 1
    end
end
fprintf('pi 的近似值为:% f \\n',4 * k /n)% 计算并输出 pi 的近似值
```

（3）计算结果

n	100	500	1 000	2 000	10 000	1 000 000
π 的近似值	3.000	3.200	3.132	3.178	3.128 6	3.142 086

课外阅读

第一篇　贝特朗悖论 🖥

第二篇　二维连续型随机变量函数的密度函数的算法探讨 🖥

第三篇　基于分布函数的数学期望和方差的计算 🖥

第四篇　有效估计的若干举例 🖥

附表

附表 1　几种常用的分布 🖥

附表 2　标准正态分布表 🖥

附表 3　泊松分布表 🖥

附表 4　t 分布表 🖥

附表 5　χ^2 分布表 🖥

附表 6　F 分布表 🖥

部分习题参考解答

参考文献

[1] 陈希孺.概率论与数理统计[M].合肥:中国科学技术大学出版社,1992.

[2] 王松桂,程维虎,高旅端.概率论与数理统计[M].北京:科学出版社,2000.

[3] 复旦大学.概率论[M].北京:人民教育出版社,1979.

[4] 盛骤,谢式千,潘承毅.概率论与数理统计.4 版[M].北京:高等教育出版社,2008.

[5] 唐象能,戴俭华.数理统计[M].北京:机械工业出版社,1994.

[6] 合肥工业大学数学教研室.概率论与数理统计[M].合肥:合肥工业大学出版社,2004.

[7] 金光炎.水文水资源随机分析[M].合肥:中国科技技术出版社,1992.

[8]《大学数学》编辑部.硕士研究生入学考试数学试题精解[M].合肥:合肥工业大学出版社,2017.

[9] 王庆成.概率论与数理统计习题集[M].北京:科技文献出版社,2002.

[10] 南京地区工科院校数学建模与工业数学讨论班.数学建模与实验[M].南京:河海大学出版
     社,1996.

[11] 朱道元.数学建模精品案例[M].南京:东南大学出版社,1999.

[12] 谢云荪,张志让.数学实验[M].北京:科学出版社,2000.

[13] 任善强,雷鸣.数学模型[M].重庆:重庆大学出版社,1996.

[14] 宁荣健.概率论中有关计算公式的改进[J].大学数学,2004,20(5):70-73.

[15] 孙锦波,宁荣健.多维连续型随机变量函数概率密度的定点算法[J].高等数学研究,2014,17(1):
     72-73.

[16] 林正炎,陆传荣,苏中根.概率极限理论基础[M].北京:高等教育出版社,1999.

[17] 宁荣健,余丙森.基于分布函数的混合型随机变量的数学期望和方差的计算[J].大学数学,2015,
     31(2):46-50.

[18] 凌能祥,李声闻,宁荣健.数理统计[M].合肥:中国科学技术大学出版社,2014,8:50-63.

[19] 宁荣健,周玲.条件分布计算的几个问题研究[J].大学数学,2016,32(5):7-12.

[20] 宁荣健,李效忠.一道 2004 年研究生入学数学试题的若干种解法[J].大学数学,2005,21(3):
     77-81.

郑重声明

高等教育出版社依法对本书享有专有出版权。任何未经许可的复制、销售行为均违反《中华人民共和国著作权法》，其行为人将承担相应的民事责任和行政责任；构成犯罪的，将被依法追究刑事责任。为了维护市场秩序，保护读者的合法权益，避免读者误用盗版书造成不良后果，我社将配合行政执法部门和司法机关对违法犯罪的单位和个人进行严厉打击。社会各界人士如发现上述侵权行为，希望及时举报，我社将奖励举报有功人员。

反盗版举报电话　（010）58581999　58582371
反盗版举报邮箱　dd@hep.com.cn
通信地址　北京市西城区德外大街4号　高等教育出版社法律事务部
邮政编码　100120

读者意见反馈

为收集对教材的意见建议，进一步完善教材编写并做好服务工作，读者可将对本教材的意见建议通过如下渠道反馈至我社。

咨询电话　400-810-0598
反馈邮箱　hepsci@pub.hep.cn
通信地址　北京市朝阳区惠新东街4号富盛大厦1座
　　　　　高等教育出版社理科事业部
邮政编码　100029

防伪查询说明

用户购书后刮开封底防伪涂层，使用手机微信等软件扫描二维码，会跳转至防伪查询网页，获得所购图书详细信息。

防伪客服电话　（010）58582300